工业固废磷渣用作掺合料在水电工程中的资源化利用

陈霞　林育强　李家正 等　著

·北京·

内 容 提 要

本书系统介绍了磷矿固废——磷渣的产生及资源化利用现状、微观结构与作用机理、火山灰活性及激发、磷渣粉水泥基材料水化特性及掺磷渣粉水泥混凝土的制备技术与性能规律等内容。本书既涵盖了磷渣固废资源化利用的基础理论研究，又总结了磷渣固废在水电工程中的实践应用成果，具有良好的科学研究与工程实践价值，对于缓解长江流域磷矿固废堆存造成的生态环境压力具有重要意义，还为新时期磷矿企业高质量绿色发展提供了新动能。

本书可供水电工程以及固体废弃物处理与资源化利用相关行业的科研、技术人员及高等院校师生学习和参考。

图书在版编目（CIP）数据

工业固废磷渣用作掺合料在水电工程中的资源化利用/陈霞等著. -- 北京 : 中国水利水电出版社, 2021.10
（长江治理与保护科技创新丛书）
ISBN 978-7-5170-9962-8

Ⅰ. ①工… Ⅱ. ①陈… Ⅲ. ①工业固体废物－磷渣－水泥混合料－应用－水利水电工程－研究 Ⅳ. ①TV4

中国版本图书馆CIP数据核字(2021)第201616号

书　　名	长江治理与保护科技创新丛书 **工业固废磷渣用作掺合料在水电工程中的资源化利用** GONGYE GUFEI LINZHA YONGZUO CHANHELIAO ZAI SHUIDIAN GONGCHENG ZHONG DE ZIYUANHUA LIYONG
作　　者	陈霞　林育强　李家正　等 著
出版发行	中国水利水电出版社 （北京市海淀区玉渊潭南路1号D座　100038） 网址：www.waterpub.com.cn E-mail：sales@waterpub.com.cn 电话：(010) 68367658（营销中心）
经　　售	北京科水图书销售中心（零售） 电话：(010) 88383994、63202643、68545874 全国各地新华书店和相关出版物销售网点
排　　版	中国水利水电出版社微机排版中心
印　　刷	天津嘉恒印务有限公司
规　　格	184mm×260mm　16开本　17.5印张　426千字
版　　次	2021年10月第1版　2021年10月第1次印刷
定　　价	**88.00**元

《长江治理与保护科技创新丛书》
编 撰 委 员 会

丛书序

长江是中华民族的母亲河，是世界第三、中国第一大河，是我国水资源配置的战略水源地、重要的清洁能源战略基地、横贯东西的“黄金水道”和珍稀水生生物的天然宝库。中华人民共和国成立以来，经过70多年的艰苦努力，长江流域防洪减灾体系基本建立，水资源综合利用体系初步形成，水资源与水生态环境保护体系逐步构建，流域综合管理体系不断完善，保障了长江岁岁安澜，造福了流域亿万人民，长江治理与保护取得了历史性成就。但是我们也要清醒地认识到，由于流域水科学问题的复杂性，以及全球气候变化和人类活动加剧等影响，长江治理与保护依然存在诸多新老水问题亟待解决。

进入新时代，党和国家高度重视长江治理与保护。习近平总书记明确提出了“节水优先、空间均衡、系统治理、两手发力”的治水思路，为强化水治理、保障水安全指明了方向。习近平总书记的目光始终关注着壮美的长江，多次视察长江并发表重要讲话，考察长江三峡和南水北调工程并作出重要指示，擘画了长江大保护与长江经济带高质量发展的宏伟蓝图，强调要把全社会的思想统一到“生态优先、绿色发展”和“共抓大保护、不搞大开发”上来，在坚持生态环境保护的前提下，推动长江经济带科学、有序、高质量发展。面向未来，长江治理与保护的新情况、新问题、新任务、新要求和新挑战，需要长江治理与保护的理论与技术创新和支撑，着力解决长江治理与保护面临的新老水问题，推进治江事业高质量发展，为推动长江经济带高质量发展提供坚实的水利支撑与保障。

科学技术是第一生产力，创新是引领发展的第一动力。科技立委是长江水利委员会的优良传统和新时期发展战略的重要组成部分。作为长江水利委员会科研单位，长江科学院始终坚持科技创新，努力为国家水利事业以及长江保护、治理、开发与管理提供科技支撑，同时面向国民经济建设相关行业提供科技服务，70年来为治水治江事业和经济社会发展作出了重要贡献。近年来，长江科学院认真贯彻习近平总书记关于科技创新的重要论述精神，积极服务长江经济带发展等国家重大战略，围绕长江流域水旱灾害防御、水资源节约利用与优化配置、水生态环境保护、河湖治理与保护、流域综合管理、水工程建设与运行管理等领域的重大科学问题和技术难题，攻坚克难，不断进取，在治理开发和保护长江等方面取得了丰硕的科技创新成果。《长江治理与保护科技创新丛书》正是对这些成果的系统总结，其编撰出版正逢其时、意义重大。本套丛书系统总结、提炼了多年来长江治理与保护的关键技术和科研成果，具有较高学术价值和文献价值，可为我国水利水电行业的技术发展和进步提供成熟的理论与技术借鉴。

本人很高兴看到这套丛书的编撰出版，也非常愿意向广大读者推荐。希望丛书的出版能够为进一步攻克长江治理与保护难题，更好地指导未来我国长江大保护实践提供技术支撑和保障。

长江水利委员会党组书记、主任 马建华

2021年8月

丛书前言

长江流域是我国经济重心所在、发展活力所在，是我国重要的战略中心区域。围绕长江流域，我国规划有长江经济带发展、长江三角洲区域一体化发展及成渝地区双城经济圈等国家战略。保护与治理好长江，既关系到流域人民的福祉，也关乎国家的长治久安，更事关中华民族的伟大复兴。经过长期努力，长江治理与保护取得举世瞩目的成效。但我们也清醒地看到，受人类活动和全球气候变化影响，长江的自然属性和服务功能都已发生深刻变化，流域内新老水问题相互交织，长江治理与保护面临着一系列重大问题和挑战。

长江水利委员会长江科学院（以下简称长科院）始建于1951年，是中华人民共和国成立后首个治理长江的科研机构。70年来，长科院作为长江水利委员会的主体科研单位和治水治江事业不可或缺的科技支撑力量，始终致力于为国家水利事业以及长江治理、保护、开发与管理提供科技支撑。先后承担了三峡、南水北调、葛洲坝、丹江口、乌东德、白鹤滩、溪洛渡、向家坝，以及巴基斯坦卡洛特、安哥拉卡卡等国内外数百项大中型水利水电工程建设中的科研和咨询服务工作，承担了长江流域综合规划及专项规划，防洪减灾、干支流河道治理、水资源综合利用、水环境治理、水生态修复等方面的科研工作，主持完成了数百项国家科技计划和省部级重大科研项目，攻克了一系列重大技术问题和关键技术难题，发挥了科技主力军的重要作用，铭刻了长江科研的卓越功勋，积累了一大批重要研究成果。

鉴于此，长科院以建院70周年为契机，围绕新时代长江大保护主题，精心组织策划《长江治理与保护科技创新丛书》（以下简称《丛书》），聚焦长江生态大保护，紧扣长江治理与保护工作实际，以全新角度总结了数十年来治江治水科技创新的最新研究和实践成果，主要涉及长江流域水旱灾害防御、水资源节约利用与优化配置、水生态环境保护、河湖治理与保护、流域综合管理、水工程建设与运行管理等相关领域。《丛书》是个开放性平台，随着长江治理与保护的不断深入，一些成熟的关键技术及研究成果将不断形成专著，陆续纳入《丛书》的出版范围。

《丛书》策划和组稿工作主要由编撰委员会集体完成，中国水利水电出版社给予了很大的帮助。在《丛书》编写过程中，得到了水利水电行业规划、设计、施工、管理、科研及教学等相关单位的大力支持和帮助；各分册编写人员反复讨论书稿内容，仔细核对相关数据，字斟句酌，殚精竭虑，付出了极大的心血，克服了诸多困难。在此，谨向所有关心、支持和参与编撰工作的领导、专家、科研人员和编辑出版人员表示诚挚的感谢，并诚恳欢迎广大读者给予批评指正。

《长江治理与保护科技创新丛书》编撰委员会

2021年8月

序

随着工业的发展，工业废弃物与日俱增，带来的环境压力越来越大，工业废弃物的处置是当前急需解决的重大问题。另外，庞大的基础设施建设，对原材料需求量巨大，如何寻求更经济、耐久和环保的原材料，是可持续发展和生态文明社会的重大需求。“推进资源全面节约和循环利用”，任重道远！对于科技工作者，责无旁贷！

我国磷矿资源和磷化工产业链基本上都分布在云南、贵州、四川、湖南、湖北等长江经济带覆盖范围之内，处置好磷矿固体废弃物（简称“磷矿固废”）也是对长江大保护作出的重大贡献。我国云南、贵州、四川等西南地区水能资源极其丰富，规模庞大的水电工程建设中原材料需求巨大与供给短缺或不经济的矛盾问题也十分突出，需要科技创新，采用新材料、新技术，提出新的解决方案。

面对重大问题和重大需求，作者开展了大量试验和系统研究，探索出了将磷矿固废——磷渣作为建筑原材料的利用方法，既可缓解环境压力，又可变废为宝达到资源化利用目的。通过创新研究提高固废资源化利用水平，为水电工程建设和其他基础设施工程建设等原材料的选择和应用提供技术支撑。

本书是几位青年科技工作者多年来研究成果和实践经验的总结。全面系统地介绍了磷矿固废的存量增量现状和环境影响、磷渣的生产和应用现状、磷渣粉的微观结构及对水泥基材料水化特性的影响和作用机理、磷渣粉水泥基材料的热力学特性、掺磷渣粉水泥混凝土配合比设计方法和制备技术及性能演变规律，以及工程应用实例。全书紧紧围绕磷渣材料特点、磷渣粉水泥基材料特性，阐述了资源化工程应用技术，内容丰富，是一本集室内试验与现场实践、理论研究与工程经验的图书，具有可读性和实用价值，可供从事磷矿固废资源化利用和磷渣在水电工程中应用的工程技术人员与科技工作者借鉴参考和阅读使用。

本书的出版，恰逢其时，符合时代形势需要，秉承生态优先、绿色发展理念，通过科学试验和技术创新，加强固体废弃物处置、加大资源化利用效率、提高资源利用能力，对促进资源节约、循环利用和保护环境具有十分重要的意义。

中国长江三峡集团有限公司　李文伟

2021 年 8 月

前言

工业固体废弃物的污染防治与资源化处理，是我国经济社会发展急需解决的重大问题。磷矿固废是指在采矿、选矿、磷化工生产等环节中产生的工业固体废弃物，主要有选矿过程中产生的尾矿、湿法磷酸生产中产生的磷石膏和热法磷酸制备黄磷过程中形成的磷渣等。随着磷矿资源的不断开采与磷化工业的发展，我国低品位磷尾矿与磷石膏、磷渣等工业副产品的存量与增量规模与日俱增，受资源化利用水平制约，大量磷矿固废长期占地堆存，环境污染和安全隐患日益严峻，成为制约磷矿行业发展的瓶颈。

从我国磷矿资源分布特点看，磷矿资源集中分布在云南、贵州、四川和湖北、湖南五省，集中区域的磷矿资源储量（矿石量）约占全国总储量的76.6%，达到135亿t左右。我国每年磷尾矿、磷石膏、磷渣的排放量分别达到8000万t、5000万t、800万t；以贵州省为例，每年生产磷渣约400万t，历年磷渣堆存量已超过1500万t。从地理位置上看，磷矿石资源与整个磷化工产业链基本上都分布在长江经济带覆盖范围之内，同时湖南、云南、四川三省的磷矿井均毗邻长江水系，大规模存量与增量磷矿固废的堆放已经成为我国长江流域重要的环境压力。

纵观我国水电工程建设与规划布局，由于云南、贵州、四川等地水能资源极其丰富，水电工程集中分布于此且工程规模庞大，对原材料需求量巨大。十九大报告明确提出要推进资源全面节约和循环利用，加强固体废弃物处置。秉承生态优先、绿色发展理念，紧密围绕大规模存量和增量磷矿固废堆存造成的巨大环境压力这一迫切形势，结合水电工程建设需求，开发磷矿固废用作建筑原材料并实现其在水电工程中的资源化利用，不仅可缓解磷矿固废的环境压力，还能变废为宝为磷矿企业绿色发展提供新动能。

本书以磷矿固废——磷渣为研究对象，基于国家自然科学基金委资助的磷矿固废相关项目（51209022、51979011）以及磷渣在我国部分大中型水电工程中的研究与应用科研成果，侧重从微观结构与机理、品质特性及活性激发、磷渣基水泥混凝土制备技术与性能规律等方面，紧密结合磷渣材料特点并突出新材料、新工艺与新技术在实际工程中的应用成果，认真吸纳行业内有关研究成果与实践经验，以期为磷渣在水电工程中的大规模成熟应用提供借鉴与参考。

本书共分为9章。第1章为绪论，主要介绍长江经济带磷矿固废的环境影响，阐述与组成形态以及磷渣固废的资源化利用现状，由李家正、陈霞、林育强负责编写。第2章为磷渣粉的玻璃体微观结构与缓凝特性，介绍了磷渣粉的玻璃体微观结构、P_2O_5 对水泥基材料凝结特性的影响、磷酸盐和氟盐对水泥基材料凝结特性的影响以及缓凝作用机理等内容，由陈霞、周显负责编写。第3章为磷渣粉的火山灰活性，主要介绍了火山灰活性及评价指标、火山灰活性影响因素、机械活化及效果、化学活化及效果以及水泥基材料中磷渣的最大理论掺量等内容，由陈霞、周显负责编写。第4章为磷渣粉水泥基材料的水化特性，介绍了硅酸盐水泥的水化、P_2O_5 对水泥熟料水化性能的影响、磷渣粉-硅酸盐水泥的水化特性、孔结构以及复合胶凝体系的水化动力学研究等内容，由陈霞、周显负责编写。第5章为磷渣粉水泥基材料的性能，介绍了掺磷渣粉水泥基材料的强度、水化热、干缩性能、安定性以及抗裂性等内容，由林育强、王晓军负责编写。第6章为掺磷渣粉新拌混凝土的性能，介绍了磷渣粉对水工混凝土和易性、凝结时间的影响以及磷渣粉与外加剂的适应性等内容，由林育强、王晓军负责编写。第7章为掺磷渣粉硬化混凝土的性能，介绍了力学性能、变形性能、热学性能、耐久性等内容，由林育强、王晓军、赵恒负责编写。第8章为掺磷渣粉四级配碾压混凝土，从配合比设计方法、技术要求、原材料、配合比设计及性能等方面进行阐述，由李家正、林育强、王晓军负责编写。第9章为工程应用实例，介绍了磷渣粉在索风营水电站、龙潭嘴水电站和构皮滩水电站中的应用成果，由李家正、林育强、赵恒负责编写。全书由陈霞负责统稿。

本书在编写过程中，得到了长江水利委员会长江科学院材料与结构研究所的大力支持与帮助，特别感谢国家基金委对本书研究成果提供的项目资助，以及中国长江三峡集团有限公司李文伟教授为本书作序。本书涉及水工结构、材料学、环境工程等多个学科领域，加上作者研究领域限制和认识水平有限，书中不妥之处在所难免，恳请读者批评指正。

作者

2021年8月

目录

丛书序
丛书前言
序
前言
第1章　绪论 …… 1
1.1　磷矿固废堆存现状 …… 1
1.2　磷渣的产生 …… 3
1.3　磷渣的组成与形态 …… 4
1.4　磷渣固废的资源化利用现状 …… 6
1.5　本书的研究思路 …… 14
第2章　磷渣粉的玻璃体微观结构与缓凝特性 …… 15
2.1　磷渣粉的玻璃体微观结构 …… 15
2.2　P_2O_5 对水泥基材料凝结特性的影响 …… 21
2.3　磷酸盐和氟盐对水泥基材料凝结特性的影响 …… 23
2.4　缓凝作用机理 …… 25
2.5　小结 …… 28
第3章　磷渣粉的火山灰活性 …… 30
3.1　火山灰质材料及火山灰活性评价指标 …… 30
3.2　火山灰活性影响因素 …… 36
3.3　机械活化及效果 …… 42
3.4　化学活化及效果 …… 46
3.5　水泥基材料中磷渣粉的最大理论掺量 …… 60
3.6　小结 …… 64
第4章　磷渣粉水泥基材料的水化特性 …… 66
4.1　硅酸盐水泥的水化 …… 66
4.2　P_2O_5 对水泥熟料水化性能的影响 …… 67
4.3　磷渣粉-硅酸盐水泥的水化特性 …… 70
4.4　磷渣粉-硅酸盐水泥的孔结构 …… 76
4.5　磷渣粉水泥基复合胶凝体系的水化动力学研究 …… 93

4.6 小结 …… 111

第5章 磷渣粉水泥基材料的性能…… 113

5.1 力学性能 …… 113

5.2 水化热 …… 122

5.3 干缩性能 …… 126

5.4 安定性 …… 128

第6章 掺磷渣粉新拌混凝土的性能…… 129

6.1 磷渣粉对水工混凝土和易性的影响 …… 129

6.2 磷渣粉对水工混凝土凝结时间的影响 …… 131

6.3 磷渣粉与外加剂的适应性 …… 134

第7章 掺磷渣粉硬化混凝土的性能…… 137

7.1 力学性能 …… 137

7.2 变形性能 …… 139

7.3 热学性能 …… 143

7.4 耐久性 …… 145

第8章 掺磷渣粉四级配碾压混凝土…… 151

8.1 配合比设计方法 …… 151

8.2 碾压混凝土技术要求…… 152

8.3 碾压混凝土原材料…… 153

8.4 碾压混凝土配合比设计…… 157

8.5 碾压混凝土性能 …… 165

第9章 工程应用实例…… 204

9.1 磷渣粉在索风营水电站中的应用 …… 204

9.2 磷渣粉在龙潭嘴水电站中的应用 …… 239

9.3 磷渣粉在构皮滩水电站中的应用 …… 247

参考文献 …… 263

第1章

绪　论

固体废弃物污染防治与资源化处理，是我国经济社会急需解决的重大问题。磷矿固废是指在采矿、选矿、磷化工等环节中产生的工业固体废弃物，主要有选矿过程中产生的磷尾矿、湿法磷酸生产中产生的磷石膏和热法磷酸制备黄磷过程中形成的磷渣等。随着磷矿资源的不断开采与磷化工业的发展，我国低品位磷尾矿与磷石膏、磷渣等工业副产品的存量与增量规模与日俱增，受资源化利用水平制约，大量磷矿固废长期占地堆存，环境污染和安全隐患日益严峻，成为制约磷矿行业发展的瓶颈。

从磷矿资源分布特点看，我国磷矿资源集中分布在云南、贵州、四川和湖北、湖南五省，集中区域的磷矿资源储量（矿石量）约占全国总储量的76.6%，达到135亿t左右。从地理位置上看，磷矿石资源与整个磷化工产业链基本上都分布在长江经济带覆盖范围之内，同时湖南、云南、四川三省的磷矿井均毗邻长江水系，长江经济带面临着严重的“重化工围江”局面。《长江经济带发展规划纲要》（以下简称《纲要》）明确指出，长江经济带发展面临亟待解决的首要困难和问题就是形势日益严峻的生态环境状况。密集分布在长江经济带的数十万家重化工企业产生的大量固体废弃物常年堆积在长江沿岸，未经处理的固体废弃物随天然降水或地表径流进入河流、湖泊，其中的有害物质会严重污染水体；固体废弃物中的干物质或轻质随风飘散，也会对空气造成大面积污染，环境安全隐患巨大。

《纲要》提出推动长江经济带发展遵循的五条基本原则之一就是要实现江湖和谐、生态文明，在保护生态的条件下推进发展，实现经济发展与资源环境相适应，走出一条绿色低碳循环发展的道路。十九大报告明确要推进资源全面节约和循环利用，加强固体废弃物和垃圾处置。秉承生态优先、绿色发展的理念，紧密围绕长江经济带面临大规模存量和增量磷矿固废堆存造成的巨大环境压力这一迫切形势，有必要系统开展磷矿固废相关理论与试验研究，这不仅可以为推动磷矿固废的生态化治理与资源化利用奠定理论基础，还能为长江经济带绿色发展引擎提供新动能。

1.1　磷矿固废堆存现状

磷矿是重要的工农业生产不可缺少的矿产资源，我国磷矿资源储量位居世界第二，约占世界磷资源的30%。我国磷矿资源具有分布广泛且又相对集中，高品位磷矿少、中低品位磷矿多和易选磷矿少、难选磷矿多的特点。

在全国范围内已探明有磷矿分布的27个省（自治区）中，西南地区的云南、贵州、四川三省和湖北、湖南两省集中区域的磷矿资源储量（矿石量）约占全国总储量的76.6%，且磷矿石中P_2O_5品位高于30%的富矿基本都处于这些省份。我国磷矿石平均品位仅17%，品位在30%以上的磷矿石占比不足10%，大部分是不能直接利用的中低品位磷矿。磷矿矿石按类型可分为岩浆岩型磷灰石、沉积变质岩型磷灰岩和沉积型磷块岩三种，其中岩浆岩型磷灰石占总储量的7%，矿石可浮性较好，沉积型磷块岩占总储量的70%，杂质含量多、矿物颗粒细、胶结共生嵌布紧密，须经选矿才能被利用。我国大部分磷矿床呈倾斜至缓倾斜产出，开采难度较大，开采过程中存在损失率高、贫化率高和资源回收率低等问题。美国、北非等产磷国（地区）的回采率可达95%～98%，我国大型磷矿开采企业的回采率为71.1%，产量占全国总产42%的小型开采企业的回采率仅为30%（甚至更低），造成了极大资源浪费。

受生产规模、加工成本、提取技术等限制，目前我国磷矿尾矿的综合利用率仅为7%左右，大量磷矿尾矿堆存在尾矿库，安全隐患堪忧。地处宜昌市夷陵区的樟村坪镇辖区内已累计查明磷矿资源保有资源储量20.41亿t，占全省累计查明保有资源储量的32.2%，1978—2016年间累计开采利用磷矿石3.02亿t，规模较大的磷尾矿堆场86处，地表累计存放磷尾矿212.32万t；该地区是宜昌市重要水源地和长江中上游重要支流黄柏河的发源地，如此大规模的磷尾矿堆放占用大量土地，雨水淋滤尾矿堆场造成水源污染，还引起崩塌、地面塌陷、滑坡、地裂缝、泥石流等次生灾害。此外，磷尾矿中的部分污染介质及残留选矿剂在雨淋和自然长期作用下会渗出进入土壤、地表和地下水，对水土造成严重的污染并导致土地退化、植被破坏甚至危及人类身体健康；尾矿库区表面产生的粉尘也会恶化附近空气质量，磷矿中还存在一定量的伴生矿，大量尾矿长期堆存还可能带来放射性污染。据统计，目前我国因尾矿造成直接污染的土地面积达百万亩，间接污染土地面积超过1000万亩。

磷石膏是磷酸生产过程中利用硫酸分解磷矿时产生的固体废弃物，每生产1t磷酸产生4.5～5t磷石膏。磷石膏以$CaSO_4$为主，还含有磷酸盐、氟化合物、镁、铁、硅、铝和有机物等杂质。与磷矿资源分布类似，我国磷石膏也是主要集中在云南、贵州、四川和湖北、湖南等地，占全国总量的82.25%。据统计，2013年我国磷石膏产生量7000万t，综合利用率只有20%左右；2016年，磷复合肥行业磷石膏产生量为7600万t，磷石膏利用量2770万t，当年综合利用率为36.4%。由于资源化利用技术瓶颈，我国磷石膏累计堆存量超过2亿t。在磷化工业集中的德阳市，磷石膏的存量就达到5600万t，共有20个大小不一的渣场。中国环境科学研究院对全国17家企业产生的磷石膏的成分作出的分析报告显示，磷石膏的主要杂质是氟化物和P_2O_5，呈较强的酸性；磷石膏的pH值最低为1.9，氟化物含量最高达2.04%，P_2O_5总量最高达17.1%，可溶性P_2O_5最高达5.7%。因此，磷石膏堆存场地产生的淋溶水对环境危害很大。

磷渣是电炉法制备黄磷时的工业副产品，每生产1t黄磷需排放8～10t磷渣，每年新增磷渣量约800万t，其中新增堆存量在百万t以上。从1700℃高温电炉排放的磷渣经过水淬急冷或自然冷却后运至堆场，存放时温度仍可达70～80℃，高温磷渣覆盖不仅会影响堆场内部温度场的分布，还会影响存量磷渣堆体的水力-力学性质，从而改变其物理力学特性；此外，存量与增量磷渣堆场的内部温度场的调整与再平衡会进一步影响堆场土壤中孔隙水的黏性和渗透率，导致土壤微观结构和构造的变化进而影响污染物的扩散。

据不完全统计，我国每年磷尾矿、磷石膏、磷渣的排放量分别达到 8000 万 t、5000 万 t、800 万 t，仅磷石膏的历年积累存量规模就超过 2 亿 t。以贵州为例，贵州每年生产磷渣约 400 万 t，历年磷渣堆存量已超过 1500 万 t。大规模存量与增量磷矿固废的堆放已经成为我国重要的环境压力，占地堆存不仅缩减可使用土地面积、浪费资源，还会造成严重的大气污染、土壤污染和水资源污染。此外，磷矿固废经年历久不断堆高，下部磷矿固废在上部重力作用下，易出现渗水和变形，容易导致滑坡、漏坝、溃坝等次生灾害，构成重大安全隐患。在雨淋、大风等自然环境长期作用及突发性暴雨、地震等地质灾害影响下，磷矿固废中的部分污染介质，如磷、氮等富营养元素和铜、铅、铬、镉、砷、汞等重金属元素，渗出并进入地下和附近河流，严重污染水源和土壤，最终危及人类身体健康。

1.2 磷渣的产生

磷渣是电炉法制备黄磷时的工业副产品。用电炉法制取黄磷时，在密封式的电弧炉中，利用焦炭和硅石作为还原剂和成渣剂，使磷矿石中的钙和二氧化硅化合高温熔融，在炉前经高压水骤冷形成的粒状炉渣即为粒化电炉磷渣，若自然慢冷则会形成块状磷渣。

天然磷矿石可分为磷灰石和磷块岩两种，主要成分都是氟磷酸钙 $Ca_5F(PO_4)_3$。焦炭在与磷矿石中的氧结合后将气态磷释放出来，其化学反应式为：

$$Ca_3(PO_4)_2+5C+3xSiO_2 \longrightarrow 3(CaO \cdot xSiO_2)+P_2\uparrow+5CO\uparrow$$

磷矿石和硅石中 90%以上的 Fe_2O_3 被还原成单质铁，在熔融状态下，铁和磷化合成磷铁，即

$$Fe_2O_3+3C \longrightarrow 2Fe+3CO\uparrow$$

$$nFe+\frac{m}{4}P_4 \longrightarrow Fe_nP_m$$

磷铁定时从电炉中下部排出，与黄磷渣分离。水淬粒化电炉磷渣的粒径为 0.5～5mm，堆积密度为 800～1000kg/m^3，通常为黄白色或灰白色，如含磷量较高时，则呈灰黑色。淬冷后的粒状磷渣主要为玻璃体结构，其玻璃体含量高达 83%～98%，含有一定量的假硅灰石（$\alpha-CaO \cdot SiO_2$，$\beta-2CaO \cdot SiO_2$，$5CaO \cdot 3Al_2O_3$）、硅钙石（$3CaO \cdot 2SiO_2$）和枪晶石（$3CaO \cdot 2SiO_2 \cdot CaF_2$）等矿物，一般还会残留少量的五氧化二磷（$P_2O_5$）。若将高温熔融炉渣自然慢冷，则成为块状磷渣，它的主要结晶化合物为 $CaO \cdot SiO_2$，块状磷渣活性很低，一般只能作为铺路石或混凝土骨料。

1.3　磷渣的组成与形态

1.3.1　化学成分

磷渣主要化学成分为 CaO 和 SiO_2，CaO 含量为 40%～50%，SiO_2 含量为 25%～42%，CaO 和 SiO_2 总量达 86%～95%，SiO_2 与 CaO 的含量之比（简称 SiO_2/CaO 值）通常在 0.8～1.2 范围内。理论上，硅灰石的 SiO_2/ CaO 值为 1.075，SiO_2/ CaO 值的变化是决定黄磷渣硅灰石矿物相组成的重要因素。磷渣中还含有少量的 Al_2O_3、Fe_2O_3、P_2O_5、MgO、TiO_2、F、K_2O、Na_2O 等，通常 Al_2O_3 含量为 2.5%～5%，Fe_2O_3 为 0.2%～2.5%，MgO 为 0.5%～3%，P_2O_5 为 1%～5%，F 不超过 2.5%。受黄磷生产工艺水平制约，我国磷渣中的 P_2O_5 含量一般小于 3.5%，但难以小于 1%。

不同产地磷渣的化学组成不同，主要取决于生产黄磷时所用磷矿石的品质，以及磷矿石和硅石、焦炭的配比关系，磷矿石中的 CaO 含量高低直接决定了磷渣的 CaO 含量，硅石和磷矿石的配比量主要影响磷渣的 SiO_2 含量和 SiO_2/CaO 值。

黄磷生产过程中的物质分离作用，使得几乎所有焦炭被氧化成一氧化碳进入炉气，绝大部分高价磷被还原成磷蒸汽进入冷凝吸收塔，原料中约 90% 的 Fe_2O_3 与 P_4 化合成磷铁，从电炉底部排出，并带走部分 Mn、Ti、S 等成分。上述工艺特性使得磷渣组成以 CaO 和 SiO_2 为主，Fe、P 含量较低，并且进一步降低了 Mn、Ti、S 等成分。受黄磷生产工艺的影响，国内外不同产地的磷渣化学组成有很好的相似性，有利于磷渣的开发利用。

国外磷渣的主要化学成分见表 1.3.1，我国部分地区磷渣的化学成分见表 1.3.2。全国 23 家黄磷厂产生的磷渣的化学成分统计见表 1.3.3，可以看到不同厂家磷渣的化学成分相对稳定。

表 1.3.1　国外磷渣的主要化学成分　单位：%

产地	CaO	SiO_2	Al_2O_3	Fe_2O_3	MgO	P_2O_5	F	TiO_2	MnO	K_2O	Na_2O	质量系数 K
日本	43.66	50.70	0.47	0.49	0.68	0.96	—	—	0.20	0.96	0.30	0.87
意大利	50.40	40.24	1.33	0.56	—	2.90	3.40	—	—	0.10	0.70	1.20
德国	47.2	42.9	2.1	0.2	2.0	1.8	2.5	—	—	—	—	—
俄罗斯	45.0	43.0	3.4	3.2	—	3.0	2.7	—	—	—	—	—

表 1.3.2　我国部分地区磷渣的化学成分　单位：%

产地	Loss	SiO_2	Fe_2O_3	Al_2O_3	CaO	MgO	P_2O_5	F	TiO_2	SO_3	f-CaO
贵州青岩	0.31	37.51	0.72	3.18	50.11	1.70	3.28	1.85	0.17	—	—
贵州贵阳	0.21	38.79	0.10	4.78	50.32	1.00	1.36	2.40	0.11	—	0.27
贵州息烽	0.24	38.20	0.90	2.65	51.02	0.60	3.93	2.30	0.17	—	—

续表

产地	Loss	SiO_2	Fe_2O_3	Al_2O_3	CaO	MgO	P_2O_5	F	TiO_2	SO_3	$f-CaO$
贵州金沙	0.11	35.48	0.07	4.77	50.80	3.61	0.80	2.05	0.10	1.27	—
贵州瓮福	0.13	35.44	0.96	4.03	47.68	3.36	1.51	—	—	1.99	0.12
贵州福泉	1.62	40.25	0.93	5.64	45.32	1.98	2.50	—	—	2.20	—
贵州惠水	0.30	34.71	0.08	4.31	47.20	3.26	1.98	—	1.67	—	—
贵州宏福	0.14	34.55	0.22	3.88	41.39	2.33	4.61	—	1.91	—	—
贵州花溪	—	39.16	2.30	4.12	46.86	0.60	1.47	—	—	—	—
贵州都匀	0	40.02	0.57	0.96	47.28	2.49	3.23	—	—	—	—
浙江	—	40.50	0.12	2.65	49.11	3.05	1.65	2.98	—	—	—
云南安宁	—	42.01	0.31	3.31	46.76	1.34	2.00	2.50	—	—	—
云南昆明	—	40.89	0.24	4.16	44.64	2.12	0.77	2.65	—	—	—
浙江建德	—	38.12	0.67	4.21	47.68	2.50	3.48	2.50	—	—	—
重庆长寿	—	43.14	0.74	3.42	45.25	3.42	1.34	2.50	—	—	—
四川攀枝花	0.13	38.45	0.27	2.83	50.32	2.27	1.93	—	—	—	—
广西南宁	—	38.92	1.25	5.71	45.06	2.02	2.85	2.57	—	—	—
陕西	—	39.5	0.30	6.20	50.0	0.3	1.0	2.6	—	—	—
昆阳	—	41.08	0.56	4.13	47.6	0.30	1.00	2.50	—	—	—
张家口	—	39.50	0.13	4.46	46.50	1.91	—	—	—	—	—
宁夏	—	34.47	1.06	3.19	52.43	1.40	—	—	—	—	—
云南	—	36.60	0.15	3.98	49.13	0.33	—	—	—	—	—
湖北	—	37.86	0.14	4.04	49.97	0.60	2.06	—	0.27	—	—

表 1.3.3 **全国 23 家黄磷厂产生的磷渣的化学成分** 单位：%

项目	CaO	SiO_2	Al_2O_3	Fe_2O_3	MgO	P_2O_5	F
平均值	47.93	38.48	3.94	0.56	1.85	2.14	2.45
均方值	2.59	2.41	1.14	0.53	1.08	1.10	0.80
波动范围	41.39～52.43	34.55～42.01	0.96～5.71	0.08～2.30	0.30～3.61	0.77～4.61	1.85～2.98

1.3.2 颗粒形态

磨细后的磷渣颗粒大小不均，粒径在几微米到几十微米之间，颗粒表面光滑，呈棱角分明的多面体形状，少量呈片状，基本不含杂质。图 1.3.1 为比表面积 $250m^2/kg$、$350m^2/kg$、$450m^2/kg$ 的磨细磷渣的扫描电镜（SEM）照片。粉磨较细的磷渣粉在水泥体系中可以起到微集料效应，且等量取代水泥时由于密度更小所产生的体积效应更加显著，即可增加浆体体积、增加胶凝体系黏聚性。

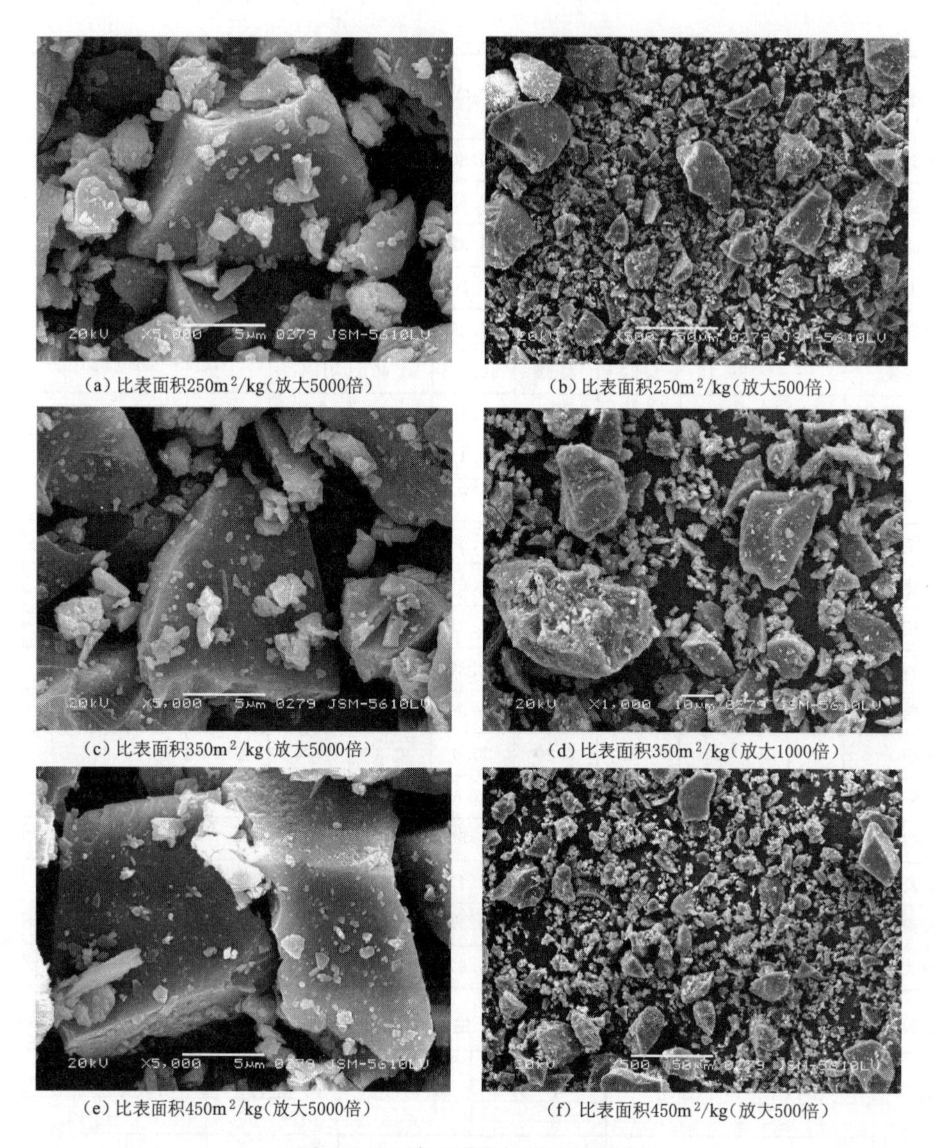

(a) 比表面积250m²/kg(放大5000倍)　(b) 比表面积250m²/kg(放大500倍)

(c) 比表面积350m²/kg(放大5000倍)　(d) 比表面积350m²/kg(放大1000倍)

(e) 比表面积450m²/kg(放大5000倍)　(f) 比表面积450m²/kg(放大500倍)

图 1.3.1　磷渣颗粒扫描电镜照片

1.4　磷渣固废的资源化利用现状

自 20 世纪 40 年代我国第一台制磷电炉投入运行以来，我国黄磷工业迅猛发展。据统计，2008 年世界黄磷总生产能力约 240 万 t，其中我国黄磷生产能力就超过 200 万 t，占世界总生产能力的 80%以上，是世界上最大的黄磷生产、消费和出口国家。进入 21 世纪后，我国黄磷工业保持平稳发展，其生产企业大多分布在西南地区，包括云南、贵州、四川等省，其中云南省磷化工产业最多，位居全国首位。每生产 1t 黄磷将产生 8～10t 磷渣，其数量及组成与所用的炉料（磷矿、硅石、焦炭）成分和配料有关。磷渣的排放和综合利用成为磷化工企业面临的首要问题。目前我国黄磷实际产量为 90 万 t/年，年产渣量约为640万～810万t，但磷渣年处理量占全年产渣量的比例不到20%。大量排放的新鲜磷渣与经年累月堆存的磷渣除少量作为建材原料和生产农用磷肥外，只能露天堆放，不仅占用大量的土地，其内所含的磷和氟还会造成环境污染，在雨水冲刷下流入地势低洼处汇入河流，污染地下水和地表水，且磷渣中所含的可溶性磷会促进藻类生长，影响河流生态，进一步恶化流域生态环境。因此，应高度重视磷矿固废的规模化、资源化利用，解决其土地占用、资源浪费问题，并通过提升磷渣自身的附加值加快资源循环利用，促进磷化工企业创新绿色发展。

1.4.1 在水泥工业中的应用

我国从20世纪70年代就开始对磷渣的综合利用进行研究，主要利用磷渣制备水泥、陶瓷、微晶玻璃等工业产品，其中磷渣的大规模利用主要还是在水泥工业，不仅能作为水泥生产原料、熟料煅烧矿化剂，还能作为水泥混合材制备低熟料磷渣水泥、无熟料水泥和复合硅酸盐水泥等。

磷渣在水泥工业中的应用已有很长的历时。我国于1986年发布的《用于水泥中的粒化电炉磷渣》(GB 6645—86) 规定了用作水泥混合材的磷渣品质指标要求，1988年发布《磷渣硅酸盐水泥》(JC/T 740—1988) 规定了采用粒化电炉磷渣作为混合材生产磷渣水泥的相关技术要求和试验方法，磷渣允许掺量在20%～40%，2006年新修订的JC/T 740—2006更将磷渣掺量上限提高到50%。

此外，磷渣可以用作水泥生产的钙质和硅质原料或矿化剂。由于磷渣的主要成分为CaO和SiO_2，因此可以用磷渣取代部分黏土质原料和石灰质原料进行配料，掺入磷渣后生料的产量和细度都明显改善，能耗降低。磷渣中含有磷、氟，可作为矿化剂使用，改善生料易烧性，降低熟料的煅烧温度和热耗，降低生产成本，但要控制好磷渣粉的掺量，防止P_2O_5含量过高改变熟料矿物的成分，使得熟料易烧性变差且凝结时间不符合标准。马保国等研究表明，磷渣粉与萤石复合使用作为水泥熟料煅烧的矿化剂效果更好，有效地降低了水泥中游离氧化钙的含量，且通过X射线衍射分析 (XRD)、SEM和岩相分析表明，复合矿化剂降低了液相的黏度，促进了硅酸三钙矿物的生长，有利于晶体尺寸的生长发育。

20世纪七八十年代，苏联开始将磷渣作为矿化剂大量用于制造抗硫酸盐水泥以及白色水泥。此外苏联还研制出以磷渣为主要原材料、掺加少量外加剂 (水泥、石灰、水泥二次粉尘、氯化镁、苛性钠，总量控制在2%～12%) 活化而成的不焙烧磷渣胶凝材料，并建成专门用于生产该种胶凝材料的干燥筒及粉磨机组，批量生产砌块、人行道板及流槽，取得了一定的经济效益。1985年原长江水利水电科学研究院 (现长江科学院) 与湖北兴山县水泥厂合作研制了低熟料型磷渣水泥，磷渣掺量达到70%～75%。

磷渣粉同粉煤灰、矿渣等工业废渣一样，能用作水泥混合材掺入水泥熟料中，制备磷渣粉水泥或复合硅酸盐水泥。磷渣粉的化学成分与矿渣相似，但是Al_2O_3的含量较低，导致活性较矿渣低。磷渣粉以玻璃体结构为主，处于不稳定状态，储有大量的化学能。玻璃体中的氧化硅和氧化铝是以不规则状态的硅酸根和铝酸根形式存在，与阳离子和钙离子以较弱化合力结合，在外加激发剂的作用下会发生一系列的化学反应，生成水化硅酸钙和水化铝酸钙，具有较强的水硬性。但是，要控制磷渣粉用作混合材时的掺量，也要注意磷的含量，磷渣粉掺量过大会导致水泥强度偏低，凝结时间延长。另外，考虑到磷渣粉本身具有水硬性，故可用于生产无熟料水泥，也可以掺加适量的熟料，用于生产砌筑水泥，还可以生产特种水泥，如大坝水泥、道路水泥、彩色水泥、白水泥等。

1.4.2 在微晶玻璃和陶瓷中的应用

基于 $CaO-Al_2O_3-SiO_2$ 系统制备微晶玻璃的研究较多，工艺相对比较成熟，各种掺杂矿渣和尾矿的微晶玻璃大多采用这种系统研制，掺入磷渣的微晶玻璃具有结构紧密、强度高、放射性低、色差小、耐腐蚀性强等优点，但其析晶温度范围会变窄。磷渣微晶玻璃制备过程中，通过向 $CaO-Al_2O_3-SiO_2$ 系统添加不同的晶核剂会得到不同颜色的微晶玻璃，加入质量分数为2%的 TiO_2 可以制得白色微晶玻璃，加入0.15% CuO 和0.10% Cr_2O_3 得到绿色微晶玻璃，加入0.85% Fe_2O_3 和4.50% MnO_2 制得黄色微晶玻璃。另外，直接向高温黄磷渣中添加适量调节料，然后经过热态成型、核化和微晶化等工序，制得各个方面性能都较高的磷渣微晶玻璃，并对其放射性物质进行检测，满足建材标准的生产要求。

磷渣微晶玻璃制备过程中，通过设计引入封闭孔和连通孔使其具有多孔结构是磷渣玻璃的研究方向之一。高旭伟等用磷渣废玻璃粉末为原材料，外加聚乙烯醇为造孔剂，先后经过3次升温过程制成多孔磷渣微晶玻璃。三步热处理温度分别为有机物挥发温度400℃、核化温度790℃及晶化温度1100～1200℃时，制得的多孔磷渣微晶玻璃的抗折强度和抗压强度最好。

磷渣粉在陶瓷工业中的应用也是其主要利用途径之一。刘世荣等研究了磷渣在陶瓷烧成工艺中的应用，结果表明磷渣粉的矿物成分环硅灰石、硅酸钙和变针硅钙石等在陶瓷成瓷过程中起到了重要作用。在微观测试方面，江阔等通过 XRD 和 SEM 测试方法对预处理的磷渣为主要原料制造的素坯进行了结构分析，通过素坯外观质量和物性测试，表明该素坯具有抗弯强度高、吸水率低、收缩小的特点，其结晶相为钙长石、鳞石英和钙酸三钙。丁楠等先用磷渣和水玻璃等制成所需基体材料，然后加入植物剩余物制备既有陶瓷性能又有木材性能的低温陶瓷木材，磷渣添加量为质量分数40%时，陶瓷木材性能最佳。由于磷渣中主要化学成分 CaO 的质量分数超过40%，但 $CaO-Al_2O_3-SiO_2$ 玻璃陶瓷中磷渣的利用率仅有20%～30%；为提高微晶玻璃中磷渣的利用率，曹等设计出一种新的组成系统为 $Na_2O-CaO-Al_2O_3-SiO_2-MgO$ 的玻璃，通过添加具有玻璃改性剂功能的组分获得初级玻璃和陶瓷，随后转化成陶瓷，新的组成系统中磷渣的利用率可提高到62%。杨恩林等利用磷渣和黑色页岩，添加适量造孔剂经过混合、成型、干燥及烧成等工序合成多孔磷渣陶瓷；制得的成品陶瓷各方面性能与传统陶瓷相似，但是烧结成瓷温度范围较为狭窄，烧结过程使坯体内的晶相组成发生变化。

1.4.3 在水电工程中的应用

从水电工程布局看，我国已规划并逐步实施长江、金沙江、雅砻江、雅鲁藏布江等“十三大水电基地”建设，流域性水电工程的梯级滚动开发势必会增加对原材料的需求。

水电基地建设大都处于我国西部地区，作为水电工程建设的基本组成材料，矿物掺合料需求规模巨大，而受地域及技术条件限制，该类工程附近粉煤灰、矿渣粉等传统矿物掺合料十分紧缺而外购经济成本高；结合前述磷矿资源分布可知，云南、贵州、四川三省的磷矿资源储量（矿石量）十分丰富，这些区域磷渣存量大、价格优势明显，若能大规模开发应用磷渣粉用作混凝土矿物掺合料，不仅可以有效解决粉煤灰等传统掺合料紧缺的现状，还可以拓展混凝土掺合料范围和品种。

针对磷渣固废在水电工程中的研究与应用，我国科研与工程技术人员围绕材料加工特性与品质控制、微观结构与作用机理、性能发展规律与调控以及新技术新工艺应用等方面，开展了系统性研究与工程实践，取得了大量卓有成效的成果。

1.4.3.1 磷渣固废的加工特性与品质

在磷渣固废用作掺合料的加工特性与品质控制方面，工程科研人员围绕磷渣的物相组成、存放时间、粉磨方式、粉磨细度及颗粒粒度分布等方面开展了系统研究，提出磷渣的存放时间、粉磨方式及粉磨磷渣的比表面积是影响磷渣品质的主要因素。

对新鲜渣、存放半年和存放一年磷渣外观及化学组成的对比分析发现（表 1.4.1），存放时间对磷渣的品质有一定影响，存放时间越长、磷渣的表观颜色逐渐从白色变为深灰色，部分颗粒开始受潮结块，说明磷渣自身还是具有微弱的气硬性特点，经过存放后质量系数逐渐降低。不同存放时长磷渣水泥基的胶砂强度试验表明，新鲜磷渣拌制的砂浆强度最高，存放半年磷渣的砂浆强度次之，存放一年磷渣的砂浆强度最低，这可能与存放时间越长、磷渣活性降低有关。此外，磷渣的颗粒级配还与粉磨工艺密切相关，球磨、振动磨及气流磨三种不同粉磨方式获得的磨细磷渣颗粒尺寸及分布存在明显差异（表 1.4.2），相对而言，球磨机获得的磨细磷渣粉颗粒尺寸相对偏粗、气流磨获得的磷渣粉颗粒更细，相同粉磨时长条件下球磨、振动磨和气流磨获得的磷渣粉中粒径大于 20μm 颗粒含量分别为 17.65%、9.88%和 0.86%，粒径（3～10μm）颗粒含量分别为 32.26%、35.15%和 49.9%。

表 1.4.1　　存放时间对磷渣化学成分的影响

存放时间	外观	化学成分/%								质量系数 K
		SiO_2	Fe_2O_3	Al_2O_3	CaO	MgO	P_2O_5	游离 F	烧失量 (Loss)	
新鲜	白色粉末状、无结块	37.66	0.62	2.60	47.67	3.97	3.01	0.0053	0.44	1.33
半年	灰白色粉末状、已出现结块	39.78	0.52	2.60	47.82	3.24	2.96	0.0052	0.52	1.26
一年	深灰白色粉末状、部分结块	37.81	0.83	2.78	50.21	1.78	1.93	0.0050	0.71	1.24

表 1.4.2　　粉磨方式对磷渣颗粒粒度分布的影响

粉磨方式	颗粒粒度分布/μm							
	0～1	1～3	3～10	10～20	20～30	30～60	60～100	>100
球磨	7.90	22.56	32.26	19.66	6.59	9.27	1.49	0.30
振动磨	9.45	26.20	35. 15	19. 32	5.20	4.68	0.00	0.00
气流磨	8.19	31.19	49. 90	9.87	0.77	0.09	0.00	0.00

磷渣固废经过粉磨之后其颗粒细度及粒度分布是影响其水硬活性的重要因素。磷渣固废粉磨之后的细度可用比表面积与筛余表示，颗粒粉磨越细，比表面积越大、80μm/45μm筛余越小；在碱性环境下磷渣固废比表面积增加可增大其与激发剂的接触面积，根据化学反应速度与接触面积成正比关系推断，粉磨后磷渣固废颗粒在极性分子激发下能更快参与反应，提高其活性；此外，颗粒越细，其反应活化能降低，可以使多体系的混合均匀度增加，并能促进反应生成物的纯度。试验研究发现，渣场排放磷渣（比表面积200m^2/kg）经过球磨机分别粉磨0.5h、1.0h和2h，磷渣粉的细度（比表面积表示）分别为300m^2/kg、400m^2/kg和500m^2/kg；比表面积在300～400m^2/kg时砂浆强度差异较小，比表面积继续增加，砂浆强度略微提高。

根据多元粉体紧密堆积理论，复合胶凝体系是一个多种材料逐级填充递减颗粒粒径的体系，磷渣固废等的细度和掺量均会对胶凝体系的颗粒级配和分布产生影响。文献资料表明，当比表面积相近时，胶凝体系均匀性系数下降的幅度越大，即胶凝体系颗粒分布范围变宽；由于水泥颗粒粒径集中在10～60μm，根据不同粉磨工艺获得的磷渣固废颗粒粒径及分布看，气流磨获得的磷渣粉中粒径3～10μm颗粒含量最高，该类磷渣粉掺入后，复合胶凝粉体中粒径≤5μm颗粒含量增加，较好地填充了水泥较粗颗粒堆积产生的空隙，使其具有更加紧密的堆积结构。

1.4.3.2 微观结构与水化作用机理

阐述与解析磷渣基水泥胶凝体系的微观结构及水化特性是水电工程应用磷渣固废用作矿物掺合料的根本前提与重要基础。

从材料组成与结构看，通常采用质量系数 K 评定粒化磷渣的水硬活性，它是玻璃体中网络调整剂含量（CaO、MgO、Al_2O_3）与网络形成剂含量（SiO_2、P_2O_5）的比值，该比值越大，玻璃相的活性越高。根据质量系数计算公式可知，磷渣水硬活性的大小与其化学组成及玻璃体结构和数量密切相关。磷渣XRD试验图谱在20°～40°之间出现了较为明显的馒头峰，即磷渣中有相当数量的非晶态玻璃体存在，无定型SiO_2含量较高，具有一定的活性。红外光谱也检测到磷渣在1039cm^{-1}和879cm^{-1}有硅氧四面体的伸缩振动，511cm^{-1}硅氧四面体的弯曲（图1.4.1），说明磷渣里面SiO_2部分结晶，部分无定型，结晶度不好。

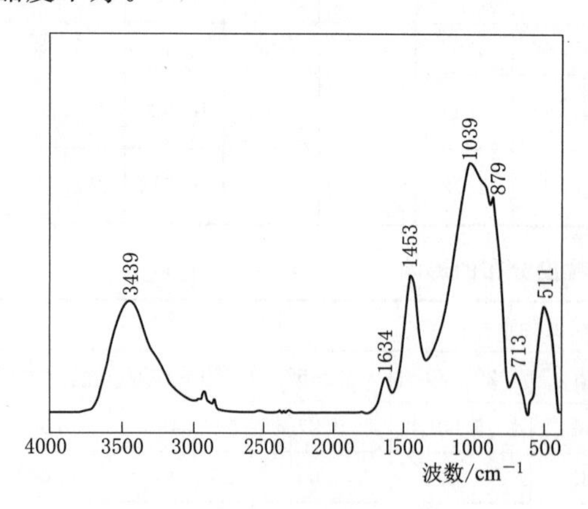

图1.4.1 磷渣的红外光谱图谱

磷渣中含有一定量的P、F会导致水泥基材料缓凝和早期强度低，通过机械力与化学作用提高磷渣固废的水硬活性及其水泥基材料的早期强度是较为常用的技术手段。机械力作用是采用上述球磨、振动磨或气流磨对磷渣进行二次粉磨，提高磷渣自身的比表面积并增大其反应接触面积；化学活化是通过加入强碱、碳酸钠、硅酸钠等碱性材料对磷渣进行活性激发，在OH^-作用下磷渣玻璃体中的Si－O键和Al－O键发生断裂并快速参与反应形成水化产物C－S－H；机械与化学活化复合使用效果更佳。机械活化后磷渣粉的扫描电镜图谱及能谱分析结果见图 1.4.2 和表 1.4.3，经过机械粉磨后磷渣粉的颗粒粒度组成呈现骨架密实结构，一定数量的粗颗粒形成骨架结构，足够的细颗粒料填充空隙，这种结构物料的密实度、强度和稳定性都比较好。粉磨后的点元素分析发现，除 O、Si、Ca 等主要元素外，磷渣中还含有 F、P、Al、Mg、S 等少量元素。

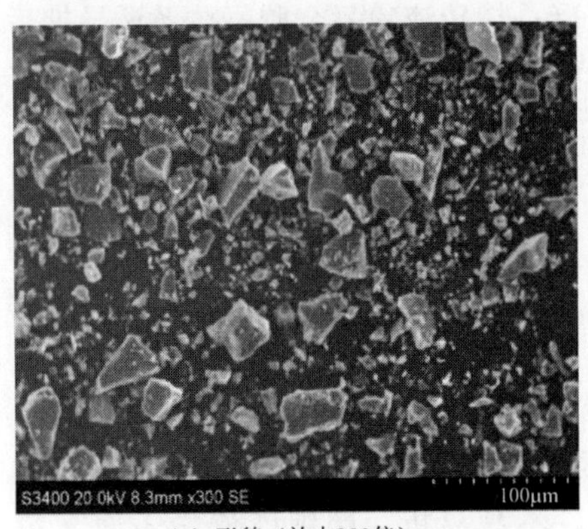

(a) 形貌（放大300倍）

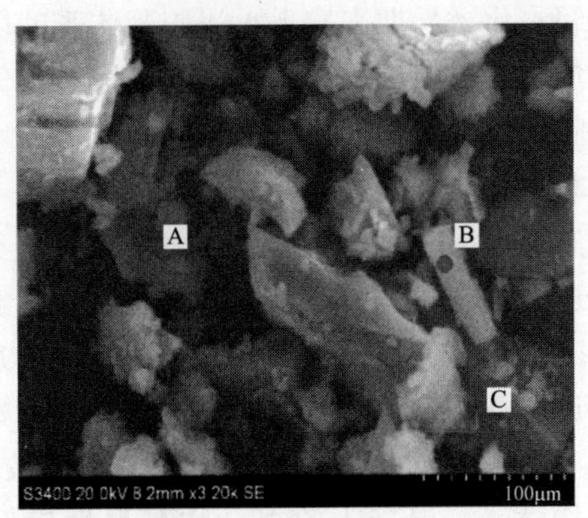

(b) 形貌（放大3200倍）

图 1.4.2 机械活化后磷渣的扫描电镜图谱

表 1.4.3 机械活化磷渣的点扫描元素质量分数（EDS） 单位：%

位置	O	Ca	Si	Al	Mg	K	P	F	S
A	29.55	48.70	17.90	1.81	—	2.04	—	—	—
B	51.22	20.09	14.97	2.87	1.31	0.79	1.46	6.21	1.08
C	43.61	26.22	19.29	3.35	1.57	0.88	0.85	2.99	1.22

方荣利等比较了几种碱性激发剂的激发效果，包括 Na_2SO_4、Na_2CO_3，Na_2SiO_3 等，其中以硅酸钠的效果最好，但其模数对其效果的影响比较大，一般以模数为 1.5～2.0 最佳。另外为了提高激发剂的激发效果，还可以加入一定量的铝酸盐矿物；也可以使用钙芒硝矿石、明矾矿石、纸浆废液等作为激发剂。目前单一的化学激发机理研究已经较为成熟，开始逐步向复合的激发途径（化学激发剂的复合和各种激发方法的复合）转变。不同的激发剂会产生不同的影响，而多种激发剂的复合会互相促进也可能相互抑制，有待进一步的研究。史才军等研究发现磷渣在碱性环境下有着显著的水化作用，且表现出较好的胶凝性能；使用碱激发剂来激发磷渣活性制备碱激发磷渣胶凝材料（无水泥熟料），可充分实现磷渣的资源化利用。王培铭等对比水玻璃和“水玻璃-碳酸钾-氢氧化钠”复合激发剂对碱矿渣胶凝材料激发效果时发现，复合激发剂具有更好的激发效果。张建辉等开展的普通硅酸盐水泥和氢氧化钙对磷渣粉的碱激发研究表明，氢氧化钙掺量为 10%或者氢氧化钙掺量为 4%、蒸汽养护 32h 时，两种条件下磷渣粉的碱激发效果和碱激发原理类似，主要形成水化硅酸钙（C—S—H）和水化硅铝酸钙（C—S—H）凝胶，其 28d 抗压强度分别达到 46.0MPa 和 43.3MPa。

磷渣粉作为掺合料应用于水电工程制成磷渣粉-水泥基复合胶凝体系，其突出特点是缓凝明显且早期强度低。磷渣粉的掺量越高，该缓凝效应和早期低强现象越严重。综合已有研究成果来看，磷渣粉中微量溶出的磷酸盐和氟盐是导致该复合胶凝体系缓凝和低强的主因。笔者基于大量试验与理论分析，提出磷渣粉的掺入只会影响水泥基材料的水化产物类型和数量，但不会改变水化产物的种类，水化产物中没有观察到羟基磷灰石的存在；磷渣粉的掺入不会影响 C_3A 的水化，但会延缓水泥熟料中 C_3S 和 C_2S 的水化，磷渣粉主要通过延缓水化诱导期来实现水泥胶凝体系的缓凝；掺磷渣粉复合胶凝体系诱导期后各阶段的水化反应阻力减小、水化反应速率增加，但整个复合胶凝体系的总体水化程度降低，降低幅度随着龄期增长不断减小。

1.4.3.3　磷渣粉混凝土的性能与调控

磷渣粉作掺合料应用于大体积混凝土，不仅对新拌混凝土的流动性、凝结时间等产生影响，还会影响硬化混凝土的力学性能、热学性能、变形性能以及耐久性。当采用磷渣粉用作混凝土掺合料时，可从材料体系与性能方面调控与优化磷渣粉水泥基混凝土，使其适应与满足水电工程大体积混凝土性能及施工要求。

由于磷渣粉表观密度小于水泥，相同胶凝材料用量条件下磷渣粉水泥基浆体的体积增加，掺磷渣粉混凝土的拌合物黏聚性较好，不易离析。磨细磷渣粉表面光滑、呈不规则的多棱形和块状、碎屑状，还含有少量针片状的颗粒，因此磷渣粉的亲水性较差，掺磷渣粉混凝土插捣时有少量析水，比掺粉煤灰混凝土拌合物保水性略差。掺量为30%时，掺磷渣粉混凝土坍落度损失与掺粉煤灰混凝土基本相当，含气量损失比掺粉煤灰略大。

从凝结时间角度，与单掺粉煤灰的混凝土相比，掺磷渣粉混凝土的初凝与终凝时间均延长。凝结时间与拌和水温度、养护温度等有关，养护温度较高时，掺磷渣粉混凝土的初、终凝时间比单掺粉煤灰混凝土的初、终凝时间延长2～4h；养护温度较低时，初、终凝时间延长7～10h；凝结时间可通过减水剂的缓凝时间进行调节。这一点对于高温季节长距离运输的大体积混凝土施工是有利的。

由于磷渣粉的缓凝效应，掺磷渣粉混凝土的早期强度低于掺粉煤灰混凝土，随着磷渣粉火山灰活性效应的发挥其后期强度与掺Ⅱ级粉煤灰混凝土基本接近。相同水胶比与胶材用量时，掺磷渣粉混凝土的早期干缩大于掺粉煤灰混凝土，这可能是由于磷渣粉亲水性比粉煤灰差，其混凝土早期水化更慢，所需水化用水更少而蒸发水量更大所致，但掺磷渣粉混凝土与掺粉煤灰混凝土的后期干缩趋于接近。值得注意的是，掺磷渣粉混凝土的极限拉伸值比掺粉煤灰混凝土高，两者的抗压弹性模量（简称抗压弹模）基本相同，混凝土泊松比介于0.21～0.29。

掺磷渣粉混凝土与掺粉煤灰混凝土的导温、导热、比热、线膨胀系数等热学性能基本相当。掺磷渣粉混凝土的早期绝热温升较低，可以起到削峰降温的作用，与相同掺量的粉煤灰混凝土相比，掺磷渣粉混凝土的最终绝热温升基本相同或略低。结合掺磷渣粉混凝土早期缓凝、水化热释放缓慢的特点，其早期绝热温升曲线不适合采用双曲线进行拟合。

采用磷渣粉作混凝土掺合料能配制出抗渗、抗冻性能满足设计要求的混凝土，相同试验龄期时，掺磷渣粉混凝土的碳化深度小于掺粉煤灰混凝土，即掺磷渣粉混凝土的抗碳化性能比掺粉煤灰混凝土略优。

1.4.3.4　工程实践与新技术的应用

鉴于掺磷渣粉大体积混凝土的施工性能可调、早期水化热温升低、后期强度增长幅度大以及抗冻抗渗性能优良等特点，磷渣粉用作掺合料已在国内索风营、大朝山、沙沱和龙潭嘴等水电工程中得到成功应用。除此之外，技术与工艺的进步也促进材料不断发展，近些年来磷渣粉四级配碾压混凝土筑坝技术、3D打印磷渣粉混凝土技术以及磷渣粉轻质混凝土技术等均取得新进展，这些都促进了磷渣固废多渠道、规模化与高值化资源利用，为解决磷矿固废的消纳与去向问题提供了新思路。

(1) 磷渣粉四级配碾压混凝土技术。碾压混凝土一般采用二级配或者三级配，控制骨料最大粒径不超过40mm或80mm，其胶凝材料总量一般不超过260kg/m^3且掺合料掺量超过40%、部分甚至高达70%。由于碾压混凝土拌合物干硬，在汽车或满管溜槽卸料、摊铺过程中易出现砂浆与骨料离析现象，落差大时尤其如此，若进一步增加骨料最大粒径将难以避免出现骨料分离，且部分工程用骨料跌落损失较大时，对混凝土拌合物入仓性能与硬化混凝土性能均会产生不利影响。由于磷渣粉部分取代水泥用作掺合料时会增大浆体体积，改善拌合物和易性，我国贵州沙沱水电站在国内首次实现四级配碾压混凝土筑坝技术成功应用；结合室内与现场试验仓开展了掺磷渣粉与掺粉煤灰四级配碾压混凝土生产性试验，确定振动碾激振力395/280kN，碾压层厚50cm，无振碾压2遍加有振碾压6～12遍，直至达到压实容重标准后再无振碾压2遍收面，成功碾压骨料最大粒径为120mm的碾压混凝土。

(2) 3D打印磷渣粉混凝土技术。混凝土3D打印（又称无模增材建造）是基于计算机设计文件将预拌混凝土挤出3D打印机喷嘴逐层堆积建造结构的一种新兴技术，相对于传统建造技术具有效率高、成本低、污染小、安全性高等优点，但其对3D打印材料提出了“较短的凝结时间、适宜的流动度、良好的可挤出性以及良好的可堆积性能”等技术要求。王栋民等通过磷渣粉、粉煤灰改性水泥基3D打印技术研究，认为磷渣粉改性的水泥基3D打印材料的流动度大于200mm，难以满足建筑3D打印材料对流动度的要求，当磷渣粉与快硬硫铝酸盐水泥复掺时，控制快硬硫铝酸盐水泥掺量达到胶材总量的10%～15%，磷渣粉改性水泥基3D打印材料能打印至50层且变形性能较小，具有良好的可堆积性能。顾怀栋等试验成果也印证了该结论，即复掺5%快硬硫铝酸盐水泥，在胶凝材料用量和胶砂比一定的条件下，磷渣粉可作为3D打印混凝土的优质掺合料，适当掺量的磷渣粉可配制出工作性能和力学性能优异的3D打印混凝土，3D打印磷渣粉混凝土层面结合紧密，混凝土断面未观察到明显的连续孔隙，水化产物及其微观结构类似于普通磷渣粉混凝土。

(3) 磷渣粉轻质混凝土技术。该技术利用了磷渣粉密度低于水泥、同条件下浆体体积增大的优点。李彩玉基于磷渣粉、粉煤灰和磷石膏等原材料，通过引入泡沫和陶粒的方式制备出质量轻、强度高、保温隔热性能好的磷渣粉轻质混凝土。漆贵海等也通过铝粉发泡和磷渣粉碱激发的方式制备了免蒸压加气混凝土，加气混凝土的表观密度为500～800kg/m^3、孔隙率为66.8%～77.0%，碱磷渣加气混凝土的水化产物主要有水化硅酸钙凝胶、白钙沸石和水化硅铝酸钙，部分水化产物碳化形成$CaCO_3$。针对植生多孔混凝土需要一定龄期才进行碱性环境改造及适生材料填充的特点，卢佳林等结合硫酸亚铁溶液降碱处理制备了大掺量磷渣粉植生多孔混凝土，试验发现磷渣粉的缓凝效果反而利于植生多孔干硬性混凝土的早期塑性保持及集料间界面黏结，两年后植被生长良好，根系穿过多孔混凝土层扎根于基层土壤；从降低混凝土孔隙溶液碱度角度，磷渣粉中潜在活性组分 SiO_2 的二次火山灰反应可以消耗部分氢氧化钙、降低液相碱度，此外磷渣粉中存在酸性的可溶性氟以及正磷酸盐、多聚磷酸盐等可溶性磷，其大掺量使用也会导致该体系混凝土 pH 值降低。大掺量磷渣粉与其他降碱措施联用可营造出植被生长的环境。

1.5 本书的研究思路

针对我国面临大规模存量与增量磷矿固废带来的严峻环境形势，结合水利水电工程对原材料的现实需求，本书在国家自然科学基金与我国大中型水利水电工程重点科研项目的大力支持下，围绕工业固废——磷渣用作矿物掺合料在水电工程中的资源化利用开展了系统深入的研究，吸收了理论研究与工程应用的最新成果。

本书在内容设置上考虑了从理论到应用、从微观结构到宏观性能，以及从材料基本特性，到制备技术的逐步过渡，层层递进、结构分明。第 1 章全面梳理磷渣产生排放与资源化利用现状。第 2 章着重从磷渣粉的微观结构及应用过程中最为突出的缓凝效应进行论述。第 3 章在掌握磷渣粉微观结构并透彻了解缓凝作用机理基础上，采用物理与化学手段最大限度地激发磷渣粉的火山灰活性，为其用作矿物掺合料的品质控制及合理掺量范围选择提供科学依据；在掌握材料基本特性的基础上，第 4 章过渡到磷渣粉水泥基材料体系，从掺 P_2O_5 的水泥单矿与混合相的水化、磷渣粉水泥基材料的水化产物、孔结构及水化动力学特性等方面，深入剖析与揭示了磷渣粉用作矿物掺合料对水泥基材料水化进程及水化特性的内在影响规律。第 5 章更进一步拓展至掺磷渣粉水泥砂浆，详细阐明了力学性能、水化热、干缩性能及安定性等砂浆的基本性能，为其应用至水工混凝土作铺垫。第 6 章和第 7 章分别从新拌混凝土与硬化混凝土两方面，系统开展掺磷渣粉水工混凝土的施工特性及力学性能、变形性能、热学性能与耐久性等全性能研究，这是论证磷渣粉可作为掺合料进行工程实际应用的重要技术支撑。第 8 章结合四级配碾压混凝土筑坝新技术，详细阐述了掺磷渣粉四级配碾压混凝土的制备方法及具体步骤；基于前述已有研究成果，结合索丰营、龙潭嘴和构皮滩等水电工程室内试验与现场应用情况，第 9 章进行了工程实例详解。

第 2 章

磷渣粉的玻璃体微观结构与缓凝特性

围绕磷渣粉玻璃相含量高、具有潜在火山灰活性的特点，本章侧重从微观层面解析磷渣粉的玻璃体微观结构，针对磷渣粉应用存在的严重缓凝问题，研究了 P_2O_5 对水泥基材料凝结特性的影响；并选取易溶性和难溶性的磷酸盐和氟盐，重点研究了磷酸盐和氟盐对水泥基材料凝结特性的影响，揭示了磷渣粉对硅酸盐水泥的缓凝作用机理。

2.1 磷渣粉的玻璃体微观结构

2.1.1 微观形貌

选取磨细磷渣粉进行了形貌分析，扫描电镜观测结果见图 2.1.1；作为对比的水泥与粉煤灰颗粒扫描电镜照片见图 2.1.2 和图 2.1.3。水泥颗粒表面粗糙、外观呈不规则的多棱形结构或不规则块状；粉煤灰颗粒表面光滑、大多数颗粒呈规则的球形，部分颗粒中观察到有凹陷的空洞，含有少量形状不规则的杂质。

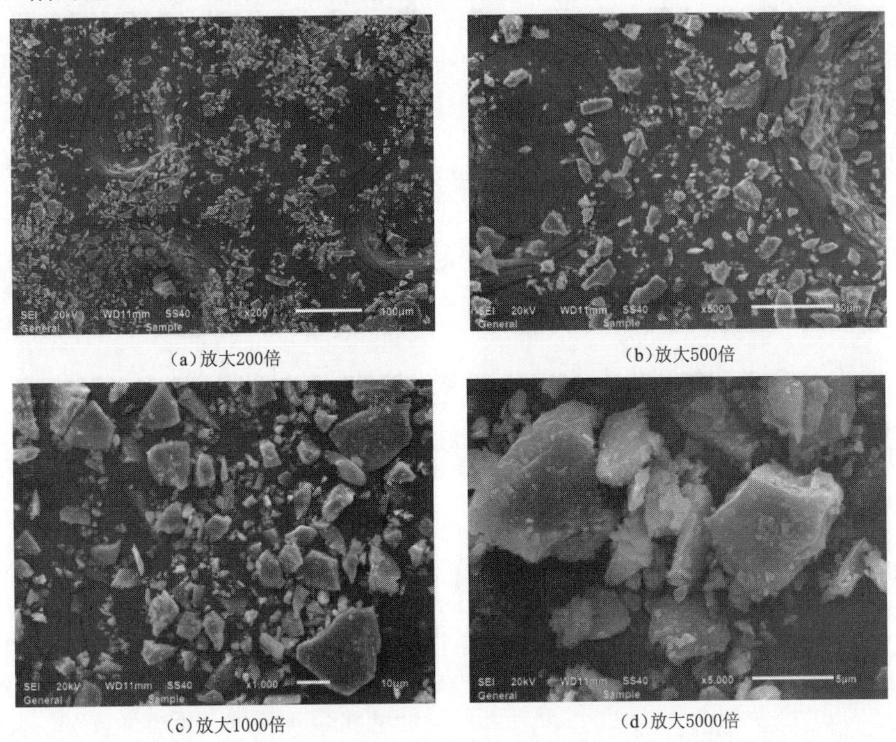

图 2.1.1 磷渣粉扫描电镜照片（比表面积 $250m^2/kg$）

(a)放大5000倍　(b)放大2000倍

(c)放大1000倍　(d)放大500倍

图 2.1.2　水泥颗粒扫描电镜照片

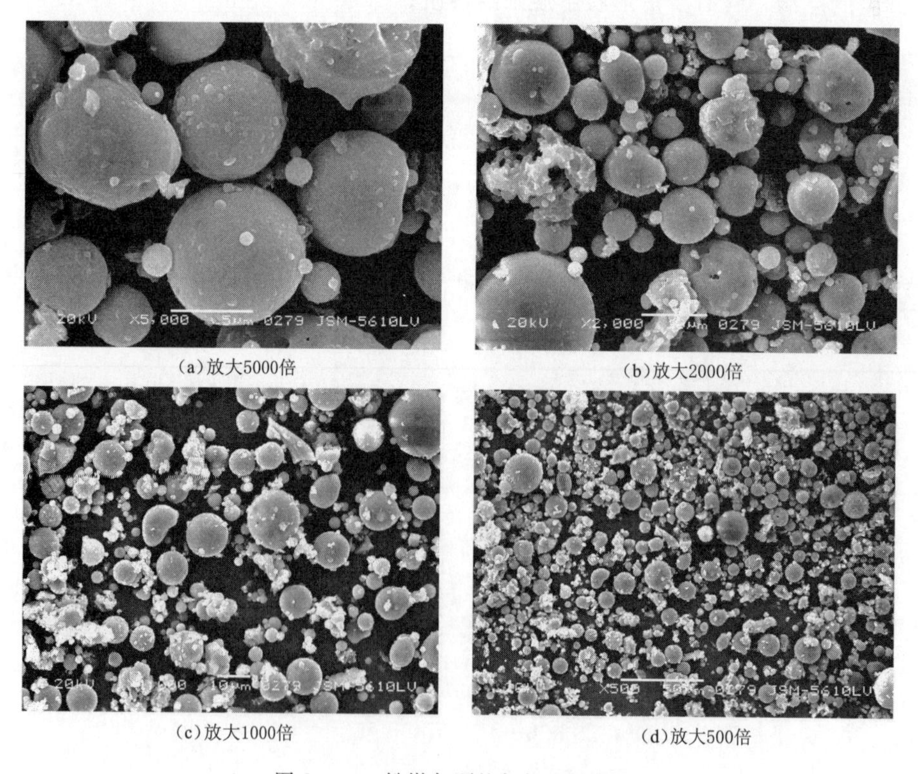

(a)放大5000倍　(b)放大2000倍

(c)放大1000倍　(d)放大500倍

图 2.1.3　粉煤灰颗粒扫描电镜照片

图 2.1.4～图 2.1.5 分别为比表面积 350m^2/kg、450m^2/kg 的磨细磷渣粉的扫描电镜照片，磨细磷渣粉颗粒表面光滑、呈不规则的多棱形和块状、碎屑状，少量呈针片状，基本不含杂质。比表面积不同的磷渣粉的外观和粒形基本相似。

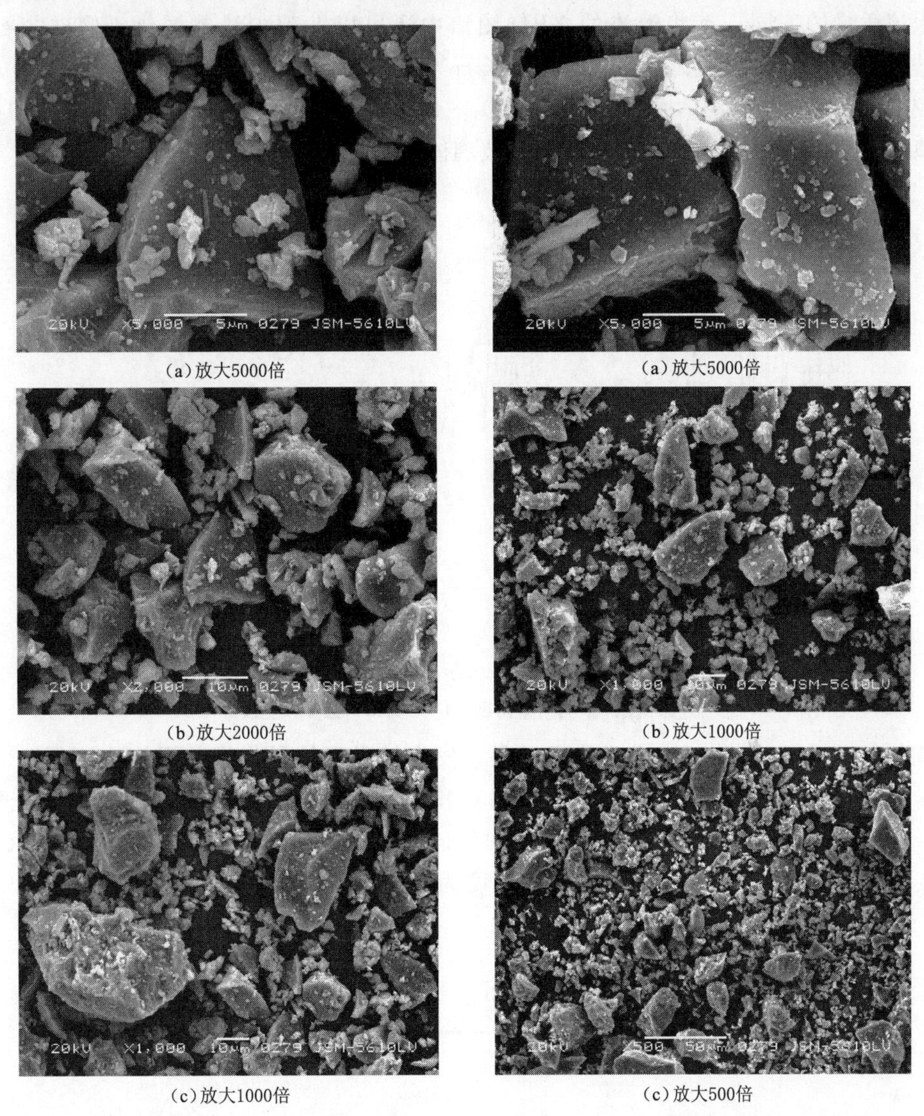

(a)放大5000倍　(a)放大5000倍

(b)放大2000倍　(b)放大1000倍

(c)放大1000倍　(c)放大500倍

图 2.1.4 磨细磷渣粉颗粒扫描电镜照片（比表面积 350m^2/kg）

图 2.1.5 磨细磷渣粉颗粒扫描电镜照片（比表面积 450m^2/kg）

2.1.2 玻璃体结构

粒化磷渣粉肉眼下呈白色至淡灰色，玻璃光泽，形态有球状、扁球状、纹状、棒状、不规则状等，在偏光镜下，呈明显的碎粒结构，碎粒内部广泛发育多种收缩裂理，碎粒具有光学均质性，全消光，未发育任何明显的结晶相。显然，高温熔融磷渣经水淬骤冷，体积快速收缩，破裂形成碎粒状结构，快速冷却固化使结晶作用缺乏足够的发育时间，使粒化磷渣粉呈非晶玻璃态结构。粒化磷渣粉的 XRD 图谱（图 2.1.6）显示磷渣主要由玻璃体组成。玻璃体含量 80%～95%，折光率 1.616。其 XRD 图谱没有尖锐的晶体矿物峰，但在 2θ=25～35℃处，有一较平缓的隆起，其位置与假硅灰石和枪晶石的最强峰相对应。由于水淬质量的不同，有些磷渣的 XRD 图谱中还可以发现少量磷酸钙、假硅灰石、石英、硅酸三钙、硅酸二钙、枪晶石、钙黄长石等晶相。与粒化矿渣比较，磷渣中的 Al_2O_3 含量较低，SiO_2 含量较高，在 $CaO-Al_2O_3-SiO_2$ 三元相图中处于假硅灰石的初晶区，其玻璃结构的凝聚程度明显高于以黄长石玻璃体为主的粒化矿渣。

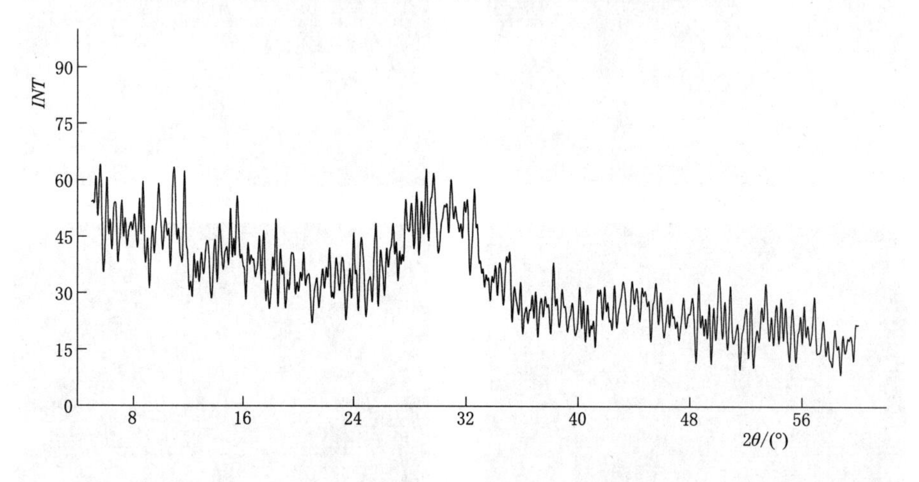

图 2.1.6　粒化磷渣粉的 XRD 图谱

注：2θ 为衍射角度，INT 为衍射强度。

粒化磷渣粉在近 800℃左右发生重结晶，发生较强重结晶作用的温度应不低于 800～980℃，重结晶矿物相为环硅灰石、针硅钙石和硅酸钙，相变过程为：先结晶出硅酸钙，约 980℃时大量析出针硅钙石，至 1230℃时针硅钙石全部被环硅灰石所取代，硅酸钙也部分相变为环硅灰石，环硅灰石大量析晶温度为近 1200℃。其热重-差热曲线如图 2.1.7 所示。

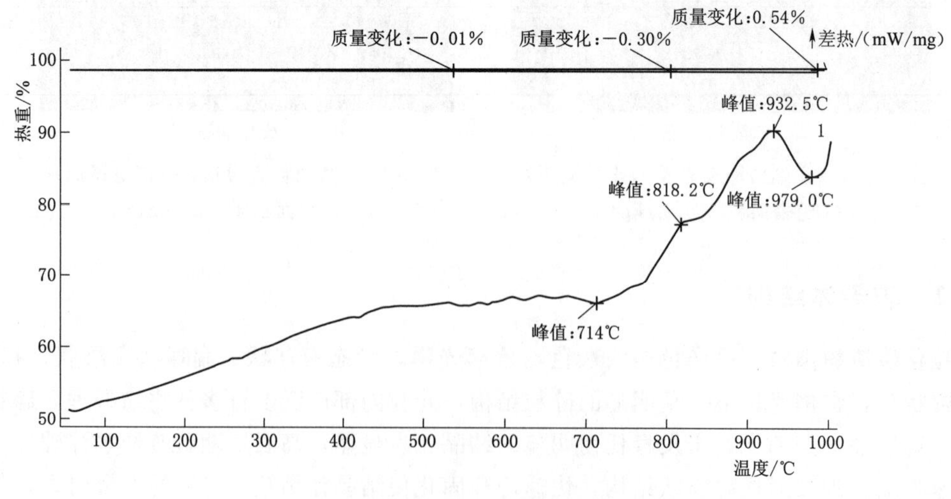

图 2.1.7　磷渣粉的热重-差热曲线

粒化磷渣粉加热时的物相变化在红外光谱（图 2.1.8）上也能清楚地反映出来，由室温 20℃到 800℃，呈非晶质特征；990℃至 1200℃重结晶发育，物相转变频繁，呈环硅灰石的分子结构与其他硅酸盐吸收带叠加；至 1230℃，谱线出现简化，代表样品开始呈现向无序化过渡的趋势。

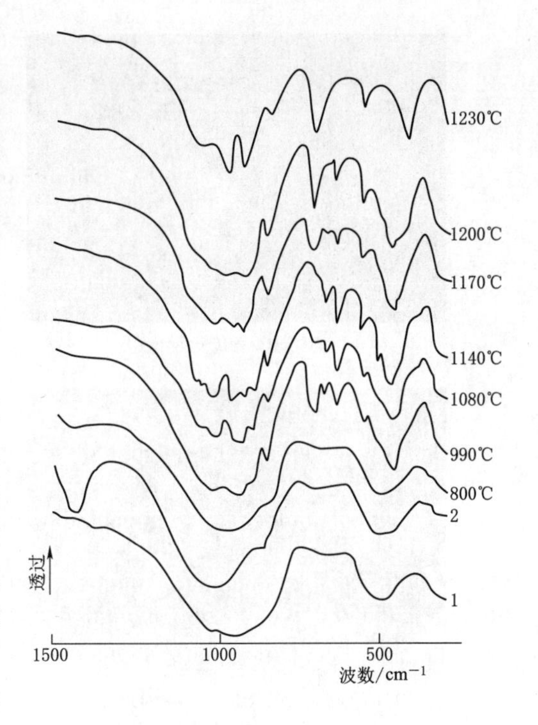

图 2.1.8 不同温度下粒化磷渣粉的红外光谱

注：图中“透过”表示透过红外光，曲线 1、2 分别对应两个样品的红外光谱曲线。

2.1.3 微观分相

粒化磷渣粉的活性大小不仅与其化学组成有关，还与玻璃体数量和网络结构有关。由于地域的差异和原材料的不同，生产得到的磷渣粉的化学组成和玻璃体含量有一定的变动性。玻璃体数量越多，磷渣粉的活性越高。玻璃体的结构不规则化程度越严重，磷渣粉的活性越高。

粒化磷渣粉中含有一定量的 P_2O_5，部分 P_2O_5 以多聚磷酸盐的形式存在，由于 P—O 键的键能高于 Al—O 键和 Si—O 键，因此玻璃体中多聚磷酸盐成为网络形成体，降低了粒化磷渣粉的活性。P^{5+} 的场力比 Si^{4+} 的场力更强，氧的非桥键首先满足于 P^{5+} 的配位。玻璃体中 Al—O 键比 Si—O 键的键强小，当 Al 的配位数为 6 时，铝氧八面体的键强更小，约为 Si—O 键的 50%左右，活性更高。磷渣中 Al_2O_3 含量低，而且通过核磁共振（NMR）分析和红外光谱分析发现，磷渣中的铝以 4 配位为主。因此，与矿渣粉相比，磷渣粉的网络形成体较多，玻璃体结构更为牢固，活性较低。但氟来源于氟磷灰石，各地磷渣粉含氟量均稳定于 2%～3%，不可能有更大的提高。

结合透射电镜（TEM）研究了磷渣粉的微观结构，其结果见图 2.1.9。透射电镜可以从纳米级观测材料的结构形态，从图 2.1.9（a）清晰可见磷渣粉中存在分布均匀的结晶环，即说明磷渣粉中玻璃相与结晶相共存。从图 2.1.9 中可以看出，在 100nm 级尺度能辨别出磷渣粉结构中存在着不同形式的结构缺陷，如图 2.1.9（b）中所示的线性位错、图 2.19（d）中所示的片层状表面台阶等。

磷渣粉中阳离子的配位数和键能试验结果见表 2.1.1。从表 2.1.1 中可以看出，磷渣粉中 Si—O 键和 P—O 键的键能较大，分别为 443kJ/mol 和 368～464kJ/mol；当铝以 4 配位形式存在作为网络形成体时，键能为 330～422kJ/mol，以 6 配位作网络外体时键能只有 222～280kJ/mol；Ca—O 键键能只有 134kJ/mol，Na—O 键和 K—O 键键能分别为 94kJ/mol 和 54kJ/mol。玻璃体的活性和网络外体与网络形成体的比例密切相关。网络外体越多，可提供的游离氧越多，玻璃体结构的聚合度越低，在外加碱激发下易被破坏的键桥就越多，活性也就越高。

(a) 结晶环（放大500倍）

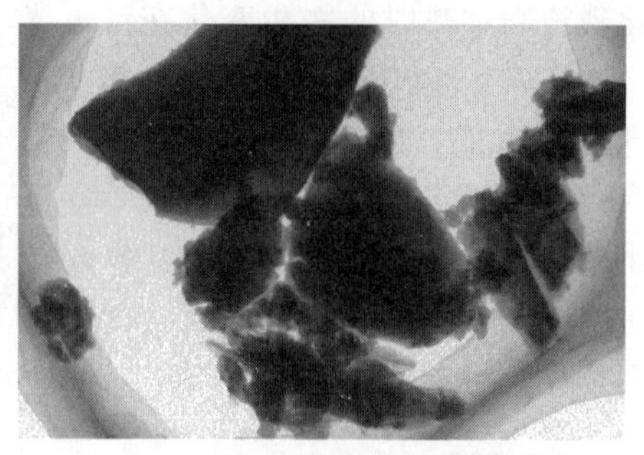
(b) 线性错位（放大20000倍）

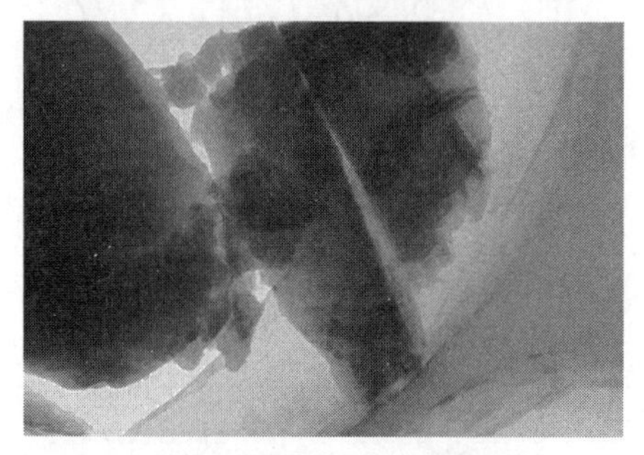
(c) 线性与片层状错位（放大20000倍）

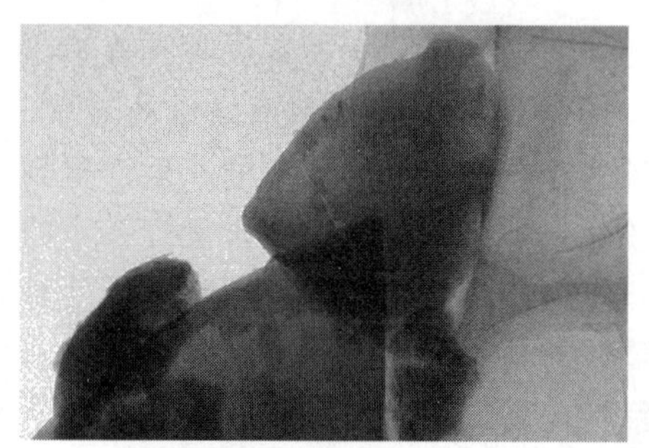
(d) 片层状表面台阶（放大60000倍）

图 2.1.9　磷渣粉透射电镜照片

表 2.1.1　磷渣粉中几种阳离子的配位数和键能试验结果

阳离子	配位数	键能/(kJ/mol)	阳离子	配位数	键能/(kJ/mol)
Si—O	4	443	Mg—O	4	232
P—O	4	368～464	Mg—O	6	155
Al—O	4	330～422	Na—O	6	94
Al—O	6	222～280	K—O	9	54
Ca—O	8	134			

从磷渣粉的化学组成可以看出 CaO/SiO_2 比在 1.0～1.5 之间，还含有少量的磷，且铝相含量一般小于 8%，Si—O 键和 P—O 键键能较大，在水化初期不易断裂。而氧化铝和氧化镁的含量较低，当铝和镁以 6 配位存在时，作为网络外体，降低了玻璃体结构的聚合度，提高了磷渣粉的活性。对不同的体系，铝的 6 配位与 4 配位的含量比值 $[MeO_6]/[MeO_4]$ 存在着一个最佳值，在此比值时活性最好，但这个值对不同体系是不同的，而非一定值。其他金属氧化物，如氧化钠、氧化钾等，都属于网络外体。它们填充网络结构中的空穴，与其他氧化物形成固溶体，会加剧网络结构的无序化，有利于碱激发条件下离子从结构中解聚出来，增加了磷渣粉的活性。

磷渣粉红外光谱检测到在 $1039cm^{-1}$ 和 $879cm^{-1}$ 有硅氧四面体的伸缩振动，$511cm^{-1}$ 硅氧四面体的弯曲，即磷渣中同时存在无定型 SiO_2 和结晶态的石英；此外，还观测到 $713cm^{-1}$ 面内弯曲振动，$878cm^{-1}$ 面外弯曲振动，这是由于 CO_3^{2-} 中 C—O 键的弯曲振动引起的，在 1433cm^{-1}反对称伸缩振动谱带还证实磷渣中存在方解石（$CaCO_3$）。

差热分析是有效研究晶态/非晶态的量热分析方法，可以显示玻璃相的转变温度。磷渣粉的综合热分析研究结果如图 2.1.10 所示。从图 2.1.10 可以看出，当温度从 60℃上升至 1000℃时，磷渣粉的质量损失小于 1.0%，可以认为是磷渣粉含水蒸发所致。在 300～500℃，质量损失基本保持不变时，热流曲线出现一个明显峰值，分析认为磷渣粉在加热过程中出现结构转化，可能是磷渣粉中部分玻璃相发生了结构转变，即同质多相转化，这也一方面佐证了磷渣粉中的确存在玻璃分相。

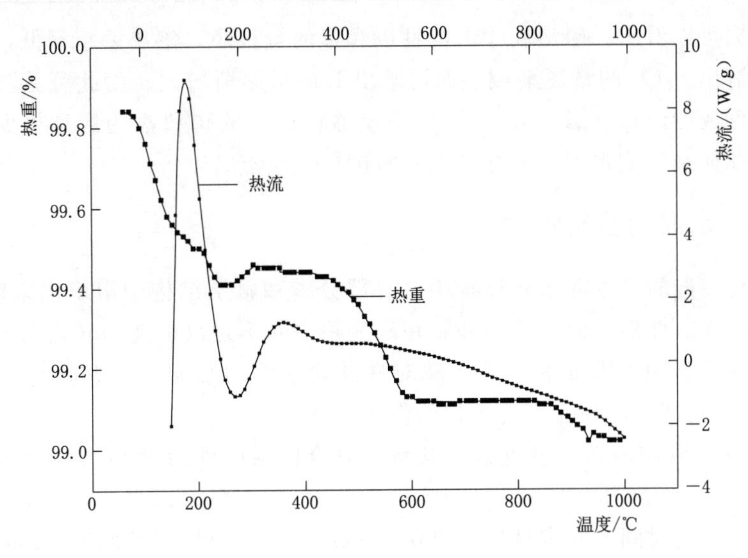

图 2.1.10　磷渣粉的综合热分析试验结果

2.2　P_2O_5 对水泥基材料凝结特性的影响

2.2.1　可溶性 P_2O_5 和 F 的含量

大量研究表明磷渣粉对硅酸盐水泥具有很强的缓凝效应，并将其归咎于磷渣粉的化学组成 P 和 F。磷渣粉中磷和氟的存在形式非常复杂，既有可溶的也有难溶的。石云兴等研究表明，磷渣中的 P_2O_5 有两种状态，一部分固溶于玻璃体中，另一部分为玻璃体结构中的网络形成体。在外加剂激发剂作用下只有固溶于玻璃体的磷会从结构中解聚出来，转移到液相中从而影响水泥的水化硬化。而磷渣中氟含量的增加将破坏磷渣玻璃体中阴离子结合物的形成和聚合，提高磷渣的活性。因此磷渣粉在硅酸盐水泥水化的碱激发下仅有部分磷和氟会从结构中溶解出来。

程麟等为了测定磷渣粉中可溶出的磷和氟的含量，试验取 50g 磷渣粉，加入到 100mL 的 pH=7 的水和 pH=13 的 NaOH 溶液中，搅拌 5min，然后取滤液测定溶液中磷和氟的含量。磷渣粉的自身化学组成中 P_2O_5 和 F 的含量分别为 1.44%和 2.73%。试验结果见表 2.2.1。

表 2.2.1　　磷渣粉中磷和氟的可溶出量及溶峰

溶液 pH	指　标			
	可溶出量/(mg/L)		溶出率/%	
	氧化物			
	P_2O_5	F	P_2O_5	F
7	1.08	64.1	0.015	0.47
13	0.44	84.9	0.0061	0.62

从试验数据可以看出，磷渣粉中可溶性磷和氟的量很小，溶出率也很低，且随着液相碱度的提高可溶出 P_2O_5 的量逐渐减小而可溶出 F 的量逐渐增大。由此可见，磷渣粉在硅酸盐水泥水化形成的液相（pH＝12～13）中能够释放出的磷和氟的量是很少的，如此微量的磷和氟是如何来影响水泥的水化的是本章的研究重点。

2.2.2　P_2O_5 -水泥的凝结特性

尽管磷渣粉在硅酸盐水泥水化过程中会有部分磷和氟从结构中溶解出来转移至液相，从而影响水泥体系的性能。但由于磷和氟在磷渣粉中并不是以单纯的氧化物形式而是分布在整个网络体结构当中，因此为了放大磷对硅酸盐水泥的影响，本书确定采用单独外掺 P_2O_5 的方法，研究其对硅酸盐水泥水化的作用机理。

试验采用向30%磷渣粉＋普通硅酸盐水泥复合体系中外掺 P_2O_5 的方法，P_2O_5 的掺量分别取0、0.5%、1.0%、1.5%、2.0%、2.5%、3.0%、3.5%、4.0%。按《水泥标准稠度用水量、凝结时间、安定性检验方法》（GB 1346）测得初凝和终凝时间，具体结果见表2.2.2。

表 2.2.2　　P_2O_5 含量对水泥凝结时间的影响（P_2O_5 在水中溶解后使用）

水泥掺量/%	磷渣粉掺量/%	P_2O_5掺量/%	凝结时间/min	
			初　凝	终　凝
100	0	0	175	260
85	15	1.51＋0	302	437
70	30	1.51＋0	343	608
55	45	1.51＋0	502	691
70	30	1.51＋0.5	992	1454
70	30	1.51＋1.0	1090	1365
70	30	1.51＋1.5	1110	1360
70	30	1.51＋2.0	759	1110
70	30	1.51＋2.5	815	1220
70	30	1.51＋3.0	876	1201
70	30	1.51＋3.5	675	887
70	30	1.51＋4.0	694	979

注　P_2O_5 掺量表示形式为磷渣粉自身 P_2O_5 含量＋单独外掺 P_2O_5 含量，全书统一。

从表 2.2.2 的数据和图 2.2.1、图 2.2.2 可以看出，磷渣粉的掺入会显著延长水泥的凝结时间，且凝结时间随着磷渣粉掺量的增加不断延长，磷渣粉掺量为 30%时，水泥的初凝和终凝时间分别被延长了 168min 和 348min。P_2O_5 的掺入会使磷渣粉的缓凝效果更为显著，随着 P_2O_5 掺量的增加凝结时间不断延长，但是当 P_2O_5 掺量达到一定值后凝结时间会有缩短的趋势，但在试验掺量 1.51%～5.51%范围内凝结时间仍然超过基准值。

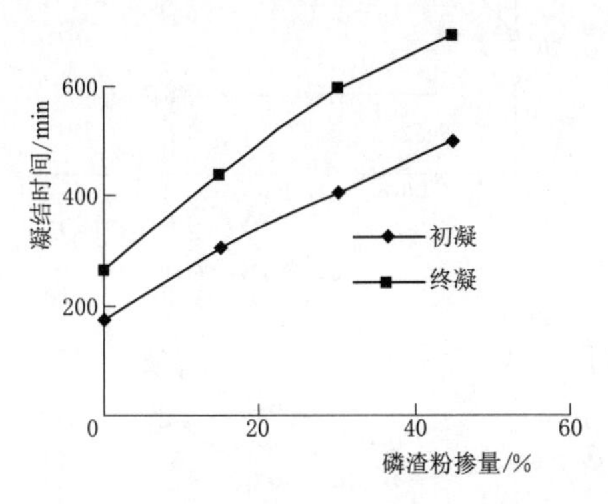

图 2.2.1　磷渣粉掺量与凝结时间的关系

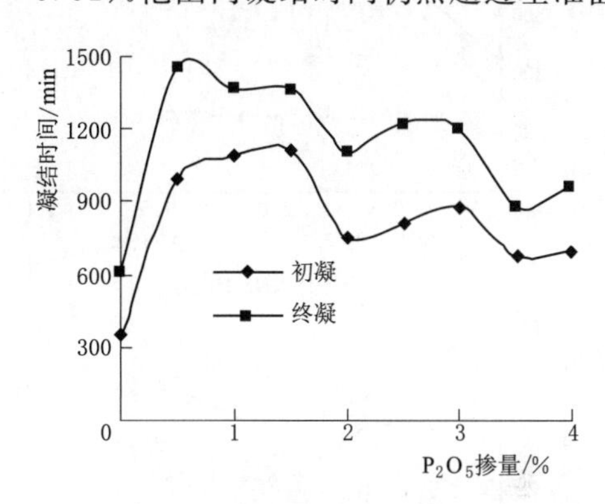

图 2.2.2　P_2O_5 掺量与凝结时间的关系

2.3　磷酸盐和氟盐对水泥基材料凝结特性的影响

由于磷渣粉中磷和氟都不是以纯氧化物的形式存在，而是分布在网络结构当中，部分充当网络骨架，部分填充网络空穴，在外加碱激发下仅有微量可溶出。所以为了更好地了解磷和氟的缓凝作用机理，试验分别选取了易溶性和难溶性的磷酸盐和氟盐，并借助 XRD、微量热仪等微观测试手段，以期从凝结特性和微观分析两方面总结磷酸盐和氟盐对硅酸盐水泥的缓凝作用机理。

微观测试试样为 40mm×40mm×40mm 的净浆试件，将其标准养护到规定水化龄期，破碎成小块、磨细，置于真空干燥箱内干燥，进行 XRD 分析。采用 C－80Ⅱ型导热式微量热仪，测定胶凝体系的水化放热速率曲线；掺入 P_2O_5 时，根据水泥用量计算 P_2O_5 用量，先将 P_2O_5 溶于水制成磷酸溶液，试验开始时再加入水泥中进行观测。

2.3.1　磷酸盐对凝结时间的影响

凝结特性试验根据《水泥标准稠度、凝结时间、安定性检验方法》（GB 1346）进行。由于磷渣粉中 P_2O_5 含量为 1.37%～2.41%，F 含量为 1.92%～2.75%，如前所述磷渣粉中磷与氟都不是以纯氧化物的形式存在，在外加碱激发下仅有微量可溶出。为凸显磷酸盐与氟盐的影响，本书试验过程中选定磷酸盐与氟盐的当量掺量为 0.5%～1.5%。向硅酸盐水泥中分别掺入易溶性和难溶性的磷酸盐，其中易溶性的磷酸盐和氟盐先溶于水后再加入到水泥中，难溶性的磷酸盐和氟盐先与水泥混匀后再加水搅拌。

试验原材料采用葛洲坝 42.5 中热硅酸盐水泥（P.MH），磷酸盐包括 P_2O_5、Na_2HPO_4、Na_3PO_4、$CaHPO_4$、$Ca_3(PO_4)_2$，氟盐包括 NaF 和 CaF_2，均为分析纯。具体

试验结果见图 2.3.1。

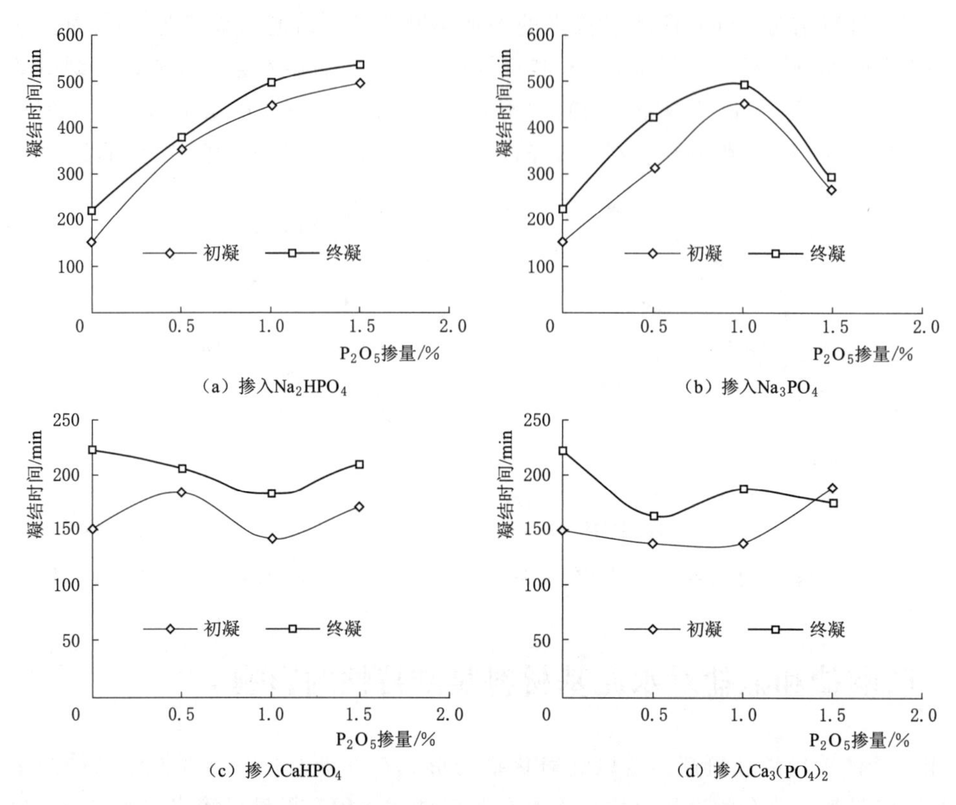

图 2.3.1　磷酸盐与硅酸盐水泥凝结时间的关系曲线

从图 2.3.1 可以看出，易溶性磷酸盐 Na_2HPO_4 和 Na_3PO_4 都会延长硅酸盐水泥的凝结硬化，且随着掺量的增加缓凝加剧；当 P_2O_5 的当量掺量达到 1.0%时，初凝和终凝时间平均分别延长 5h 和 4.5h。对于 Na_3PO_4，当 P_2O_5 当量掺量增加至 1.5%时，凝结时间出现缩短趋势。而难溶性磷酸盐对硅酸盐水泥的凝结硬化则不会产生明显的缓凝，甚至还会出现速凝。试验中可以观察到，当掺入难溶性的 $Ca_3(PO_4)_2$ 时，胶凝体系出现瞬凝，且随着掺量的增加这种现象越明显。

上述分析与 W. Lieber 研究结果一致，W. Lieber 曾通过测得磷酸盐对水泥浆水化放热曲线的延缓，研究了不同水溶性磷酸盐对水泥凝结时间的影响，结果发现各种磷酸钠的缓凝效果均非常显著。

2.3.2　氟盐对凝结时间的影响

分别研究了易溶和难溶性氟盐 NaF，CaF_2 对硅酸盐水泥凝结特性的影响，氟的当量含量分别为 0.5%，1.0%和 1.5%，试验结果见图 2.3.2。

与磷酸盐类似，不同种类的氟盐对硅酸盐水泥凝结硬化的影响也不同。易溶性 NaF 掺量在 0.5%～1.5%时，水泥的初凝、终凝均早于标准组凝结时间，且掺量越高凝结越快。值得注意的是，在试验过程中，当搅拌停止胶凝体系出现瞬凝。向硅酸盐水泥中掺入

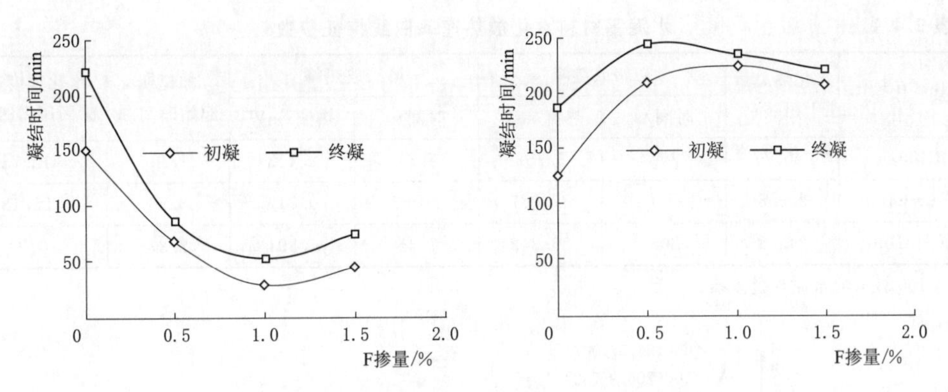

图 2.3.2 氟盐与硅酸盐水泥凝结时间的关系曲线

难溶性的 CaF_2，水泥的初凝和终凝均被延迟，但缓凝程度小于 Na_2HPO_4 和 Na_3PO_4；当 CaF_2 掺量大于 0.5%时凝结时间有缩短的趋势，随着 CaF_2 掺量的增加，胶凝体系终凝与初凝的时间间隔逐渐减小。

2.4 缓凝作用机理

目前关于磷渣粉使硅酸盐水泥缓凝的机理主要有 3 种解释：①磷渣中的可溶性磷和氟与水泥水化析出的 $Ca(OH)_2$ 反应，生成不溶性磷酸钙和氟羟磷灰石，包裹在水泥粒子周围，延缓了水泥的凝结硬化。②P_2O_5 与石膏的复合作用延缓了 C_3A 的整个水化过程。由于水泥的早期水化是由熟料矿物 C_3S 和 C_3A 的凝结硬化决定的，而通常认为 C_3A 是影响水泥是否正常凝结的主要因素。目前对于 C_3A 水化，公认的理论是：C_3A 水化速率是由颗粒表面迅速生成的“六方水化物”层（C_4AH_{13}和 C_2AH_8）的扩散过程决定的。由于 C_3A 水化产生的大量水化热使浆体的温度升高到临界值，使上述“六方水化物”迅速转变成 C_3AH_6，其障碍不复存在，因而 C_3A 可迅速完全水化，生成以 C_3AH_6 为主的水化产物。如果 C_4AH_{13}的转化被阻碍，则 C_3A 的水化就被抑制。水泥加水后，磷渣中可溶性磷、氟与溶液中 $Ca(OH)_2$ 化合，生成磷酸钙和氟羟磷灰石，包裹在水泥颗粒表面，同时可能与 C_4AH_{13}固化，阻止了 C_4AH_{13}的转化，从而抑制了 C_3A 水化。包裹层的屏蔽作用使 C_3S 水化也被抑制，从而使水泥凝结缓慢。③吸附机理，即磷渣颗粒被吸附于硅酸盐水泥水化初期形成的半透水性水化产物薄膜上，致使该薄膜层致密性增加，离子和水通过薄膜的速率降低，引起水泥粒子水化速率下降，进而导致缓凝。

为了揭示磷酸盐和氟盐对水泥的缓凝作用机理，采用微量热仪测定了外掺 P_2O_5 和 CaF_2 的水化放热速率曲线（图 2.4.1）。提取水化放热速率曲线相关特征参数列于表 2.4.1。

一般情况下，胶凝体系诱导期的结束标志浆体的初凝，加速期的峰值对应浆体的终凝。根据水化放热速率曲线可以观察到，P_2O_5 和 CaF_2 的掺入都会不同程度地影响硅酸盐水泥的凝结。掺 P_2O_5 水泥浆体的初凝和终凝时间分别被延长了 7.83h 和 12.54 h，CaF_2 只对硅酸盐水泥的初凝时间有缓凝效果，延长了 1.76h，而对终凝时间影响不大。

表 2.4.1　水泥基材料水化放热速率曲线特征参数

浆　体	水化热总量/(J/g)	初始放热峰		第二放热峰		加速期起始时间/h	水化程度达到50%所需时间/h
		时间/s	热流/mW	时间/s	热流/mW		
C100	265.77	260	9.752	7.31	2.113	1.11	12.73
P_2O_5+C100	205.8	104	57.007	19.85	0.716	8.93	25.13
CaF_2+C100	243.8	208	26.342	7.45	1.891	2.87	9.74

注　C100 表示纯水泥胶凝体系。

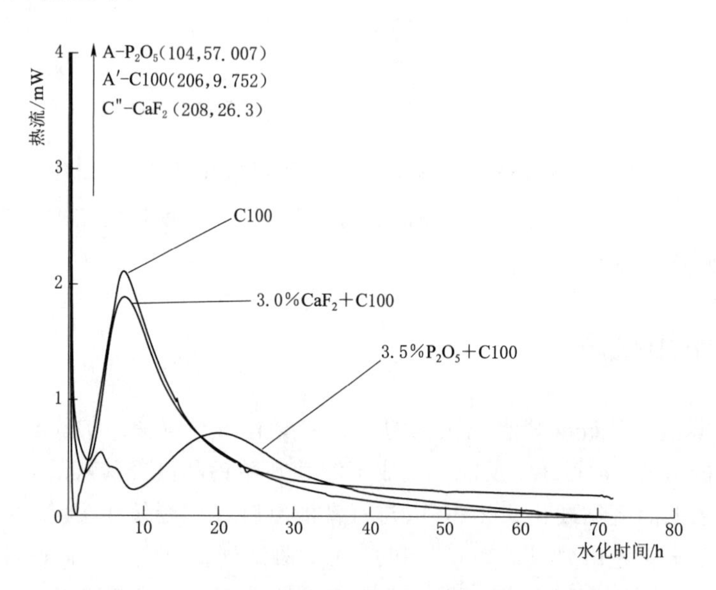

图 2.4.1　不同种类硅酸盐水泥的水化放热速率曲线

注：图中向上箭头括号内的数值表示各胶凝体系的第一个水化放热峰出现的时间及对应的热流值。

从图 2.4.1 和表 2.4.1 可以明显看出，P_2O_5 和 CaF_2 的掺入会不同程度降低水泥的水化热总量，分别降低 22.6% 和 8.3%。通常水化放热速率曲线的初始放热峰值对应的是 C_3A 水化，加速期峰值对应的是 C_3S 和 C_2S 水化。外掺 P_2O_5 和 CaF_2 不仅会影响参与水化的硅酸盐水泥熟料矿物 C_3A 的量，还会影响 C_3A 的水化速率。从表 2.4.1 可以看出，掺入 P_2O_5 后水泥中 C_3A 溶解水化引起的初始放热峰的时间相比基准水泥浆体缩短了 156s，且热流峰值是后者的 5.8 倍。CaF_2 也有类似影响，但影响程度基本相当于 P_2O_5 的一半。对于加速期峰值，结果则正好相反，即 P_2O_5 的掺入大幅降低了水化放热峰值，只有 0.716mW，相比硅酸盐水泥，水化峰值降低了 66%，而 CaF_2 的掺入使得硅酸盐水泥水化放热峰值降低了 11%。这说明 P_2O_5 和 CaF_2 的掺入促进了 C_3A 的初始溶解水化，而延缓了 C_3S 和 C_2S 的水化，其中 P_2O_5 的作用程度最为显著。

2.4.1　磷酸盐对水泥的缓凝作用机理

从图 2.4.1 可以清楚看到，P_2O_5 的掺入会显著延缓硅酸盐水泥的凝结硬化，掺入 P_2O_5 后硅酸盐水泥的水化诱导期大大延长，已经超过了硅酸盐水泥的加速期峰值，即

P_2O_5 会加快 C_3A 的水化速率，并增加 C_3A 参与水化的量而延缓 C_3S 和 C_2S 的水化速率，缓凝程度十分显著。

分析认为液相中 P_2O_5 的溶解形成 $H_2PO_4^-$ 离子和 H^+，降低液相的 pH 值。根据 Gesh 的研究，钙-硅体系中液相的 pH 值和 Ca^{2+}，SiO_4^{4-} 是影响 CH 和 C-S-H 晶核形成和生长的主要因素，即 pH 值的降低会促进硅酸盐水泥各相的水解。试验连续追踪了掺 P_2O_5 水泥浆体的 pH 变化过程（图 2.4.2）。显而易见，水泥浆体中掺入 P_2O_5 后液相 pH 急剧降低，促进 C_3A 快速水化，生成六方铝酸盐和 $Al(OH)_3$ 凝胶。

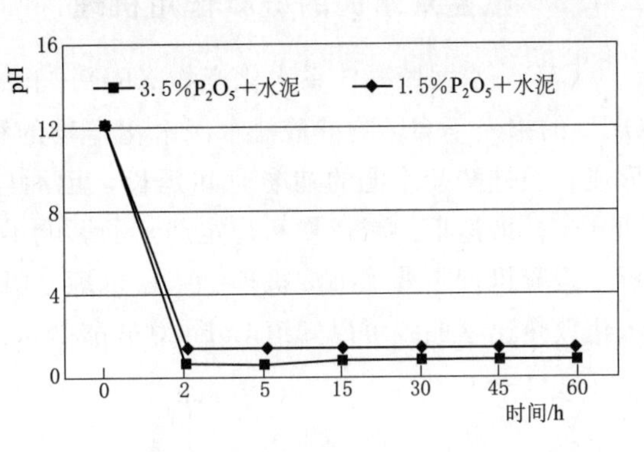

图 2.4.2 掺 P_2O_5 水泥浆体液相 pH 变化过程

从掺 P_2O_5 硅酸盐水泥水化放热速率曲线还可以看出，在诱导期出现了一个小小的放热峰，即有新的水化产物生成。从 3d 水化龄期 XRD 图谱（图 2.4.3）中可以看出，胶凝体系中生成水化产物的量非常少，既没有钙矾石形成也没有难溶性羟基磷酸钙存在，只有少量 $Ca(OH)_2$ 晶体和硅酸钙三钙固溶体（$d=3.04Å$，$d=2.779Å$，$d=2.61Å$）。水化 90d 龄期时，可以清晰地看到钙矾石（AFt）物相和大量的 $Ca(OH)_2$ 晶体存在，水化产物中还含有较多的水化硅酸钙和未水化的水泥颗粒。这说明 P_2O_5 的掺入只会暂时性阻碍钙矾石的形成，但是磷酸根离子不会和液相中 Ca^{2+}、OH^- 结合形成难溶性羟基磷酸钙覆盖在 C_3A 表面阻碍水化进行。

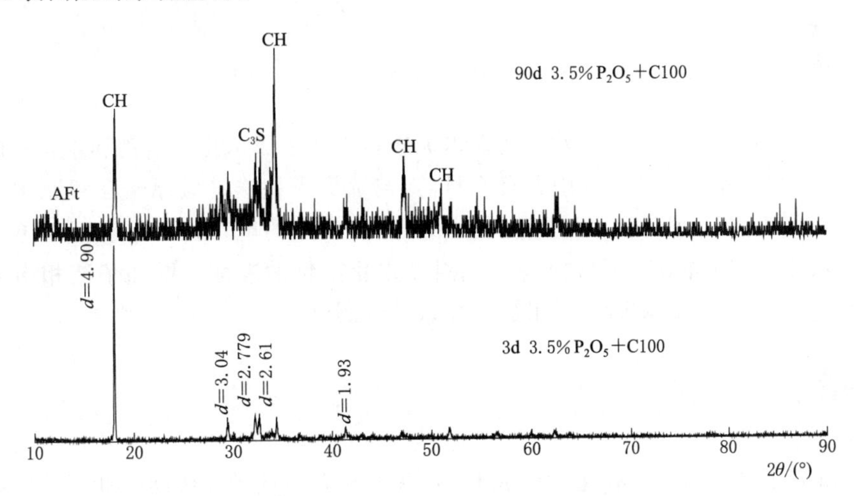

图 2.4.3 3.5%P_2O_5-硅酸盐水泥 XRD 图谱

P_2O_5 对硅酸盐水泥水化的缓凝效应是一个十分复杂的过程，主要通过降低液相的 pH 值、形成铝相水化物和固溶体增加水化物保护层厚度等几方面综合作用延缓了水泥熟料矿物 C_3S 和 C_2S 的水化，从而延长了硅酸盐水泥的诱导期。对于易溶和难溶性的磷酸盐，作用机理与 P_2O_5 类似，只是形成的水化产物类型可能有所不同，有可能是难溶性的聚磷酸盐水化产物。

2.4.2　氟盐对水泥的缓凝作用机理

CaF_2 -水泥胶凝体系水化产物 XRD 试验结果如图 2.4.4 所示。从图 2.4.4 可以看出，CaF_2 的掺入不会影响硅酸盐水泥水化产物的种类和结构，没有新的硅酸盐水泥水化产物形成；但硅酸盐水泥的初凝时间延长，也即硅酸盐水泥的水化诱导期延缓，而对水化后期（包括加速期、减速期和稳定期）的影响不大。根据缓凝组分对硅酸盐水泥缓凝机理分析，缓凝机理不外乎沉淀机理、络盐机理、吸附机理和成核生成抑制机理 4 种，所以根据水化放热速率曲线可以知道 CaF_2 对硅酸盐水泥凝结特性的影响主要是依靠吸附机理。

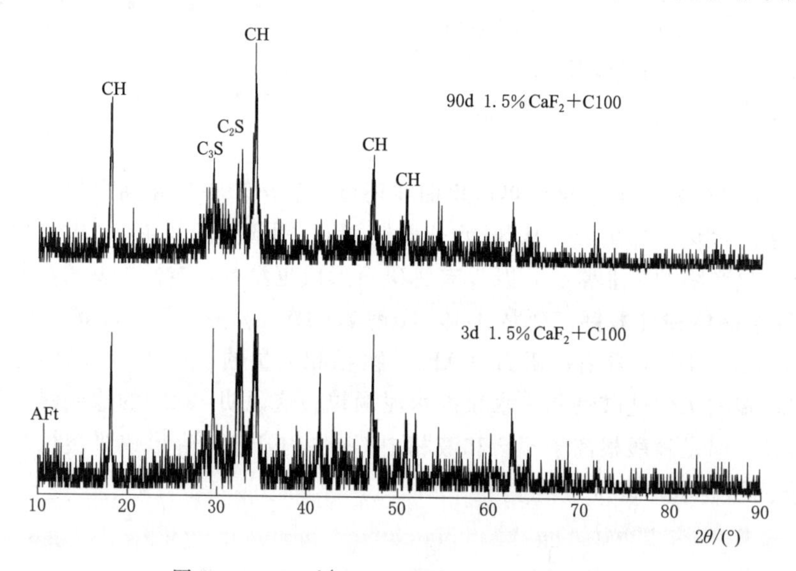

图 2.4.4　1.5%CaF_2 -硅酸盐水泥 XRD 图谱

可以解释为，硅酸盐水泥初始水化在水泥颗粒表面生成水化硅酸钙和水化铝酸钙，形成一层水化产物薄膜。水化产物中含有 OH^-，与氧原子相连的氢原子在氧原子作用下失去电子形成一个赤裸的质子，而 CaF_2 中的 F^- 具有很强的电负性，且有孤对电子，这样 CaF_2 会与水化产物中的 H^+ 形成氢键，吸附在水化产物的表面，增加了液相中离子向水泥颗粒表面迁移的阻力，从而延缓了硅酸盐水泥的凝结。

2.5　小结

本章研究了磷渣粉的特有化学组成 P_2O_5 和 F 以及不同种类磷酸盐和氟盐对硅酸盐水泥凝结特性的影响，分析了 P_2O_5 和氟盐的缓凝机理，得到以下结论：

（1）磷渣粉中可溶性 P_2O_5 和 F 量很少，溶出率也很低，且随着液相碱度的提高可溶出 P_2O_5 的量逐渐减小而可溶出 F 的量逐渐增大。

（2）磷渣粉和 P_2O_5 对硅酸盐水泥具有缓凝效应。随着磷渣粉掺量的增加缓凝程度不断加剧。随着 P_2O_5 掺量的增加凝结时间不断延长，但存在一个掺量限值，若超过这个限值，掺量继续增加缓凝程度有降低的趋势。

(3) 磷酸盐对硅酸盐水泥凝结时间的影响不仅与阴离子有关，还与阳离子有关；总的来说，几种磷酸盐对硅酸盐水泥的缓凝程度从高到低排列：$Na_2HPO_4 > Na_3PO_4 > Ca_2HPO_4 > Ca_3(PO_4)_2$。

(4) 氟盐对硅酸盐水泥凝结时间的影响也与阳离子有关。氟盐当量掺量控制在0.5%～1.5%时，NaF 会促进硅酸盐水泥的凝结硬化，CaF_2 会延缓硅酸盐水泥的凝结硬化，但会缩短终凝与初凝的时间间隔。

(5) P_2O_5 对硅酸盐水泥的缓凝效应是液相 pH 值的降低、铝相水化物的形成和固溶体形成增加水化物保护层厚度三种效应的叠加。液相 pH 值的降低会促进 C_3A 的水化，形成氢氧化铝凝胶，从而降低硅酸盐的溶解度延缓了 C_3S 和 C_2S 的水化；铝相水化物会附着在硅酸盐表面，作为氢氧化钙和 C－S－H 的晶核，形成固溶体增加了 C_3S 和 C_2S 表面水化产物层的厚度，降低了液相中 Ca^{2+} 和 OH^- 的浓度，抑制液相中 CH 的结晶成核与生长，从而延长了诱导期。

(6) 易溶性和难溶性氟盐对硅酸盐水泥凝结特性的影响不同，作用机理也不一样。易溶性的氟盐会与溶液中的 Ca^{2+} 和 OH^- 形成难溶性的 CaF_2 同时生成强碱，加速水泥熟料颗粒结构的解聚，会促进硅酸盐水泥的凝结硬化。难溶性氟盐主要通过与水泥颗粒表面水化产物的 H^+ 形成氢键，吸附在水化产物表面形成吸附效应，增大了液相离子向水泥颗粒表面的迁移阻力，也增加了水泥颗粒表面离子穿过水化产物层的阻力，从而延缓了水化。

第3章

磷渣粉的火山灰活性

磷渣粉是一种以玻璃相为主的 $CaO-SiO_2-Al_2O_3$ 材料体系，经过适当的物理与化学激发可以发挥其潜在火山灰反应活性。本章在总结火山灰质材料火山灰活性评价指标基础上，系统梳理磷渣粉的火山灰活性影响因素，通过机械粉磨与碱激发的物理化学活化方式，分析磷渣粉的火山灰效应及作用机理。基于磷渣粉在碱激发作用下的火山灰反应率以及磷渣粉与氢氧化钙含量的关系，计算出碱性条件下磷渣粉的最佳理论掺量，为磷渣粉用作混凝土掺合料的合理掺量控制提供科学依据。

3.1 火山灰质材料及火山灰活性评价指标

3.1.1 火山灰质材料

凡是天然的或人工的以氧化硅和氧化铝为主要成分的矿物质材料，在没有外加剂情况下加水拌合不会发生凝结硬化，但在有石灰存在时则不仅能在空气中硬化，而且能在水中继续硬化，这种材料被称为火山灰质材料。磷渣粉、粉煤灰、矿渣等矿物中都含有一定的氧化硅和氧化铝，当用作水泥混合材料或混凝土的掺合料时，加水拌合后矿物中的活性氧化硅和氧化铝会在水泥的水化产物氢氧化钙的激发下生成一定量的、具有相当强度、体积稳定的胶凝产物，且水化产物能随着龄期的发展不断发展，因此磷渣粉也被看成是具有一定火山灰活性的材料。

火山灰质材料有多种分类方法。若按火山灰质材料的来源分，可以将其分为天然的和人工的火山灰质材料两种。其中天然的主要包括火山灰、浮石、沸石岩、凝灰岩、硅藻土、硅藻石、蛋白石等；人工的则以炉渣和烧制黏土砖瓦为主，一般常见的有烧黏土、烧页岩、煤渣、粉煤灰、煤矸石、矿渣等。

火山灰质材料若按所含的主要氧化物成分来划分，则可以分为含水硅酸质材料、铝硅玻璃质材料和烧黏土质材料。其中含水硅酸材料的主要活性成分是含有一定结合水的无定型的二氧化硅，形成 $SiO_2 \cdot nH_2O$ 的非晶质矿物。这种矿物与氢氧化钙的反应能力强，活性好。这类的火山灰质材料主要有硅藻土、硅藻石、蛋白石以及硅质渣等。铝硅玻璃质材料的主要氧化物除了二氧化硅外，还含有一定数量的氧化铝和少量的碱性氧化物如 Na_2O、K_2O 等。这种材料都要由高温熔体经过不同程度的急速冷却得到，所以玻璃体含量较高，其活性主要取决于化学成分、冷却的速率和玻璃体的含量。该类铝硅玻璃质材料可分为天然火山灰质材料和人工火山灰材料，其中火山爆发的生成物，如火山灰、凝灰岩、浮石等都属于天然的活性材料，其中常含有结合水；人工火山灰质材料的则主要是煤粉燃烧后的灰渣，如粉煤灰、液态渣等。烧黏土质材料的活性成分主要为脱水黏土矿物，如脱水高岭土（$Al_2O_3 \cdot 2SiO_2$）等，其化学成分以氧化硅和氧化铝为主，其中氧化铝的含量对活性的影响十分显著。一般经由高岭土含量高的原料如黏土等煅烧制得，如烧黏土、煤矸石渣、沸腾炉渣以及页岩渣等。

1. 粉煤灰

粉煤灰是从煤粉炉烟道气体中收集到的粉末。由于我国生产的粉煤灰多为低钙粉煤灰，其 CaO 的含量一般小于 10%，所以其主要成分是 SiO_2 和 Al_2O_3。我国粉煤灰的主要化学组成和矿物相见表 3.1.1 和表 3.1.2。

从化学组成来看，粉煤灰属于铝硅玻璃质材料。煤粉在高温燃烧后收缩成球状液珠，在经过急速冷却后形成玻璃体，玻璃体中可溶性的 SiO_2 和 Al_2O_3 是粉煤灰的火山灰活性来源。粉煤灰中的活性 SiO_2 和 Al_2O_3 与石灰加水混合后能生成水化硅酸钙（C—S—H）和水化铝酸钙（C—A—H）。粉煤灰中玻璃体的数量越多，其火山灰活性越高。

表 3.1.1　我国粉煤灰的主要化学组成和矿物相含量　单位：%

化学组分	SiO_2	Al_2O_3	Fe_2O_3	CaO	MgO	K_2O+Na_2O	SO_2	Loss
范围	35～60	16～36	3～14	1.4～7.5	0.4～2.5	0.6～2.8	0.2～1.9	1～25
平均值	49.5	25.3	6.9	3.6	1.1	1.6	0.7	9.0

表 3.1.2　我国粉煤灰的矿物相含量　单位：%

化学组分	无定型相		结晶相		
	玻璃体	未燃碳	石英	莫来石	铁化合物
范围	42～70	1～24	1.1～16	11～29	0.04～21
平均值	59.8	8.2	6.4	20.4	5.2

从相组成来看，SiO_2 和 Al_2O_3 主要存在硅铝玻璃体中，尤其是具有不饱和键的可溶性硅和铝都来源于玻璃体，而结晶相和无定型相中的未燃碳都属于化学惰性组分。其中玻璃体的含量在 42%～70%波动，平均含量约为 60%，而高炉矿渣中玻璃体的含量平均约为 80%，要远高于粉煤灰。

粉煤灰中储存主要活性成分 SiO_2 和 Al_2O_3 的玻璃体有以下两个特点：①粉煤灰中的玻璃体以硅氧四面体和铝氧四面体等作为结构单元。结构之间由桥氧离子通过 Si—O、Al—O键在顶点结合构成玻璃体空间网络骨架。金属离子 Ca^{2+}、Mg^{2+}、Na^{+}、K^{+}等以离子键与有自由顶点的硅氧、铝氧四面体结合。硅氧、铝氧四面体的聚合度分别与 Si 与 O 的质量比和 Al 与 O 的质量比有关，聚合度越高，结构越难被解聚。作为网络外体的 CaO 的量也较低，所以粉煤灰中的硅铝玻璃体一般具有较高的聚合度，可溶出的硅和铝的量较少。②根据胡家国等人的研究，认为粉煤灰在高温熔融状态下质点运动很剧烈，导致硅氧四面体和铝氧四面体不能聚合成链接很好的长链，而是在剧烈的热运动下结合成较短的链。这些链上存在很多的断裂点，也就是相当于出现很多有自由顶点的硅氧、铝氧四面体，使得粉煤灰具有较高的潜在活性。同时，粉煤灰在急冷的过程中也会出现链上断裂点的闭合，这个过程是可逆的。粉煤灰在冷却时，由于颗粒小、散热容易，所以不管采用什么采集方式，粉煤灰的冷却都不会像高炉矿渣急冷那么有效，总是会存在部分断裂链结合的情况，所以粉煤灰玻璃体在结构上的活性较矿渣要差。

考虑到粉煤灰中铝硅玻璃体经过冷却后还是保持高温液态结构排列方式的介稳结构体，在常温常压下仍然能保持稳定结构，表现出较高的化学稳定性。此外粉煤灰玻璃体的聚合度一般较高，且经过急冷后部分断裂链重新闭合，所以粉煤灰颗粒在常温下玻璃体结构致密、表面稳定，可溶出硅和铝量较少，一般要在外加剂激发下才能显示出较好的活性。

2. *高炉矿渣*

高炉矿渣是炼铁工业中排出的废渣，在冶炼生铁的过程中，当炉温高达1400～1600℃时助熔剂与铁矿石发生反应生成生铁和高炉矿渣。高炉矿渣是一种由脉石、灰分、助熔剂和其他杂质组成的易熔混合物，这种熔融状的混合物经过水淬急速冷却后形成了粒状高炉矿渣。粒状高炉矿渣的化学组成与硅酸盐水泥熟料相近，以CaO、Al_2O_3和SiO_2为主，其总量一般在90%以上，还含有少量的氧化镁、氧化亚铁和一些硫化物等。

氧化钙（CaO）：粒状高炉矿渣的主要组分之一，也是粒状高炉矿渣的重要活性组分之一。它通常与氧化硅和氧化铝结合成具有水硬性的硅酸钙和铝酸钙，是矿渣活性的主要贡献者。其含量越高，粒状高炉矿渣的活性越大。它也是矿渣区别于粉煤灰、磷矿渣和其他活性材料的一个重要特征。一般矿渣中氧化钙的含量可以高达30%～40%。

氧化铝（Al_2O_3）：也是粒状高炉矿渣的主要组分和活性贡献者，含量越高，矿渣的活性越好。氧化铝在矿渣中一般形成铝酸钙或铝硅酸钙玻璃，含量一般为5%～33%。

氧化硅（SiO_2）：在矿渣中含量较高，约为30%～50%。较高的氧化硅含量增加了矿渣熔融体的黏度，在急冷过程中易形成低碱度的硅酸钙和高硅玻璃体，会降低矿渣的活性。

氧化镁（MgO）：在矿渣中一般以稳定的化合物或者玻璃态化合物形式存在，含量约为5%～12%。通常认为，矿渣中氧化镁的含量控制在20%以内时可以降低矿渣熔体的黏度，有利于增加矿渣的活性。所以一般情况下，矿渣中的氧化镁被看作是有利活性成分。

硫化物：在矿渣中硫化物一般以硫化钙的形式存在，遇水会分解出氢氧化钙，有利于促进矿渣活性的激发。

粒状高炉矿渣的活性不仅与化学组成有关，还与其矿物组成和冷却速率有关。与缓慢冷却形成的矿渣不同，粒状高炉矿渣是高温熔融体经过水淬或空气急冷后得到的，在这个冷却过程中急速冷却阻止了矿物结晶，形成了0.5～5mm的颗粒状高炉矿渣——玻璃态的Ca—Mg—Al硅酸盐形成物。硅酸盐矿物中玻璃体的含量主要与冷却的速度有关，冷却越迅速，粒状高炉矿渣中含有的玻璃体数量就越多，活性也就越高。

Ca^{2+}等粒子半径大和配位数高的阳离子分布在网络空穴当中，作为网络外体用来平衡阴离子电荷。而矿渣中的Mg^{2+}、Al^{3+}等离子既可以充当网络形成体（4配位），也可以作为网络外体（6配位）。其中6配位与4配位的比值越大，粒状高炉矿渣的活性就越高。

3. *硅粉*

硅粉是冶炼硅钢和硅或半导体硅时收集到的工业烟尘，通常又被称为硅尘、硅灰或者是活性硅。根据硅粉中含碳量的不同，颜色从白到黑，一般为灰色。收集到的硅粉颗粒极其细微，在电镜下观察呈球状，有时聚合成团絮状。粒径在0.1～2μm之间，比水泥颗粒要细得多，是一种超细微粉。硅粉的主要化学成分是SiO_2（见表3.1.3），几乎都为非晶态，因此硅粉具有很高的活性。

由于生产过程中原料和技术工艺的不同，硅粉的化学组成也存在差异，具体见表3.1.3。硅粉中SiO_2的含量一般都在85%以上，且大部分都是无定型的活性SiO_2，此外化学组成还含有少量的MgO、CaO、Al_2O_3、Fe_2O_3等。硅粉中无定型的SiO_2含量越高，其火山灰活性越大，与碱反应的能力就越强。从矿物相来看，由于气态氧化硅和硅氧化的冷凝过程十分迅速，SiO_2等来不及形成晶体，因此硅粉属于无定型矿物相。从硅粉的X射线衍射图谱中可以观察到典型玻璃态特征的弥散峰。

表3.1.3　国内外部分地区的硅粉化学成分　单位：%

产地	SiO_2	Al_2O_3	Fe_2O_3	MgO	CaO	Na_2O	K_2O	Loss
挪威	90～96	0.5～0.8	0.2～0.8	0.15～1.5	0.1～0.5	0.2～0.7	0.4～1.0	0.7～2.5
瑞典	86～96	0.2～0.6	0.3～1.0	0.3～3.5	0.1～0.6	0.5～1.8	1.3～1.5	—
美国	94.3	0.3	0.66	1.42	0.27	0.76	1.11	3.77
日本	88～91	0.2	0.1	1.0	0.1	—	—	2～3
加拿大	89～95	0.1～0.7	0.1～3.1	0.3～1.0	0.1～1.0	0.1～0.2	0.5～1.4	2.3～4.4
上海	93.38	0.5	0.12	—	0.38	—	—	3.78
北京	85.37	0.56	1.5	0.63	0.17	—	—	9.26
唐山	92.16	0.44	0.27	1.37	0.94	—	—	1.63
太原	90.60	1.78	0.64	0.78	0.30	1.54	1.41	3.04

从形貌来看，硅粉冷凝时的气、液、固相变过程中受表面张力的作用，形成大小不一的圆球状，且表面较为光滑，有些可能是两个或多个圆球状颗粒粘凝在一起的。所以当硅粉在用作水泥混合材和混凝土的掺合料时，主要就是利用硅粉的这种形态效应及其火山灰效应，可以起到改善物料间的摩擦、降低用水量等的作用。

硅粉在用作水泥和混凝土掺合料时，与水接触后出现表面溶解形成无定型的硅溶胶，与溶液中未集结的SiO_2一起大量吸收水泥水化放出的$Ca(OH)_2$，且在水泥矿物表面呈向外生长势，大大降低了液相中$Ca(OH)_2$的浓度，并生成强度较高的低碱水化硅酸钙，提高了水泥石的强度。同时硅粉还可以降低界面区氢氧化钙晶体的有序排列程度，使晶粒细化，并减少骨料界面自由水的聚集，吸附大量的自由水，这样就可以显著改善界面过渡区的结构。硅粉与水泥水化产物的二次火山灰反应，其水化产物可以减少水泥石结构中大孔、毛细孔和连通孔的数量，而同时增加凝胶孔和过渡孔，使水泥石孔隙分布更加均匀、孔径日趋细化，改善水泥石的整体性能。

4. *煤矸石*

煤矸石是指在煤矿建设、煤炭开采及加工过程中排出的废弃岩石。根据邓定海等人的研究，我国煤矸石的产量约为原煤产量的15%～20%，而且以每年1.5亿t的速度增长，而煤矸石的综合利用率却远远低于排放率，还不到15%。大量的煤矸石被直接排放到空地，占用土地，同时还造成一系列的环境污染（自然效应、爆炸效应、结构侵蚀效应和稳定效应），所以开发煤矸石新的利用途径、大规模地进行煤矸石回收再利用已刻不容缓。

煤矸石的活性体现：在煅烧过程中，黏土类矿物和云母类受热后发生脱水、分解。高岭石分解为偏高岭石和无定型的活性氧化物 SiO_2 和 Al_2O_3。这些无定型的 SiO_2 和 Al_2O_3 在有 CaO、$CaSO_4$ 和水存在时会发生反应生成水化硅酸钙 C—S—H、水化铝酸钙 C—A—H 和水化硫铝酸钙。但是，当煅烧温度大于1000℃时，无定型的 SiO_2 和 Al_2O_3 又会重新结合形成莫来石晶体，降低煤矸石的活性。

目前，主要采用煅烧的方式来激发煤矸石的活性。通过煅烧，一方面可以使黏土类矿物发生脱水、分解，生成无定型的 SiO_2 和 Al_2O_3 产生活性，另一方面可以除去煤矸石中的碳，减少其对需水量、强度和耐久性的影响。所以，煅烧温度和煅烧时间是影响煤矸石火山灰活性的重要因素。温度过低或煅烧时间过短会导致煤矸石中的碳燃烧不彻底，需水量会增大进而影响到强度和耐久性，同时高岭土分解不完全，无定型活性组分 SiO_2、Al_2O_3 量较少。若温度过高或煅烧时间过长，无定型的 SiO_2 和 Al_2O_3 又会重新结合成莫来石，降低煤矸石的活性。根据煤炭灰渣活性的研究，认为燃煤灰渣产生活性的区域有两个：中温活性区600～950℃，高温活性区1200～1700℃。对于煤矸石的适宜煅烧时间没有统一定论，大量的试验表明一般以1～2h为宜。

煤矸石经过高温煅烧后冷却的方式不同，活性不同。高温下的煤矸石经过急速冷却，使得煤矸石的晶格扭曲变形，来不及形成规则的晶体而只能以玻璃体的形式存在，这样大量的热能转化为被储存在玻璃体中的化学能。冷却速度越快，煤矸石的活性就越高。

煤矸石的粉磨细度不同，活性不同。赵鸿胜等人采用灰色关联法研究了煤矸石粒径对活性的影响，结论认为采用粉磨的物理活化方法对煤矸石的后期强度的影响大于早期强度的影响，对煤矸石抗压强度的影响大于抗折强度的影响。细颗粒的煤矸石比粗颗粒的影响更大，且1～10μm的颗粒对活性有积极影响，10～40μm的颗粒对活性有一定的不利影响。

3.1.2　火山灰活性评价指标

如何来具体量化火山灰质材料的活性大小呢？不同的学者提出了不同的量化指标，可以根据表征内容将其分为微观和宏观两种。其中微观指标包括玻晶比、平均桥氧数、聚合度等，这些指标只是活性材料的活性在不同层次的表征。宏观指标有强度比、活性指数、比强度等。下面按测试方法介绍常用的火山灰活性评价指标。

（1）微观结构分析法。微观结构分析法从三个不同层面比较了不同活性材料的活性大小。根据袁润章的研究，可以将类似矿渣的活性材料的结构层分为三个层次，不同的结构层采用不同的指标来衡量其活性大小：

1）玻晶比。将矿渣等视为一个整体，并将其结构粗略视为由玻璃相与结晶相组成。玻璃相与结晶相含量的比值就可以用作表征该结构的特征参数。由于结晶相绝大部分是惰性组分，因此玻晶比越大，活性材料的水硬活性越高。而玻璃相的数量主要取决于矿渣熔融体的水淬速率，也即水淬越迅速，结构中玻璃相的数量就越多，玻璃相相对结晶相的程度就越高，活性也越大。

2）网络外体与网络形成体的比值。接着来考察玻璃相的结构。根据不规则网络学说，可以将构成玻璃体网络的氧化物分为网络形成体、网络中间体和网络外体，其中网络形成体构成主要的网络结构骨架，主要氧化物有 SiO_2、P_2O_5 等；网络外体填充结构空穴，代表氧化物有 CaO，还有一些金属氧化物如 Na_2O、K_2O 等；而网络中间体根据其配位数的不同有时充当网络形成体，有时充当网络外体，如 Al_2O_3 和 MgO。在玻璃体含量大体相当时，可以采用网络外体与网络形成体的比值来比较活性的大小，即网络外体与网络形成体的比值越大，则活性越高。

3）平均桥氧数。当玻璃体结构中网络外体和网络形成体的比值相当时，这时要考察玻璃相的网络结构。玻璃相网络结构的平均桥氧数越小，则形成 $[SiO_4]^{4-}$、$[AlO_4]^{5-}$ 链的聚合度就越低，活性也就越高。

（2）化学组成分析法。

活性系数：$H=\dfrac{Al_2O_3}{SiO_2}$，H 值越大，活性越高。

质量系数：$K=\dfrac{CaO+MgO+Al_2O_3}{SiO_2+MnO+TiO_2}\not<1.20$，质量系数越大，活性越高。

碱性系数：$M_0=\dfrac{CaO+MgO}{SiO_2+Al_2O_3}$，碱性系数越大，活性越高。

水硬性系数：$b=\dfrac{CaO+MgO+Al_2O_3}{SiO_2}$，水硬性系数越大，活性越高。

从这几种表征活性的指标表达式中可以看出，基本上都是活性氧化物中的网络外体与网络形成体的比值，但是各有不足。活性系数 H 尽管考虑了活性成分铝相和硅相的比值，而磷渣粉中铝相含量一般不超过10%，以硅、钙相为主，所以活性系数不能全面说明磷渣粉的活性。质量系数 K 是《用于水泥中的粒化电炉磷渣》（GB 6645—2008）中规定的用来衡量磷渣粉火山灰活性大小的参数，较全面地考虑到了活性组分与低活性或非活性组分的影响，但建议考虑氧化物中的活性成分氧化镁和氧化铝的配位数的不同，同时综合考虑矿物组成中的活性成分。水硬性系数 b 反映了磷渣粉的化学组成中具有水硬活性的成分与低活性组分的比例，与质量系数 K 相比忽略了微量的锰和钛相，基本能表征磷渣粉的活性。

综合考虑以上评价指标的优缺点，笔者建议拟采用 C 来作为火山灰活性评价指标，计算方法如下：

$$C=\frac{CaO+MgO(6^*)+Al_2O_3(6^*)}{Al_2O_3(4^*)+MgO(4^*)+SiO_2} \tag{3.1.1}$$

式中：C 为火山灰活性评价指标；6^* 为结构 6 配位；4^* 为结构 4 配位。

在实际操作过程中应该同时考虑结构组成和水硬性两方面的影响，测得相应条件下可溶出的活性成分氧化钙、氧化铝、氧化镁和氧化硅的含量，然后进行计算。

（3）强度试验法。《用于水泥和混凝土中的粉煤灰》（GB 1596）中介绍了水泥胶砂强度试验法。

在拌制水泥砂浆或混凝土时，掺入活性材料取代部分水泥，养护到规定龄期后进行抗压强度试验。试验测得强度值与不掺活性材料的基准砂浆或混凝土的同龄期强度的比值称为抗压强度比。其比值越大，活性材料的活性越高。

$$f_t = f_{t掺} / f_{t基准} \tag{3.1.2}$$

式中：f_t 为龄期 t 天，抗压强度比；$f_{t掺}$ 为龄期 t 天，掺入活性材料的水泥胶砂或混凝土的抗压强度，MPa；$f_{t基准}$ 为龄期 t 天，不掺活性材料的水泥胶砂或混凝土的抗压强度，MPa。

抗压强度比法具有很强的实际操作性，能在一定程度上判别材料是否具有活性，但是抗压强度比法在试验过程中受多种因素的影响，特别是不能判别不同掺量和龄期时活性材料的火山灰效应，更不能具体量化活性材料在水泥混凝土中火山灰活性效应的大小。

（4）比强度法和活性指数法。蒲心诚提出采用比强度指标对矿物材料的火山灰活性进行定量数值分析。该方法是以比强度为核心，同时用火山灰效应比强度、火山灰效应强度贡献率、活性指数等定量指标（表3.1.4）以及火山灰效应图的方法，可以准确判断与分析各种矿物材料的火山灰活性的大小、影响因素及其规律。

表3.1.4　比强度、火山灰比强度系数、火山灰效应强度贡献率等指标

指标名称	计算式	指标名称	计算式
基准比强度 $f_{基比}$	$f_{基比} = f_{基}/100$	比强度系数 P	$P = f_{掺比}/f_{基比}$
掺混合材比强度 $f_{掺比}$	$f_{掺比} = f_{掺}/q$	火山灰效应强度贡献率 $P_{火山}$	$P_{火山} = (f_{掺比} - f_{基比})/f_{掺比}$
火山灰效应比强度 $f_{火比}$	$f_{火比} = f_{掺比} - f_{基比}$	水化反应的强度贡献率 $P_{水化}$	$P_{水化} = f_{基比}/f_{掺比}$

注　$f_{掺比}$ 为含掺合料混凝土的比强度，MPa；$f_{掺}$ 为含掺合料混凝土的绝对强度，MPa；q 为混凝土胶凝材料中水泥所占的百分数，%；$f_{基}$ 为基准混凝土的绝对强度，MPa；

若将火山灰效应的强度贡献率除以活性材料掺量的百分数，则得到单位活性矿物材料（1%掺量的活性材料）所提供的火山灰效应强度贡献率，将这一指标定义为矿物材料的活性指数 A。

$$A = P_{火山} / q_{掺} \tag{3.1.3}$$

式中：$q_{掺}$ 为混凝土胶凝材料中活性材料所占的百分数，%。

这种方法的优点是能够准确地鉴别与分析多种活性材料在不同龄期各自对水泥砂浆或混凝土强度贡献的大小，定量地计算出各活性材料的火山灰效应随掺量和龄期的变化规律，并且方法简单。本书多采用这种方法来评价磷渣粉的火山灰活性效应。

3.2 火山灰活性影响因素

3.2.1 化学成分

磷渣粉的化学成分与矿渣相似，考虑到生产过程中原料、产地、工艺等的差异，磷渣粉的化学组成也在一定范围内波动。磷渣粉的主要成分是 CaO 和 SiO_2，两者的总量在玻璃体结构中占80%～90%。此外磷渣粉的化学组成还包括少量的Al_2O_3、Fe_2O_3、MgO、P_2O_5、F、K_2O和Na_2O等，各组成的波动范围是CaO40%～50%、$SiO_2$35%～42%、$Al_2O_3$2.0%～4.0%、$P_2O_5$1.0%～2.5%。由于磷渣粉与矿渣结构的相似性，这些化学成分对矿渣的影响作用机理与在磷渣粉中是一致的。其中CaO、Al_2O_3和MgO的存在对磷渣粉活性是有利的，因为根据玻璃化学的理论，它们的量的增加，有利于降低玻璃的聚合程度，从而有利于碱对它的结构的解聚。对于不同氧化物对磷渣粉活性的影响具体分析如下。

二氧化硅（SiO_2）：是磷渣粉的主要组成之一，含量一般高达40%左右，是火山灰活性的不利因素。较高的SiO_2含量可以增加熔融体的黏度，冷却时能够形成高硅玻璃体，使玻璃体结构中的网络形成剂的量增加，会降低磷渣粉的活性。

氧化钙（CaO）：是磷渣粉活性的主要贡献者，在磷渣粉的化学组成中与SiO_2的总量可以占到玻璃体的80%～90%。在熔融体急速冷却过程中，形成玻璃体时它是玻璃体结构中的网络外体，氧化钙的量越多，网络结构形成时的离子聚合度就会越低，能够增加磷渣粉的活性。但若含量过高，熔融渣的黏度下降，冷却时析出晶体的能力会增加，会对磷渣粉的活性造成不利的影响。

氧化铝（Al_2O_3）：属于玻璃体结构的网络中间体，在磷渣粉中主要形成铝酸钙或铝酸钙玻璃体。当以6配位存在时，属于网络外体，能够增加磷渣粉的活性；若以4配位存在会以网络形成体的形式构成网络骨架，但$[AlO_4]^{5-}$四面体的键强小于$[SiO_4]^{4-}$四面体，其存在对活性还是有利的。

氧化镁（MgO）：与氧化铝类似，也是以两种配位形式存在，属于网络中间体。当以6配位存在时属于网络外体，当以4配位存在时属于网络形成体。在磷渣粉中氧化镁的含量一般不会超过6.0%，对水泥的体积安定性不会造成不利影响。同时，它的存在会降低高温熔融体的黏度，有利于提高磷渣粉的活性。

氧化钠、氧化钾（Na_2O、K_2O）：属于网络外体，在磷渣粉中含量较低。但它们分布在网络空穴中，会形成不均匀物相，加剧网络体中微晶相的无序化和不规则化，在与一定浓度的极性OH^-接触时金属Me—O键容易断裂，被溶解分散，有利于提高磷渣粉的活性。

五氧化二磷（P_2O_5）、氟（F）：这两种组分是磷渣粉中的特殊组分。P_2O_5在玻璃体结构中主要以网络形成体的形式存在，构成网络框架，但还有部分以固溶体的形式存在，在水泥激发下会从结构中解聚出来转移到液相，这一部分组成是有利于活性提高的。毛良喜也认为磷渣粉中的磷是以磷氧四面体的聚合度来影响磷渣粉的活性的，即磷渣中P_2O_5含量越多，则桥氧数越大，玻璃体网络结构越牢固，其水化活性就越差。氟的存在会破坏玻璃体中阴离子结合物的形成和聚合，也是能够促进磷渣粉活性的提高。

除了上述氧化物磷渣粉中还可能含有少量的Fe_2O_3、MnO和TiO_2等，这些氧化物对磷渣粉活性的作用不仅与其含量有关，还与其存在形态有关。为了综合评价磷渣粉中氧化物对其活性的影响，《用于水泥中的粒化电炉磷渣》（GB 6645—2008）中采用质量系数K来衡量粒状磷渣粉的火山灰活性。具体表达如下：

$$K=\frac{CaO+MgO+Al_2O_3}{SiO_2+P_2O_5}\nless 1.20 \tag{3.2.1}$$

从表达式可以看出，质量系数反映了磷渣粉的化学组成中活性组分与低活性或非活性组分之间的比例，且质量系数越高，磷渣粉的活性越大。由于磷渣粉的组成具有高钙低铝相的特点，且 P_2O_5 和 MgO 的含量都较低，所以一般简以 CaO 与 SiO_2 的质量比代替质量系数来衡量磷渣粉活性的大小，且比值越高，活性越大。经计算我国各地区磷渣粉的质量系数基本都达到标准，在 1.20～1.45 之间。

取 5 种化学组成不同的磷渣粉进行试验，与水泥混合后加水拌合进行强度试验，磷渣粉掺量均为 30%，具体试验结果见表 3.2.1。试验结果表明，对于化学组成不同的磷渣粉，钙硅比可以近似代替质量系数来定量评价磷渣粉活性的大小。抗压比强度与钙硅比和质量系数有很好的相关性，当质量系数或钙硅比增长时抗压比强度不断增加。这表明磷渣粉活性组分的增加有利于提高单位水泥熟料的强度贡献率，即磷渣粉的火山灰效应随活性成分量的增加不断增大。所以提高磷渣粉活性组分 CaO 和 Al_2O_3 的含量，降低网络形成体 SiO_2 和 P_2O_5 的含量，有利于增强磷渣粉的活性。

表 3.2.1　　不同化学组成磷渣粉对强度的影响

编号	磷渣粉掺量/%	化学组成/%					K	CaO/SiO₂	抗压比强度/MPa		
		SiO_2	CaO	Al_2O_3	MgO	P_2O_5			3d	7d	28d
1	30	35.94	47.54	4.67	2.80	2.51	1.43	1.32	0.83	0.96	1.27
2	30	37.86	44.83	4.46	3.38	3.38	1.28	1.18	0.76	0.89	1.20
3	30	39.86	46.67	2.50	4.37	1.74	1.29	1.17	0.76	0.89	1.13
4	30	37.79	44.52	3.11	5.70	3.97	1.28	1.18	0.71	0.83	1.11
5	30	37.79	43.34	3.20	6.40	3.97	1.27	1.15	0.71	0.83	1.13

3.2.2　矿物组成

磷渣粉的矿物组成受工业生产条件的影响很大，高温熔融体若置于空气中自然冷却则会形成块状磷渣，若经过水淬、骤冷则会形成粒状磷渣。冷却方式的不同会造成磷渣粉活性的差异，在空气中自然冷却形成的块状磷渣基本不具有活性，而经过水淬、骤冷形成的粒状磷渣属于玻璃相矿物，内部结构玻璃体含量占 80%～90%，在外加碱激发下能生成胶凝性产物，具有火山灰活性。

3.2.2.1　块状磷渣

块状磷渣颜色淡灰到灰色，发育有气孔或晶洞，在其中尚存在广泛发育了的针状晶簇。在使用电炉制黄磷的生产过程中，主要原料是天然的磷矿石，主要化学组成是氟磷酸钙 [$Ca_6F(PO_4)_3$]。马宝国等对磷矿渣矿物相的研究中指出，为了降低熔融温度，促进磷矿石的还原反应，一般还会向炉料中加入硅石、铝土等助熔剂，所以出厂的磷渣中一般还含有多种微量矿物相。配料的酸值一般控制在 0.7～1.0 之间，一定的酸值确定了磷矿渣的潜在矿物相为假硅灰石（$\alpha-CaO\cdot SiO_2$）和硅钙石（$3CaO\cdot 2SiO_2$）。氧化钙和硅石中的 SiO_2 形成硅酸钙，是磷矿渣的主要矿物组成。氟仅有少量形成 SiF_4 从烟道溢出，其余的都留在渣内与硅钙石固溶成枪晶石。副矿物因磷矿渣的化学组成不同而有差异，一般有磷灰石、榍石、金红石等。磷矿渣的具体矿物相见表 3.2.2。

表 3.2.2　块状结晶相磷渣主要矿物组成的结晶相参数

矿物名称	分子式	晶系	特征 XRD 衍射峰		
假硅灰石	$CaSiO_3$	假六方，实三斜	3.34	3.22	1.97
枪晶石	$Ca_3F_2S_2O_6$	单斜	3.07	2.87	3.23
β-硅酸二钙	Ca_2SiO_4	斜方	2.79	2.75	2.80
硅酸钙	$Ca_8Si_5O_{18}$	斜方	3.05	2.84	2.69
变针硅钙石	$Ca_4(SiO_3)_3(OH)_2$	单斜	2.95	4.96	3.36

假硅灰石：在偏光显微镜下，块状磷渣中的假硅灰石无色透明，中等正突起，自形呈板状，大小为（0.10～0.15）mm×（0.30～1.5）mm。板状假硅灰石晶体交织成网状，其含量占 50%以上。在 XRD 图谱中，其谱线与标准件 $CaSiO_3$ 的谱线非常接近或相同，说明在块状磷渣中假硅灰石是肯定存在的。

枪晶石：是一种含 F 的钙硅酸盐。在黄磷冶炼过程中，由于有大量来自磷块岩中的 F 的逸出，在高温熔融状态下，它易与其中活性 CaO 和 SiO_2 发生反应生成枪晶石。在光学显微镜下，它难以与假硅灰石区分开来，但通过 XRD 图谱则易于辨别。

硅酸钙：磷渣中确定了两种硅酸钙相的存在，它们的成分分别是 Ca_2SiO_4 和 $Ca_8Si_5O_{18}$，在 XRD 图谱中很难具体将其区分开来，一般要借助其他手段通过深入分析和观察才能确定这两种硅酸盐的存在。

假硅灰石、枪晶石、β-硅酸二钙和硅酸钙的 CaO 与 SiO_2 理论比值分别为 0.93、1.40、1.49 和 1.87，而我国大多数磷渣粉的 CaO 与 SiO_2 的比值分布范围为 1.16～1.46，由此可以分析得到，块状结晶相磷渣中的主要矿物相是假硅灰石和枪晶石。

3.2.2.2　粒状磷渣

粒状磷渣呈白色到灰色之间，玻璃光泽。水淬、骤冷后高温熔融体体积急剧收缩，呈球形、扁球形以及绫状、棒状等不规则形状。将其磨细后进行偏光显微观察发现其具碎粒结构，且在碎粒内部有多种收缩裂理、没有任何结晶相。在常温下 XRD 图谱中也不存在尖锐的晶体矿物峰，但在 $2\theta=25°\sim35°$ 间有一平缓峰，这与假硅灰石和枪晶石的最强峰位置相对应（图 3.2.1）。

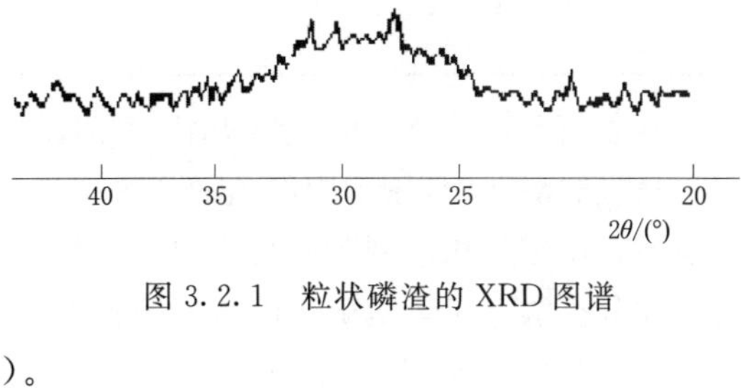

图 3.2.1　粒状磷渣的 XRD 图谱

3.2.3　玻璃体数量和结构

磷渣粉的活性大小不仅与其化学组成有关，还与玻璃体数量和网络结构有关。由于地域的差异和原材料的不同，生产得到的磷渣粉的化学组成和玻璃体含量有一定的变动。玻璃体数量越多，磷渣粉的活性越高。玻璃体的结构不规则化程度越严重，磷渣粉的活性越高。

磷渣粉的结构主要以玻璃体为主，而玻璃相结构主要由空间网络构成。可以根据键能的大小将不同的氧化物划分为三种网络结构体：①网络形成体：键能大于335kJ/mol，形成网络体系。②网络外体：键能小于210kJ/mol，网络外体的量增加，玻璃体网络结构的聚合度降低。③网络中间体：键能在210～335kJ/mol之间，它有时候是网络形成体，有时候是网络外体，这取决于阳离子的配位数。铝和镁的配位数为4时，是网络形成体；配位数为6时是网络外体。磷渣粉中几种阳离子的配位数和键能见表2.1.1。

3.2.4　水淬速率

水淬质量是影响磷渣粉玻璃体结构的最重要的因素。即使是组成合适的渣熔体，如果水淬方式不当，同样不具有活性。磷渣粉的活性不仅与玻璃体数量有关，而且与玻璃体的结构密切相关。大量的研究表明，磷渣粉的早期活性与玻璃体结构有很强的相关性，玻璃体结构主要由硅-氧链上产生的断裂点的多少或非桥氧型氧离子的决定。按照微晶学说，也可称为微晶的畸变程度。当化学成分差别不大时，玻璃体的结构主要由水淬速度来决定，水淬越迅速，硅氧链上断裂点越多，因而活性越高。

可以从宏观和微观两方面来测定水淬速度对磷渣粉活性的影响大小。宏观方面，可以通过测定水淬渣的表观密度来定量比较磷渣粉活性的大小。石云兴等比较了不同水淬速率得到的磷渣粉对水泥强度的影响（表3.2.3）。试验结果表明，凡是水淬质量好的磷渣粉表观密度较小。水淬及时性对磷渣粉活性的影响主要在早期，对28d强度的影响不甚明显。高温熔渣出炉后立即投入冷水中，炉渣充分淬冷炸裂，并有气体从熔融态的渣中逸出，因而结构较疏松，表观密度小；反之，熔渣水淬不及时，表观密度就大。

表3.2.3　磷渣粉活性与表观密度的关系

表观密度/(kg/m^3)	抗压强度/MPa		表观密度/(kg/m^3)	抗压强度/MPa	
	3d	28d		3d	28d
810	17.3	53.1	980	12.2	50.2
862	16.6	52.2	1106	9.7	48.5
955	13.1	51.0			

微观方面可以结合XRD和NMR等测试方法确定水淬速度对磷渣粉活性的影响。一般可以通过观测XRD图谱中峰值的量来定性地比较不同种类的磷渣粉中玻璃体与晶体量的多少，采用玻晶比来判断矿物相中玻璃相和结晶相的大小，比值越大活性越高。还可以结合岩相分析法，定量地确定磷渣粉中玻璃体的含量。目前我国大多数磷渣粉的玻璃体含量为80%～90%，活性较高。

3.2.5　磷渣粉掺量

为了研究磷渣粉掺量对火山灰活性的影响，采用原状磷渣粉部分代替水泥加水拌合制成砂浆，磷渣粉的掺量分别为0、20%、30%、40%、50%、60%。成型试模尺寸为40mm×40mm×160mm，养护到试验龄期7d、28d、90d分别进行测试。控制水胶比（W/B）=0.45，砂胶比(S/B)=2.3，试验结果见表3.2.4、图3.2.2、图3.2.3。

表 3.2.4 不同磷渣粉掺量的水泥胶砂强度

磷渣粉掺量/%	抗折强度/MPa			抗压强度/MPa		
	7d	28d	90d	7d	28d	90d
0	7.69	11.65	13.2	33.28	55.58	69.2
20	6.66	11.16	14.25	27.75	51.13	73.03
30	6.19	10.42	13.4	29.11	50.79	71.02
40	5.05	9.84	12.67	18.70	43.63	68.28
50	3.82	8.60	11.26	13.53	38.01	65.86
60	3.25	7.84	11.61	10.69	32.56	62.97

根据表 3.2.4 和图 3.2.2、图 3.2.3 的数据分析可知，掺入磷渣粉后会降低水泥胶砂的早期和中期强度，且随着掺量的增加强度逐渐减小，下降趋势较明显。在水化后期，水泥胶砂强度与磷渣粉掺量呈先升后降趋势，磷渣粉掺量为 20%时，水泥胶砂的抗折强度和抗压强度均超过基准水泥胶砂，增长幅度分别为 8%和 5.5%，之后强度逐渐减小，但下降趋势减缓，即在水化成熟期加大磷渣粉的掺量对强度影响不显著。

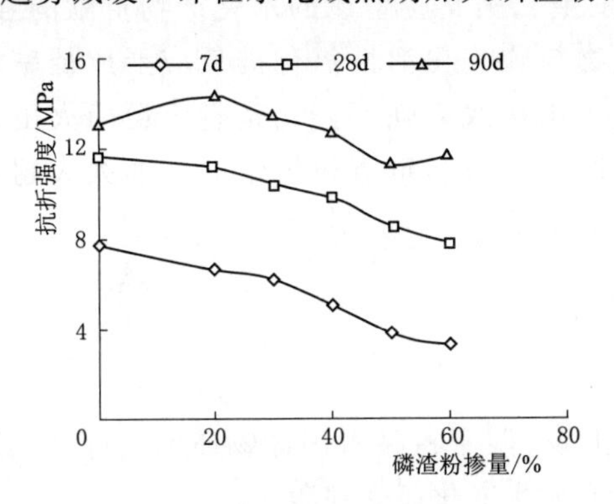

图 3.2.2 磷渣粉掺量与抗折强度曲线

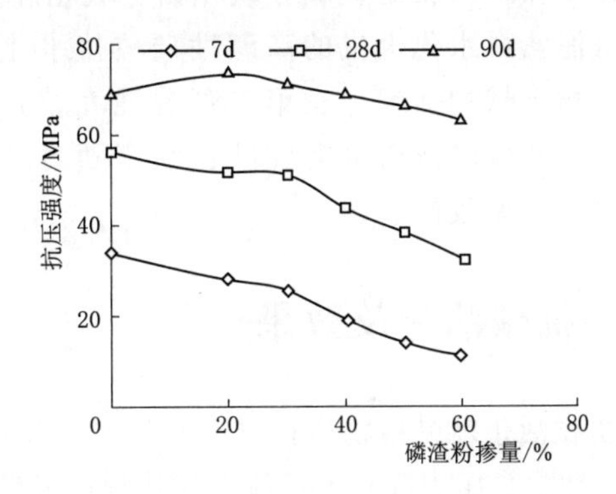

图 3.2.3 磷渣粉掺量与抗压强度曲线

为了准确、定量地分析磷渣粉掺量在水泥胶砂中的火山灰活性效应，本书采用强度比法分别计算了磷渣粉水泥胶砂强度比、比强度系数、火山灰效应贡献率等指标，并绘制火山灰效应图，见图 3.2.4、图 3.2.5。

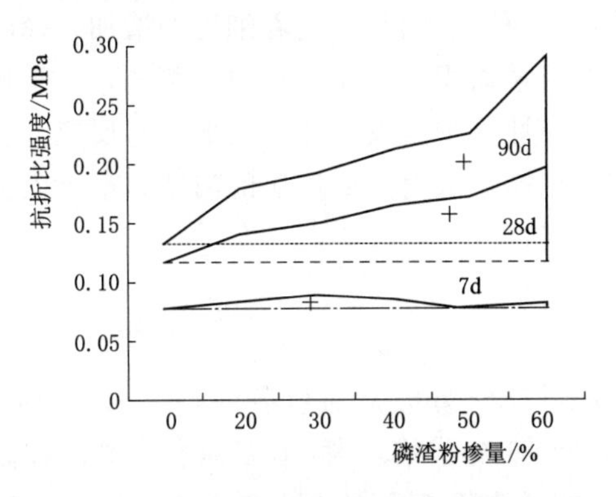

图 3.2.4 磷渣粉抗折比强度曲线

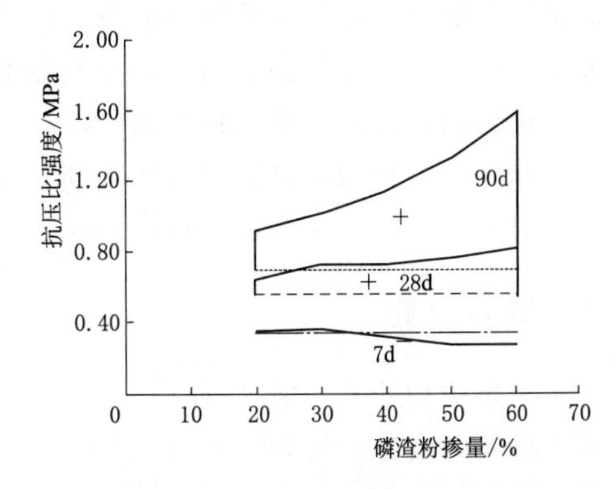

图 3.2.5 磷渣粉抗压比强度曲线

从图3.2.4可以看出，7d龄期时，磷渣粉掺量不超过55%时，磷渣粉水泥胶砂的抗折比强度一直位于纯熟料水泥胶砂抗折比强度基准线之上，且随着龄期的增长和掺量的增加比强度大幅度的增加，90d龄期时可以看到磷渣粉水泥胶砂的抗折比强度大大超过纯熟料水泥石。磷渣粉水泥胶砂的7d抗压比强度试验结果表明，当掺量超过30%时，其抗压比强度小于纯熟料抗压比强度，这是因为在水化早期磷渣粉水泥的水化程度较低，火山灰效应微弱，抗压强度较低。在28d龄期时，磷渣粉水泥胶砂的抗压比强度全部超过纯熟料水泥胶砂，特别是到水化成熟期90d龄期时，无论磷渣粉掺量多少，其水泥胶砂的抗压比强度都大大超过纯水泥熟料胶砂，且随着磷渣粉掺量的增加抗压比强度增大。

由此可见，磷渣粉水泥胶砂的抗折比强度都高于纯熟料水泥胶砂，抗压比强度除了水化早期火山灰效应微弱外其他均超过纯熟料水泥胶砂，且随着龄期的增长和掺量的增加增幅越大。这是由磷渣粉的火山灰效应引起的。具体分析认为，磷渣粉水泥胶砂的强度由两部分组成：①水泥熟料水化生成水化产物贡献的强度；②水泥水化产生的氢氧化钙和磷渣粉活性成分氧化钙、氧化硅发生二次反应生成的水化产物贡献的强度，以及水泥熟料水化生成的高碱性硅酸盐水化物与磷渣粉活性氧化硅反应形成低碱性的水化产物贡献的强度。这第二部分强度就是火山灰效应强度，正是磷渣粉的火山灰效应的发挥使得磷渣粉水泥胶砂比强度随着龄期的增长和磷渣粉掺量的增加大大超过基准纯熟料水泥胶砂。

3.3 机械活化及效果

机械活化就是指物质在仅受到机械力作用（仅限于机械对固体物质的粉碎作用，如研磨、冲击、压力等）下，体系的化学组成没有发生变化而受到激活。

磷渣粉的机械活化就是将其在高能球磨机内粉磨到一定细度。高树军等认为，在机械力化学高能球磨的过程中，强烈的机械冲击、剪切、磨削作用和颗粒之间相互的挤压、碰撞作用，可以促使玻璃体发生部分解聚。使得玻璃体中的分相结构在一定程度上均匀化，在颗粒表面和内部产生微裂纹，从而使极性分子或离子更容易进入玻璃体结构的内部空穴，促进其分散和溶解。这是提高矿渣活性的重要原因。同时，随着细度的增加，磷渣粉的比表面积增大，大大提高了磷渣粉与激发剂的接触面积。由化学动力学可知，化学反应速度是与接触面积成正比的，粉磨后的磷渣粉在极性分子激发下能更快地参与反应，提高其活性。此外，颗粒细化可以降低体系的反应活化能，从而降低反应的温度，也可以提高多体系的混合均匀度，从而提高反应生成物的纯度。

3.3.1 试验研究

试验取原状磷渣粉（比表面积200m^2/kg）经过球磨机分别粉磨0.5h、1.0h和2h，测得磷渣粉的细度分别为300m^2/kg、400m^2/kg和500m^2/kg。按国家标准《水泥胶砂强度检验方法》（GB/T 17671），采用强度比法评价磷渣粉细度对火山灰效应的影响。试验配合比见表3.3.1。

表 3.3.1 不同细度磷渣粉活性试验配合比

编号	比表面积/(m^2/kg)	水胶比	水泥用量/%	磷渣粉用量/%
P1	200	0.45	70	30
P2	300	0.45	70	30
P3	400	0.45	70	30
P4	500	0.45	70	30

成型试件尺寸为40mm×40mm×160mm，养护到规定龄期进行试验，分别测得试件的抗折和抗压强度，并计算得到比强度、火山灰效应强度贡献率、水化强度贡献率、比强度系数等指标，并绘制火山灰效应图。

3.3.2 细度对强度的影响

将成型试件养护至7d、28d、90d龄期，分别测试得到磷渣粉细度为300m^2/kg、400m^2/kg和500m^2/kg时试件的强度，试验结果见表3.3.2和图3.3.1、图3.3.2。

表 3.3.2 不同细度磷渣粉水泥胶砂强度

细度/(m^2/kg)	抗折强度/MPa			抗压强度/MPa		
	7d	28d	90d	7d	28d	90d
0	7.69	11.65	13.2	33.28	55.58	69.2
200	7.19	10.42	13.02	29.11	50.79	71.02
300	7.24	11.01	11.78	29.81	56.73	76.92
400	7.46	10.06	11.49	31.84	59.84	77.66
500	6.4	10.72	12.25	26.30	54.10	71.25

根据表3.3.2和图3.3.1、图3.3.2中的数据分析可知，在水化早期，磷渣粉水泥胶砂的抗折强度随细度增加不断降低，在90d龄期，磷渣粉细度超过300m^2/kg时抗折强度略有上升，但在测试龄期内，磷渣粉水泥胶砂的抗折强度均小于基准水泥石抗折强度。磨细磷渣粉水泥胶砂的抗折强度随龄期增长很快，磷渣粉细度为500m^2/kg时抗折强度增长幅度最大，28d龄期和90d龄期磷渣粉水泥胶砂强度较7d分别增长了67.5%和91.4%。

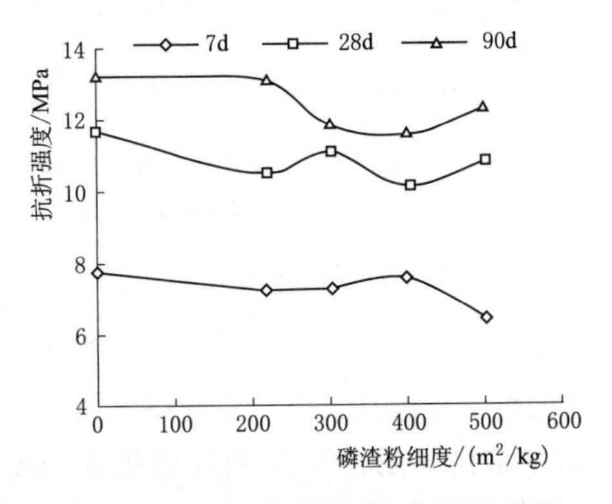

图 3.3.1 磷渣粉细度与抗折强度曲线

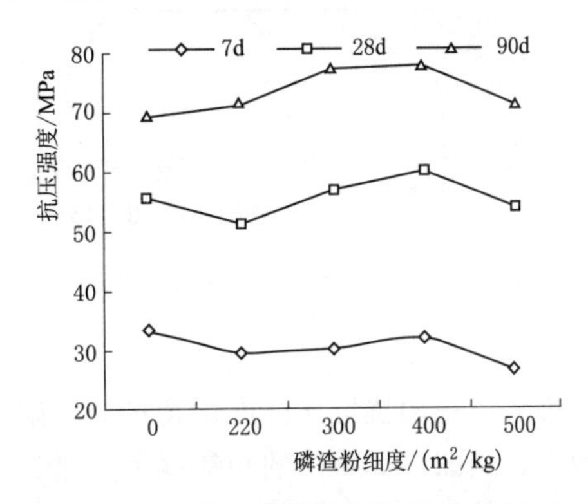

图 3.3.2 磷渣粉细度与抗压强度曲线

磷渣粉的细度对水泥胶砂抗压强度的影响较抗折强度要显著。除水化初期磷渣粉水泥胶砂抗压强度低于基准水泥石抗压强度外，水化中后期均超过基准水泥石强度。7d 龄期时，磷渣粉水泥胶砂强度随着细度的增加略有下降，但在 28d 和 90d 龄期强度与磷渣粉细度均呈先升后降趋势。从图 3.3.1 和图 3.3.2 中可以看出，随着水化程度的深入，磷渣粉的细度存在一个限值，在 300～400m²/kg 之间；当细度小于这个限值时，磷渣粉水泥胶砂的抗压强度随细度的增长不断增加，若细度大于这个限值，强度略有下降，也就是说继续加大磷渣粉的粉磨细度对强度的贡献不大。

3.3.3 细度对火山灰效应的影响

表 3.3.2 列出了不同细度的磷渣粉水泥胶砂的各种火山灰效应强度贡献率和比强度，并据此绘制出火山灰效应图，见图 3.3.3～图 3.3.6。

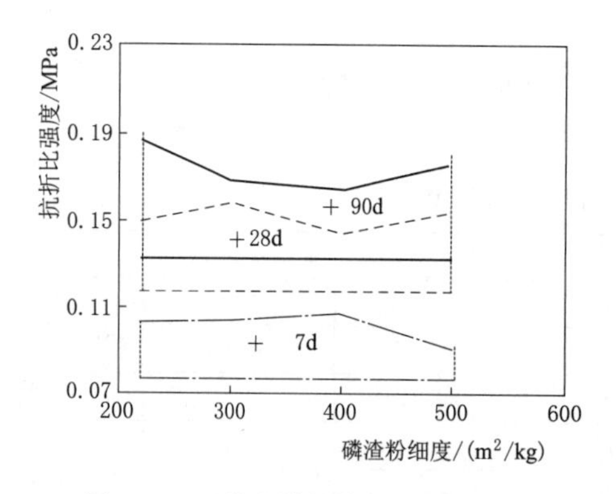

图 3.3.3 磷渣粉的抗折比强度曲线

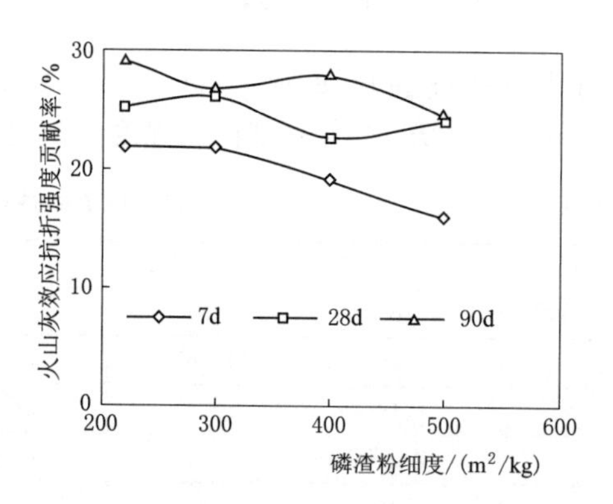

图 3.3.4 磷渣粉的火山灰效应抗折强度贡献率曲线

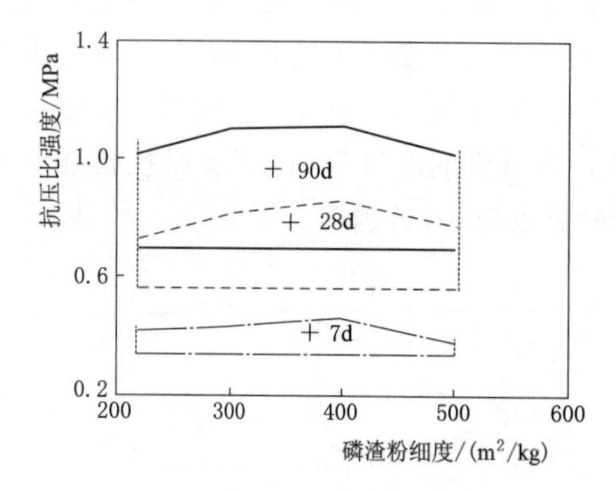

图 3.3.5 磷渣粉的抗压比强度曲线

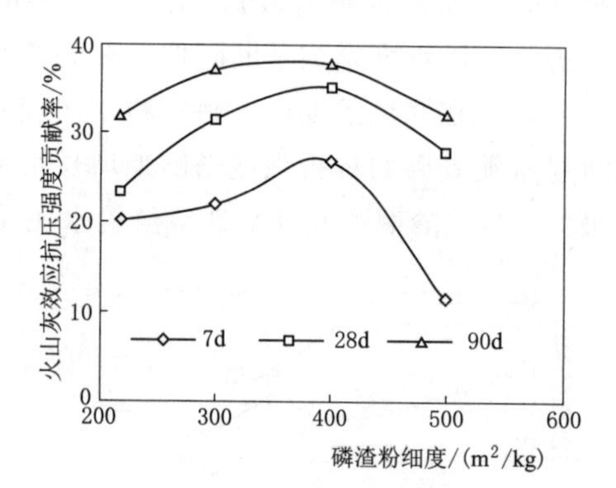

图 3.3.6 磷渣粉的火山灰效应抗压强度贡献率曲线

磨细磷渣粉的抗折比强度均超过原状磷渣粉的抗折比强度，且抗折比强度随龄期增长不断增大。从图 3.3.3 中的趋势线可以清楚看出，水化龄期 7d，抗折比强度随细度增加呈先升后降的趋势，磷渣粉细度为 400m²/kg 时抗折比强度达到峰值 0.1066，随后细度增加抗折比强度反而下降。28d 龄期，抗折比强度与细度呈锯齿形波动，但是当细度为

300m²/kg 时，抗折比强度达到最大值。90d 龄期，抗折比强度与细度呈下凹型抛物线，尽管磷渣粉细度增加，但是抗折比强度不断降低，即继续增大磷渣粉的粉磨细度对提高抗折比强度效果不大。如图 3.3.4 所示，磷渣粉的火山灰效应强度贡献率随龄期增长不断增加，随细度增加呈下降趋势，这与抗折比强度的趋势类似。

表 3.3.3　　不同细度的磷渣粉水泥胶砂火山灰效应指标

强度类型	火山灰效应指标	龄期/d	磷渣粉细度/(m²/kg)				
			0	200	300	400	500
抗折强度	比强度/MPa	7	0.0769	0.1027	0.1034	0.1066	0.0914
		28	0.117	0.149	0.157	0.144	0.153
		90	0.132	0.186	0.168	0.164	0.175
	火山灰效应强度贡献率/%	7	0	21.74	21.56	18.94	15.89
		28	0	25.13	25.93	22.58	23.93
		90	0	29.03	26.65	27.84	24.57
抗压强度	比强度/MPa	7d	0.333	0.416	0.425	0.455	0.376
		28	0.556	0.726	0.810	0.855	0.773
		90	0.692	1.015	1.099	1.109	1.018
	火山灰效应强度贡献率/%	7	0	19.97	21.85	26.83	11.42
		28	0	23.40	31.42	34.98	28.09
		90	0	31.79	37.03	37.63	32.01

抗压比强度与粉磨细度均呈上凸抛物线型，出现最大值的细度范围是 400m²/kg 左右。与抗折比强度曲线不同的是，磷渣粉的抗压比强度曲线在不同龄期的增长幅度不同。水化初期，随着磷渣粉的粉磨细度增加抗压比强度的增长幅度较小，随着水化的逐渐深入和水化程度的加剧，在 28d 和 90d 龄期，抗压比强度的平均增长幅度分别为 42.5%和 53.3%。在测试龄期，磷渣粉的火山灰效应强度贡献率与其粉磨细度均呈先升后降趋势，与抗压比强度曲线类似，最大值也是在磷渣粉细度为 400m²/kg 左右出现，7d、28d 和 90d 龄期时火山灰效应强度贡献率的最大值分别对应 26.83%、34.98%和 37.63%。

3.3.4 机械活化机理分析

由磷渣粉的结构可知，磷渣粉中玻璃体含量高达 80%以上，网络形成离子 Si^{4-}、4 配位 Al^{4+}、P^{5+} 等构成空间网络骨架，网络改性离子 Ca^{2+}、Mg^{2+}、Na^{+} 等填充网络空穴，具体结构可借鉴 Zacharisen 的三维网络结构模型（图 3.3.7）。

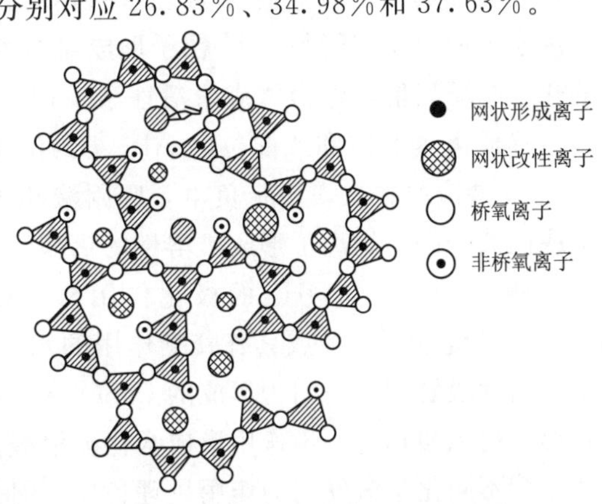

图 3.3.7　Zacharisen 的三维网络结构

从图 3.3.7 中可以看到，这个模型代表了一系列低配位数的多面体（四面体或锥体）在顶点相互连结，以及一些高配位数的多面体（六面体、八面体）构成的玻璃态的网络结构。形成网络的能力主要由离子半径和带电荷大小决定。

在磷渣粉中，八配位的Ca^{2+}代表影响聚合度的主要成分，作为网络改性离子，Ca^{2+}的作用就是充当一个解聚体，其浓度越高，形成低聚合度的基团（如$SiO4^{4-}$、$Si_2O_7{}^{6-}$）越容易。

根据这种模型，磷渣粉在球磨机粉磨中由于机械力的作用，颗粒内部会出现微裂缝，同时会使结构内部四面体和连续四面体的形成体发生扭曲并导致构成链的连续结构和多面体之间的角度发生变化，加剧了网络结构的不规则化程度。在硅酸盐水泥水化产物氢氧化钙的激发下有利于网络改性体解聚多面体的形成体，使连结链断裂，加速磷渣粉的溶解，有利于强度的增长。

同时磷渣粉细度的增加会提高颗粒的比表面积。石云兴等研究表明火山灰质材料的比表面积与石灰的吸收速度呈指数关系，提高磷渣粉的比表面积也就增加了颗粒与石灰反应的接触面积，会加速石灰的吸收速度，加快化学反应速度，促进磷渣粉的解聚溶解。但是考虑到水化初期由于部分磷渣粉取代水泥熟料，使得液相中氢氧化钙的量相应减少，也即解聚体的量降低，降低了液相中氢氧化钙的过饱和度，从而影响了早期磷渣粉参与水化的速度和量，故而浆体的强度低于纯水泥的胶砂强度。

3.4　化学活化及效果

3.4.1　化学活化机理

化学活化是指原来不具水化活性的物质或混合物经适当的化学方法处理后转变为具有胶凝性材料的方法。一般针对工业废渣（铝硅酸盐玻璃体或晶体）、天然矿物（黏土类矿物、长石等）等具有潜在活性的物质，而激发剂一般选用化学激发剂、试剂、工业副产品等。

综合各研究得到，能够有效激发磷渣粉活性的激发剂必须具备以下几个条件：①激发剂必须是碱性的，且碱性越强激发效果越好，酸性物质不能作为磷渣粉的活性激发剂；②阴离子或阴离子团能与Ca^{2+}粒子形成难溶性钙盐的碱金属化合物；③满足上述两个条件的化学物质均能够作为磷渣粉活性激发剂。这是因为，磷渣粉中的网络改性离子Ca^{2+}较网络形成离子Si^{4-}和4配位的Al^{4+}更易溶于水，磷渣粉在碱性激发剂液相中首先释放出Ca^{2+}，磷渣粉颗粒表面带负电，吸附液相中的H^+，使得液相呈碱性。当液相中的阴离子或阴离子团与钙离子形成难溶性的钙盐沉淀，会加速磷渣粉的溶解以释放出更多的钙离子。液相中的极性OH^-的极化作用会使得磷渣粉表面的Si—O—Si、Si—O—Al和Al—O—Al键断裂，形成具有胶凝作用的水化硅酸钙和水化铝酸钙等水化产物。硫酸盐可作为活性激发剂，是因为形成的$CaSO_4 \cdot 2H_2O$具有较小的溶解度，且它会与磷渣粉水化时形成的铝酸钙进一步作用形成水化硫铝酸钙。

尽管不同化学激发剂的作用机理各异，但是在大量火山灰质材料的化学激发机理试验研究基础上总结出硅铝酸盐活性物质的化学活化机理主要体现在以下三个方面：①掺入激发剂提高系统的 Ca/Si 值；②破坏玻璃体表面光滑致密的 Si—O—Si 和 Si—O—Al 的网络结构；③激发生成有利于强度增长的水化产物或者促进水化反应。

3.4.2 硫酸盐的激发

3.4.2.1 试验结果

试验选用易溶性的硫酸钠（Na_2SO_4）和难溶性的硫酸钙（$CaSO_4$）分别作为激发剂，掺量分别为2%、4%、6%、8%、10%。易溶性试剂先溶于水然后加到磷渣粉中搅拌，难溶性试剂先与磷渣粉混合均匀再加水拌合。成型试件尺寸为40mm×40mm×40mm，养护至规定龄期进行测试。具体试验配比见表3.4.1。

表3.4.1 硫酸盐活性激发试验配比

W/B	磷渣粉掺量/%	Na_2SO_4或$CaSO_4$/%	W/B	磷渣粉掺量/%	Na_2SO_4或$CaSO_4$/%
0.31	98	2	0.31	92	8
0.31	96	4	0.31	90	10
0.31	94	6			

在试验过程中发现，同水胶比条件下浆体的流动度随着硫酸钠掺量的增加而增加，而随着硫酸钙掺量的增加不断减小。不论是易溶性的硫酸钠还是难溶性的硫酸钙，随着激发剂掺量的增加试件的凝结时间不断延长，且当硫酸钠掺量为8%时，凝结时间长达4d。同时值得注意的是，过大增加硫酸盐的掺量会导致试件的膨胀开裂，且不论硫酸盐掺量大小，试件在进行吸水动力学测试时均泡水溃散（图3.4.1），龄期90d亦是如此。

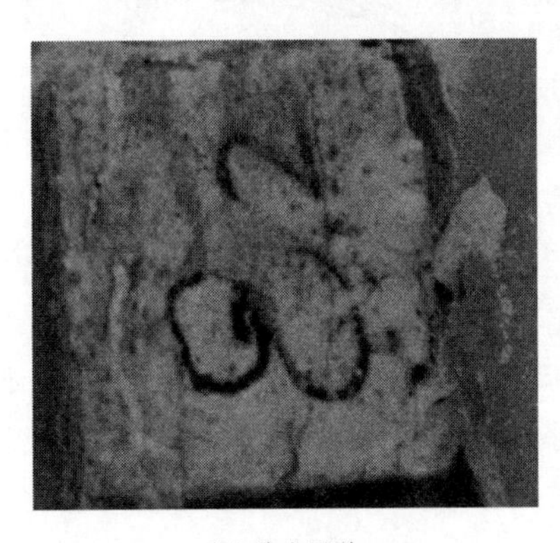

(a) 泡水开裂

(b) 泡水溃散

图3.4.1 90d龄期8%硫酸盐-磷渣粉泡水膨胀溃散

各试件在试验龄期7d、28d、90d和180d分别进行强度测试，试验结果见表3.4.2和图3.4.2和图3.4.3。结合表3.4.2和图3.4.2、图3.4.3可以看出，硫酸盐能在一定程度上激发磷渣粉的活性，但是激发效果不是很显著，强度偏低。硫酸钠作激发剂时，硬化体的强度随硫酸钠掺量的增加不断下降；在低掺量（2%～4%）时，硬化体的强度随龄期增长呈先降后升趋势，当硫酸钠掺量继续增加（6%～10%），试验中会观察到试件出现细裂纹并最终开裂。

表 3.4.2　　硫酸盐激发磷渣粉强度试验结果

碱的种类	碱的掺量/%	磷渣粉掺量/%	抗压强度/MPa			
			7d	28d	90d	180d
Na_2SO_4	2	98	1.19	0.66	0.94	1.21
	4	96	0.78	0.67	0.66	1.44
	6	94	0.75	0.67	0.75	膨胀开裂
	8	92	—	—	膨胀开裂	膨胀开裂
	10	90	—	—	膨胀开裂	膨胀开裂
$CaSO_4$	2	98	0.94	1.13	1.94	2.97
	4	96	0.75	1.00	1.84	2.88
	6	94	0.60	1.00	1.72	2.34
	8	92	—	0.97	1.40	1.94
	10	90	—	0.97	1.19	1.44

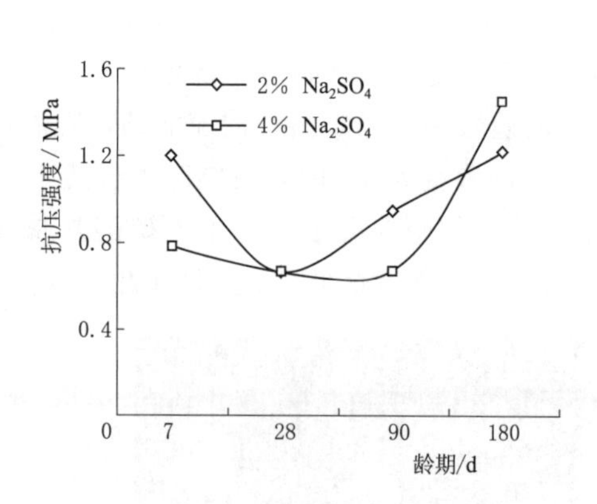

图 3.4.2　硫酸钠激发磷渣粉强度

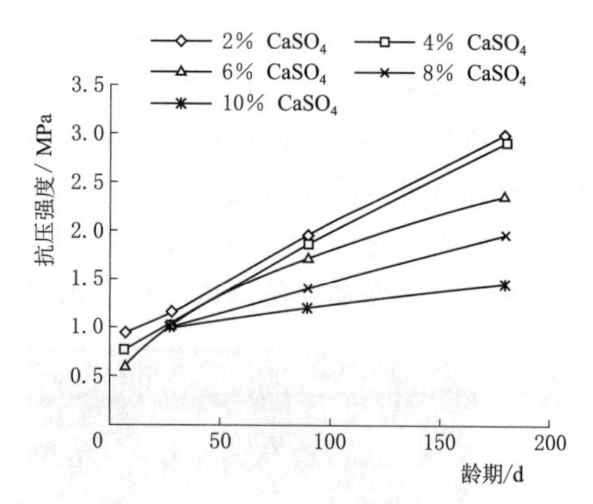

图 3.4.3　硫酸钙激发磷渣粉强度

硫酸钙作磷渣粉的活性激发剂时，硬化体的强度随龄期的延长不断增长，随硫酸钙掺量的增加不断降低。当硫酸钙掺量超过 4%时，强度下降幅度显著。相比硫酸钠激发剂，硫酸钙更能有效地激发磷渣粉的活性。当激发剂掺量为 4%时，掺硫酸钙硬化体的强度是掺硫酸钠的 2 倍。

3.4.2.2　机理分析

综合以上硫酸盐对磷渣粉活性激发试验分析得到，硫酸盐对磷渣粉的活性激发有一定的效果，但是效果并不显著。具体作用机理探讨如下：磷渣粉加水溶解后会释放出部分 Ca^{2+}，使得磷渣粉颗粒表面带负电吸引液相中的 H^+，液相呈碱性。加入硫酸盐后，液相中含有大量的 SO_4^{2-} 离子，会与磷渣粉释放出的 Ca^{2+} 形成难溶性的硫酸钙。液相碱度增大，由于极性 OH^- 的极化作用使得玻璃体中的 Al—O—Si、Al—O—Al 和 Si—O—Si 键断裂，与此同时分散的胶体再进行缩聚形成新生水化产物水化铝酸钙和水化硅酸钙。这样硫酸钙又与液相中生成的水化铝酸钙进一步作用形成难溶的钙矾石。由于液相中的 SO_4^{2-}

离子相对钙离子大大过量，这样就促进了反应不断向右进行，液相中新生成的水化产物以$CaSO_4 \cdot 2H_2O$、水化硅酸钙和钙矾石为主。

从图 3.4.2 中可以观察到，硫酸钠掺量为 2%和 4%时，硬化体 7d 强度较高但 28d 强度降低，分析认为硫酸钠的存在提高了液相的碱度，促进了 $Ca(OH)_2$ 的结晶成核和晶体发育，有利于早期强度的增长。另一方面加速了磷渣粉玻璃体结构的解聚和溶解，促进磷渣粉参与水化生成更多的水化硅酸钙凝胶，具体解聚过程如下：

$$\equiv Si—O—Ca—O—Si\equiv +Na_2SO_4 \longrightarrow 2\equiv Si—O—Na +CaSO_4$$

$$\equiv Si—O—Si\equiv H^+ +OH^- \longrightarrow 2\equiv Si—OH$$

由于硫酸钠促进了磷渣粉结构的解聚和溶解，加快了磷渣粉参与水化反应的速度，以致更多的水化产物水化硅酸钙和钙矾石形成，导致水化产物相互挤压，不利于其在浆体中合理均匀的分布，造成孔隙分布不均并在硬化体内部产生一定的内应力，从而导致硬化体 28d 强度下降。必须注意的是，若硫酸钠的掺量过高，液相中会形成硫酸钠的过饱和溶液，硫酸钠结晶析出（在试件表面可以观察到白色粉末）。在试验过程中发现硫酸钠掺量达到 6%时试件会出现裂纹，掺量继续增加会出现贯穿裂缝；从 XRD 图谱（图 3.4.4）中可以看到水化产物中有大量硫酸钠晶体和钙矾石存在，所以体积膨胀开裂是由液相中过量硫酸钠自结晶以及钙矾石体积膨胀双重效应造成的。

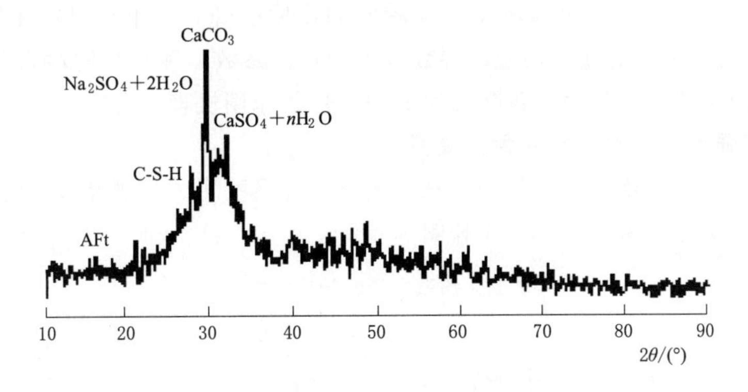

图 3.4.4　7d 龄期 4%硫酸钠-磷渣粉 XRD 图谱

当采用难溶性硫酸钙来激发磷渣粉活性时，从试验数据可以看出硫酸钙对磷渣粉活性的激发效果较硫酸钠要好。随着龄期的增长浆体的强度逐渐增加，但随着硫酸钙掺量的增加强度不断降低。分析认为，溶液中不会形成对二水石膏的饱和溶液，但是会有部分硫酸钙结晶析出，所以液相新生成的水化产物也是以 $CaSO_4 \cdot 2H_2O$、水化硅酸钙和钙矾石为主。

试验结果还表明，当硫酸盐的阴离子团不变时，阳离子的种类也会影响磷渣粉活性的激发，碱金属钠离子 Na^+ 的激发效果不如 Ca^{2+}。研究认为在低碱性环境中水化产物形成的初始阶段，金属阳离子 Na^+ 会与 Ca^{2+} 和 Mg^{2+} 进行离子交换，进入水化硅酸钙 C—S—H 和水化硫铝酸钙的结构中，形成沸石类的水化产物。有文献在采用硅酸钠激发磷渣粉活性的实验过程中发现，通过 XRD 图谱测试观察到水化产物中，除了低碱性水化硅酸钙外，很难鉴别其他物质的存在。这可能是因为其他金属离子半径接近钙离子半径，当

Na^+离子取代水化硅酸钙中部分Ca^{2+}离子后，并不会影响其水化产物的晶格参数。

3.4.3　氢氧化钙激发

磷渣粉的主要化学组成是氧化硅和氧化铝，在石灰存在下会发生二次反应生成水化硅酸盐和水化铝酸盐，形成具有一定强度的硬化体。其化学反应式如下：

$$x\mathrm{Ca(OH)_2}+\mathrm{SiO_2}+(n-1)\mathrm{H_2O}\longrightarrow x\mathrm{CaO}\cdot\mathrm{SiO_2}\cdot n\mathrm{H_2O}$$

$$x\mathrm{Ca(OH)_2}+\mathrm{Al_2O_3}+m\mathrm{H_2O}\longrightarrow x\mathrm{CaO}\cdot\mathrm{Al_2O_3}\cdot n\mathrm{H_2O}$$

选取氢氧化钙（CH）的掺量为5%、10%、15%、20%，先与磷渣粉混合均匀后加水搅拌，成型试件尺寸为40mm×40mm×40mm，养护至规定龄期进行测试。具体试验配比见表3.4.3。

表3.4.3　氢氧化钙激发磷渣粉活性试验配比

编号	水胶比(W/B)	磷渣粉掺量/%	$Ca(OH)_2$掺量/%	编号	水胶比(W/B)	磷渣粉掺量/%	$Ca(OH)_2$掺量/%
1	0.30	95	5	3	0.31	85	15
2	0.30	90	10	4	0.31	80	20

为了深入研究氢氧化钙对磷渣粉活性激发的作用机理，本书还进行了吸水动力学和XRD测试，得到硬化体的孔结构特征参数（平均孔径参数$\bar{\lambda}$和孔结构均匀性参数α）和水化产物特性，分析总结了氢氧化钙激发磷渣粉活性的作用机理。

3.4.3.1　浆体强度与氢氧化钙掺量的关系

将成型试件分别在规定龄期从养护室中取出进行强度测试，研究氢氧化钙掺量对硬化体强度的影响，试验结果见表3.4.4和图3.4.5。

表3.4.4　氢氧化钙激发磷渣粉活性强度

$Ca(OH)_2$掺量/%	抗压强度/MPa			
	7d	28d	90d	180d
5	1.09	15.31	36.09	31.56
10	1.50	19.00	34.38	34.91
15	1.50	20.00	33.13	29.38
20	2.41	23.69	33.75	22.50

表3.4.4和图3.4.5中的数据表明，氢氧化钙能显著激发磷渣粉的活性。水化龄期7d，浆体的强度随着氢氧化钙掺量的增加强度不断增长，但总体强度偏低。随着龄期发展浆体强度增长速度加快，增长幅度很大。水化龄期28d，氢氧化钙掺量为5%、10%、15%和20%时强度均增长了10倍以上；90d龄期时，浆体强度达到最大值，在33.1～36.1MPa之间变化。随着水化程度继续深入，强度略有下降，但氢氧化钙

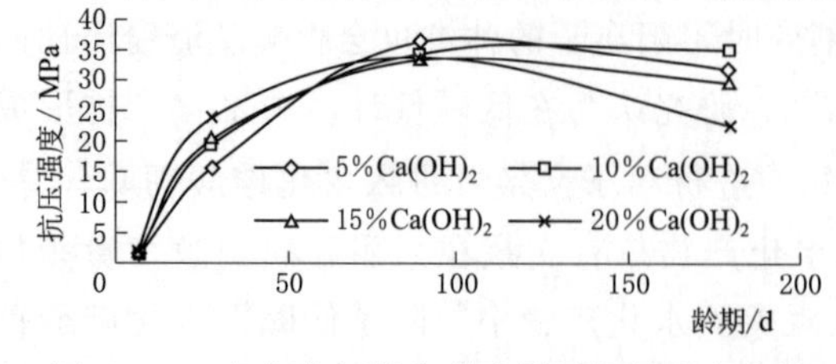

图3.4.5　氢氧化钙激发磷渣粉活性的强度曲线

掺量为10%时浆体强度达到最大值后基本保持不变。

3.4.3.2 孔结构参数与氢氧化钙掺量的关系

采用吸水动力学研究了氢氧化钙掺量分别为5%、10%、15%和20%时，浆体的孔结构随龄期的变化，以平均孔径参数和孔结构均匀性参数来表征孔结构特性。成型尺寸为40mm×40mm×40mm的试件，到龄期7d、28d、90d、180d进行吸水动力学测试，试验结果见表3.4.5和图3.4.6、图3.4.7。

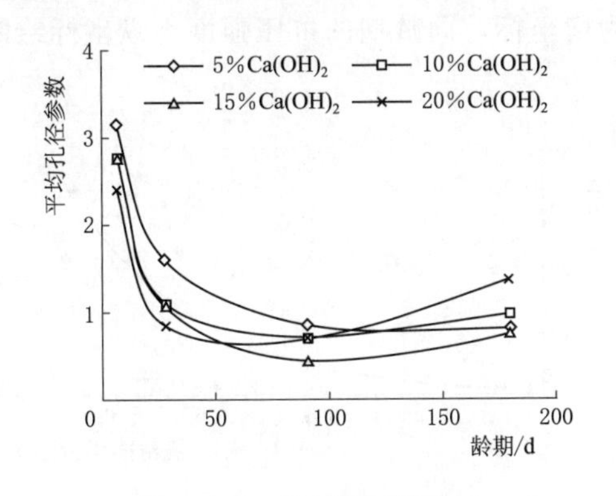

图3.4.6 氢氧化钙激发下水化产物平均孔径参数曲线

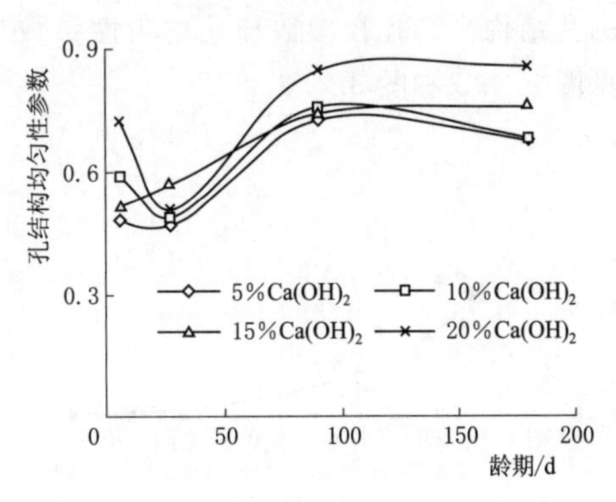

图3.4.7 氢氧化钙激发下水化产物孔结构均匀性参数曲线

结合表3.4.5和图3.4.6、图3.4.7中的数据得到，掺入氢氧化钙作激发剂后，浆体水化产物的平均孔径参数随龄期增长不断降低，水化初期孔结构平均孔径参数下降速度较快，到水化龄期90d时平均孔径参数反而略有上升。在水化早期和中期，随着氢氧化钙掺量的增加浆体的平均孔径参数不断降低，这说明磷渣粉对氢氧化钙的吸收速度较快，消耗的氢氧化钙的量增大，形成的水化产物数量不断增加，对强度的贡献显著，促进强度增长。水化成熟期，180d龄期，随着氢氧化钙掺量的增加，浆体孔结构的平均孔径参数反而略有增加。分析认为磷渣粉对氢氧化钙的吸收有限，氢氧化钙的掺量过大导致液相中形成氢氧化钙的过饱和溶液，可能会有氢氧化钙结晶析出或生成的水化产物结构发生转变，从而导致强度下降。

表3.4.5 氢氧化钙激发磷渣粉活性的水化产物的孔结构特性

$Ca(OH)_2$掺量/%	平均孔径参数$\bar{\lambda}$				孔结构均匀性参数α			
	7d	28d	90d	180d	7d	28d	90d	180d
5	3.147	1.586	0.838	0.794	0.08	0.464	0.725	0.677
10	2.77	1.1	0.704	1.97	0.587	0.489	0.756	0.679
15	2.771	1.042	0.423	2.743	0.517	0.563	0.739	0.554
20	2.398	0.831	0.681	1.343	0.721	0.505	0.845	0.854

孔结构均匀性参数曲线与孔结构平均孔径参数曲线不同的是，在水化早期，7d龄期时，浆体的孔结构均匀性参数随着氢氧化钙掺量的增加不降反升，随着水化程度深入，孔结构均匀性参数随氢氧化钙掺量增加不断增大。分析认为，水化早期到中期期间氢氧化钙

的量相对磷渣粉过量，液相中碱度增大，磷渣粉参与反应的量较多，形成水化产物的数量增加，但是水化产物的分布不均匀，互相挤压交错。所以尽管会促进浆体强度的增长但会导致孔结构分布不合理，均匀性较差。随着磷渣粉对氢氧化钙吸收量的增加，更多的水化产物填充结构孔隙，水化产物之间交织密实，促进强度稳步增长。

3.4.3.3　孔结构参数与强度的关系

研究了孔结构参数（平均孔径参数和孔结构均匀性参数）与强度的关系，以不同水化龄期的孔结构平均孔径参数和孔均匀性参数为横坐标，同龄期的抗压强度为纵坐标绘制曲线，见图 3.4.8 和图 3.4.9。

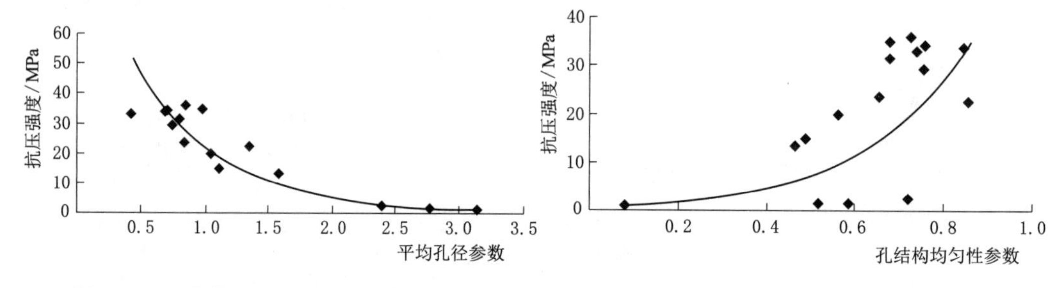

图 3.4.8　浆体平均孔径参数与抗压强度拟合曲线

图 3.4.9　浆体孔结构均匀性参数与抗压强度拟合曲线

如图 3.4.8 所示，浆体的抗压强度与孔结构平均孔径成指数关系，可以拟合得到：

$$y=95.436e^{-1.448x}\qquad R^2=0.99\tag{3.4.1}$$

决定系数 $R^2=0.99$，可知浆体强度与孔结构均匀性参数的指数相关性显著，两者具有很好的相关性。

从图 3.4.9 中可以看到，浆体的抗压强度与孔结构均匀性参数 α 也呈指数关系，拟合得到：

$$y=0.7868e^{4.4247x}\qquad R^2=0.81\tag{3.4.2}$$

决定系数 $R^2=0.81$，说明浆体强度与孔结构均匀性参数呈指数相关，相关性好。

3.4.3.4　水化放热特性及水化产物分析

根据前述试验结果，选择外掺 10% 的 $Ca(OH)_2$ 进行磷渣粉胶凝体系的水化特性研究，对比分析了水泥熟料与纯水泥激发体系的水化特性。采用微量热仪追踪了该多元胶凝体系在 72h 内的水化放热历程，结合拉曼光谱分析仪连续跟踪了胶凝体系的水化产物变化过程，试验结果分别见图 3.4.10～图 3.4.12，总结掺磷渣粉各胶凝体系的水化放热曲线特征值见表 3.4.6。

(1) 水化放热过程分析。从图 3.4.10 不同时段的水化放热曲线可以看出，磷渣粉-$Ca(OH)_2$ 胶凝体系的水化放热过程与水泥基材料胶凝体系类似，也可分为诱导前期、水化诱导期、水化加速期与水化减速期等五个阶段，但反应程度有所减轻。虽然也存在两个放热峰，但仅水化初期（0.2h）存在剧烈水化反应，第二个反应特征峰相比水泥基材料要平缓得多。

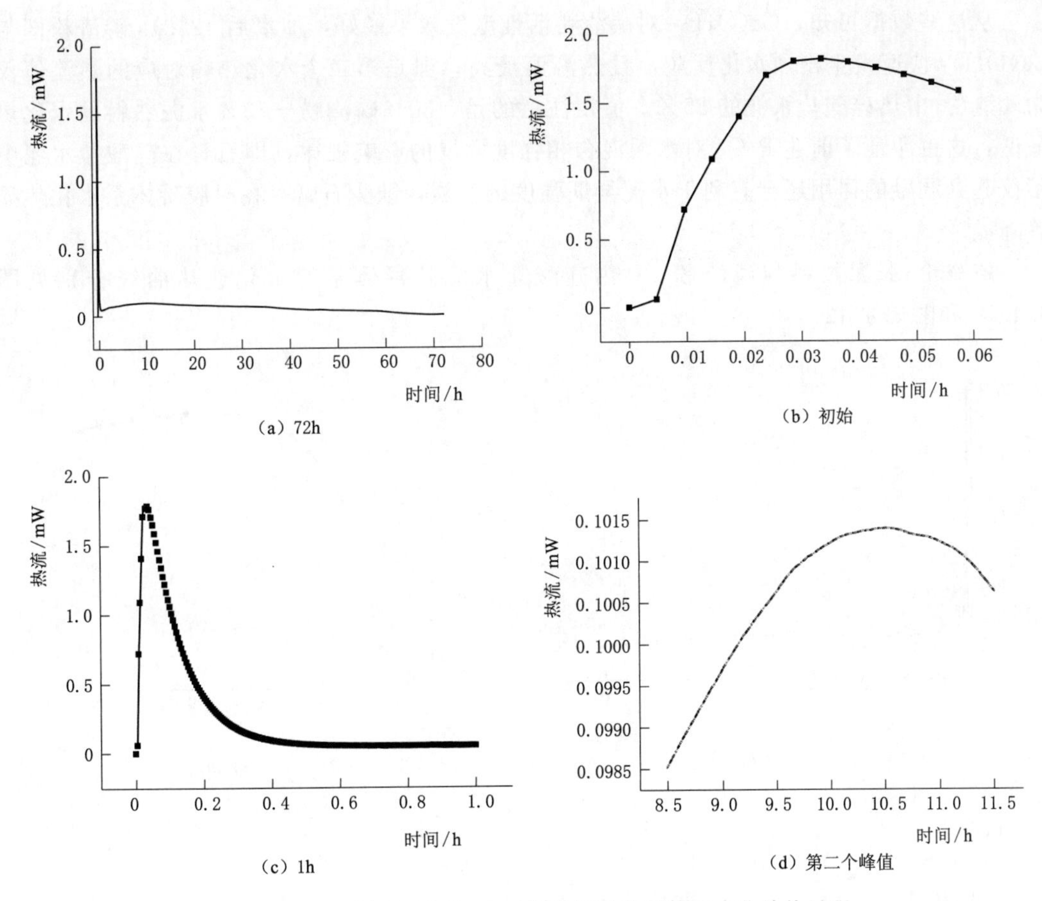

图 3.4.10　10% $Ca(OH)_2$+90%磷渣粉胶凝体系水化放热过程

对比表 3.4.6 中各胶凝体系的水化放热曲线特征值可知：72h 水化热总量从高到低依次为：纯水泥>30%磷渣粉+70%水泥>90%磷渣粉+10% $Ca(OH)_2$>30% 磷渣粉+70%水泥熟料；起始水化放热峰出现的时间从快到慢依次为：90%磷渣粉+10% $Ca(OH)_2$>30%磷渣粉+70% 水泥熟料>纯水泥>30%磷渣粉+70%水泥；诱导期水化放热峰从高到低依次为：90%磷渣粉+10% $Ca(OH)_2$>水泥>30%磷渣粉+70% 水泥熟料>30%磷渣粉+70% 水泥。

表 3.4.6　　掺磷渣粉不同胶凝体系的水化放热曲线特征值

胶凝体系	72h 水化热总量	诱导期水化放热峰		加速期水化放热峰	
	J/g	出现时间/s	热流值/mW	出现时间/h	热流值/mW
纯水泥	198.0	276.8	1.402	9.45	1.155
90%磷渣粉+10% $Ca(OH)_2$	30.2	121.1	1.8176	10.53	0.1014
30%磷渣粉+70%水泥熟料	17.0	190.3	0.8013	20.59	0.078
30%磷渣粉+70%水泥	80.1	311.4	0.7268	23.34	0.417

从这些数据可知，$Ca(OH)_2$ 对磷渣粉活性激发效果最好，加水后 121.1s 磷渣粉即与 $Ca(OH)_2$ 快速发生剧烈水化反应，且热流值最高；但是第二个水化热峰对应的热流值仅为磷渣粉-中热硅酸盐水泥的 25%。值得注意的是，30%磷渣粉+70%水泥熟料的水化热最低，这也印证了前述 P_2O_5 对水泥混合相强度发展的影响规律，即石膏在硅酸盐水泥中不仅起到调凝的作用还会有利于水泥早期强度的发展，缺少石膏存在时胶凝体系水化热显著降低。

磷渣粉-水泥熟料与磷渣粉-中热硅酸盐水泥胶凝体系的水化放热曲线分别见图 3.4.11 和图 3.4.12。

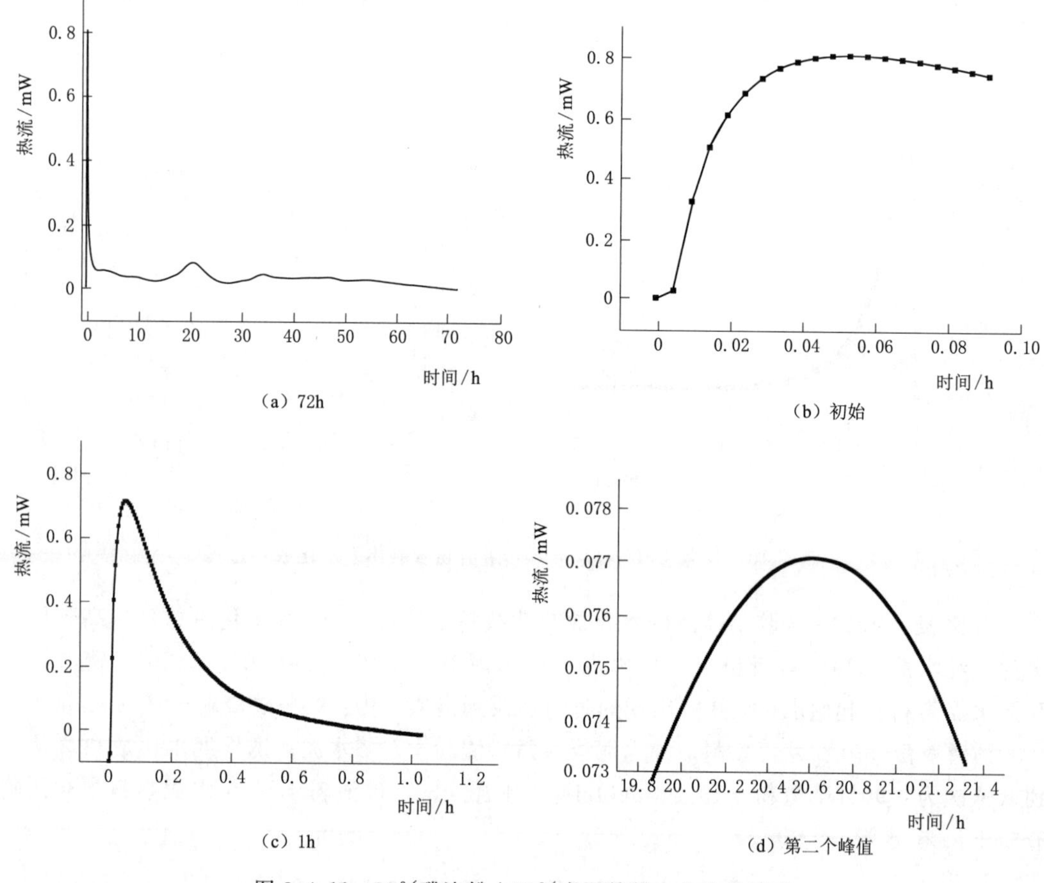

图 3.4.11 30%磷渣粉+70%水泥熟料水化放热过程

从试验结果可以看出，磷渣粉-水泥熟料胶凝体系的水化进程与磷渣粉— $Ca(OH)_2$ 胶凝体系类似，仅第二个水化峰值更加明显，而后者进入加速期后反应均平缓。与磷渣粉-水泥胶凝体系相比，水泥熟料激发时水化反应要平缓得多，其水化诱导期持续时间也比后者长，说明水泥熟料对磷渣粉的激发效果不如水泥。

(2) 拉曼光谱测试结果分析。10% $Ca(OH)_2$ +90%磷渣粉胶凝体系水化产物从加水至 6d 的拉曼光谱分析试验结果见图 3.4.13。先对 $Ca(OH)_2$ 与磷渣粉分别进行拉曼光谱分析，获得这两种物质的特征峰，然后与加水胶凝体系特征峰进行对比。

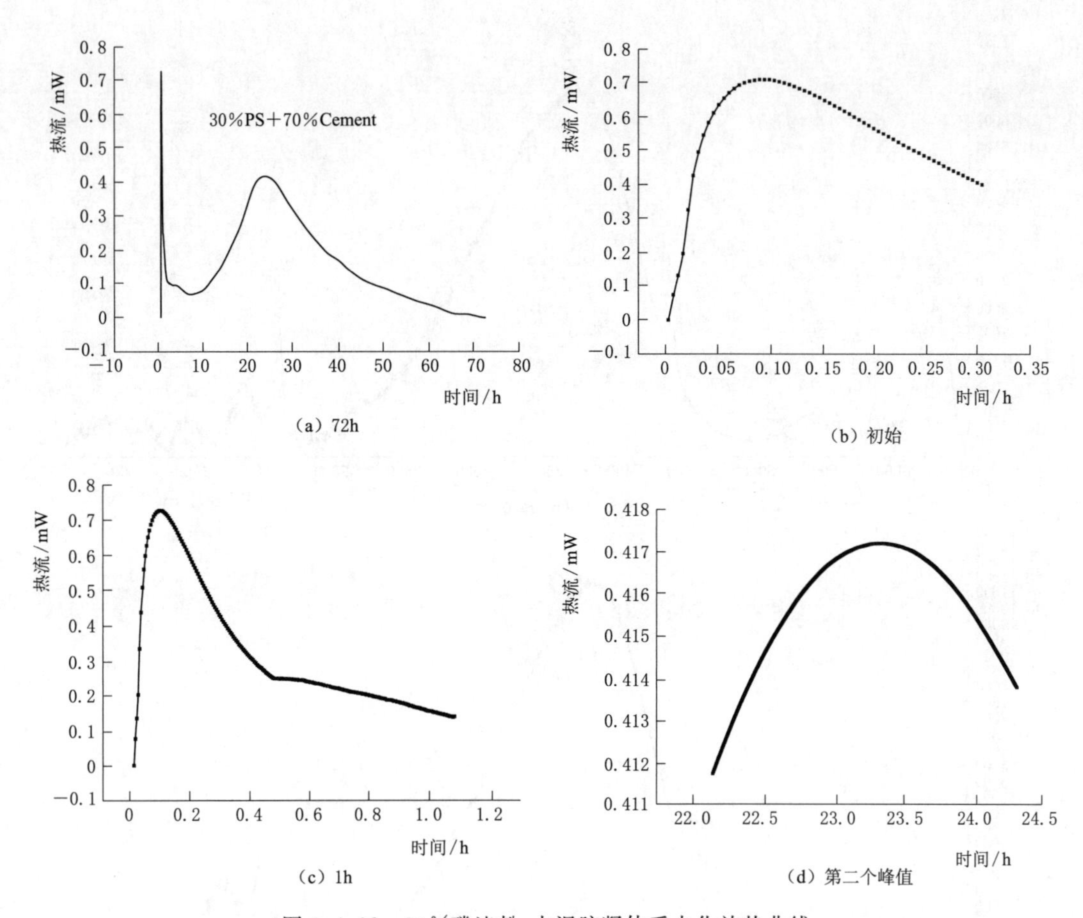

图 3.4.12 30%磷渣粉-水泥胶凝体系水化放热曲线

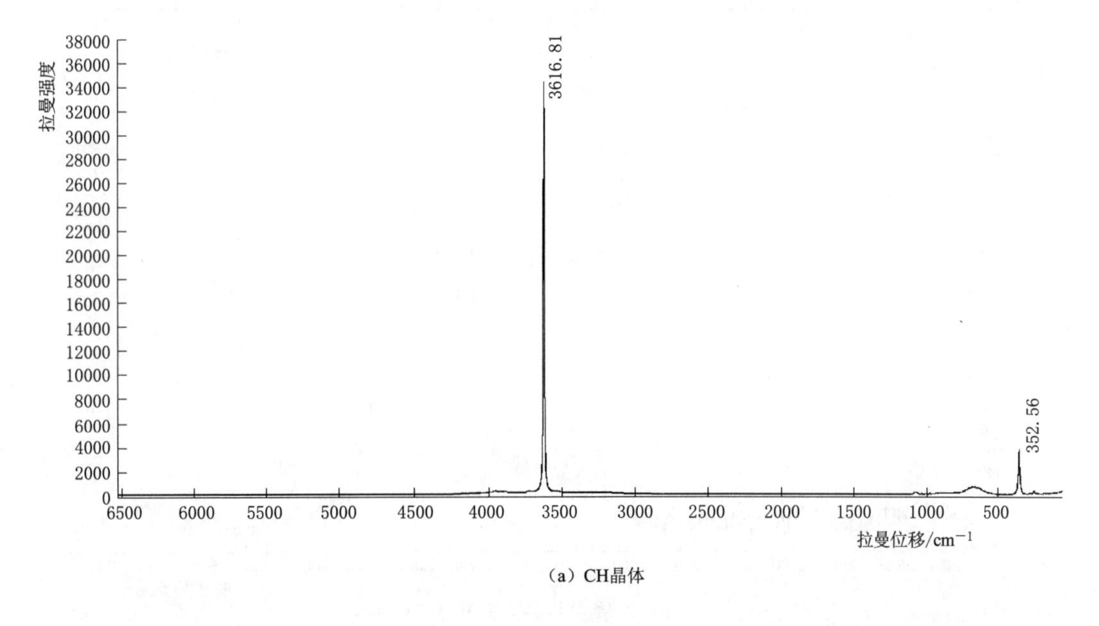

(a) CH晶体

图 3.4.13 (一) 10% $Ca(OH)_2$+90%磷渣粉胶凝体系随时间变化的拉曼光谱图

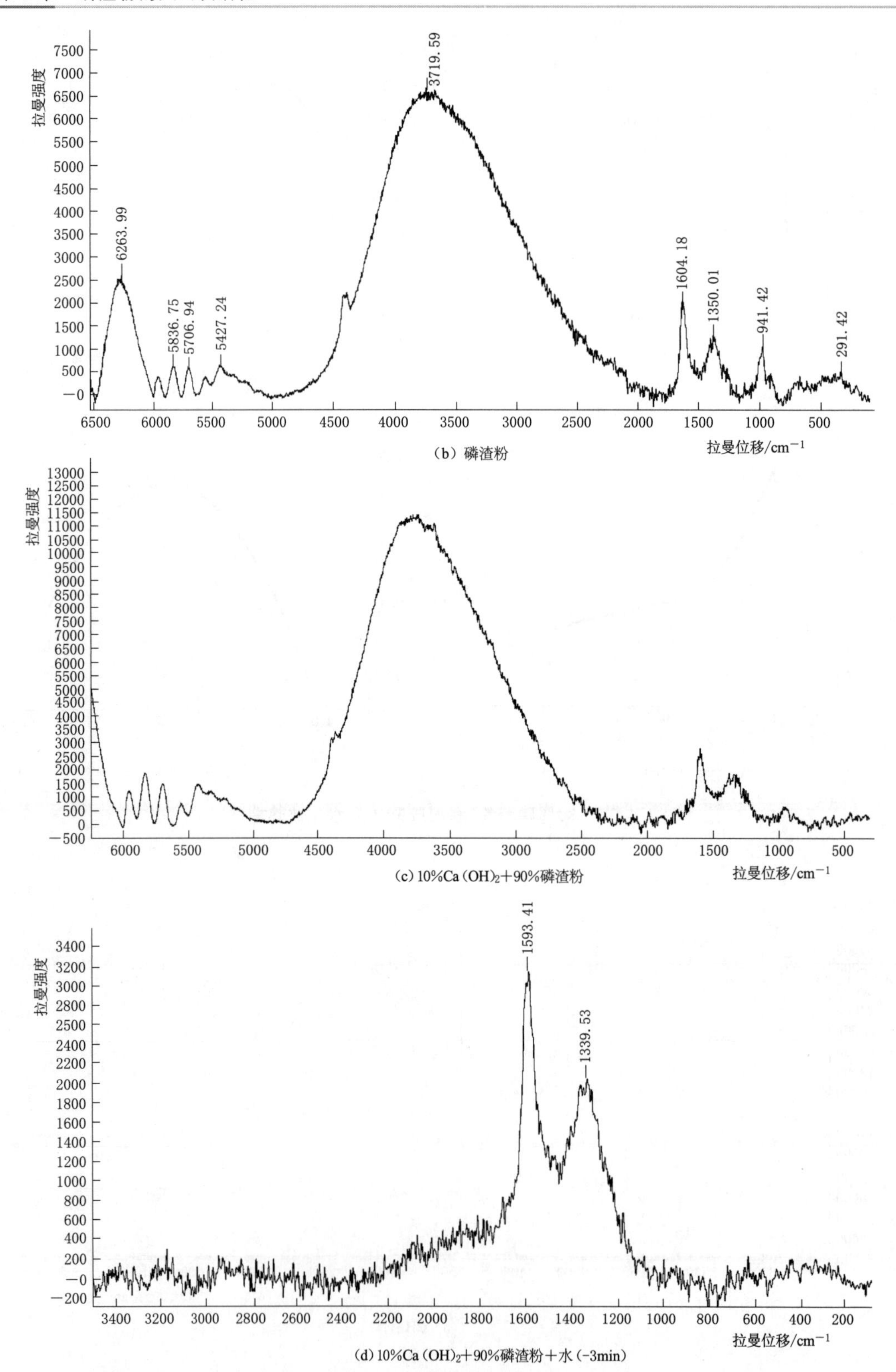

图 3.4.13（二）　10% $Ca(OH)_2$ +90%磷渣粉胶凝体系随时间变化的拉曼光谱图

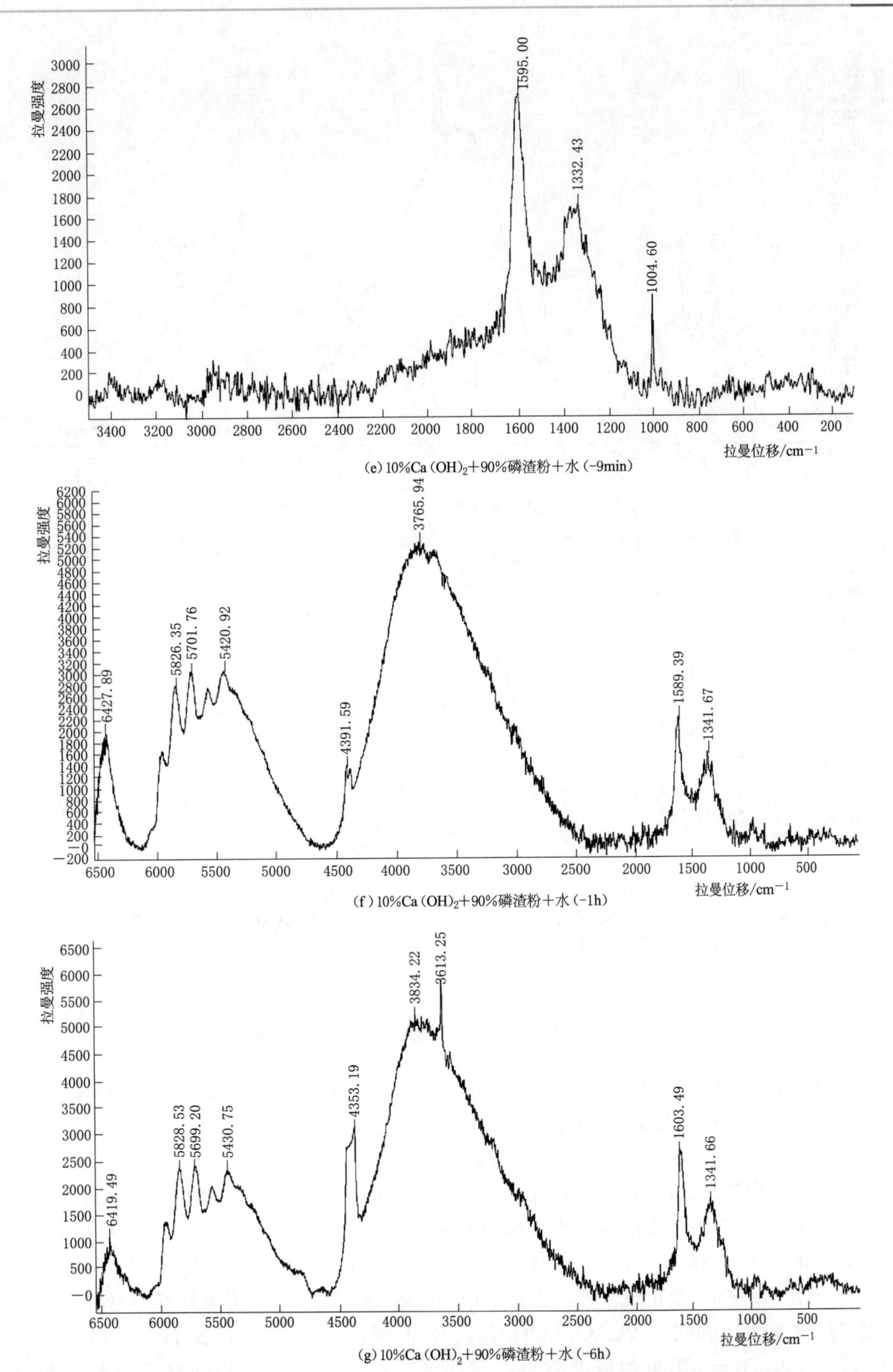

图 3.4.13（三） 10% $Ca(OH)_2$ +90%磷渣粉胶凝体系随时间变化的拉曼光谱图

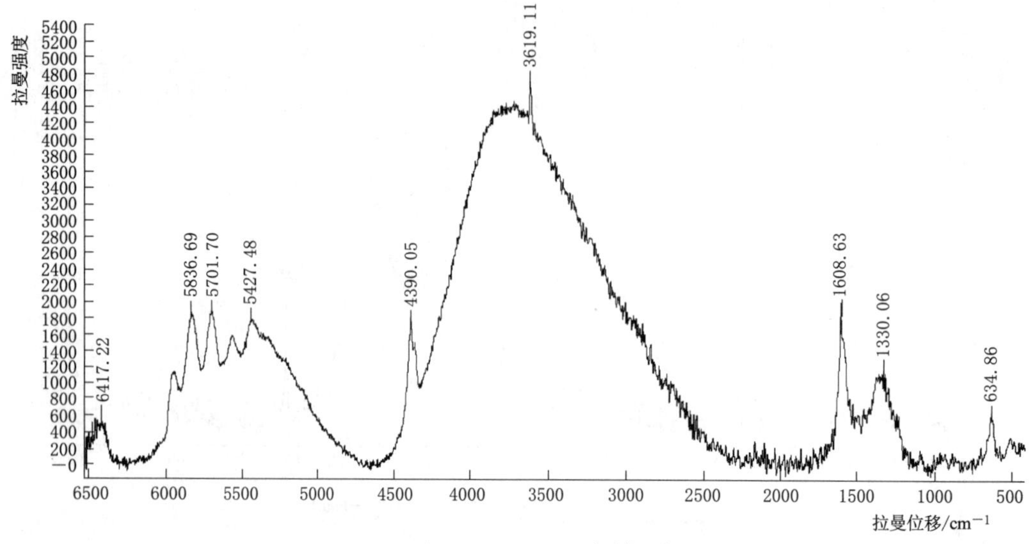

(h) 10%Ca(OH)$_2$+90%磷渣粉+水(-48h)

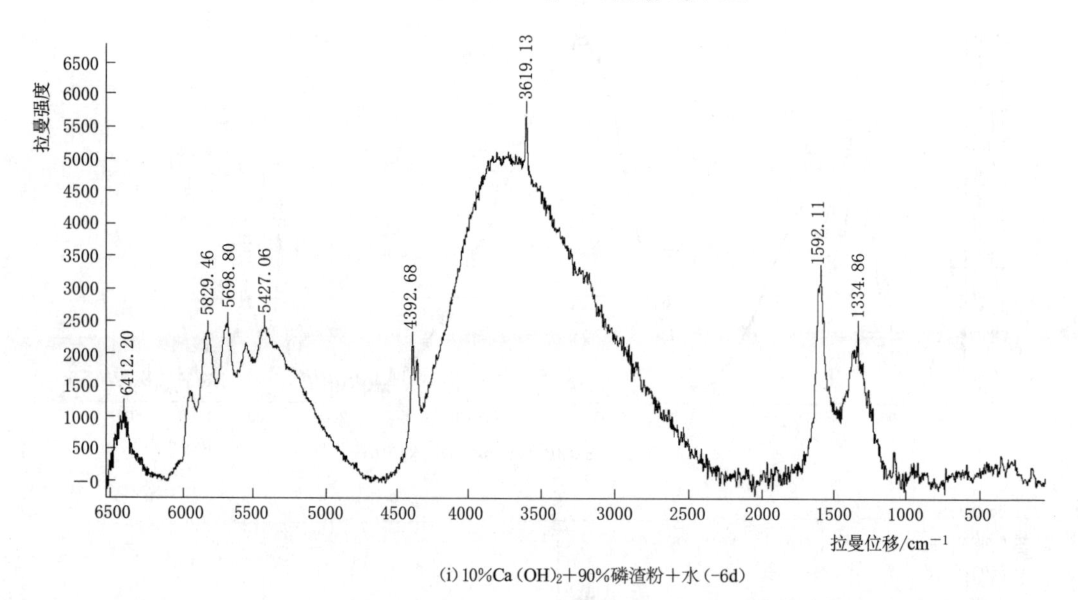

(i) 10%Ca(OH)$_2$+90%磷渣粉+水(-6d)

图 3.4.13（四）　10% $Ca(OH)_2$+90%磷渣粉胶凝体系随时间变化的拉曼光谱图

根据图 3.4.13 (a)、(b) 获知，$Ca(OH)_2$ 特征峰在拉曼位移 3616cm^{-1}、352cm^{-1}附近，磷渣粉的典型特征峰对应拉曼位移 940cm^{-1}、1350cm^{-1}、1604cm^{-1} 以及三强峰（5836cm^{-1}/5700cm^{-1}/5427cm^{-1}）、6264cm^{-1}等。

试验过程中观察到，该胶凝体系加水 9min 后发现在拉曼位移 940cm^{-1}处峰消失而在拉曼位移 1005cm^{-1}附近出现新的峰，说明磷渣粉与 $Ca(OH)_2$ 已经发生了水化反应形成了新的水化产物；12min 后在拉曼位移 640cm^{-1}出现新峰，38min 后 950cm^{-1}处峰消失而 4390cm^{-1}、6398cm^{-1}处出现新峰。水化 1h 后拉曼位移 6428cm^{-1}附近处峰越来越强。水化龄期 6d 时，仍可见少量 $Ca(OH)_2$ 晶体和磷渣粉存在，拉曼位移 4390cm^{-1}、1084cm^{-1}、6431cm^{-1}附近的峰非常强。说明形成的新的水化产物的对应拉曼位移在

$1084cm^{-1}$、$4390cm^{-1}$、$6430cm^{-1}$附近。进一步明晰新的水化产物需对照拉曼光谱分析仪数据库确定。

3.4.3.5　氢氧化钙激发磷渣粉活性的作用机理分析

$CaO-Al_2O_3-SiO_2-H_2O$体系的热力学研究表明，火山灰质材料与氧化钙反应后生成的产物可能是以下几种：弱结晶凝胶水化硅酸钙C—S—H；六方水化铝酸钙C_4AH_{13}；水化钙黄长石C_2ASH_8；钙矾石AFt；单硫铝酸盐AFm。这些产物可以用$CaO-Al_2O_3-SiO_2$黏结剂三角形来表达。

当火山灰质材料仅与熟石灰反应时，胶凝体系的水化图可以用图3.4.14来表示，火山灰质材料的组成用$CaO+Al_2O_3+SiO_2$换算成总组成，然后总的组成可以看成是点Z。这样，火山灰质材料/氧化钙混合物组成位于线ZC之上，水化产物总的组成与原始的火山灰质材料/氧化钙混合物相同，所以这个组成可以用同一点来表示。三角形的三个顶点C、S、A分别对应氢氧化钙、正硅酸和氢氧化铝。有氧化钙存在时，组成点将落在区域Ⅱ内（CSH—C—C_4AH_{13}组成的三角形区域内），氢氧化钙与两个新生成的相水化硅酸钙和水化铝酸钙共存。若氧化钙的量减少，组成点将移向区域Ⅰ（CSH—O—C_4AH_{13}组成的三角形区域内）。当体系达到平衡状态，氧化钙全部被消耗，主要有三个生成相：水化硅酸钙、水化铝酸钙和水化钙黄长石。

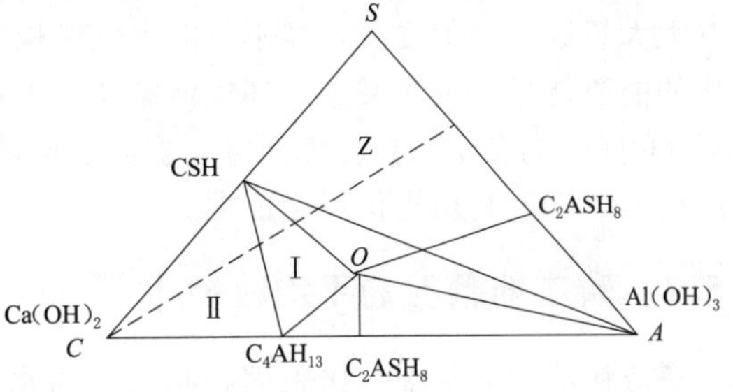

图3.4.14　$CaO—Al_2O_3—SiO_2—H_2O$体系的水化产物组成图

当试验采用氢氧化钙来激发磷渣粉的活性时，加水拌合后液相碱度增大，极性OH^-的极化作用会破坏玻璃体表面光滑致密的Si—O—Si、Si—O—Al和Al—O—Al网络结构，活性氧化钙和活性氧化铝与氢氧化钙作用生成水化硅酸钙C—S—H和水化铝酸钙C—A—H，即水化产物相落在区域Ⅱ内。从180d水化产物的衍射图谱图3.4.15中可以观察到有大量C—S—H和C—A—H生成，还有未消耗完的氢氧化钙和少量的水化硅铝酸钙以及碳化后生成的碳酸钙。说明掺入氢氧化钙进行磷渣粉活性激发时，经过180d水化龄期，胶凝体系主要成分是水化硅酸钙和水化铝酸钙以及少量的氢氧化钙和水化硅铝酸钙，在水化产物体系图

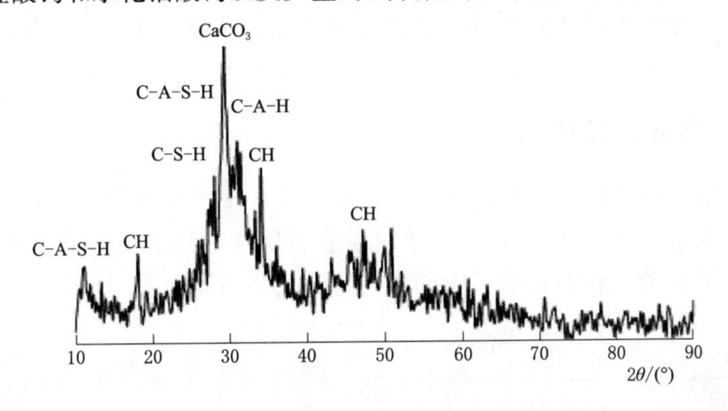

图3.4.15　10%氢氧化钙激发时磷渣粉180d水化产物的XRD图谱

中处于Ⅰ区。但是从XRD图谱的相组成分析中还可以观察到，水化产物结构中存在部分离子被其他金属离子取代的现象，水化产物结构并不是一种单纯的物相。

当氢氧化钙掺量继续增加时，液相中会形成氢氧化钙的过饱和溶液，此时水化产物结构类型会发生转变。在常温下生成的水化硅酸钙接近C—S—H(Ⅰ)型，当氢氧化钙的量较高时会形成高碱度的水化硅酸钙（Ⅱ）型，导致强度下降。

3.5 水泥基材料中磷渣粉的最大理论掺量

目前磷渣粉主要是用作水泥生产原料、熟料煅烧矿化剂以及水泥混合材生产磷渣水泥。JC/T 740—2006规定磷渣粉的掺量不超过25%，但是大量研究表明，磷渣粉的掺量可以大大超过这个限度。这样不仅能大规模地实现磷渣粉的资源化，还能有效地解决日益恶化的能源耗尽、资源减少、环境污染这三大社会问题。本节从磷渣粉的火山灰活性及其与$Ca(OH)_2$的二次反应方面研究了提高磷渣粉在水泥胶凝体系中掺量的可行性，为实现磷渣粉的大规模利用提供理论依据。

3.5.1 磷渣粉颗粒的平均粒径

磷渣粉的颗粒越细，比表面积越大，与水泥水化产物$Ca(OH)_2$的反应程度就越大。因此，在其他条件一定时，磷渣粉的火山灰反应能力随着细度的增加而增大。采用平均粒径来衡量磷渣粉细度，根据激光粒度分析仪测得的磷渣粉颗粒群的分布特性来计算磷渣粉的平均粒径，测试结果见表3.5.1。

表3.5.1 磷渣粉颗粒粒径分布

孔径范围/μm	<1	1～3	3～10	10～20	20～30	30～45	45～60	>60
质量百分比/%	4.23	8.16	20.73	25.75	16.64	12.53	7.74	4.42

磷渣粉的平均粒径计算如下：

$$d=\frac{\sum d_i x_i}{\sum x_i} \tag{3.5.1}$$

式中：d_i为各颗粒范围的最大粒径，mm；x_i为各颗粒范围的质量分数，%；d为磷渣粉平均粒径，mm。

将表3.5.1中测得的磷渣粉颗粒各粒径范围数据代入式（3.5.1）中，计算得到：磷渣粉的平均粒径$d=20\mu m$。

3.5.2 磷渣粉颗粒的反应率

磷渣粉颗粒的反应率即磷渣粉已发生火山灰反应的那部分体积与原颗粒体积之比。由于磷渣粉玻璃体含量高达80%～90%，考虑到玻璃微珠的形态效应，可将磷渣粉颗粒近似看作玻璃体球形。磷渣粉颗粒的反应率的计算公式如下：

$$\alpha=\frac{V-V_0}{V}=\frac{\frac{1}{6}\pi(d^3-d_0{}^3)}{\frac{1}{6}\pi d^3}=\left[1-\left(\frac{d_0}{d}\right)^3\right]\times 100\% =1-\left(1-\frac{2h}{d}\right) \tag{3.5.2}$$

式中：α 为磷渣粉颗粒的反应率，也即水化程度；V 为磷渣粉颗粒的体积；V_0 为磷渣粉颗粒未反应部分的体积；d 为磷渣粉颗粒平均粒径，mm；d_0 为磷渣粉颗粒未反应部分的平均粒径，mm；h 为磷渣粉颗粒反应的深度。

根据 GuttW 在第 6 届国际水泥化学大会有关粉煤灰与不同种类硅酸盐水泥的火山灰反应的文献资料介绍，扫描电镜中观察粉煤灰玻璃微珠经过 2 年龄期的火山灰反应，反应深度也只有约 1μm，龄期为 10 年时，反应深度也只有 2μm，极细颗粒的粉煤灰的火山灰反应才深入中心。因此，玻璃微珠的火山灰反应进行得十分缓慢。由图 3.5.1 可知磷渣粉在 180d 龄期时被侵蚀的程度，水化产物已经很致密，磷渣粉颗粒和胶凝体系水化产物相互搭接，形成一个整体，磷渣粉颗粒表面很难辨别。

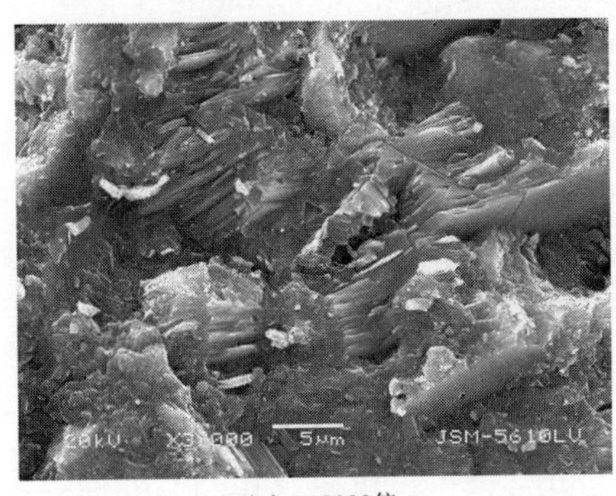

(a) ×3000倍

(b) ×5000倍

图 3.5.1　磷渣粉-水泥胶凝体系水化产物 SEM 形貌（180d）

到目前为止还没有找到测定矿渣等工业废渣水化程度的令人满意的方法。黄弘等采用 DTA 分析方法，通过比较纯矿渣和不同龄期碱矿渣水泥硬化浆体的差热曲线，对矿渣的水化程度进行定性分析。同时，采用非蒸发水法和 Renchi Kondo 等人研究的水杨酸萃取法定量测定矿渣的水化程度。但这种定量方法测得的数据也只是一个范围值。由于磷渣粉的活性比矿渣小，矿渣在碱激发的条件下 180d 反应率在 25%左右，根据化学活性成分（主要是 SiO_2 和 Al_2O_3）含量的差异，换算过来得到磷渣粉在水泥水化激发下发生反应的反应率为 8%～15%。

3.5.3　磷渣粉掺量与 $Ca(OH)_2$ 含量的关系

在磷渣粉-水泥胶凝体系的水化过程中，水泥水化产生的 $Ca(OH)_2$ 与磷渣粉中的活性成分发生二次反应，即火山灰活性反应，使得水泥水化不断进行，$Ca(OH)_2$ 量不断减少。其中 $Ca(OH)_2$ 减少量不仅与磷渣粉的等级有关，还与磷渣粉的掺量有关。这种方法提供了一套行之有效的计算程序，在其他条件一定时，可以用来计算水泥胶凝体系中磷渣粉的最大掺量的范围，作理论研究参考。

将不同掺量的磷渣粉与水泥制成相同程度的净浆，养护到 180d 龄期后进行综合热分析，结果见图 3.5.2。

经过计算得到不同磷渣粉掺量时水泥胶凝体系 180d $Ca(OH)_2$ 含量见表 3.5.2。

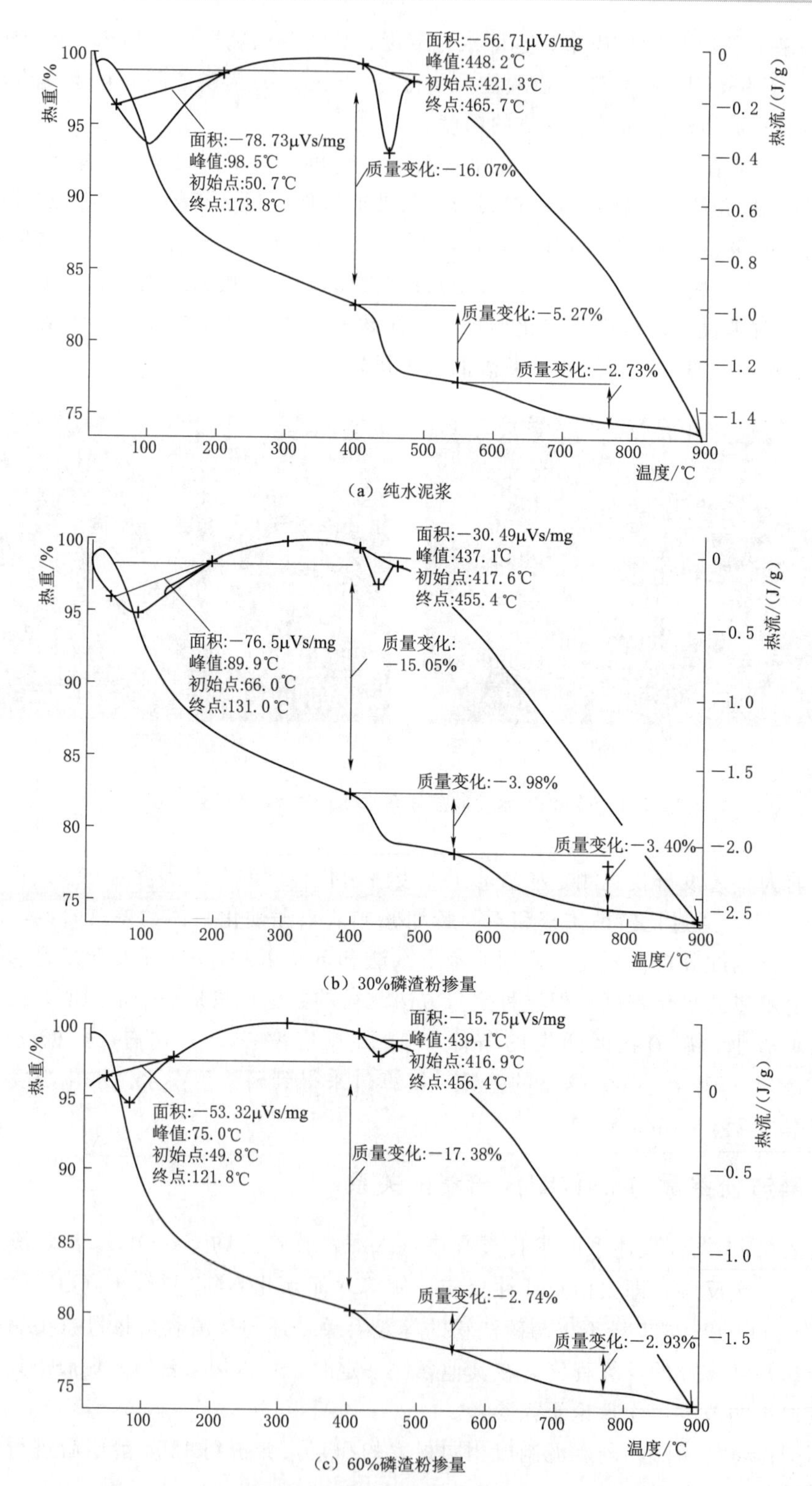

(a) 纯水泥浆

(b) 30%磷渣粉掺量

(c) 60%磷渣粉掺量

图 3.5.2　不同磷渣粉掺量水泥胶凝体系 180d 热流-热重曲线

表 3.5.2 **180d 龄期胶凝体系水化产物结合水量与氢氧化钙含量**

磷渣粉掺量/%	水化硅酸钙和 AFt 结合水量/%			$Ca(OH)_2$/%			总结合水量/%		
	3d	28d	180d	3d	28d	180d	3d	28d	180d
0	11.97	12.66	16.98	23.99	22.63	24.73	17.81	18.16	22.99
30	11.01	13.96	16.18	18.10	21.28	20.17	15.42	19.14	21.09
60	7.77	10.55	18.36	12.89	14.66	14.55	10.91	14.12	21.90

对表 3.5.2 测试结果进行回归分析，得到磷渣粉掺量与 $Ca(OH)_2$ 量基本呈直线关系，其回归方程为：

$$y=-0.6867x+1.007 \qquad R^2=0.9962 \tag{3.5.3}$$

式中：x 为磷渣粉掺量，%；y 为磷渣粉掺量为 x 时胶凝体系中 $Ca(OH)_2$ 量相对于纯水泥净浆中 $Ca(OH)_2$ 量的百分比。

由式（3.5.3）可知，龄期为 180d 时，$Ca(OH)_2$ 量与磷渣粉的掺量具有很好的线性相关性，随着磷渣粉掺量的增加 $Ca(OH)_2$ 的量不断减少。

3.5.4 磷渣粉的最佳理论掺量

根据材料学不规则网络理论，磷渣粉是多相材料，玻璃体与晶体共存，其中玻璃体占到整个结构的 80%～90%，在外加碱激发下，磷渣粉中的活性成分发生解聚，形成具有胶凝性产物。假设磷渣粉与水泥水化产物 $Ca(OH)_2$ 发生的二次水化反应主要由 SiO_2 和 Al_2O_3 两种成分进行，并认为在常规条件（常温、常压）下，磷渣粉与 $Ca(OH)_2$ 的反应产物与水泥的水化产物相同，其化学反应式如下：

$$3Ca(OH)_2+2SiO_2 = 3CaO\cdot 2SiO_2\cdot 3H_2O$$

$$3Ca(OH)_2+Al_2O_3+3H_2O = 3CaO\cdot Al_2O_3\cdot 6H_2O$$

磷渣粉在参与火山灰反应时，参加反应的磷渣粉量应与反应的 $Ca(OH)_2$ 量相对应，根据化学反应方程式列出以下方程：

$$\frac{3Ca(OH)_2}{2SiO_2}=\frac{CH}{SiO_2\alpha P}$$

$$\frac{3Ca(OH)_2}{Al_2O_3}=\frac{0.26(1-y)-CH}{Al_2O_3\%\alpha P} \tag{3.5.4}$$

式中：0.26 为理论上 1g 水泥水化可生成的 $Ca(OH)_2$ 量；$0.26(1-y)$为不同磷渣粉掺量时，参加火山灰反应的 $Ca(OH)_2$ 量；y 为磷渣粉掺量为 x 时，胶凝体系中 $Ca(OH)_2$ 量相对于纯水泥净浆时 $Ca(OH)_2$ 量的百分比，此时 $x=P/(P+1)$；P 为磷渣粉掺量，%；$Ca(OH)_2$ 为磷渣粉中 SiO_2 反应消耗的 $Ca(OH)_2$ 量；$0.26(1-y)-Ca(OH)_2$ 为磷渣粉中 Al_2O_3 反应所需的 $Ca(OH)_2$ 量；SiO_2 为磷渣粉中 SiO_2 的含量；Al_2O_3 为磷渣粉中 Al_2O_3 的含量；α 为磷渣粉颗粒的反应率。

将式（3.5.1）、式（3.5.2）、式（3.5.3）及各数据代入式（3.5.4）中，可以计算得到 180d 龄期时，与 1g 水泥水化产生的 $Ca(OH)_2$ 发生二次反应的磷渣粉的量。

根据 $P/(P+1)$ 计算得到：磷渣粉反应率为 8%时：最大掺量为 1.885/(1.885+

1)×100%＝65.3%；磷渣粉反应率为15%时：最大掺量为0.509/(0.509＋1)×100%＝＝33.7%。

从计算结果可以看出，当磷渣粉反应率增加时，即磷渣粉的水化程度越高时，磷渣粉的最佳掺量反而降低，这实际上并不矛盾。在水泥水化产生的$Ca(OH)_2$量一定时，能够参与反应的磷渣粉中的活性成分就是固定值。若磷渣粉的掺量越高，则能参与反应的量就相应降低，反应深度就降低，反应率减小。反之，若反应率增加，可参与反应量必然就增大。从另外一个方面考虑，当设计强度一定时，可以适当地增加磷渣粉的掺量，更多的磷渣粉取代水泥，部分充当磷渣粉-水泥的凝胶体骨架，降低成本，提高废渣的利用率。

根据磷渣粉的活性成分与水泥水化产物$Ca(OH)_2$发生二次反应的程度和消耗的$Ca(OH)_2$量，确定了磷渣粉在水泥胶凝体系中的最大掺量范围，即33.7%～65.3%，这与通常研究结果基本一致。这是在一般情况下固定水化产物CaO与SiO_2的比值（C/S）为1.5时得到的结果。实际上C/S比不是一个定值，它与一系列因素有关，若CaO与SiO_2的比值的比值小，计算得到的磷渣粉的最大掺量就将增大；反之，则减小。考虑到磷渣粉在水泥基材料中应用时，水化成熟期水化产物的C/S比小于1.5，所以还可以适当加大磷渣粉的掺量。本书为磷渣粉在水泥基材料中最佳掺量计算提供了新的途径，且计算结果与实际值接近，为实现磷渣粉的大规模应用提供了理论依据。这种方法可以应用到其他的火山灰活性掺合料的掺量计算，具有普遍意义。

3.6　小结

本章从机械激发和化学活化两方面研究了磷渣粉活性激发的途径以及激发的效果。机械激发就是利用球磨机将磷渣粉颗粒粉磨到一定的细度以增大磷渣粉比表面积、增加断裂键数量来达到活化的目的。化学活化主要是通过掺入外加剂的方式来激发磷渣粉的活性。通过磷渣粉活性成分与氢氧化钙二次反应的程度和消耗的量，计算水泥基材料中磷渣粉的最大理论掺量，通过系列试验总结得到如下结论：

（1）在测试龄期范围内，不论磷渣粉细度大小，磷渣粉的掺入都会降低水泥胶砂的抗折强度；在水化初期磷渣粉的掺入会降低水泥胶砂的抗压强度，但随龄期发展抗压强度增长很快，到90d龄期已经超过基准水泥胶砂抗压强度。以抗压强度的增长幅度为衡量标准，磷渣粉存在一个最优细度，即300～400m^2/kg。

（2）磨细磷渣粉的抗折比强度均超过原状磷渣粉的抗折比强度，且抗折比强度随龄期增长不断增大。磷渣粉的火山灰效应抗折强度贡献率随龄期增长不断增加，随细度增加呈下降趋势。磷渣粉水泥胶砂的抗压比强度和火山灰效应抗压强度贡献率与磷渣粉的粉磨细度均呈上凸抛物线型，最大值出现在磷渣粉细度为400m^2/kg左右。

（3）借助Zacharisen的三维网络结构模型总结了机械激发磷渣粉活性的作用机理：磷渣粉在粉磨过程中结构内部出现微裂缝，导致结构形成体发生扭曲和变形，加剧网络结构的不规则化程度。在硅酸盐水泥水化产物氢氧化钙的激发下有利于网络改性体解聚多面体的形成体，使连结链断裂，加速磷渣粉的溶解从而促进强度增长。细度的增加会增大磷渣粉颗粒的比表面积，增大磷渣粉与石灰反应的接触面积，提高了磷渣粉参与反应的速度，有利于磷渣粉的解聚。

(4) 硫酸盐能在一定程度上激发磷渣粉的活性，但是浆体强度较低，激发效果不显著。硫酸钠作激发剂时，应该控制掺量在4%以内，否则会出现试件开裂。硫酸钙的激发效果要优于硫酸钠，即在阴离子相同前提下阳离子种类也会影响磷渣粉的活性激发效果。

(5) 硫酸盐对磷渣粉活性激发的具体作用机理如下：硫酸钠的掺入会增大液相的碱度，加快磷渣粉表面结构的解聚，促进氢氧化钙晶体成核和生长，形成以水化硅酸盐、硫酸钙和钙矾石为主的水化产物。硫酸钙激发时，浆体强度随着硫酸钙掺量的增加不断下降，且超过4%下降幅度显著增加，形成以水化硅酸钙、钙矾石和 $CaSO_4 \cdot 2H_2O$ 为主的水化产物。

(6) 氢氧化钙激发磷渣粉活性时，早期强度都很低，但随龄期发展强度增长很快。龄期90d均达到最大值，且掺量从5%增加至20%时最大值变化不大。180d龄期时浆体强度略有下降。浆体的强度与水化产物的平均孔径参数和孔结构均匀性参数都呈指数关系，相关性好。

(7) 氢氧化钙作活性激发剂时，若氢氧化钙掺量较高，激发体系的水化产物以水化硅酸钙和水化铝酸钙为主，当氢氧化钙消耗完，体系达到平衡状态时水化产物以水化硅酸钙、水化铝酸钙和水化钙黄长石为主。

(8) 根据磷渣粉的活性成分与水泥水化产物 $Ca(OH)_2$ 发生二次反应的程度和消耗的 $Ca(OH)_2$ 量计算出了水泥基材料中磷渣粉的最大理论掺量，范围在33.7%～65.3%，与实际应用情况相近。这是理想情况下得到的结果，即水化成熟期反应生成的水化产物的 C/S 比为1.5，而实际上磷渣粉与氢氧化钙反应生成的水化产物的 C/S 比不是一个定值，C/S 比受多种条件和因素的影响，因此图书计算结果具有参考价值，且计算方法和思路具有普遍意义，可以推广应用至其他火山灰质材料。

第4章

磷渣粉水泥基材料的水化特性

水泥熟料的水化过程极其复杂，生成的水化产物也呈多种形态，既有结晶相也有非结晶相，磷渣粉的掺入使得水泥体系的水化过程更加复杂。为了探讨磷渣粉对硅酸盐水泥体系水化特性的影响，本章首先分析了 P_2O_5 对硅酸盐水泥熟料单矿和混合相水化性能的影响，借助扫描电镜（SEM）、综合热分析仪（DTA－TG）、X 射线衍射（XRD）及压汞（MIP）等微观测试手段，系统阐明了磷渣粉水泥基材料的水化产物物相种类、形态及孔结构特性，结合微量热仪分析了磷渣粉水泥基材料的水化程度、水化速率及阻力等水化热力学与水化动力学参数，揭示了磷渣粉水泥基复合胶凝体系的反应进程。

4.1 硅酸盐水泥的水化

水泥颗粒是一个多矿物相的聚集体，与各矿物相单独接触水时的反应不同，化学和物理两方面都有差别的不同矿物对彼此之间的水化过程也会产生影响。在硅酸盐水泥中没有一种主要熟料矿物相是纯的，每种矿物相都含有各种各样影响结晶度和反应活性的杂质离子。与单矿水化不同的是硅酸盐水泥的熟料对彼此之间的水化也会产生影响。如少量的 C_3S 会促进 C_2S 的水化，分析认为 C_3S 水化时析出的氢氧化钙（简写为 CH）有利于提高液相中 CH 的过饱和度，加速了 CH 的成核和生长，也就缩短了 C_2S 的诱导期而加快了 C_2S 的水化进程。水泥的水化并不是各熟料矿物水化的简单加和，而是相互影响、相互制约相互促进的复杂过程。

水泥与水接触后，在水泥熟料颗粒表面发生短促而迅速的水化反应，首先在各熟料粒子的晶格缺陷处发生化学吸附与水反应，并在表面形成一层水化物覆盖层，且这层覆盖层阻隔了水泥与水的接触，从而减慢了水化作用的继续进行。同时水泥在水的分散和水化作用下，形成一些介于胶体和悬浮体的分散度的细颗粒。这些带有包裹层的固体粒子选择性地吸附液相中的某些离子，C_3S 矿物表面会形成富硅层吸附液相中的 Ca^{2+}，而 C_3A 会在表面形成一层富铝层，也会吸附液相中的 Ca^{2+}，颗粒表面带正电。当颗粒表面带上正电荷时，会吸引液相中带有相反电荷的离子，由于反离子本身的热运动，仅有部分反离子紧密排列在固体粒子表面附近形成紧密吸附层，其余的反离子由界面向液相内部扩散形成扩散层，这就是扩散双电层（图 4.1.1）。双电层的吸附层和扩散层之间出现一个电位差，即 ζ 电位，电位差的存在会使液相中的颗粒保持分散状态。这两者的复合作用使得水泥水化进入诱导期。

在水泥水化反应诱导期内，C_3S 的缓慢溶解会释放出更多的 Ca^{2+}，Ca^{2+} 会通过覆盖层向外扩散，部分 Ca^{2+} 会在扩散过程中被过量的负电荷扣留在表面。液相中 Ca^{2+} 浓度逐渐增大，但是 SiO_4^{4-} 离子的存在延缓了氢氧化钙晶核形成和生长，只有在 Ca^{2+} 浓度继续增加到一定程度（1.5～2.0 倍饱和浓度）时，氢氧化钙晶核形成并析出，沉淀晶体作为溶液中离子的汇集点，双电层逐渐被削弱并消失，促进了 C_3S 和 C_2S 的进一步溶解和反应，氢氧化钙晶体和硅酸盐合并缩合形成 C—S—H 的核，主要在靠近颗粒表面附近区域析出。液相中的动态平衡被破坏，水化反应进入加速期。

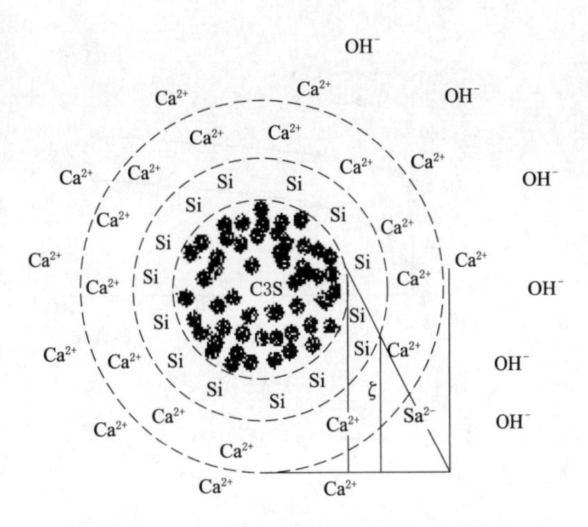

图 4.1.1 C_3S 颗粒表面的扩散双电层结构图

在水化加速期内，CH 晶体和 C—S—H 晶核不断形成并长大，导致液相中 CH 和 C—S—H 的过饱和度降低，反过来也会使 C—S—H 和 CH 的生长速率放缓。同时石膏消耗殆尽，钙矾石 AFt 向单硫型硫铝酸钙 AFm 转变，C_2S 和 C_4AF 也不同程度地参与了反应。一般在水化 24h 以内，钙矾石和剩余 C_3A 反应完全。随着水化产物的增多，触点逐渐增加，水化物相互搭接彼此连生，形成凝胶-晶体结构网，最后使水泥浆体丧失流动性，凝结硬化。

4.2 P_2O_5 对水泥熟料水化性能的影响

4.2.1 P_2O_5 对单矿水化特性的影响

通过高温煅烧的方式，将 P_2O_5 分别引入水泥熟料单矿中，同时向由各单矿混合成的水泥中外掺 P_2O_5，将其进行对比，具体的试验结果见表 4.2.1 和图 4.2.1。

表 4.2.1 P_2O_5 对水泥单矿强度的影响

单矿物相/混合相	P_2O_5 含量/%	抗压强度/MPa				
		1d	3d	7d	28d	90d
C_3S	0	9.81	28.45	48.66	84.37	105.95
C_3S+0.3%P_2O_5	0.3	23.54	103.01	111.83	129.49	145.19
C_2S	0	—	—	—	1.60	—
C_2S+1.5%P_2O_5	1.5	—	—	—	2.75	—
C_3A	0	2.84	3.83	5.79	8.18	—
C_3A+0.2%P_2O_5	0.2	4.41	—	—	14.52	—
C_4AF	0	17.66	24.53	30.41	32.37	49.05
C_4AF+0.5%P_2O_5	0.5	18.61	24.53	30.41	33.35	40.41
混合相	0	0.98	52.97	53.96	68.67	78.48
	0.59	18.15	47.09	51.99	57.88	71.61

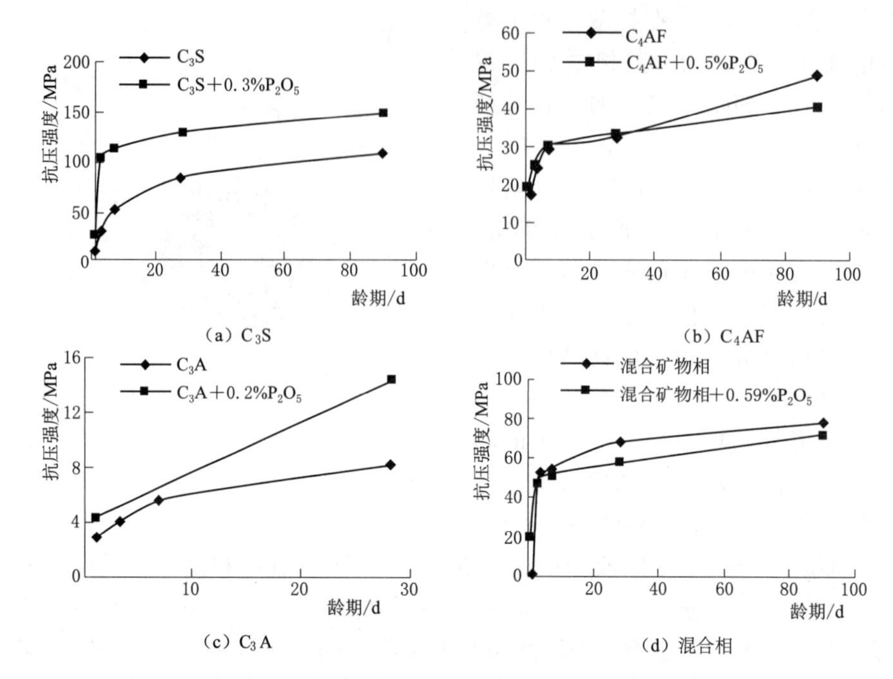

(a) C_3S (b) C_4AF

(c) C_3A (d) 混合相

图 4.2.1 P_2O_5 对水泥单矿和混合相抗压强度的影响曲线

4.2.1.1 P_2O_5 对 C_3S 和 C_2S 水化性能的影响

从表 4.2.1 和图 4.2.1 可以看出，P_2O_5 的掺入对 C_3S 和 C_2S 的强度都有积极影响。与不含磷的 C_3S 相比较，掺入 P_2O_5 后 C_3S 在水化后强度较高，且在硬化初期强度增长很快，3d 抗压强度高达 103MPa；随着龄期的发展强度增长速度放缓，90d 龄期掺入 P_2O_5 的 C_3S 水化强度相较不掺的增长 37%。

B. K. 克拉先等根据差热分析和 XRD 相（图 4.2.2）分析确定，P_2O_5 不会影响 C_3S 的水化程度、水化产物的相组成和数量。而 P_2O_5 的掺入会提高 C_3S 的强度，其原因就在于 P_2O_5 对于硬化浆体结构的改善。分析认为，C_3S 首先与水接触发生反应，在 C_3S 的表面会出现一个富硅层，钙离子进入液相中。液相中形成的磷酸根离子，增加液相中阴离子的分散度，使 C_3S 水化初期的新生物形成高度分散的松散结构，加速转化成强度较高的硬化体。

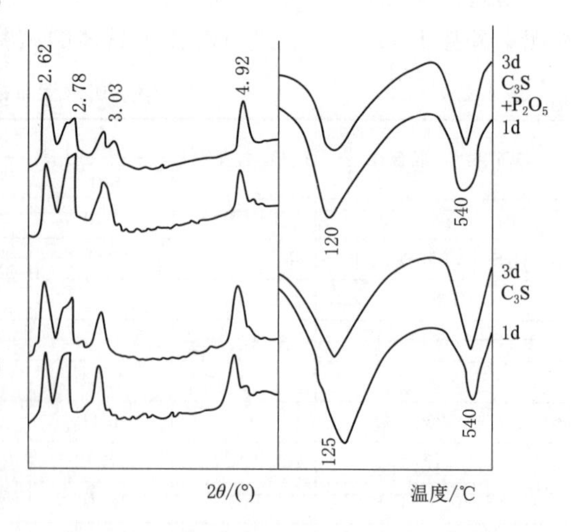

图 4.2.2 C_3S 水化产物的 DTA 和 XRD 图谱

注：左侧图为 XRD 图谱，图中数值为晶面间距（d），为判断物相种类的参数。

4.2.1.2 P_2O_5 对 C_3A 和 C_4AF 水化性能的影响

在硬化初期，掺入 P_2O_5 的 C_3A 和 C_4AF 同样具有较高的强度，但 90d 龄期后强度却有所降低。分析认为，C_3A 遇水迅速溶解后，在过饱和溶液中会有六方片状水化物 C_4AH_{13}、C_2AH_8 等的形成，反应速率放缓。在 C_3A 与水反应过程中会放出大量的热量，促使六方片状水化物向立方状水化物 C_3AH_6 发生转化，使得六方片状水化层被破坏，且在 C_3A 周围的充水空间也会有立方状 C_3AH_6 水化物的形成。由于 C_3A 的水化很迅速，浆体凝结很快，在 C_3A 的水化铝酸盐之间所形成的晶界宽且疏松，具有大量的微孔，因此强度较低。

掺入 P_2O_5 后，C_3A 的水化速度明显放缓，生成的水化产物主要是六方片状的 C_2AH_8 和 C_4AH_{14} 等水化铝酸盐，同时还有 $Al(OH)_3$ 凝胶生成见图。XRD 图谱（图 4.2.3）中显示水化 1d 和 3d 时 C_3A 水化产物中含有立方晶体的水化铝酸钙（$d=4.43$ 和 $d=5.16$），且在 340℃有明显吸热效应；加入 P_2O_5 后，经 XRD 图谱分析得到 C_3A 的水化产物主要是六方片状的水化铝酸钙 C_2AH_8 和 C_4AH_{14}。差热分析图谱中可以看到，水化产物在 120℃和 220℃处有两个明显的吸热谷，也就是说 P_2O_5 的掺入会使 C_3A 的水化停止在生成六方片状水化物阶段，没有立方水化物形成。掺入 P_2O_5 后，减慢了的水化速度以及比较均匀的水化产物结构保证了 C_3A 能获得较高的强度。C_4AF 的水化、硬化也与 C_3A 类似，掺入 P_2O_5 后，强度也较不掺 P_2O_5 的 C_4AF 水化硬化强度要高。

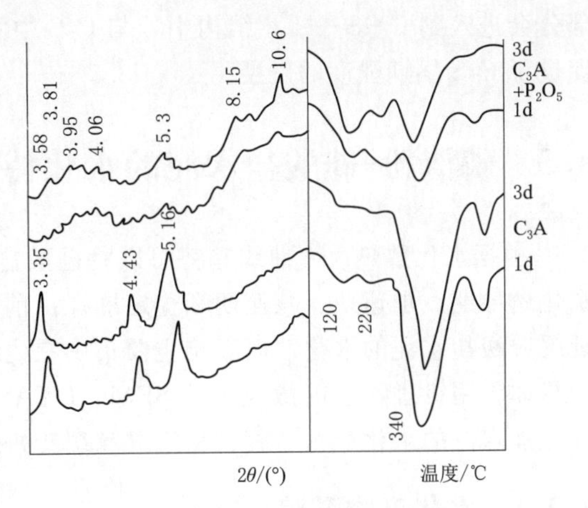

图 4.2.3　C_3A 的水化产物 XRD 和 DAT 图谱

注：左侧图为 XRD 图谱，图中数值为晶面间距（d），为判断物相种类的参数。

4.2.2　P_2O_5 对混合相水化性能的影响

尽管 P_2O_5 对于四种主要水泥矿物的水化都会产生有利的影响。但是，当 P_2O_5 掺入混合矿物时，却会对水泥的水化起到阻碍的作用。必须注意的是，实际上水泥中没有一种熟料矿物是纯的，每种矿物相都含有各种各样影响反应活性的杂质离子，而上述 P_2O_5 对各矿物单相水化所做的分析都是基于纯水泥熟料矿物相的研究。水泥熟料矿物相本身，不论含磷与否，都会对彼此的水化产生一定的影响。如少量的 C_3S 会促进 C_2S 单矿的水化反应，因为 C_3S 的水解会加速液相中 CH 过饱和度的形成，有利于 CH 晶核的形成与生长，从而能缩短 C_2S 水化时的诱导期加速其参与水化速率。少量 C_3A 的存在也会有利于单矿 C_3S 的水化和强度发展，因为 C_3A 在水化过程中会与 C_3S 水解后释放到液相中的 CH 反应形成水化铝酸钙 C_4AH_{13}，这种水化物能在高氧化钙浓度下稳定存在，这样也就促进了 C_3S 的继续水解。

同时必须注意的是混合矿物相中并没有石膏的存在，而石膏恰恰是影响水泥体系水化的重要因素。石膏在硅酸盐水泥中不仅起到调凝的作用还会有利于水泥早期强度的发展。在有石膏存在时溶液中的水化铝酸钙会与硫酸钙立即反应生成钙矾石，钙矾石沉淀在水化的 C_3A 颗粒表面，形成一层水化产物薄膜，阻止了 C_3A 的继续快速水化，这样就避免了急凝或速凝，调节了水泥的凝结时间。在水化过程中石膏在液相中释放出的SO_4^{2-}离子有部分会进入到C-S-H相结构中，与C_3S中的SiO_4^{4-}之间形成C-S-H凝胶的固溶体，促进了C_3S早期强度的发展。

4.3　磷渣粉-硅酸盐水泥的水化特性

根据水化放热速率曲线趋势可以将硅酸盐水泥水化过程分为五个阶段，即诱导前期、水化诱导期、加速期、减速期和稳定期。由前面试验结果可知磷渣粉中的P_2O_5和F均会延缓硅酸盐水泥的水化，而影响主要集中在诱导期。为了系统地探究磷渣粉对硅酸盐水泥的具体作用机理，借助微观测试SEM、DTA-TG和微热量热法深入分析研究了磷渣粉-硅酸盐水泥的水化产物形貌、相组成和缓凝机理。

4.3.1　水化产物形貌

试验测试了不同细度和不同掺量的磷渣粉对硅酸盐水泥胶凝体系水化产物的形貌影响，分别见图4.3.1和图4.3.2，其中磷渣粉的细度分别为$200m^2/kg$和$500m^2/kg$，磷渣粉掺量为30%和50%。

（1）细度$200m^2/kg$磷渣粉-硅酸盐水泥形貌分析。水化龄期7d，在磷渣粉-硅酸盐水泥浆体水化产物的SEM中可以清晰地看到六方板状氢氧化钙晶体的存在，填充在水泥浆体孔缝中。还有水化硅酸钙和针状钙矾石，其中水化硅酸钙以Ⅰ型为主，呈纤维状，针状钙矾石向空间外生长辐射。水化产物主要在磷渣粉和未水化水泥颗粒的表面堆积，整个浆体中还存在大量的孔隙，结构较疏松。

与7d龄期相比，水化龄期28d磷渣粉-硅酸盐水泥浆体的水化产物数量有所增加，磷渣粉和水泥颗粒表面逐渐被侵蚀，堆积了大量的水化产物。其中氢氧化钙结晶形态良好，呈片层状堆积，水化硅酸钙逐渐向网络状Ⅱ型转变，互相搭接成三维空间网，进一步填充浆体结构孔隙。水化龄期90d，磷渣粉-硅酸盐水泥浆体整体结构比较密实，很难分辨出块状的磷渣粉颗粒，水化产物呈堆积状沉积在颗粒表面，从未水化颗粒周边向内部空间生长，填充了浆体和水化产物空间的孔隙，交织成一个整体。

（2）细度$500m^2/kg$磷渣粉-硅酸盐水泥形貌分析。从图4.3.2中可以显著看出，在水化初期7d龄期，与细度$200m^2/kg$的磷渣粉-硅酸盐水泥浆体相比细度$500m^2/kg$的磷渣粉-硅酸盐水泥浆体磷渣粉和水泥颗粒表面聚集了更多的水化产物。这是因为粉磨增加了磷渣粉参与水化的比表面积，增大了磷渣粉与氢氧化钙的接触面积，也就加速了磷渣粉参与反应的化学速度，形成了更多的水化产物。还可以观察到，在未水化颗粒表面和浆体孔隙中堆积了大量的片层状结晶氢氧化钙，针状钙矾石和纤维状水化硅酸钙从颗粒表面向周围辐射生长。

水化龄期28d，磷渣粉颗粒和水泥熟料颗粒表面侵蚀程度加剧，水化产物数量有所增加，纺锤形水化硅酸钙和片层状氢氧化钙构成空间网络，但结构中的很多空穴以及水化粒子与水化产物之间的空隙还清晰可见。由于粉磨细度增加，磷渣粉参与反应的接触面积增大，水化颗粒比表面积增加，所以随着水化程度的深入，水化粒子表面会堆积更多的水化

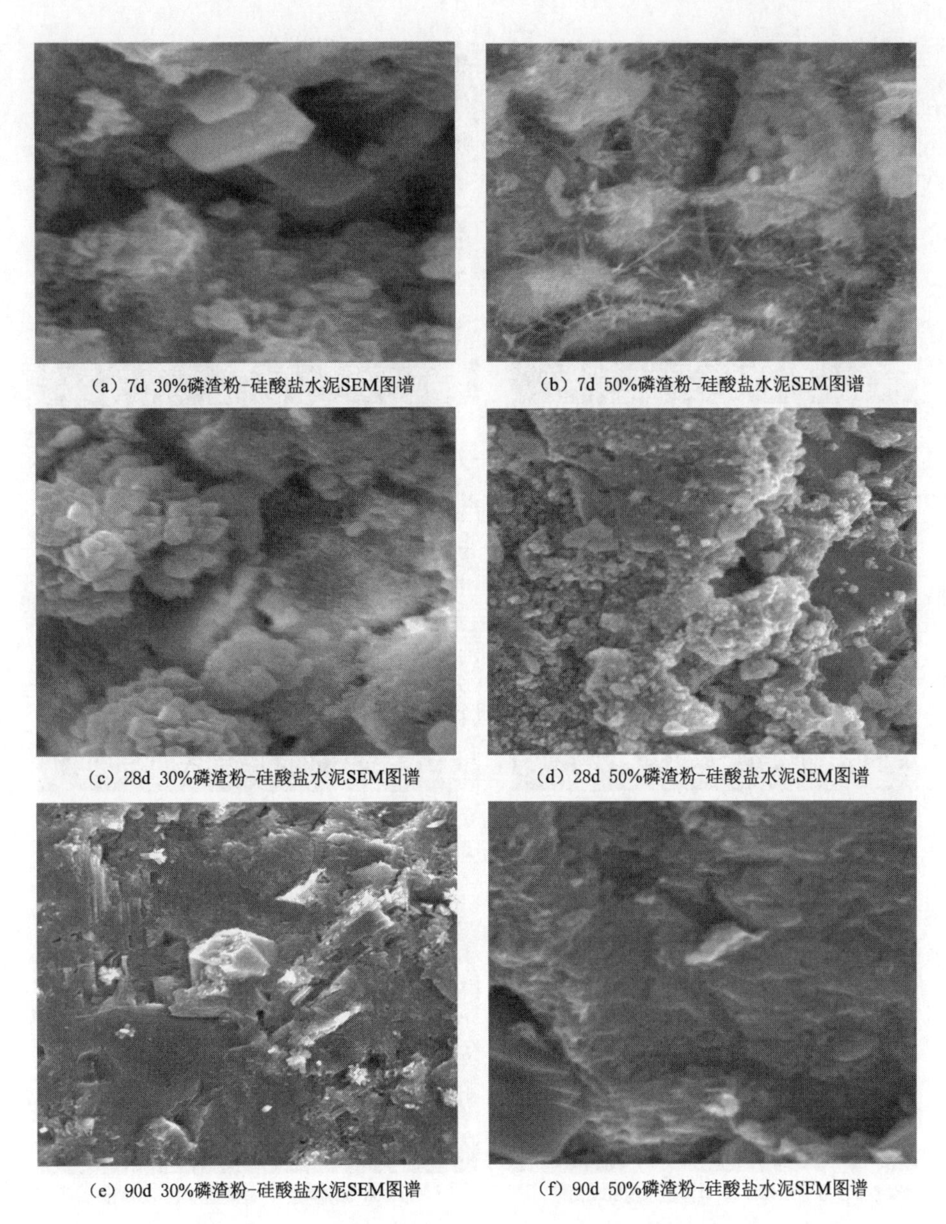

(a) 7d 30%磷渣粉-硅酸盐水泥SEM图谱　(b) 7d 50%磷渣粉-硅酸盐水泥SEM图谱

(c) 28d 30%磷渣粉-硅酸盐水泥SEM图谱　(d) 28d 50%磷渣粉-硅酸盐水泥SEM图谱

(e) 90d 30%磷渣粉-硅酸盐水泥SEM图谱　(f) 90d 50%磷渣粉-硅酸盐水泥SEM图谱

图 4.3.1　细度 $200m^2/kg$ 磷渣粉-硅酸盐水泥 SEM 图谱

产物，水化结构更加细化。到水化龄期 90d 时，磷渣粉和水泥熟料颗粒表面全部被侵蚀，周围孔隙和未水化粒子间隙已被水化产物填充密实，但在部分未完全水化的颗粒表面、主要是在颗粒缺陷处，还可以看到少量层状堆积的氢氧化钙。

4.3.2　水化产物物相

硅酸盐水泥水化产物的数量取决于水泥的水化程度，而产物的组成和结构与水泥熟料粒子的性质以及水化硬化的环境密切相关。在常温下硅酸盐水泥与水反应生成的水化产物呈现多种形态，主要有结晶相、半无定型相和无定型相，结晶相包括氢氧化钙、钙矾石、

(a) 7d 30%磷渣粉-硅酸盐水泥SEM图谱 (b) 7d 50%磷渣粉-硅酸盐水泥SEM图谱

(c) 28d 30%磷渣粉-硅酸盐水泥SEM图谱 (d) 28d 50%磷渣粉-硅酸盐水泥SEM图谱

(e) 90d 30%磷渣粉-硅酸盐水泥SEM图谱 (f) 90d 50%磷渣粉-硅酸盐水泥SEM图谱

图 4.3.2 细度 $500m^2/kg$ 磷渣粉-硅酸盐水泥 SEM 图谱

单硫型硫铝酸钙 AFm、C_4AH_{13}和剩余未水化的C_3S、$\beta-C_2S$和C_4AF，在水化铝酸钙相中可能有部分铁相取代铝。无定型相主要是水化硅酸钙凝胶 C-S-H 和结晶不好的氢氧化钙。

磷渣粉-硅酸盐水泥的水化放热速率曲线（图 4.3.3）显示，磷渣粉的掺入不仅会影响水泥的水化程度，也会影响水化产物的类型和结构。如图 4.3.3 所示，折线段 OAB 是硅酸盐水泥的诱导前期，AB 段是诱导期，而 OA′B′段是 C65P35 的水化初始期，OA′B′段是 C65P35 水化诱导期。显而易见，磷渣粉的掺入使水泥熟料水化快速进入诱导期，而推迟了进入加速期的时间，即延长了水泥熟料的水化诱导期。磷渣粉-硅酸盐水泥体系进入加速期后，曲线段出现一个小的坡峰，说明在这个加速段有新的水化产物生成；随后水化速度继续增加，第二个放热峰略有延迟，即磷渣粉-硅酸盐水泥体系的终凝被延迟。

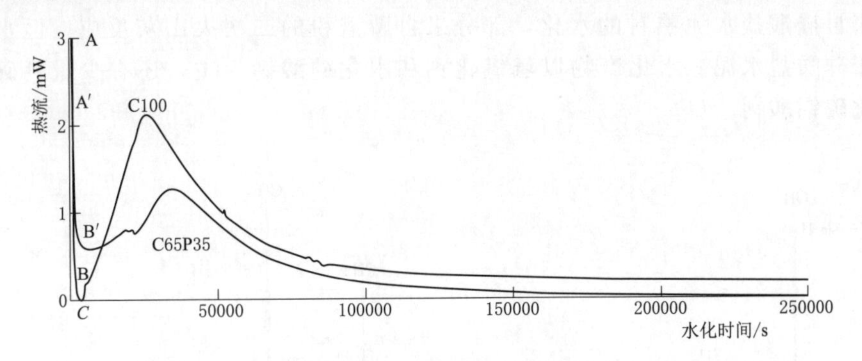

图 4.3.3 35%磷渣粉-硅酸盐水泥水化放热速率曲线

从水化放热速率曲线可以看出，磷渣粉的掺入会在一定程度上降低水泥熟料 C_3A 遇水反应生成的第一个放热峰。这一方面是因为磷渣粉取代部分水泥后导致水泥熟料减少，另一方面是磷渣粉的缓凝效应降低了水泥熟料的水化速度。从图 4.3.4、

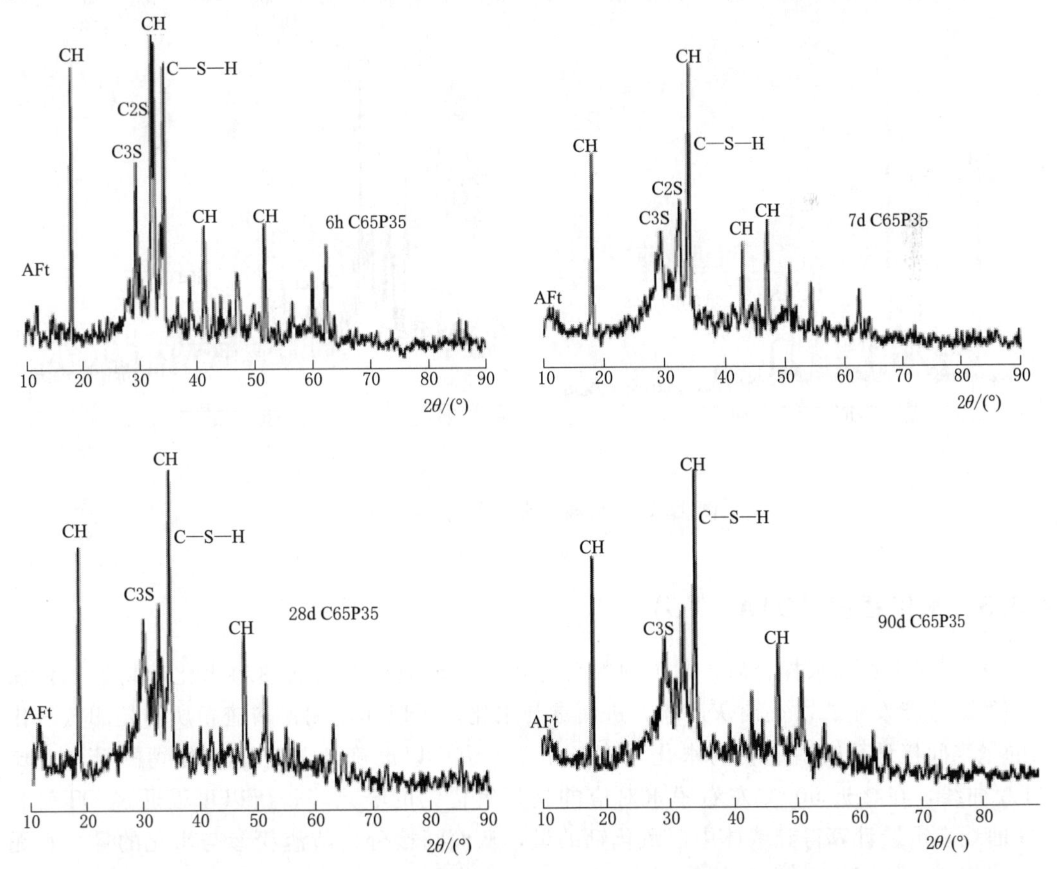

图 4.3.4 35% 磷渣粉-硅酸盐水泥不同龄期 XRD

图4.3.5的XRD图谱可以看到，在整个水化期间，磷渣粉-硅酸盐水泥水化产物的种类与硅酸盐水泥类似，但水化产物数量明显减少。水化初始期的水化产物值得进一步研究。随着水化程度的深入，磷渣粉-硅酸盐水泥胶凝体系水化产物的数量逐渐增多。其中部分来自硅酸盐水泥熟料的水化，部分来自磷渣粉的二次火山灰反应，但水化产物总量小于硅酸盐水泥。水化产物以氢氧化钙和水化硅酸钙为主，还有少量钙矾石和单硫型水化硫铝酸钙。

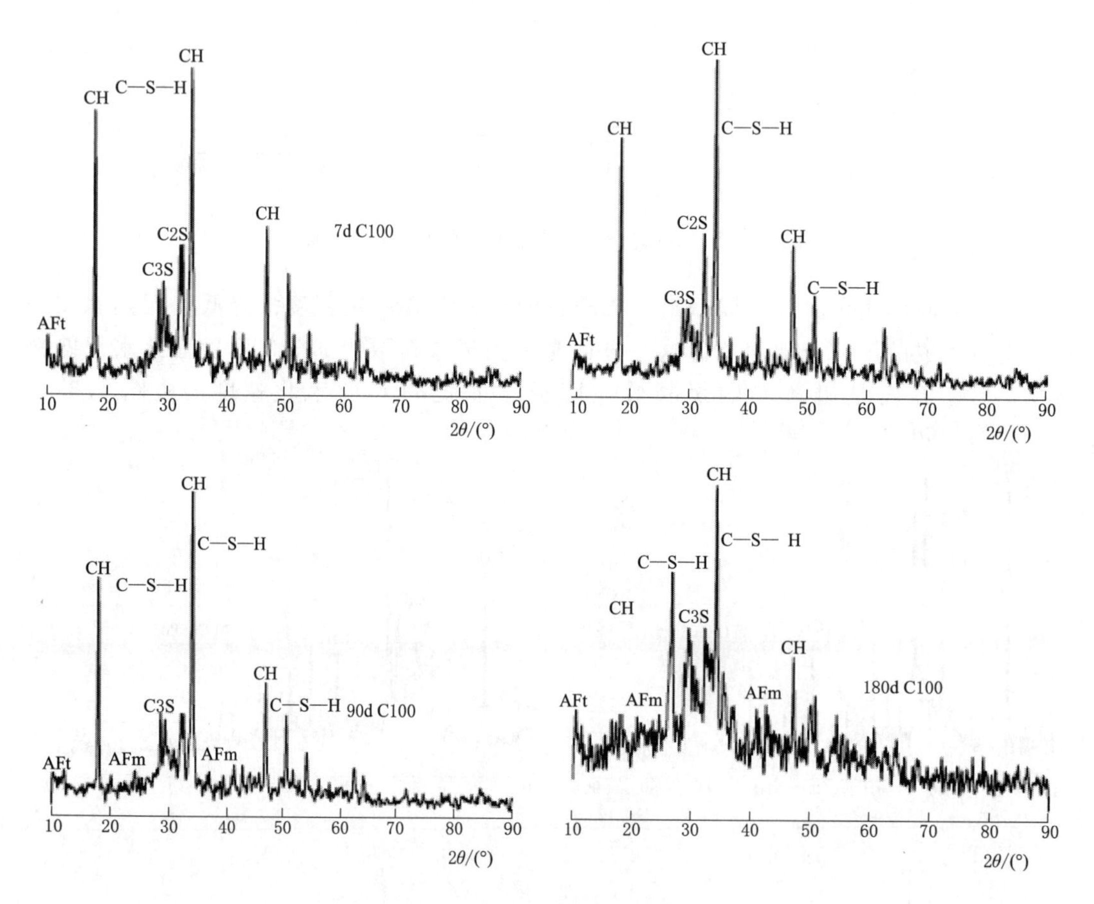

图4.3.5　硅酸盐水泥水化产物XRD

4.3.3　水化程度（DTA-TG）

磷渣粉-水泥加水拌合后，水泥熟料首先水化，磷渣粉在水泥熟料水化产物氢氧化钙的激发下才能发生二次火山灰反应，进而参与水化。可以通过测得磷渣粉所消耗的氢氧化钙的量来间接地反映磷渣粉的水化程度，而TG法可以准确地测定氢氧化钙的量。对比DTA曲线，在接近500℃左右脱水对应的是氢氧化钙的吸热峰，所以可以通过DTA和TG曲线来定量计算得到浆体中氢氧化钙的量，从而间接分析磷渣粉参与水化的量。水泥水化产物的热效应温度范围见表4.3.1。

表 4.3.1 水泥水化产物的热效应温度范围

温度范围/℃	热效应性质	水化产物种类	温度范围/℃	热效应性质	水化产物种类
100～150	脱水	水化硅酸钙、钙钒石等	569～575	晶形转换	二氧化硅
262～308	分解	有机物	651～728	分解	碳酸钙
440～520	分解	氢氧化钙	870～905	晶形转换	水化硅酸钙

在水泥中掺入不同掺量、不同细度的磷渣粉，对不同龄期的净浆试样进行差示扫描量热试验，并与纯水泥净浆试样及掺粉煤灰的净浆试样的试验结果进行对比，试验结果见表 4.3.2 和图 4.3.6～图 4.3.10。

表 4.3.2 差示扫描量热试验结果

编号	胶凝材料用量/%			磷渣粉比表面积/(m^2/kg)	结合水量/%			$Ca(OH)_2$ 含量/%		
	水泥	粉煤灰	磷渣粉		7d	28d	90d	7d	28d	90d
J1	100	0	0		8.38	9.68	11.48	9.81	10.55	16.71
J2	80	0	20	350	11.21	10.99	10.54	8.79	9.73	16.34
J3	70	0	30	350	12.33	11.81	11.94	9.11	9.34	15.13
J4	60	0	40	350	7.03	10.78	12.60	5.37	10.20	14.96
J5	50	0	50	350	6.38	8.42	12.09	5.32	10.42	11.61
J6	70	0	30	250	9.99	10.70	11.42	10.30	12.12	16.03
J7	70	0	30	450	12.70	11.94	12.31	9.23	10.71	11.17
J8	70	30			12.14	8.52	10.83	9.53	9.45	12.84
J9	50	25	25	350	11.99	8.40	13.22	8.36	9.03	13.82
J10	50	50			8.76	6.67	9.55	8.24	6.90	11.55
J11	70	15	15	350	12.58	8.00	9.72	11.79	12.24	16.68

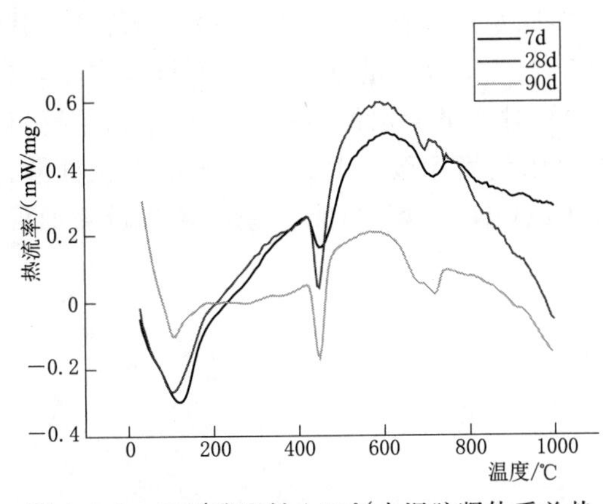

图 4.3.6 30%磷渣粉+70%水泥胶凝体系差热试验曲线（磷渣粉比表面积 350m^2/kg）

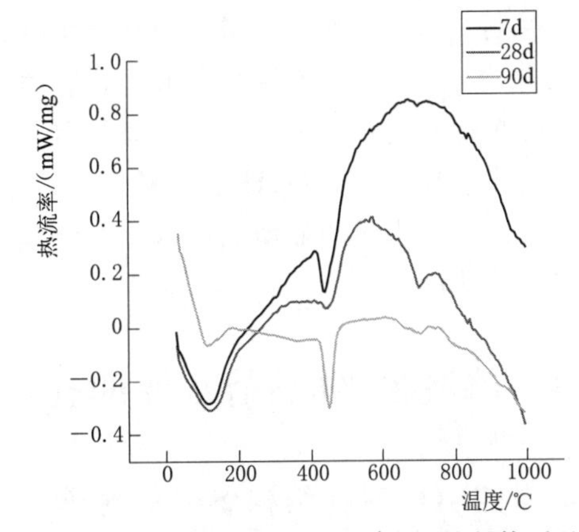

图 4.3.7 30%粉渣粉+70%水泥胶凝体系差热试验曲线

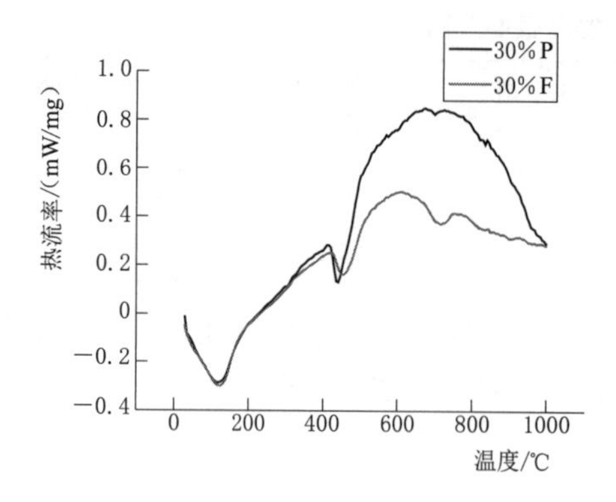

图 4.3.8　7d 龄期单掺对比

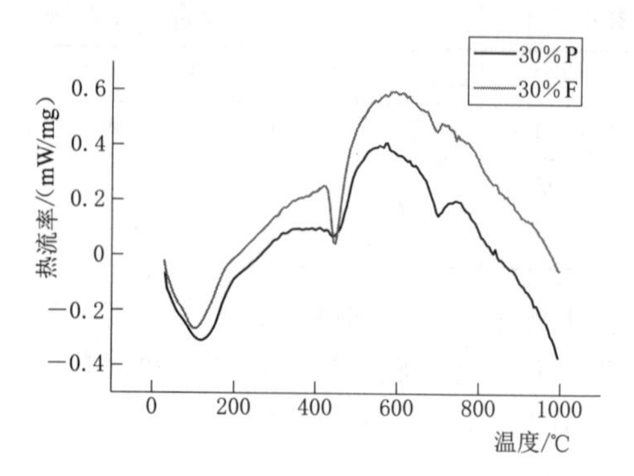

图 4.3.9　28d 龄期单掺对比

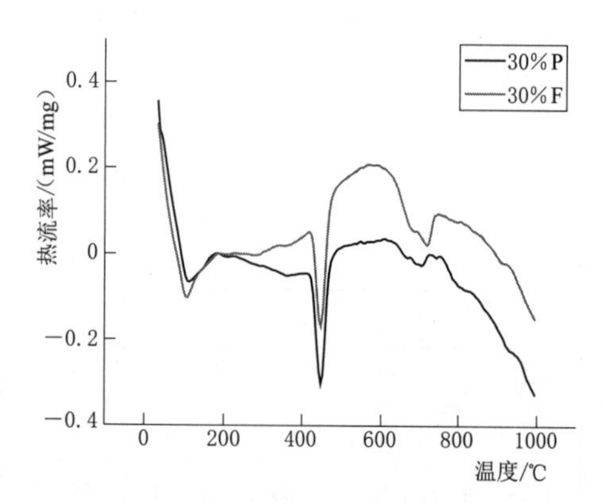

图 4.3.10　90d 龄期单掺对比

纯水泥的水化反应主要在 28d 龄期以前进行，随龄期的增加，水化产物中 $Ca(OH)_2$ 的含量不断增加。磷渣粉掺量在 30%（编号 J2、J3）以内时，随掺量的增加，各龄期水化产物的结合水量略有增加，$Ca(OH)_2$ 含量变化较小，即在此掺量范围内，磷渣粉掺量对水化产物的影响较小；随龄期的增加，结合水量没有明显变化，水化产物中 $Ca(OH)_2$ 含量稳定增加。磷渣粉掺量大于 30%（编号 J3、J4、J5）时，随掺量的增加，各龄期水泥石中水化产物的结合水量降低，早期更明显，$Ca(OH)_2$ 含量降低，即水化硅酸钙、钙钒石等水化产物生成量和 $Ca(OH)_2$ 含量均降低；随龄期的增加，结合水量明显增加，$Ca(OH)_2$ 含量增加明显，但比较小掺量时增加少。

单掺磷渣粉（编号 J3、J6、J7）与单掺粉煤灰（编号 J8）相比，掺量同为 30%时，掺磷渣粉水泥石中水化硅酸钙、钙钒石的结合水量较大，比表面积越高，这种差别越明显。说明与粉煤灰相比，磷渣粉水化生成了更多的水化产物。复掺磷渣粉与粉煤灰，掺量各 25%（编号 J9），水泥石中水化硅酸钙、钙钒石的结合水量较大、$Ca(OH)_2$ 含量较低，复掺比单掺时的水化速度略快；单掺磷渣粉 50%时，早期水泥石中水化硅酸钙、钙钒石的结合水量较小、$Ca(OH)_2$ 含量较低。磷渣粉比表面积较大时，水泥石中水化硅酸钙、钙钒石的结合水量明显增加，水化产物增加，$Ca(OH)_2$ 含量降低，说明磷渣粉磨细可加快其水化速度。

4.4　磷渣粉-硅酸盐水泥的孔结构

4.4.1　P_2O_5 对孔结构参数的影响

为了考察 P_2O_5 含量对硅酸盐水泥复合体系的微观孔结构的影响，本书采用吸水动力学方法，选定平均孔径参数 $\bar{\lambda}$ 和孔结构均匀性参数 α 来表征水泥石孔结构随龄期增长的特性，研究了 P_2O_5 -硅酸盐水泥胶凝体系的微观孔结构。P_2O_5 的掺量分别为 0、0.5%、1.0%、1.5%、2.5%、3.5%、4.5%、5.5%。成型尺寸为 4mm × 4mmm× 4mm 的标准试件，水胶比 0.3。试件待脱模后在蒸汽养护室养护至规定龄期，置于 105℃烘箱内烘烤 24h，然后置于室外自然冷却至室温，称重、泡水，泡水 15min、1h、24h 后分别称重。

4.4.1.1　平均孔径参数与 P_2O_5 掺量的关系

试验研究了 P_2O_5 掺量为 0.5%～5.5%时磷渣粉-硅酸盐水泥体系的孔结构特性，采用水化产物的平均孔径参数 $\overline{\lambda}$ 和孔结构均匀性参数 α 来表征孔隙的结构特性。试验龄期分别为 7d、28d、90d、180d，具体试验数据见表 4.4.1。

表 4.4.1　P_2O_5 含量不同时磷渣粉-硅酸盐水泥复合胶凝体系水化产物的平均孔径参数 $\overline{\lambda}$

编号	水泥含量/%	磷渣粉/%	P_2O_5掺量/%	平均孔径参数 $\overline{\lambda}$			
				7d	28d	90d	180d
P0	100	0	0	1.907	1.904	1.527	1.487
P1	65	35	1.51+0.5	1.936	1.864	1.475	1.356
P2	65	35	1.51+1.0	1.799	1.747	1.399	1.178
P3	65	35	1.51+1.5	1.716	1.672	1.356	1.082
P4	65	35	1.51+2.5	1.442	1.400	1.121	0.91
P5	65	35	1.51+3.5	1.416	1.197	1.056	0.71
P6	65	35	1.51+4.5	1.689	1.368	0.842	0.54
P7	65	35	1.51+5.5	2.054	1.886	0.893	0.647

从表 4.4.1 和图 4.4.1 中的数据可以看出，P_2O_5 的掺入会降低复合胶凝体系的平均孔径参数，但是存在一个极限值，在 P_2O_5 掺量为 3.5%左右。超过这一极限值，胶凝体系的平均孔径参数会随着 P_2O_5 掺量的增加逐渐增大。在限值内，随着 P_2O_5 含量的增加复合胶凝体系的平均孔径参数呈下降趋势。从图 4.4.1 中还可以分析得到，在水化程度较低时，较小掺量的 P_2O_5 延缓水泥颗粒的水化，使得生成的水化产物量较少，晶体在液相中生长发育缓慢，有利于后期孔结构的合理填充。

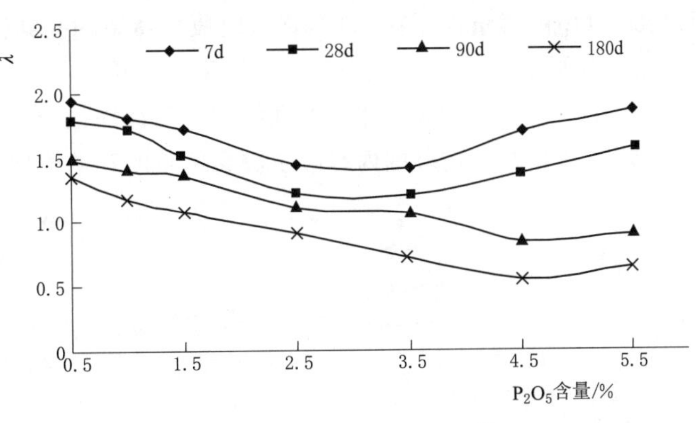

图 4.4.1　P_2O_5 含量与平均孔径参数 $\overline{\lambda}$ 的关系曲线

在水化初期若 P_2O_5 掺量较高，过量的磷酸根离子会增加液相中阴离子的分散度，使得初形成的水化产物具有较松散的结构，增大水化产物的孔径。随着水化的深入和龄期的增长，消耗的 P_2O_5 的量逐渐增加，水化胶凝体系的平均孔径也日趋细化，到 90d 时整个胶凝体系的平均孔径随 P_2O_5 含量的增加逐渐细化。这说明随着龄期的延长胶凝体系的毛细孔、大孔数量逐渐减少，水化产物的凝胶孔数量增加，整个胶凝体系的孔径向尺寸减小的方向移动。

4.4.1.2 孔结构均匀性参数与 P_2O_5 掺量的关系

向硅酸盐水泥体系中外掺 P_2O_5，研究了 P_2O_5 掺量不同时磷渣粉-硅酸盐水泥复合体系的孔结构均匀性随龄期的变化规律。采用孔结构均匀性参数 α 来表征孔结构随龄期延长的变化过程，具体试验结果见表4.4.2。

表4.4.2 不同 P_2O_5 含量时胶凝体系水化产物的孔结构均匀性参数 α

编号	水泥/%	磷渣粉/%	P_2O_5/%	孔结构均匀性参数 α			
				7d	28d	90d	180d
P0	100	0	0	0.754	0.786	0.820	0.832
P1	65	35	1.51+0.5	0.774	0.816	0.856	0.866
P2	65	35	1.51+1.0	0.773	0.804	0.845	0.855
P3	65	35	1.51+1.5	0.766	0.793	0.834	0.852
P4	65	35	1.51+2.5	0.693	0.733	0.777	0.793
P5	65	35	1.51+3.5	0.622	0.728	0.768	0.780
P6	65	35	1.51+4.5	0.577	0.730	0.754	0.776
P7	65	35	1.51+5.5	0.510	0.660	0.703	0.730

表4.4.2和图4.4.2表明，水泥胶凝体系的孔结构均匀性参数 α 随着龄期的增长逐渐改善，但是随着 P_2O_5 掺量的增加孔隙分布不规则化程度加剧。可以看到，在水化初期，当外掺 P_2O_5 的掺量控制在1.0%以内时胶凝体系的孔结构均匀性基本保持不变，即 P_2O_5 的掺量对其影响不大，但超过这一值后孔结构变得不均匀。在整个测试龄期范围内(180d)，掺入 P_2O_5 的胶凝体系的孔结构均匀性均低于没有掺外加剂的硅酸盐水泥，这说明 P_2O_5 的掺量在一定范围内影响了胶凝体系的孔结构均匀性。

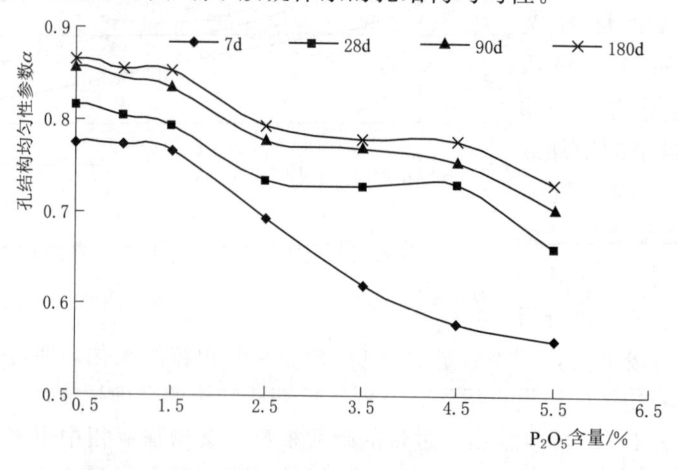

图4.4.2 P_2O_5 掺量与孔结构均匀性参数 α 关系曲线

4.4.1.3　孔结构参数与强度的关系

孔结构参数是表征胶凝材料性能的一个重要指标，既能定性地表征结构的内部特征，又能定量地表述胶凝体系在不同水化阶段孔结构的变化，可以用孔结构均匀性参数 α 和平均孔径参数 $\bar{\lambda}$ 来定量表征孔结构特性。强度是衡量胶凝材料宏观性能的一个重要力学指标，所以可以结合孔结构参数 α、$\bar{\lambda}$ 和胶凝体系的强度来定量考察胶凝体系孔结构与强度随水化龄期的变化规律。

以掺入 P_2O_5 的硅酸盐水泥胶凝体系的抗压强度为纵坐标，分别以测得的孔结构均匀性参数 α 为横坐标，拟合得到两者的规律曲线（图 4.4.3）。

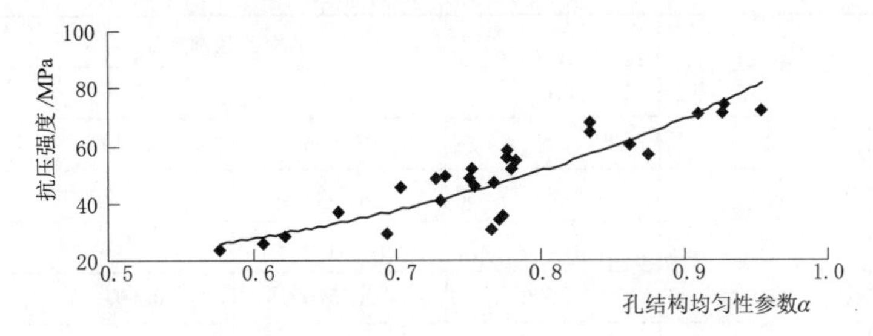

图 4.4.3　掺入 P_2O_5 硅酸盐水泥胶凝体系孔结构均匀性参数与强度关系图

拟合曲线方程为：

$$f=3.7186e^{3.2383x} \qquad r=0.87$$

从图 4.4.3 可看出胶凝体系的强度与孔结构均匀性参数 α 呈指数关系，相关系数 $r=0.87$，说明两者的相关性较好，胶凝体系的强度与孔结构均匀性参数 α 的指数关系相关性好。

研究了掺入 P_2O_5 的磷渣粉-硅酸盐水泥体系的平均孔径参数 $\bar{\lambda}$ 与抗压强度的关系，以胶凝体系的平均孔径参数 $\bar{\lambda}$ 为横坐标，抗压强度为纵坐标，拟合得到两者的规律曲线（图 4.4.4）。

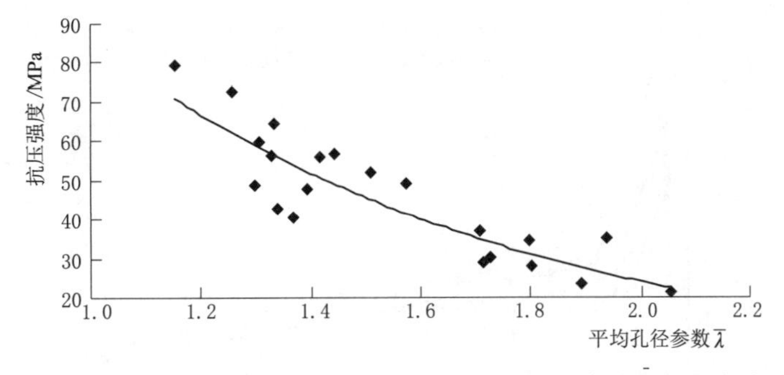

图 4.4.4　掺入 P_2O_5 磷渣粉-水泥胶凝体系平均孔径参数 $\bar{\lambda}$ 与强度关系图

对曲线进行拟合得到两者的拟合方程：

$$f= 309.34e^{-1.2785x} \qquad r=0.80$$

从图 4.4.4 可以显然看出掺入 P_2O_5 的磷渣粉-硅酸盐水泥胶凝体系的抗压强度与平均孔径参数 $\bar{\lambda}$ 呈指数关系，相关系数 $r=0.80$，说明两者的相关性较好。

4.4.2 磷渣粉对孔结构参数的影响

4.4.2.1 平均孔径参数与磷渣粉掺量的关系

采用吸水动力学研究了磷渣粉掺量分别为0、20%、35%、50%、65%、80%时，磷渣粉-硅酸盐水泥体系的孔结构随龄期的变化，以平均孔径参数和孔结构均匀性参数来表征孔结构特性。成型尺寸7.07mm×7.07mm×7.07mm的试件，到龄期7d、28d、90d、180d进行吸水动力学测试，试验结果见表4.4.3和图4.4.5。

表4.4.3 不同磷渣粉掺量的硅酸盐胶凝体系的平均孔径参数$\bar{\lambda}$

编　号	磷渣粉掺量/%	平均孔径参数$\bar{\lambda}$			
		7d	28d	90d	180d
C100	0	1.266	0.5956	0.5490	0.3345
C80P20	20	1.358	0.7424	0.5620	0.3165
C65P35	35	1.543	0.8620	0.7275	0.3035
C50P50	50	1.700	0.8570	0.6913	0.3452
C35P65	65	1.659	0.9312	0.5620	0.2573
C20P80	80	2.377	1.1209	0.6560	0.3146

从表4.4.3中试验数据和图4.4.5曲线可以看出，在不同龄期水泥石的平均孔径参数与磷渣粉的掺量呈现不同的相关性。从图4.4.5可以明显观察到，在水化龄期7d和28d时水泥石的平均孔径参数都是随着磷渣粉掺量的增加而不断增大的，但是在28d龄期时孔径参数有所变化。这说明磷渣粉的掺入在水化初期仅有部分发生二次火山灰反应，主要充当微集料起填充作用。随着磷渣粉掺量的增加胶凝体系内部大孔数量增多，平均孔径参数增大，磷渣粉掺量为65%和80%时，平均孔径参数较基准值分别增长了34.28%和87.76%。

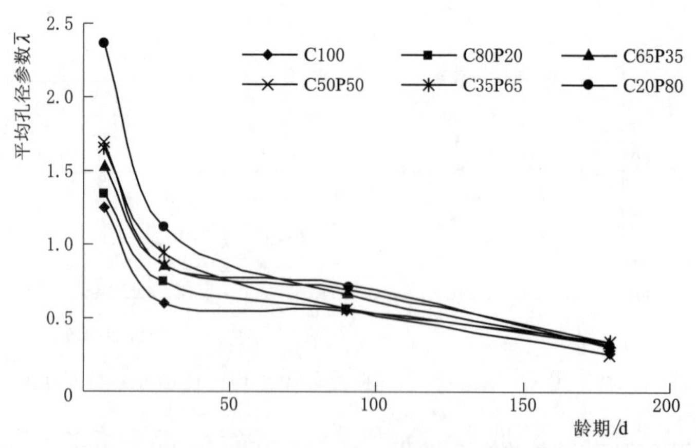

图4.4.5 磷渣粉-硅酸盐水泥水化产物的平均孔径参数$\bar{\lambda}$随龄期的变化曲线

随着水化程度的不断深入，水化龄期180d时，胶凝体系的平均孔径参数开始出现负增长，即平均孔径参数较基准值还要小，且随着掺量的增加平均孔径参数各有不同程度的降低。分析认为在水化后期，主要是磷渣粉的二次火山灰反应形成水化物不断填充浆体结构孔隙和水化产物空隙，使得大孔、连通孔数量减少，毛细孔、微孔数量增加，孔径不断细化。

4.4.2.2　孔结构均匀性参数与磷渣粉掺量的关系

研究了磷渣粉-硅酸盐水泥复合体系水化产物的孔结构均匀性随龄期的变化规律。采用孔结构均匀性参数 α 来表征孔结构均匀性随龄期发展的变化过程，具体试验结果见表4.4.4和图4.4.6。

表4.4.4　　不同磷渣粉掺量的硅酸盐胶凝体系的孔结构均匀性参数 α

编号	磷渣粉掺量/%	孔结构均匀性参数 α			
		7d	28d	90d	180d
C100	0	0.503	0.697	0.723	0.802
C80P20	20	0.467	0.623	0.743	0.823
C65P35	35	0.419	0.654	0.782	0.839
C50P50	50	0.392	0.618	0.778	0.842
C35P65	65	0.359	0.594	0.705	0.79
C20P80	80	0.309	0.507	0.664	0.774

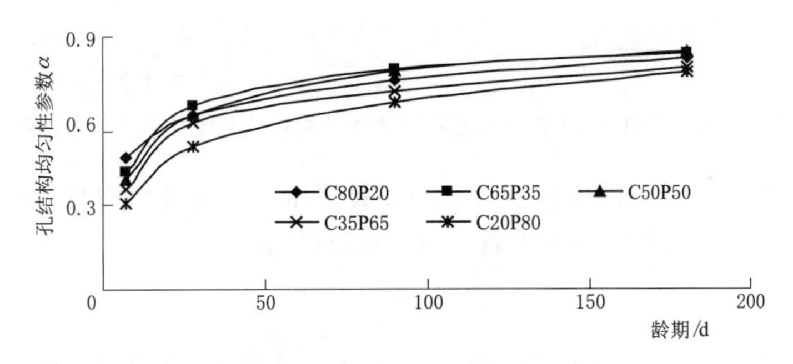

图4.4.6　磷渣粉-硅酸盐水泥水化产物孔结构均匀性参数随龄期的变化曲线

根据表4.4.4和图4.4.6可以判断，水泥石的孔结构均匀性参数 α 也是随着龄期的增长不断增大。水化龄期7d，孔结构均匀性参数随着磷渣粉掺量的增加不断降低。水化28d龄期，胶凝体系的孔结构均匀性参数与磷渣粉掺量呈先升后降趋势，但在试验掺量范围内均小于基准水泥胶砂；磷渣粉掺量为35%时，孔径均匀性参数达到最大值。这说明在水化程度不高时，磷渣粉存在一个最优掺量。水化龄期为90d时，孔结构均匀性参数全部呈正增长，且随着磷渣粉掺量的增加增长幅度不断增大，即孔结构整体分布日趋均匀。180d龄期时，磷渣粉掺量不超过50%时，浆体孔结构均匀性参数随着掺量增加不断增大。若超过这个限值，孔隙分布规则化程度又会降低。即浆体孔结构均匀性参数为最大值时对应的磷渣粉掺量随着龄期增长不断增加，从28d的35%增加至180d的50%。

4.4.2.3　孔结构参数与水化胶凝体系强度的关系

试验研究了不同磷渣粉掺量的硅酸盐水泥体系的强度与孔结构均匀性参数和平均孔径

参数的关系，并分别以不同水化龄期的孔结构的孔结构均匀性参数 α 和平均孔径参数 $\bar{\lambda}$ 为横坐标，同龄期相对应的抗压强度为纵坐标作图（图 4.4.7、图 4.4.8）。

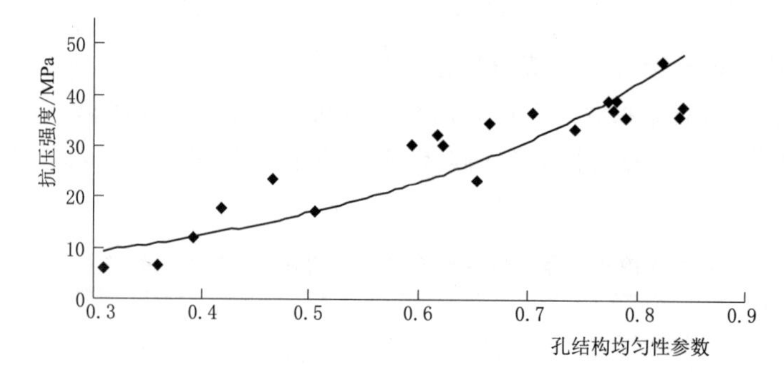

图 4.4.7 磷渣粉-硅酸盐水泥胶凝体系孔结构均匀性参数与强度关系曲线

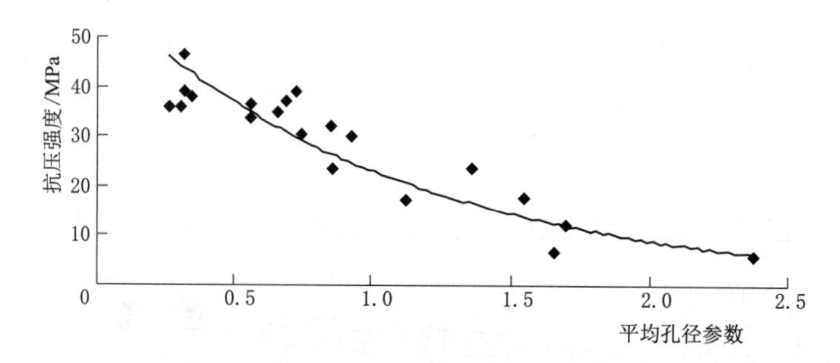

图 4.4.8 磷渣粉-硅酸盐水泥胶凝体系平均孔径参数与强度关系曲线

如图 4.4.7 所示，磷渣粉-硅酸盐水泥胶凝体系水化产物孔结构均匀性参数 α 与浆体同龄期的抗压强度具有很好的指数关系。曲线拟合得到：

$$y=3.655e^{3.062x}$$

其中，决定系数 $R^2=0.91$，说明磷渣粉-硅酸盐水泥胶凝体系的孔结构均匀性参数与强度呈指数相关，相关性好。

从图 4.4.8 可以明显看出，磷渣粉-硅酸盐水泥胶凝体系的强度与孔结构的平均孔径参数 $\bar{\lambda}$ 具有很好的指数相关性。可以拟合得到：

$$y=58.822e^{-0.936x}$$

其中，决定系数 $R^2=0.925$，说明磷渣粉-硅酸盐水泥胶凝体系的平均孔径参数 $\bar{\lambda}$ 与强度指数相关性好。

4.4.3 胶凝体系孔结构分析（MIP）

（1）磷渣粉掺量对胶凝体系孔结构的影响。不同磷渣掺量，不同水化龄期胶凝体系的孔结构分析试验结果见表 4.4.5～表 4.4.8 及图 4.4.9～图 4.4.13。

7d 龄期水泥石孔结构：磷渣粉掺量小于 30%时，随磷渣粉掺量的增加，水泥石的平均孔径、最可几孔径、孔隙率均略有降低。当磷渣粉掺量大于 30%时，水泥石的平均孔径、最可几孔径明显增大，孔隙率增加。这可能是因为磷渣粉掺量较大时，由于水泥颗粒较少，特别是在早龄期，水泥水化产生的 $Ca(OH)_2$ 不足以激发磷渣粉的二次水化，水化产物未能形成较好的搭接作用，水泥石中仍存在较多和较大的孔隙，结构疏松。

表 4.4.5　掺磷渣粉胶凝体系孔结构参数

编号	粉煤灰掺量/%	磷渣		平均孔径/nm			最可几孔径/nm			孔隙率/%		
		掺量/%	比表面积/(m^2/kg)	7d	28d	90d	7d	28d	90d	7d	28d	90d
J1	0	0	—	23.04	23.74	30.17	39.37	38.05	36.26	14.83	10.45	6.39
J2	0	20	350	22.37	24.00	30.54	36.81	35.71	37.22	11.35	9.56	6.24
J3	0	30	350	21.01	23.54	30.38	31.88	34.21	36.68	12.19	7.56	7.43
J4	0	40	350	24.42	23.18	27.27	41.12	34.26	35.64	18.99	7.21.	6.02
J5	0	50	350	28.54	21.76	25.20	71.40	33.38	34.10	15.73	8.45	5.68
J6	0	30	250	20.81	24.76	30.35	32.86	35.48	37.71	16.34	7.36	7.62
J7	0	30	450	20.43	24.39	29.05	25.99	35.15	35.72	14.25	10.21	5.44
J8	30	—	—	22.93	24.58	28.49	31.88	35.75	37.58	12.30	11.41	10.37
J9	25	25	350	37.53	21.48	26.19	67.57	34.78	36.38	20.98	12.58	12.16
J10	50	—	—	36.37	24.50	26.38	63.22	45.26	39.01	21.96	21.57	13.96
J11	15	15	350	24.20	23.92	28.64	30.12	38.85	37.28	12.00	10.56	8.24

表 4.4.6　各龄期掺磷渣粉胶凝体系孔结构参数比较

编号	比较项目	平均孔径/nm			最可几孔径/nm			孔隙率/%		
		7d	28d	90d	7d	28d	90d	7d	28d	90d
1	不同掺量的比较	23.04	23.74	30.17	39.37	38.05	36.26	14.83	10.45	6.39
2		22.37	24.00	30.54	36.81	35.71	37.22	11.35	9.56	6.24
3		21.01	23.54	30.38	31.88	34.21	36.68	12.19	7.56	7.43
4		24.42	23.18	27.27	41.12	34.26	35.64	18.99	7.21	6.02
5		28.54	21.76	25.20	71.40	33.38	34.10	15.73	8.45	5.68
7	不同比表面积的比较	20.43	24.39	29.05	25.99	35.15	35.72	14.25	10.21	5.44
3		21.01	23.54	30.38	31.88	34.21	36.68	12.19	7.56	7.43
6		20.81	24.76	30.35	32.86	35.48	37.71	16.34	7.36	7.62
5	不同掺合料比较（掺量 50%）	28.54	21.76	25.20	71.40	33.38	34.10	15.73	8.45	5.68
10		36.37	24.50	26.38	63.22	45.26	39.01	21.96	21.57	13.96
9		37.53	21.48	26.19	67.57	34.78	36.38	20.98	12.58	12.16
3	不同掺合料比较（掺量 30%）	21.01	23.54	30.38	31.88	34.21	36.68	12.19	7.56	7.43
8		22.93	24.58	28.49	31.88	35.75	37.58	12.30	11.41	10.37
11		24.20	23.92	28.64	30.12	38.85	37.28	12.00	10.56	8.24

表 4.4.7　各龄期掺磷渣粉胶凝体系孔径分布及孔隙率表　单位：%

编号	孔径分布												孔隙率		
	＜20nm			20～50nm			50～100nm			＞100nm					
	7d	28d	90d	7d	28d	90d	7d	28d	90d	7d	28d	90d	7d	28d	90d
1	28.1	25.0	10.0	55.5 (83.6)	60.8 (85.8)	80.7 (90.7)	12.5	10.8	6.3	3.9	3.3	3.1	14.83	10.45	6.39
2	26.9	22.9	10.2	55.7 (82.6)	64.6 (87.5)	79.0 (89.2)	10.7	9.0	8.3	6.6	3.4	2.7	11.35	9.56	6.24
3	32.3	23.7	12.5	52.9 (85.2)	66.2 (89.9)	74.8 (88.3)	7.5	6.3	7.9	7.2	3.9	4.8	12.19	7.56	7.43
4	26.2	24.2	19.2	41.2 (77.4)	67.2 (91.4)	67.7 (86.9)	20.5	5.8	7.0	11.8	2.7	5.9	18.99	7.21	6.02
5	24.1	11.0	22.0	22.8 (46.9)	75.8 (86.8)	68.4 (90.4)	27.8	5.9	4.9	25.6	6.3	4.2	15.73	8.45	5.68
6	32.5	7.4	13.2	48.9 (81.4)	83.0 (90.4)	71.9 (85.1)	10.6	7.3	8.9	7.9	2.4	5.3	16.34	7.36	7.62
7	34.1	6.8	13.1	50.8 (84.9)	80.2 (87.0)	77.2 (90.3)	8.6	8.3	6.4	7.1	3.6	3.3	14.25	10.21	5.44
8	25.9	7.7	16.1	59.3 (85.2)	82.6 (90.3)	74.2 (90.3)	9.8	6.5	7.2	4.7	3.4	2.4	12.30	11.41	10.37
9	14.3	10.7	21.4	26.7 (41.0)	79.1 (89.8)	67.6 (89.0)	32.9	6.4	6.7	21.2	3.8	4.0	20.98	12.58	12.16
10	14.3	9.6	22.3	28.1 (42.4)	63.5 (73.1)	65.8 (88.1)	34.8	22.7	9.6	18.8	4.2	2.2	21.96	21.57	13.96
11	26.3	9.5	15.3	50.3 (76.6)	80.7 (90.2)	74.4 (89.7)	13.8	7.9	7.4	9.8	3.0	3.1	12.00	10.56	8.24

注　括号内数据为孔径＜50nm孔的总和。

表 4.4.8　各龄期不同胶凝体系孔径分布及孔隙率比较　单位：%

比较项目	编号	孔径分布												孔隙率		
		＜20nm			20～50nm			50～100nm			＞100nm					
		7d	28d	90d	7d	28d	90d	7d	28d	90d	7d	28d	90d	7d	28d	90d
不同掺量磷渣粉比较	1	28.1	25.0	10.0	55.5 (83.6)	60.8 (85.8)	80.7 (90.7)	12.5	10.8	6.3	3.9	3.3	3.1	14.83	10.45	6.39
	2	26.9	22.9	10.2	55.7 (82.6)	64.6 (87.5)	79.0 (89.2)	10.7	9.0	8.3	6.6	3.4	2.7	11.35	9.56	6.24
	3	32.3	23.7	12.5	52.9 (85.2)	66.2 (89.9)	74.8 (88.3)	7.5	6.3	7.9	7.2	3.9	4.8	12.19	7.56	7.43
	4	26.2	24.2	19.2	41.2 (77.4)	67.2 (91.4)	67.7 (86.9)	20.5	5.8	7.0	11.8	2.7	5.9	18.99	7.21	6.02
	5	24.1	11.0	22.0	22.8 (46.9)	75.8 (86.8)	68.4 (90.4)	27.8	5.9	4.9	25.6	6.3	4.2	15.73	8.45	5.68
不同比表面积比较	7	34.1	6.8	13.1	50.8 (84.9)	80.2 (87.0)	77.2 (90.3)	8.6	8.3	6.4	7.1	3.6	3.3	14.25	10.21	5.44
	3	32.3	23.7	12.5	52.9 (85.2)	66.2 (89.9)	74.8 (88.3)	7.5	6.3	7.9	7.2	3.9	4.8	12.19	7.56	7.43
	6	32.5	7.4	13.2	48.9 (81.4)	83.0 (90.4)	71.9 (85.1)	10.6	7.3	8.9	7.9	2.4	5.3	16.34	7.36	7.62
不同掺和料比较（掺量50%）	5	24.1	11.0	22.0	22.8 (46.9)	75.8 (86.8)	68.4 (90.4)	27.8	5.9	4.9	25.6	6.3	4.2	15.73	8.45	5.68
	10	14.3	9.6	22.3	28.1 (42.4)	63.5 (73.1)	65.8 (88.1)	34.8	22.7	9.6	18.8	4.2	2.2	21.96	21.57	13.96
	9	14.3	10.7	21.4	26.7 (41.0)	79.1 (89.8)	67.6 (89.0)	32.9	6.4	6.7	21.2	3.8	4.0	20.98	12.58	12.16
不同掺和料比较（掺量30%）	3	32.3	23.7	12.5	52.9 (85.2)	66.2 (89.9)	74.8 (88.3)	7.5	6.3	7.9	7.2	3.9	4.8	12.19	7.56	7.43
	8	25.9	7.7	16.1	59.3 (85.2)	82.6 (90.3)	74.2 (90.3)	9.8	6.5	7.2	4.7	3.4	2.4	12.30	11.41	10.37
	11	26.3	9.5	15.3	50.3 (76.6)	80.7 (90.2)	74.4 (89.7)	13.8	7.9	7.4	9.8	3.0	3.1	12.00	10.56	8.24

注　括号内数据为孔径＜50nm孔的总和。

28d龄期水泥石孔结构特征：随磷渣粉掺量的增加，28d龄期水泥石的平均孔径没有明显变化，但最可几孔径略有降低，孔隙率明显下降，水泥石更密实。

90d龄期水泥石孔结构特征：随磷渣粉掺量的增加，水泥石的平均孔径、最可几孔径没有明显变化，孔隙率略有下降，表明孔隙数量继续减少。

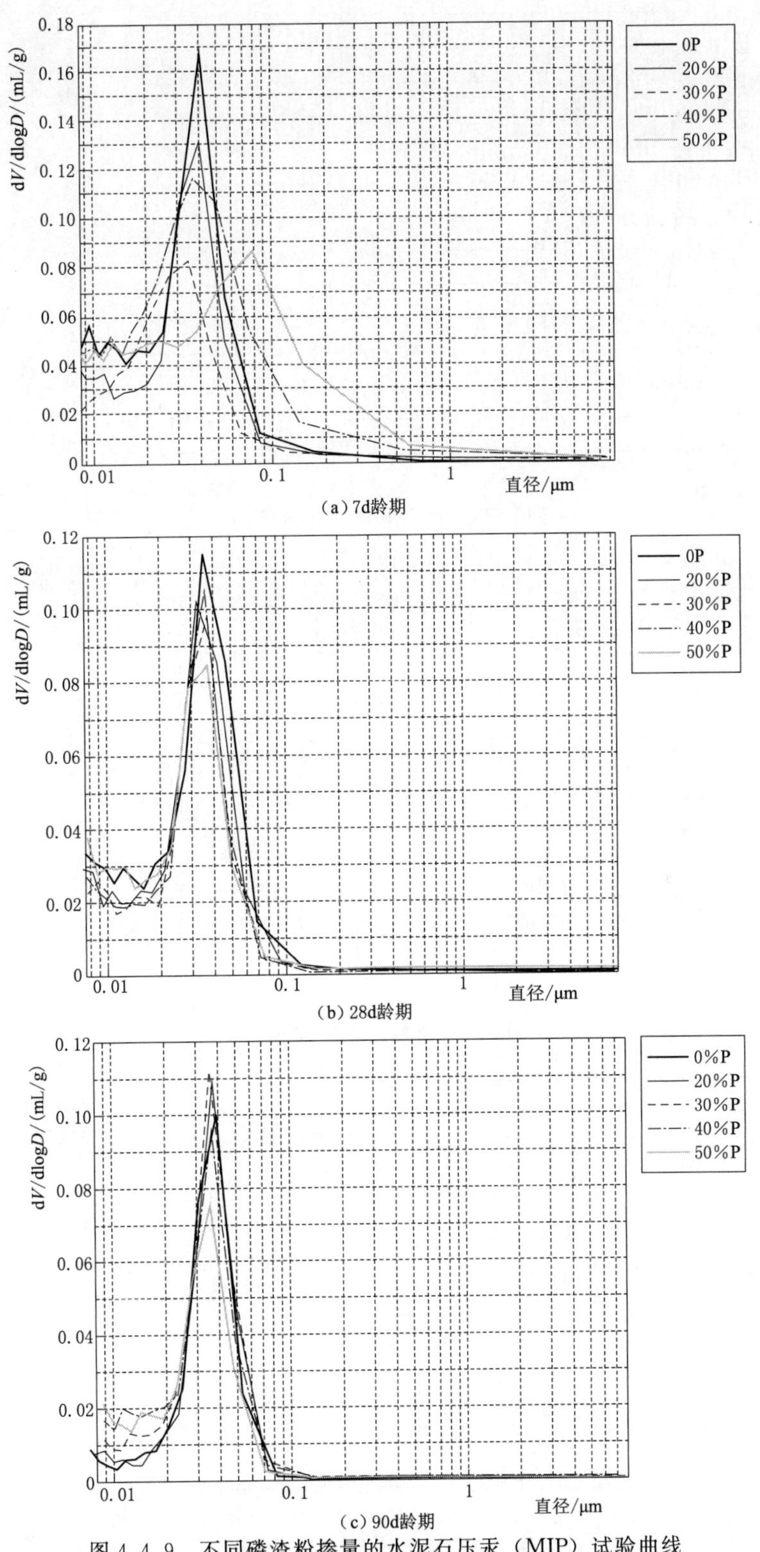

(a) 7d龄期

(b) 28d龄期

(c) 90d龄期

图 4.4.9 不同磷渣粉掺量的水泥石压汞(MIP)试验曲线

(P—代表磷渣粉;比表面积 350m²/kg)

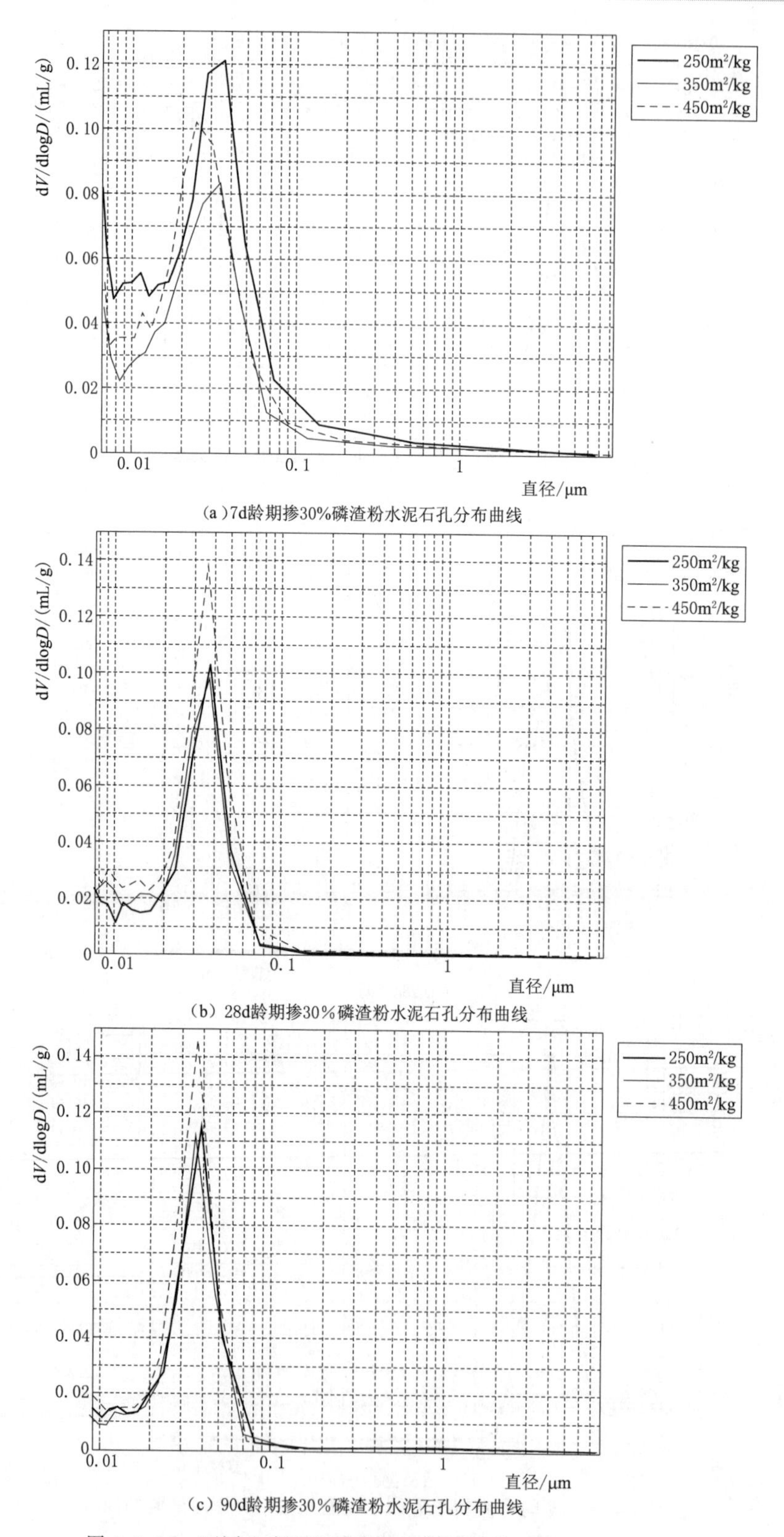

(a)7d龄期掺30%磷渣粉水泥石孔分布曲线

(b) 28d龄期掺30%磷渣粉水泥石孔分布曲线

(c) 90d龄期掺30%磷渣粉水泥石孔分布曲线

图4.4.10 不同比表面积磷渣粉水泥石压汞(MIP)试验曲线

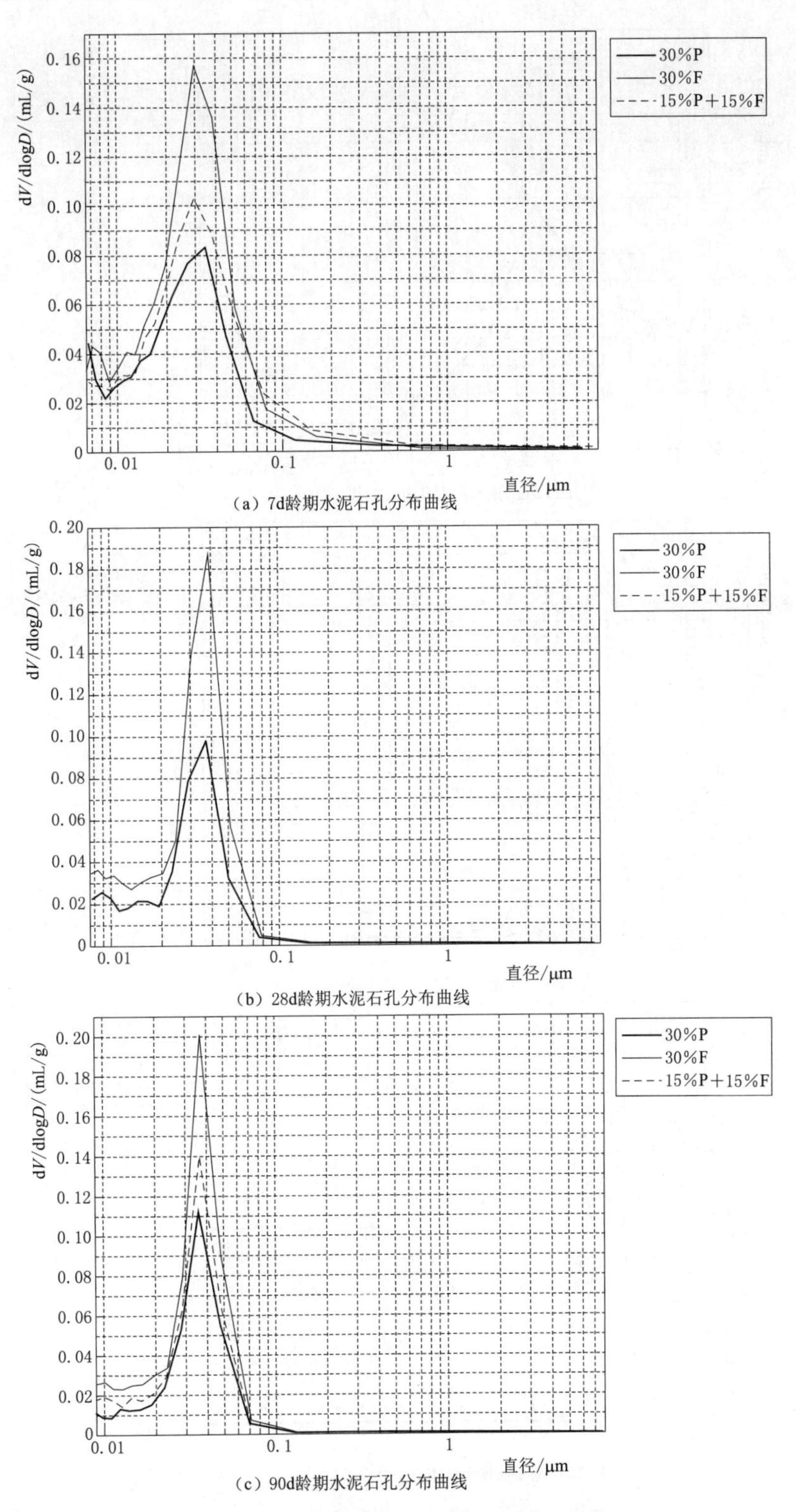

图 4.4.11 不同掺合料水泥石孔分布曲线

(P—代表磷渣粉;F—代表粉煤灰)

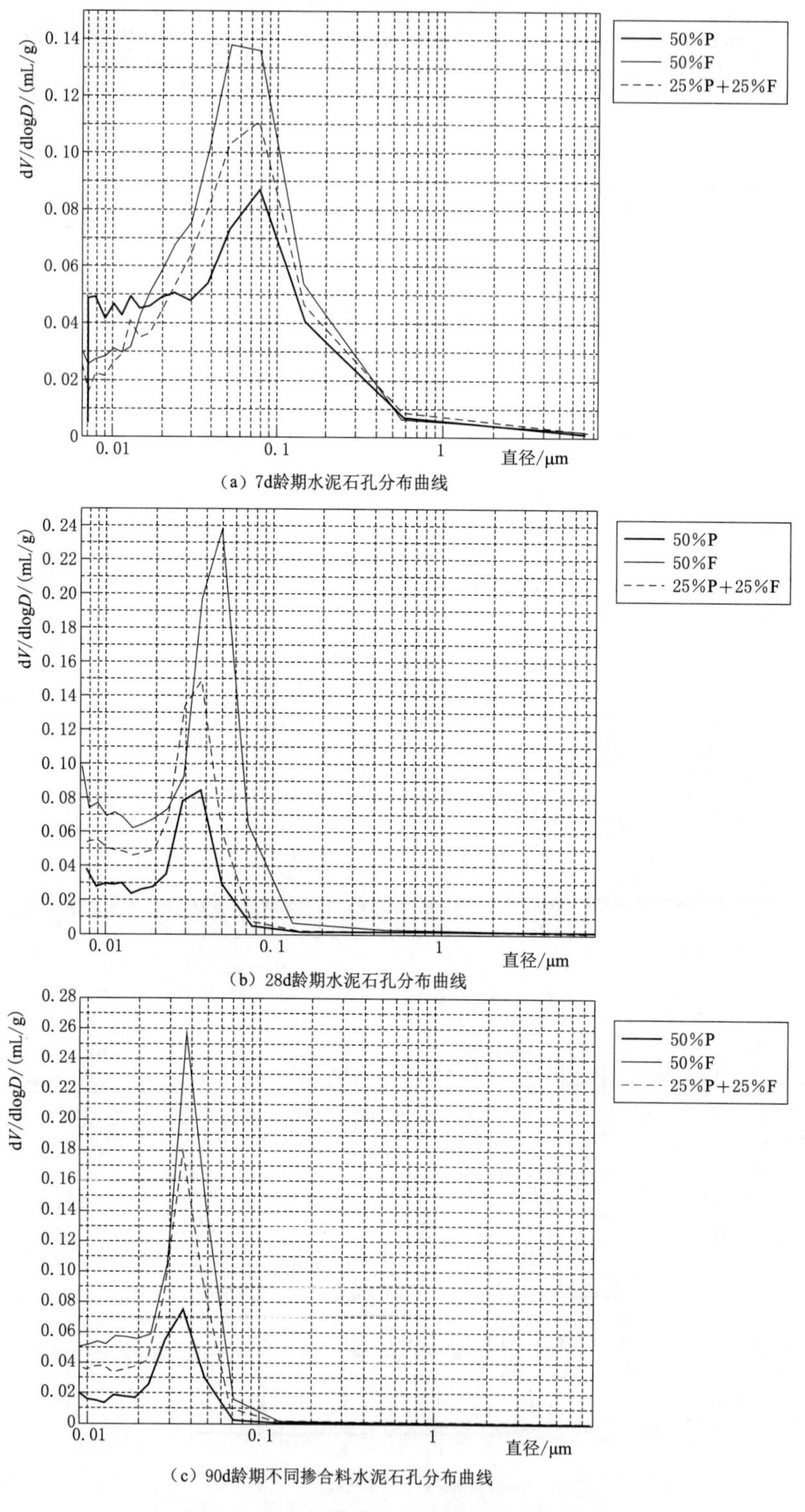

(a) 7d龄期水泥石孔分布曲线

(b) 28d龄期水泥石孔分布曲线

(c) 90d龄期不同掺合料水泥石孔分布曲线

图4.4.12 不同掺合料水泥石孔分布曲线

(P—代表磷渣粉；F—代表粉煤灰)

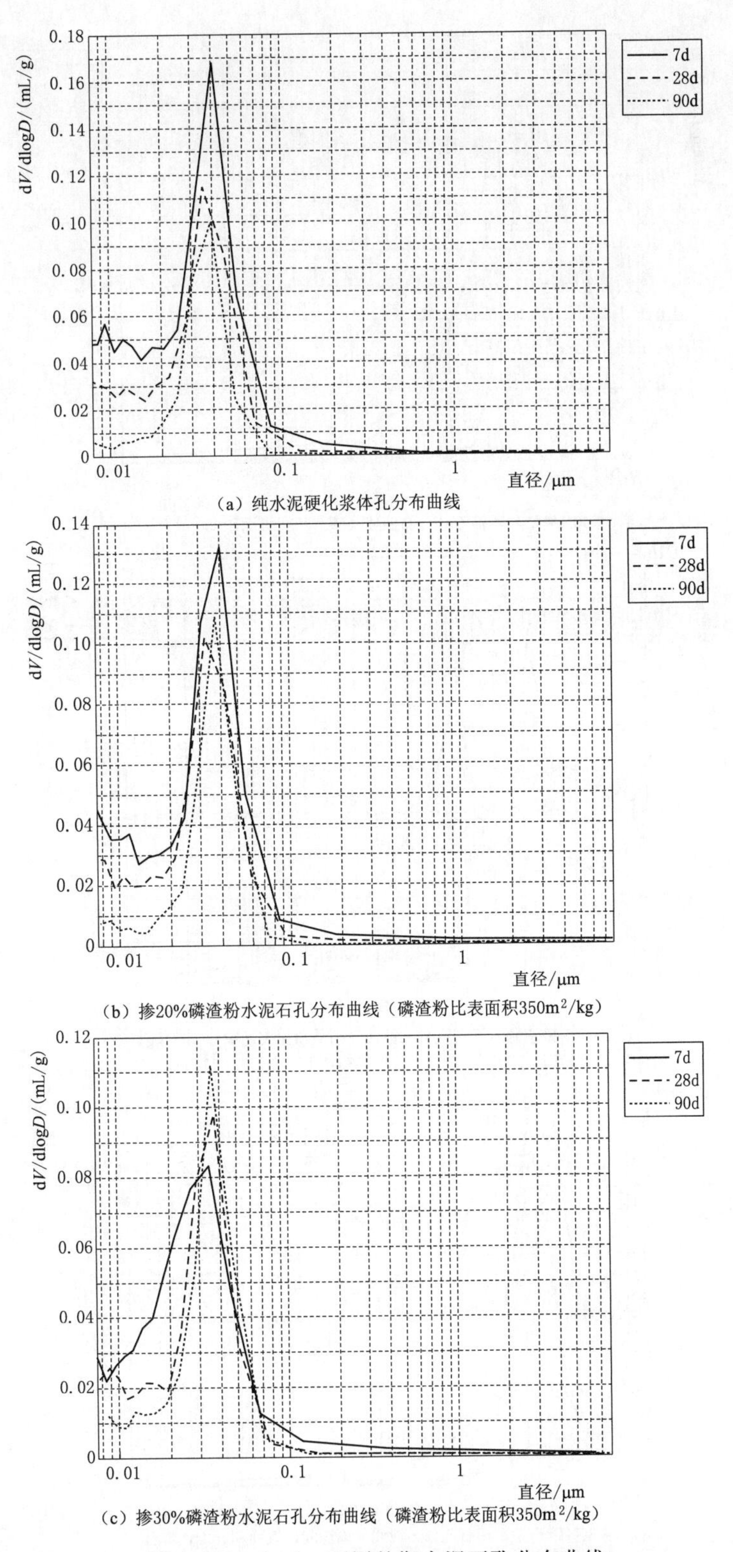

图 4.4.13(一)　不同龄期水泥石孔分布曲线

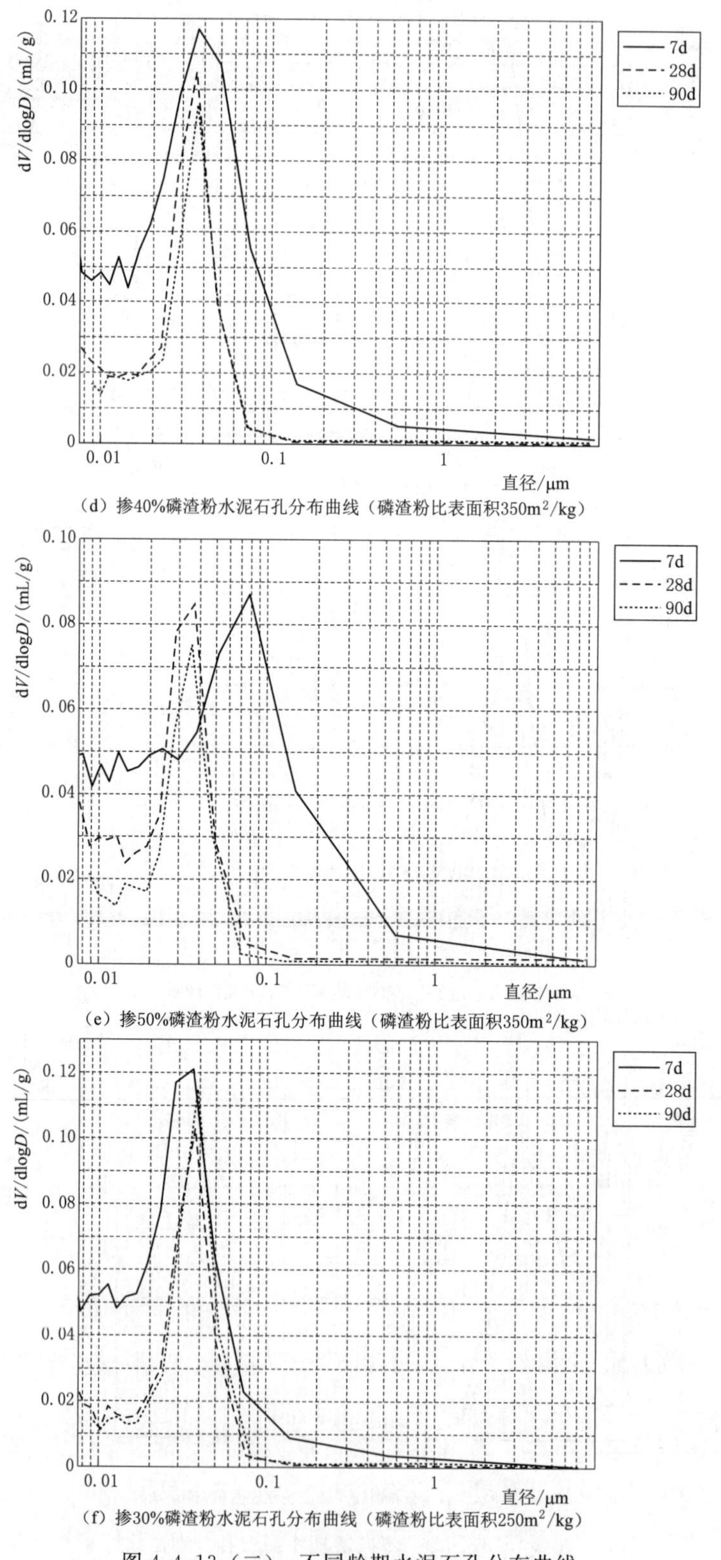

(d) 掺40%磷渣粉水泥石孔分布曲线（磷渣粉比表面积350m^2/kg）

(e) 掺50%磷渣粉水泥石孔分布曲线（磷渣粉比表面积350m^2/kg）

(f) 掺30%磷渣粉水泥石孔分布曲线（磷渣粉比表面积250m^2/kg）

图4.4.13（二）　不同龄期水泥石孔分布曲线

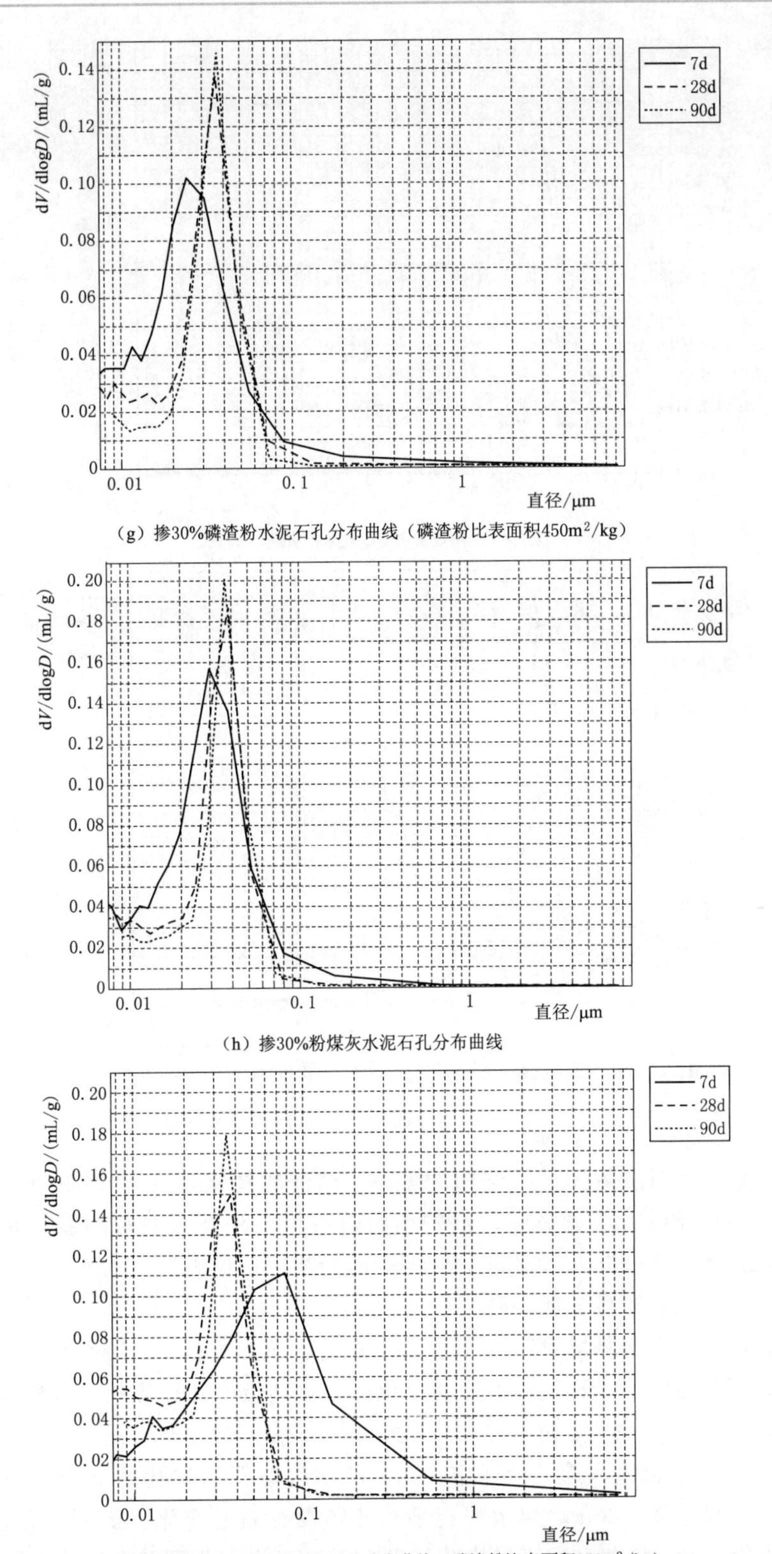

(g) 掺30%磷渣粉水泥石孔分布曲线（磷渣粉比表面积450m²/kg）

(h) 掺30%粉煤灰水泥石孔分布曲线

(i) 复掺磷渣粉煤灰各25%水泥石孔分布曲线（磷渣粉比表面积350m²/kg）

图 4.4.13（三） 不同龄期水泥石孔分布曲线

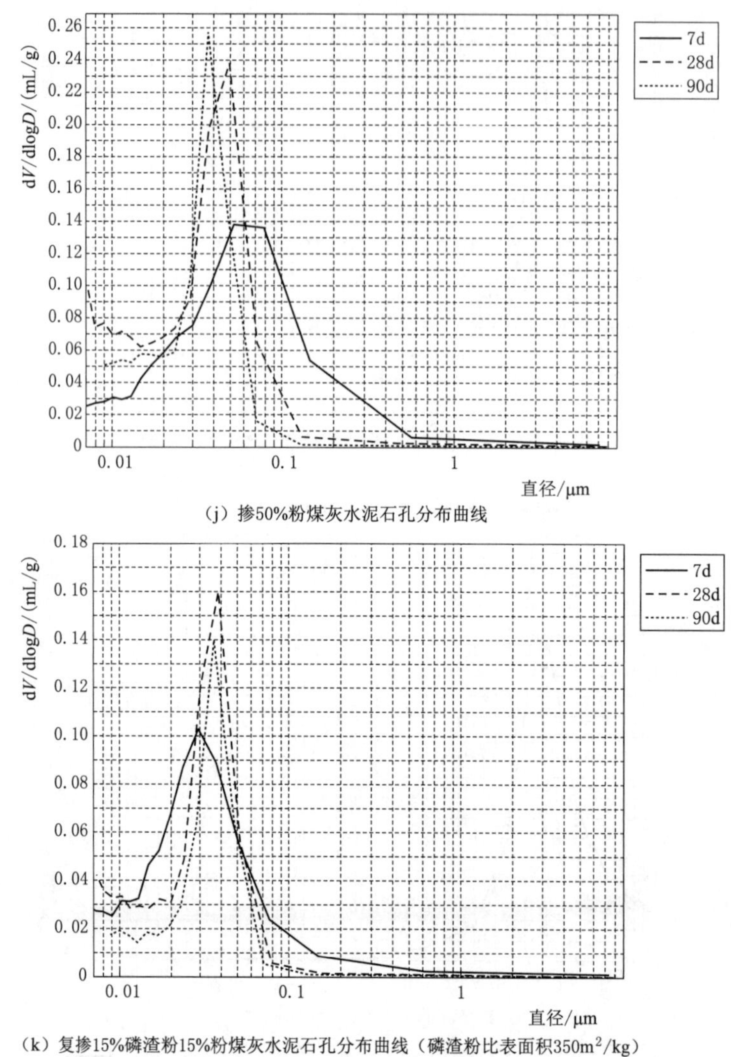

（j）掺50%粉煤灰水泥石孔分布曲线

（k）复掺15%磷渣粉15%粉煤灰水泥石孔分布曲线（磷渣粉比表面积350m^2/kg）

图 4.4.13（四）　不同龄期水泥石孔分布曲线

（2）磷渣粉细度对胶凝体系孔结构的影响。磷渣粉掺量在 30%以下时，磷渣粉细度对水泥石的平均孔径没有明显影响，但较细的磷渣粉可降低水泥石的最可几孔径及孔隙率。与比表面积为 250m^2/kg、350m^2/kg 的磷渣粉相比，比表面积为 450m^2/kg 时，磷渣粉水泥石的最可几孔径明显要低一些。

（3）磷渣粉与粉煤灰复掺对胶凝体系孔结构的影响。与掺 30%粉煤灰相比，掺 30%磷渣粉的水泥石各龄期平均孔径没有明显变化，各龄期最可几孔径相当或略有降低，孔隙率相当或略有下降。

与掺 50%粉煤灰相比，掺 50%磷渣粉 7d 龄期水泥石平均孔径下降，最可几孔径增大，孔隙率均明显下降；28d 龄期水泥石平均孔径没有明显变化，最可几孔径明显降低，孔隙率明显下降；90d 龄期水泥石平均孔径没有明显变化，最可几孔径略有降低，孔隙率明显下降。说明掺量较大时，掺磷渣粉的水泥石结构更密实。

（4）龄期对胶凝体系孔结构的影响。随水化龄期的延长，水泥石孔隙率明显下降，平均孔径增大，最可几孔径基本保持不变或略有降低。孔径＜20nm 的孔的绝对体积和相对比例显著减少，孔径 20～50nm 的孔的绝对体积略有减少，相对比例显著增加，导致孔隙率减少，平均孔径增大，最可几孔径基本不变。磷渣粉掺量为 50％时，水泥石 28d 龄期的最可几孔径比 7d 龄期有明显降低，这可能是由于初始孔径过大。

4.5 磷渣粉水泥基复合胶凝体系的水化动力学研究

磷渣粉-硅酸盐水泥胶凝材料体系是一种复杂的复合水泥基材料，其中硅酸盐水泥就是多种熟料矿物的复合体，还有组成同样复杂的磷渣粉。各组分的水化活性的差异使得该复合胶凝体系的水化过程和反应机理更加复杂。胶凝材料的水化机制直接影响其水化放热量和放热速率、硬化胶凝材料浆体的微观结构以及混凝土的各种物理力学性能的发展，还能对预测和改善胶凝材料的各种性能具有非常重要的意义，并对最终改善混凝土的开裂性能、耐久性能等产生十分重要的影响。

化学反应动力学是以动态的观点来研究化学反应，分析化学反应过程中的内因（反应物的状态、结构）和外因（外加剂、催化剂）对于反应速率和反应方向的影响，从而揭示化学反应的宏观和微观机理。硅酸盐水泥-水系统中所发生的多相化学反应的机理在过去的几十年里已经得到了广泛的研究，其目的在于探明水化产物形成过程的各种影响因素。这对研究硅酸盐水泥微观结构发展及其内在的潜力都是十分重要的。水泥系统反应进程的大量数据表明，多数水泥相的水化可以包含不同的速率确定过程，既有表面反应过程也包括水泥产物晶核的形成和生长以及离子通过水化产物层的扩散过程。矿物掺合料的掺入使得复合胶凝材料体系的水化过程和作用机理更加复杂。其中矿物掺合料的水化反应需要硅酸盐水泥水化产物的激发，是多相多级、相互关联的复杂反应，其反应动力学过程不能看作是各组分独立水化的简单叠加。尽管如此，上述这些过程当中发生的化学反应不是并行的就是连续的，在相同的驱动力下，这些反应中最慢的那个反应将决定其水化速率。

水化动力学的任务就是通过测定动力学参数来确定最慢的反应步骤以及它与水化反应过程的关系。这就需要将试验过程中测得的反应参数代入相应水化模型的速率方程中。考虑到分析水化模型的过程中对测试的精度和数据的精确性要求非常高，所以动力学的研究一般限制于比较相同实验条件下得到的过程曲线。通过等温导热仪测定磷渣粉-硅酸盐水泥胶凝体系、外掺 P_2O_5 和 CaF_2 的硅酸盐水泥体系的水化热，并应用水化动力学模型求出各动力学参数，分析总结得到磷渣粉、外加剂 P_2O_5 和 CaF_2 在不同水化阶段对硅酸盐水泥水化过程的具体作用机理和规律。

4.5.1 水泥基材料的水化动力学模型

水泥水化反应一般被划分为五个阶段：诱导前期、诱导期、加速期、减速期和稳定期。不同的阶段反应机理不同，所适用的动力学公式也应该有所不同。当掺入矿物掺合料后，反应机理更加复杂，反应呈多相、多级化，在一个水化阶段往往同时存在几种化学反应类型，其中有一种反应最慢，也是起决定作用的反应，称为起控制作用的反应。任何单一的水化动力学公式并不能在整个反应区间均能很好地拟合实验测得的数据，所以针对不同的反应阶段应该应用不同的反应速率公式。

针对硅酸盐水泥各相早期水化研究，现在普遍接受的观点是，在无水水泥颗粒与水刚一接触就发生了水分子在固体材料表面上的吸附和化学吸附作用。这一短暂却又强烈的过程用熟知的一级动力学方程来表示：

$$G_{\alpha}(\alpha) = -\ln(1-\alpha) = k_{\alpha} t \tag{4.5.1}$$

式中：α 为反应程度（反应率）；t 为反应时间；k_{α} 为取决于无水相表面特性的动力学常数。

水泥粒子与水接触后引起的润湿和吸附作用使得水泥颗粒表面层某些结构发生改变，并且从表面被羟基化的材料中各种离子几乎在瞬间转移到周围的溶液中去，转移速率受到通过溶液的扩散过程限制，它遵循 Fick 定律并服从下列关系式：

$$-\frac{\mathrm{d}n_x}{\mathrm{d}t} = k_d P_t (c_{s,x} - c_{t,x}) \tag{4.5.2}$$

式中：n_x 为溶解物质 x 的克分子数目；P_t 为 t 时刻的固体表面积；$c_{s,x}$ 为离子物质 x 恰好位于特殊表面作用区外侧的极限浓度；$c_{t,x}$ 为离子物质 x 在 t 时刻的整体浓度；k_d 为速率常数，反映扩散系数、扩散层厚度及溶液体积的综合影响。

类似于式（4.5.2）的一个表达式可适用于溶剂离子向固体表面的扩散过程，这个过程的中间状态，即 $0 < c_{g,y} < c_{t,y}$，离子物质 y 的通量 j 可表示为：

$$j = \frac{m_0 \mathrm{d}\alpha}{\varphi M P_t \mathrm{d}t} = k_1 c_{g,y} = \frac{D_y}{\delta}(c_{t,y} - c_{g,y}) \tag{4.5.3}$$

式中：m_0 为无水水泥相的起始质量；k_1 为表面相互作用速率常数；$c_{g,y}$ 为位于固体表面的 y 离子浓度；$c_{t,y}$ 为 y 离子在 t 时刻的浓度；D_y 为溶剂 y 离子的扩散常数；δ 为扩散层厚度；M 为溶解物质 x 的克分子质量；φ 为化学计量系数。

一般情况下，水化产物速率达到过饱和并导致沉淀过程的加速，所以遵循式（4.5.2）和式（4.5.3）的状态仅持续很短一段时间。但形成的水化产物不管多少都会在水化过程中形成一定的阻力，所以在考虑水化过程中的扩散阻力时必须将其计算在内。于是 y 离子通量 j 可表示为：

$$j = k_1 c_{g,y} = \frac{D_{y,z}}{z}(c_{d,y} - c_{g,y}) = \frac{D_y}{\delta}(c_{t,y} - c_{d,y}) \tag{4.5.4}$$

整理后得到：

$$j\left(\frac{1}{k_1} + \frac{z}{D_{y,z}} + \frac{\delta}{D_y}\right) = c_{t,y} \tag{4.5.5}$$

上二式中：$c_{d,y}$ 为恰好位于表面覆盖层外侧的 y 离子浓度；z 为水化产物厚度；$D_{y,z}$ 为 y 离子穿过水化产物层的扩散系数。

用 $\frac{m_0 \mathrm{d}\alpha}{\varphi M P_t \mathrm{d}t}$ 来表示通量 j，可得：

$$\frac{\mathrm{d}\alpha}{\mathrm{d}t}\left(\frac{m_0}{k_1 P_t} + \frac{m_0 z}{D_{y,z} P_t} + \frac{\delta m_0}{D_y P_t}\right) = M\varphi c_{t,y} \tag{4.5.6}$$

它可以写成更简明的形式：

$$\frac{d\alpha}{dt}\left(\sum_{i=1}^{3}\eta_i\right)=M\cdot\varphi\cdot c_{t,y} \tag{4.5.7}$$

式中：$\eta_1=\dfrac{m_0}{k_1P_t}$，代表因表面相互作用产生的阻力；$\eta_2=\dfrac{zm_0}{D_{y,z}P_t}$，代表离子 y 穿过水化产物覆盖层的扩散阻力；$\eta_3=\dfrac{\delta m_0}{D_yP_t}$，代表离子 y 通过溶液的扩散阻力。

假设水泥颗粒近似看作起始半径为 R_0 的球体，则 P_t 可表示为：

$$P_t=\frac{m_0}{V\rho}P_s=\frac{3m_0\ (1-\alpha)^{2/3}}{\rho R_0} \tag{4.5.8}$$

式中：ρ 为水泥相的密度；V 为颗粒体积；P_s 为颗粒表面积；R_0 为水泥颗粒起始半径。

水化产物的厚度：

$$z=R_o\left[1-(1-\alpha)^{1/3}\right] \tag{4.5.9}$$

将式（4.5.8）和式（4.5.9）结合代入式（4.5.6）并积分可得到：

$$G_2(\alpha)=\frac{3}{2}\frac{R_0{}^2}{D_{y,z}}\left[1-(1-\alpha)^{2/3}\right]^2+\frac{3R_0}{K_s}\left[1-(1-\alpha)^{1/3}\right]=\frac{3M\varphi}{\rho}c_{t,y}t \tag{4.5.10}$$

其中

$$\frac{1}{K_s}=\frac{1}{k_1}+\frac{\delta}{D_y}$$

若 $R_0{}^2/D_{y,z}\ll R_0/K_s$，表面反应的阻力在全部过程中占据主导。若 c_t 是常数，则式（4.5.10）可以近似得到直线性的速率方程：

表面溶解控制

$$G_I(\alpha)=R_0\left[1-(1-\alpha)^{1/3}\right]=K_1t \tag{4.5.11}$$

若 $R_0{}^2/D_{y,z}\gg R_0/K_s$，就变成由透过水化产物覆盖层的扩散过程控制的固相反应的表达式：

扩散过程控制　Jander 公式

$$G_D(\alpha)=R_0{}^2\ \left[1-(1-\alpha)^{1/3}\right]^2=K_Dt \tag{4.5.12}$$

Taplin 考虑到了水泥水化过程中生成的水化产物区分为渗透性不同的内部和外部水化产物，所以建立了自己的水化模型，其扩散控制反应服从于：

$$G_T(\alpha)=i\left[1-2\alpha/3-(1-\alpha)^{2/3}\right]+o/v\left[1-2v\cdot\alpha/3-(1+v\alpha)^{2/3}\right]=\frac{2Ct}{R^2} \tag{4.5.13}$$

式中：i 为内部水化产物的阻力分数；o 为外部水化产物的阻力分数；C 为推动扩散过程的浓度差；v 为外部产物与内部产物体积比。

上述的所有这些动力学公式中，反应速率 $d\alpha/dt$ 均随时间而减小，然而在水泥相水化时经常可看到加速期，始于相应的诱导期之后，结束于表面反应或扩散控制阶段之前。为了说明加速期 $\alpha-t$ 之间的关系，Kondo 与 Ueda 提出了一个类似于式（4.5.11）与式（4.5.12）的通用公式：

$$G_k=\left[1-(1-\alpha)^{1/3}\right]^n=Kt \tag{4.5.14}$$

式中：n 为与水化机理有关的常数。当 $n<1$，表示反应由自动催化反应控制；当 $n\approx1$，表示反应由边界反应控制；当 $n\geqslant2$，表示反应由扩散过程控制。

为了方便计算加速期后水泥水化程度与时间的关系，将式（4.5.14）改写为：

$$\ln\left[1-(1-\alpha)^{1/3}\right]=\frac{1}{n}\ln K+\frac{1}{n}\ln(t-t_0) \tag{4.5.15}$$

式中：t_0为水化加速期开始的时间。

为了具体计算得到水泥粒子水化过程中释放出的总的热量，Knudson 于 1983 年提出另外一种水化动力学公式：

$$\frac{1}{P}=\frac{1}{P_\infty}+\frac{t_{0.5}}{P_\infty(t-t_0)} \tag{4.5.16}$$

式中：P 为从加速期开始计算所放出的热量；P_∞为水泥颗粒终止水化时所放出的总热量；t 为从加速期开始计算的水化时间；$t_{0.5}$为水泥水化放热量达总热量的一半时所需的水化反应时间。

水化程度就可以用下式来表达：

$$\alpha(t)=P(t)/P_\infty \tag{4.5.17}$$

4.5.2　硅酸盐水泥水化动力学参数的选定

水泥基材料的水化过程一般可以根据水化放热速率曲线划分为五个阶段：诱导前期、诱导期、加速期、减速期和稳定期（图 4.5.1）。其中诱导前期对应着放热速率曲线上的第一个放热峰，发生时间很短，反应速率主要受化学控制。诱导期（静止期）反应速率极其缓慢，其结束标志着浆体的初凝，反应速率受成核控制。而加速期和减速期构成了放热速率曲线的第二个放热峰，达到峰值时浆体的终凝基本已过，开始硬化；其中加速期主要受晶体成核和生长的速率控制，而减速期的反应速率受到成核生长和扩散两方面的影响。稳定期（衰减期）反应基本稳定，水化速率完全受扩散作用控制。水泥矿物组成、水泥细度、水灰比、温度、矿物掺合料和外加剂等因素，均会对水化反应各阶段的反应速率和持续时间产生影响。磷渣粉-硅酸盐水泥胶凝体系、P_2O_5 -硅酸盐水泥胶凝体系、CaF_2 -硅酸盐水泥胶凝体系的粒子水化模型与普通硅酸盐水泥十分类似，因此上文所列出的公式也适用于这些胶凝体系的水化过程。

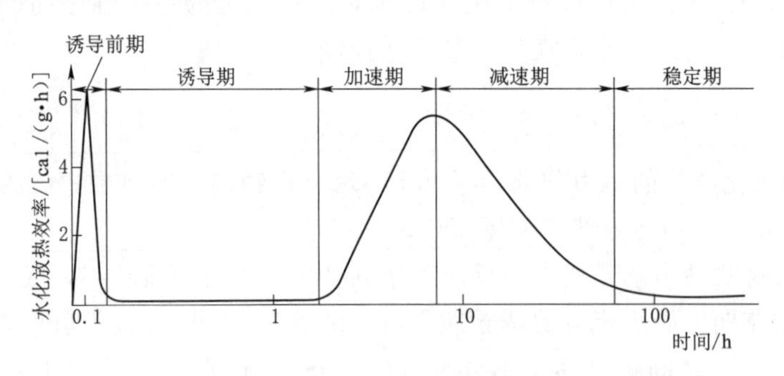

图 4.5.1　水泥水化放热速率曲线

水泥粒子在水化过程中经历了不同的阶段，如何确定各阶段之间的转换？各反应速率具体由何种反应机制控制？最重要的就是要确定各动力学过程之间的临界转换条件。根据速率表达式（4.5.14），水泥粒子在水化过程中具有以下两种转换形式，见图 4.5.2。

由于水化过程的反应速率由最慢的反应速率控制，水泥粒子的水化程度不同则相对的化学动力学机理不同，而控制水化进程的动力学方式按水化程度出现阶段性交替变化。从图 4.5.2 中可以观察到两种动力学过程转换：

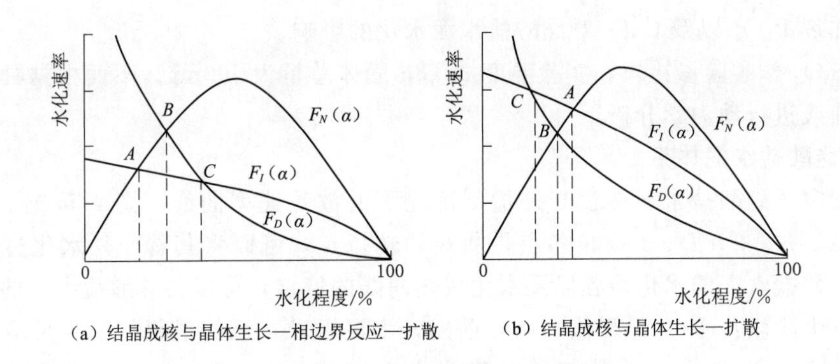

(a) 结晶成核与晶体生长—相边界反应—扩散　(b) 结晶成核与晶体生长—扩散

图 4.5.2　水化动力学过程的转换

注：$F_N(\alpha)$ 为结晶成核与晶体生长控制的反应机理函数；$F_I(\alpha)$ 为相边界反应控制的反应机理函数；$F_D(\alpha)$ 为扩散反应控制的反应机理函数。

图 4.5.2 (a)：$\alpha(A)<\alpha(B)$，根据阶段水化速率由最慢的反应速率控制机理，动力学进程为 0－A－C－100，即首先是由成核与生长作用反应速率控制转换到界面反应控制，然后由界面反应控制向扩散反应控制阶段转换。水化动力学过程是按三段制来进行的。

图 4.5.2 (b)：$\alpha(A)>\alpha(B)$，动力学方式的转化进程路线为 0－B－100，是简单的二段制水化动力学方式转换，从成核与生长作用控制机制直接转换为扩散控制机制，即整个水化阶段只有成核与生长作用和扩散机制这两种动力学方式来控制水化进程。一般只有在反应很剧烈且持续时间很短的水化过程中才会出现第二种转换类型，比如在高温下，胶凝材料会在很短时间内生成大量的水化产物，离子迁移的势垒急剧增高，反应很快从结晶成核与生长控制转变为扩散控制阶段。

本书采用等温量热法测得水泥基材料的水化放热速率曲线，然后通过式 (4.5.16)、式 (4.5.17) 将水化热数据转化为动力学模型需要的水化程度与时间的曲线，再根据 Kondo 公式计算出各复合胶凝体系的水化机理常数 N 和水化速率常数 K，总结得到磷渣粉-硅酸盐水泥、P_2O_5 -硅酸盐水泥和 CaF_2 -硅酸盐水泥胶凝体系在不同水化阶段的水化作用机理和规律。

考虑到实际工程中，混凝土的拌合浇注之间的时间间隔一般都会超过 0.5h，其中水泥基材料的水化已经过了诱导前期，进入诱导期。第一放热峰的影响可隐含在混凝土初始浇注温度之中，所以在研究中通常忽略第一放热峰的影响，直接从诱导期结束开始讨论，即仅考虑加速期、减速期和稳定期。

4.5.3 水化热总量和水化反应半衰期热力学参数

研究了磷渣粉、P_2O_5 以及 CaF_2 对硅酸盐水泥水化机理的影响，采用 C－80Ⅱ型导热式微量热仪，测定了胶凝体系的水化放热速率曲线。然后借用水化动力学模型计算并分析了胶凝体系的水化热总量和水化反应半衰期热力学参数，确定了胶凝体系释放出的水化热和水化程度与测试龄期的表达式。在水化程度的基础上，结合 Knudson 公式计算并绘制胶凝体系在不同水化阶段的水化动力学曲线。根据拟合得到的直线的斜率和截距计算胶凝体系在各水化阶段的水化动力学参数。比较不同胶凝体系的水化动力学参数，分析得到磷

渣粉和外加剂 P_2O_5 以及 CaF_2 对硅酸盐水泥水化的影响。

用纯 SiO_2 作实验参比样，实验温度28℃，固体总量为500mg。下面根据具体的水化放热速率曲线进行动力学分析。

4.5.3.1　硅酸盐水泥体系

试验测定了硅酸盐水泥在没有外加剂情况下的放热速率曲线（图4.5.3）。图4.5.3中所示的 A、B、C、D、E、F 各点是曲线的转折点，可以将其看作是水化过程的转变点。根据硅酸盐水泥的水化历程以及水化放热曲线的特点，可以将硅酸盐水泥的水化过程分为以下五个阶段：Ⅰ（OAB 段）诱导前期，水泥颗粒与水接触很快发生反应，反应很迅速时间很短，出现第一个放热峰，峰值出现时间为 $t=260$s，曲线类型接近折线。Ⅱ（BC 段）诱导期，水化速度较慢，可以认为是初始水化形成的水化产物薄膜阻碍水泥颗粒继续参与水化反应引起的。诱导期的结束标志着水泥浆开始凝结，即出现初凝。Ⅲ（CD 段）加速期，液相中 CH 过饱和度的增加促进了 CH 晶体和C—S—H晶核的发育和生长，覆盖在水泥颗粒表面的水化产物薄膜先增厚后剥落导致了水化的重新加速，出现第二个放热高峰，对应时间 $t=26312$s。曲线呈抛物线状，加速期开始的时间 $t_0=4004$s。Ⅳ（DE 段）减速期，液相中水化产物数量逐渐增多，填充了水泥颗粒周围的空间，液相中的水分子扩散透过这层水化产物结构层与水泥颗粒继续发生反应，水化速度降低。曲线呈双曲线型。Ⅴ（EF 段）稳定期，水化产物越来越密实，水分子通过扩散参与反应的阻力越来越大，反应缓慢进行。

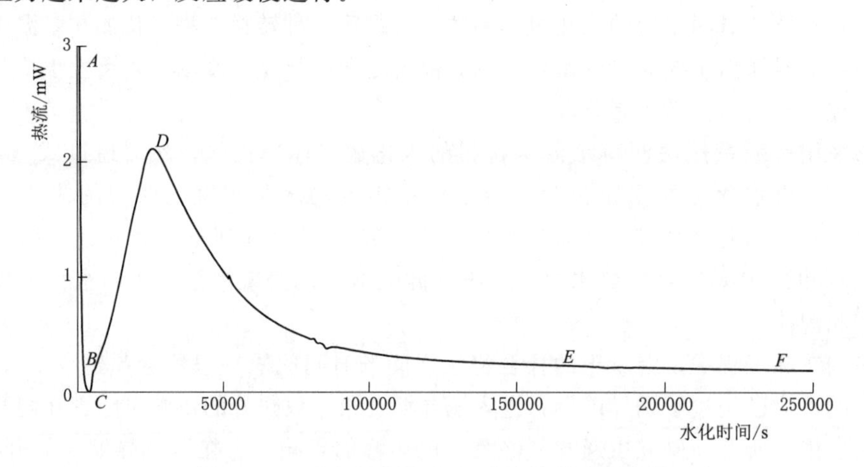

图4.5.3　硅酸盐水泥C100水化放热速率曲线

根据Origin软件计算得到硅酸盐水泥水化过程中释放出总的热量值为：

$$P_{max}=265.77\text{J/g}$$

当 $t=26312$s时，$P=60.68$J/g；

将 P_{max} 和 P 代入式（4.5.16）计算，得到 $t_{0.5}=45812$s。

这样得到硅酸盐水泥水化的Knudson水化动力学表达式：

$$\frac{1}{P}=\frac{1}{265.77}+\frac{45812}{265.77(t-4004)} \tag{4.5.18}$$

4.5.3.2 磷渣粉-硅酸盐水泥胶凝体系

采用磷渣粉-硅酸盐水泥进行水化动力学研究，磷渣粉掺量为35%，记为C65P35。所得水化放热速率曲线见图4.5.4。由图4.5.4可以明显看到磷渣粉-硅酸盐水泥胶凝体系的水化放热速率曲线与硅酸盐水泥类似，因此也可以根据曲线上的转折点将其水化分为以下几个阶段：Ⅰ（*OAB*段）水化初期，曲线呈折线型；胶凝体系迅速参与反应，很快出现第一个放热峰（$t=260s$），与硅酸盐水泥水化的出现第一个放热峰时间相同，这是水泥熟料矿物C_3A快速水化放出热量形成的。Ⅱ（*BC*段）水化诱导期，曲线呈抛物线型，胶凝体系的水化速率很慢，可能是因为水泥熟料水化形成的水化产物覆盖在熟料表面阻止水化继续反应。Ⅲ（*CDE*段）水化加速期，水泥水化重新加速，出现第二个放热峰，峰值出现的时间$t=34528s$，比硅酸盐水泥水化峰值出现延缓了2.25h。在*CD*段加速段起点对应浆体的初凝，初凝时间大约是硅酸盐水泥的2倍，加速期起点处$t=7904s$。与硅酸盐水泥水化不同的是，本反应加速期出现了一个小的放热峰，分析认为是磷渣粉也开始参与水化与硅酸盐水泥熟料一起水化放热叠加形成的。曲线呈抛物线型。Ⅳ（*EF*段）减速期，曲线呈抛物线型；胶凝体系的水化速率逐渐降低，可能是固体颗粒周围被水化产物填充形成了具有一定厚度的结构层，阻碍了水分子与固体粒子的接触。Ⅴ（*FG*段）稳定期，水化速率很小，水分子通过缓慢穿过形成的水化产物微结构层与固相粒子反应；曲线基本呈直线形。

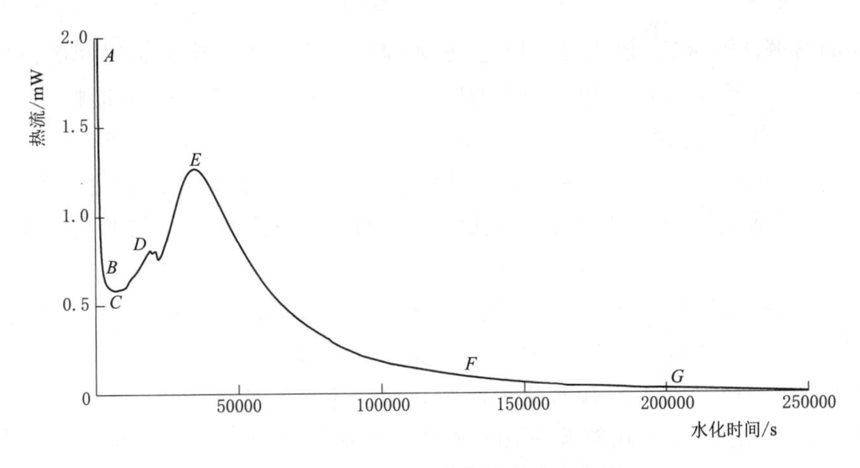

图4.5.4 C65P35水化放热速率曲线

根据Origin软件计算得到磷渣粉硅酸盐水泥C65P35胶凝体系在水化过程中释放出总的即热量值为

$$P_{max}=156.3J/g$$

当$t=31720s$时，$P=57.6J/g$；

将P_{max}和P代入式（4.5.16）计算，得到$t_{0.5}=40810s$。

这样得到磷渣粉-硅酸盐水泥水化的Knudson水化动力学表达式：

$$\frac{1}{P}=\frac{1}{156.3}+\frac{40810}{156.3(t-7904)} \tag{4.5.19}$$

4.5.3.3　P_2O_5 -硅酸盐水泥胶凝体系

向硅酸盐水泥中掺入3.5% P_2O_5 后进行水化动力学测试。水化温度28℃，固相总量500mg，配置浓度为3.5%的 P_2O_5 溶液500mL。试验得到水化放热速率曲线见图4.5.5。

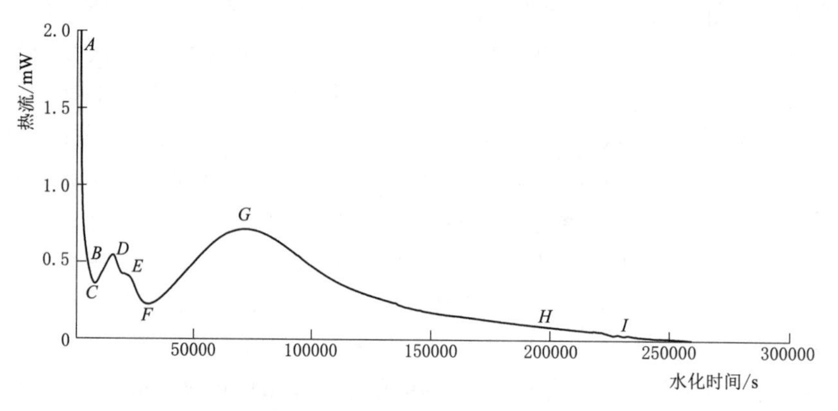

图4.5.5　P_2O_5 -硅酸盐水泥水化放热速率曲线

从图4.5.5中可以明显观察到掺入 P_2O_5 后水泥的水化被显著延缓，水泥水化放热速率曲线上出现三个放热峰。按曲线上出现的转折点将整个水化过程分为：Ⅰ（*OAB* 段）诱导前期，加水后马上反应，很快出现第一个放热峰（$t=104s$），这说明 P_2O_5 的掺入加速了 C_3A 的溶解。Ⅱ（*CF* 段），胶凝体系水化速度下降进入一个较长时间的诱导期。根据前面的研究，分析认为是液相中pH值降低促进了 C_3A 的水解，有铝相水化物生成。铝相水化物会降低硅酸盐的溶解度，且会在硅酸盐表面作为CH和C—S—H的晶核沉淀堆积在硅酸盐表面，增加水化产物覆盖层厚度，延缓了水泥硅酸盐的水化，延长诱导期。Ⅲ（*FG* 段），在经过接近9h的水化调整后，胶凝体系的水化进入了加速期。水化速率明显上升，出现第三个放热峰。但是值得注意的是，这个反应被整整延迟了12h。这说明 P_2O_5 的存在的确会延缓 C_3S 的水化，推迟了这个水化放热峰的出现。Ⅳ（*GH* 段）反应减速段，液相中石灰过饱和度不断降低，水化产物的不断连生交织在水泥颗粒周围形成包围层，增大了固相粒子与水接触水化的阻力，水化速度率逐渐下降。Ⅴ（*HI* 段）稳定期，在液相中未水化的水泥颗粒缓慢参与水化，生成的水化产物不断生长长大向周围辐射，填充颗粒周围和液相中毛细孔的孔隙，水分子靠缓慢艰难地向水泥粒子表面渗透参与水化反应。

根据Origin软件计算得到掺入3.5%P_2O_5 后硅酸盐水泥胶凝体系在水化过程中释放出总的热量值为

$$P_{max}=205.8\text{J/g}$$

当 $t=70044$s时，$P=76.4$J/g；

将 P_{max} 和 P 代入式（4.5.16）计算，得到 $t_{0.5}=90480$s。

这样得到硅酸盐水泥水化的Knudson水化动力学表达式：

$$\frac{1}{P}=\frac{1}{205.8}+\frac{90480}{205.8(t-32136)} \tag{4.5.20}$$

4.5.3.4　CaF_2-硅酸盐水泥胶凝体系

硅酸盐水泥中掺入3.0%CaF_2，将其混匀后进行水化动力学测试，测得胶凝体系的水化放热速率曲线见图4.5.6。

图4.5.6的趋势与硅酸盐水泥的水化一致，可见难溶性的CaF_2对硅酸盐水泥的水化影响远不如P_2O_5那么显著，但是对水泥的凝结时间也会有一定的影响。从图4.5.6中可以看出掺入CaF_2后水泥浆体的初凝时间，也即诱导期结束的时间比硅酸盐水泥延长了1.67h左右，而终凝时间基本没有影响。也就是说CaF_2对硅酸盐水泥的影响仅限于其水化开始的初始阶段，而不会影响水泥的最终凝结硬化。

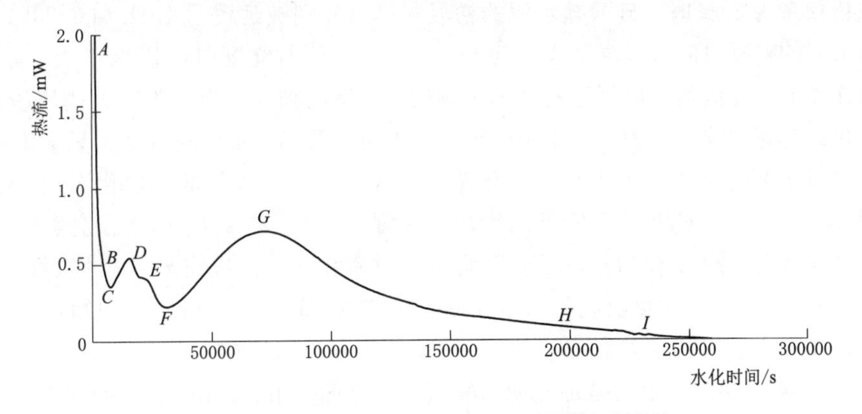

图4.5.6　CaF_2-硅酸盐水泥水化放热速率曲线

根据Origin软件计算得到掺入3.0% CaF_2后硅酸盐水泥胶凝体系在水化过程中释放出总的热量值为：

$$P_{max}=243.8\text{J/g}$$

当$t=311482$s时，$P=105.7$J/g；

将P_{max}和P代入式（4.5.16）计算，得到$t_{0.5}=35048$s。

这样得到硅酸盐水泥水化的Knudson水化动力学表达式：

$$\frac{1}{P}=\frac{1}{243.8}+\frac{35048}{243.8(t-10348)} \tag{4.5.21}$$

将硅酸盐水泥，磷渣粉-硅酸盐水泥、P_2O_5-硅酸盐水泥和CaF_2-硅酸盐水泥的水化热总量和水化反应半衰期热力学参数列于表4.5.1。

表4.5.1　水泥基材料水化放热速率曲线特征值

胶凝体系	72h水化热总量/降低率/(J/g)	初始放热峰		加速期放热峰		加速期开始时间/h	反应半衰期时间/h
		出现时间/s	热流/mW	出现时间/h	热流/mW		
纯水泥	265.77	260	9.752	7.31	2.113	1.11	12.73
掺入35%磷渣粉	156.3/41.2%	260	7.402	9.59	1.265	2.20	11.34
3.5%P_2O_5+水泥	205.8/22.6%	104	57.007	19.85	0.716	8.93	25.13
3.0%CaF_2+水泥	243.8/8.3%	208	26.342	7.45	1.891	2.87	9.74

从表4.5.1可以明显看出，磷渣粉和外加剂的掺入会不同程度降低水泥的水化热总量，特别是掺入35%的磷渣粉后水泥水化热总量降低了41.2%。其次是P_2O_5的掺入，水化热总量降低了22.6%。而CaF_2对硅酸盐水泥水化热的影响则不大，水化热总量仅降低了8.3%。尽管P_2O_5的掺入降低了水泥胶凝体系的水化热总量，但是达到50%水化程度所需要的时间却几乎是硅酸盐水泥的2倍。一般胶凝体系诱导期的结束标志浆体的初凝，加速期的峰值对应浆体的终凝。根据水化速率曲线可以观察到，磷渣粉和外掺料的掺入都会不同程度地影响硅酸盐水泥的凝结。其中影响最为显著的是P_2O_5，当P_2O_5掺量为3.5%时，硅酸盐水泥的初凝和终凝时间分别被延长了7.83h和12.54h。其次是磷渣粉，磷渣粉掺量为35%时，硅酸盐水泥的初凝和终凝分别被延缓了1.1h和2.28h。CaF_2只对硅酸盐水泥的初凝时间有缓凝效果，延长了1.76h，而对终凝时间影响不大。总结得到，掺合料和外加剂对硅酸盐水泥凝结特性的影响按程度从高到低列为：P_2O_5>磷渣粉>CaF_2。

从水化放热速率曲线和表4.5.1中归纳的数据可以看出，磷渣粉的掺入只会影响水泥矿物C_3A参与水化的量，而不会影响其水化速率。这是因为磷渣粉部分取代水泥，水泥熟料减少，相应参与水化的C_3A的量降低的缘故。外掺料P_2O_5和CaF_2则不仅会影响参与水化的硅酸盐水泥熟料矿物C_3A的量，还会影响C_3A的水化速率。从表4.5.1的数据可以看出，掺入P_2O_5后，C_3A溶解水化引起的初始放热峰的出现时间相比硅酸盐水泥缩短了156s，且热流峰值是硅酸盐水泥初始峰值的5.8倍。CaF_2也有类似影响，但影响程度基本相当于P_2O_5的一半。对于第二个也就是加速期的峰值，结果正好相反。即P_2O_5的掺入大大降低了放热峰值加速期水化，只有0.716mW，相比硅酸盐水泥降低了66%，而CaF_2的掺入使得硅酸盐水泥水化加速期放热峰值降低了11%。这说明P_2O_5和CaF_2的掺入促进了C_3A的初始溶解水化，而延缓了C_3S和C_2S的水化，其中P_2O_5的作用程度最为显著。

具体分析如下：硅酸盐水泥与水接触后即有部分颗粒溶解，液相中$Ca(OH)_2$的浓度会逐渐增大，C_3A很快溶解水化形成第一个放热峰。但是P_2O_5和CaF_2的掺入抑制了C_3S和C_2S的溶解，使得液相中形成的各种离子团的数量和浓度都显著降低。这样水分子向硅酸盐矿物颗粒表面迁移的阻力减小，迁移速度增大，与C_3A接触水解的速度就会加快，抑制效果越显著则C_3A水解的量就越多，C_3A水解的速度就越快。

4.5.4　水化动力学参数的确定

4.5.4.1　硅酸盐水泥体系

动力学参数能直观地表达出不同胶凝体系的水化快慢并确定各水化阶段由何种反应控制。在已知Knudson表达式基础上，要求得水泥水化各阶段的动力学参数n和K必须先明确水化程度和水化时间的函数。

结合式（4.5.17）和式（4.5.18）可以得到硅酸盐水泥水化过程中水化程度随时间变化函数：

$$\alpha(t)=\frac{t-4004}{t+41808} \tag{4.5.22}$$

根据式（4.5.22）作$\ln[1-(1-\alpha)^{1/3}]-\ln(t-t_0)$的曲线然后进行拟合，可得直线，如图4.5.7所示。由直线斜率可以求得n，由截距可以求得K。

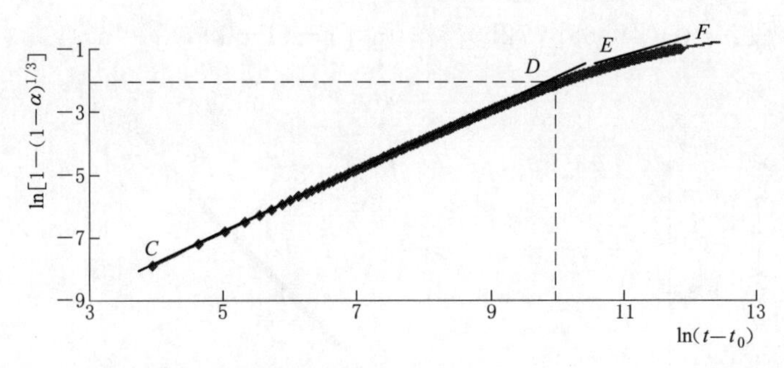

图 4.5.7 硅酸盐水泥水化阶段 $\ln[1-(1-\alpha)^{1/3}]$-$\ln(t-t_0)$ 关系曲线

从图 4.5.7 中可以看出，在硅酸盐水泥的水化加速期 CD 段和稳定期 EF 段确实存在直线关系，而在减速期 DE 段为曲线。这说明 Kondo 公式不适于计算减速段的水化动力学参数。

加速期 CD 段：$t\in(1.11\text{h}, 7.31\text{h})$。作 $\ln[-\ln(1-\alpha)]$-$\ln(t-t_0)$ 双对数曲线，然后进行拟合（图 4.5.8）：

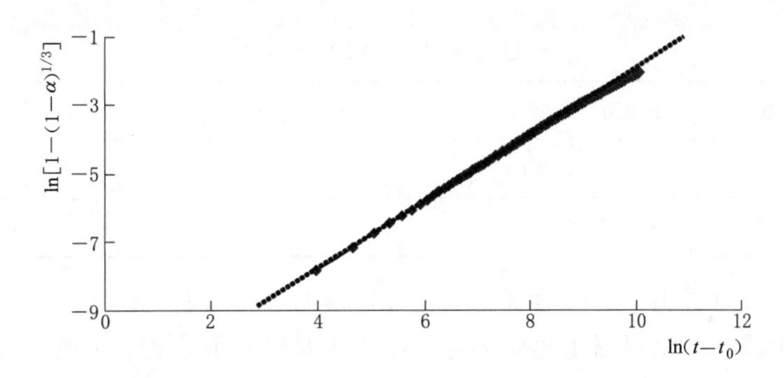

图 4.5.8 硅酸盐水泥水化加速期的 $\ln[1-(1-\alpha)^{1/3}]$-$\ln(t-t_0)$ 曲线

拟合得到一条直线，直线斜率可以求得 n，纵向截距可以求得 K。结果得到：$n=0.962<1$，$K_N=3.37\times10^{-6}$

减速期 DE 段：$t\in(7.31\text{h}, 48.65\text{h})$。根据 Kondo 公式作 $\ln[1-(1-\alpha)^{1/3}]$-$\ln(t-t_0)$ 曲线，减速期呈曲线；改作 $[1-(1-\alpha)^{1/3}]$-$\ln(t-t_0)$ 曲线，可以拟合得到一条直线，直线的斜率就是动力学参数 $K=0.125$，如图 4.5.9 所示。

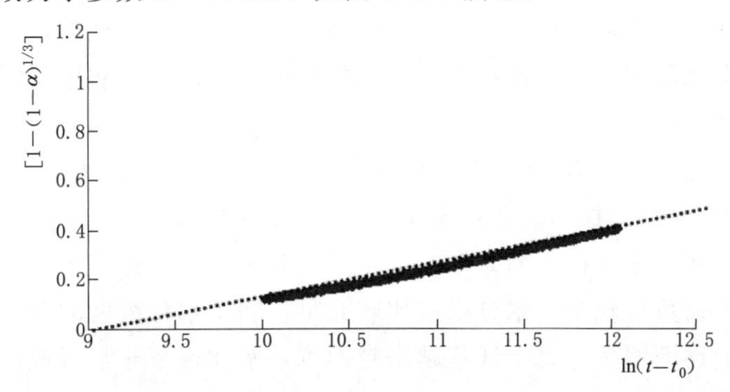

图 4.5.9 硅酸盐水泥水化减速期 $[1-(1-\alpha)^{1/3}]$-$\ln(t-t_0)$ 曲线

稳定期 EF 段：$t\in(48.65\text{h},72\text{h})$. 作 $\ln[1-(1-\alpha)^{1/3}]-\ln(t-t_0)$ 曲线，如图 4.5.10 所示。

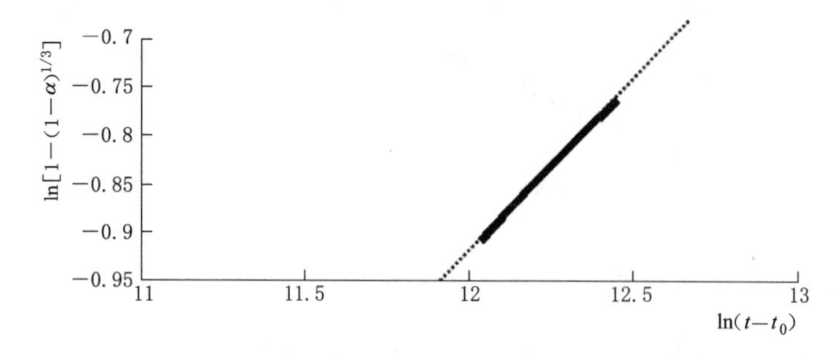

图 4.5.10　硅酸盐水泥水化稳定期 $\ln[1-(1-\alpha)^{1/3}]-\ln(t-t_0)$ 曲线

拟合得到一条直线，根据直线的斜率求得动力学参数 $n=2.66>2$，根据直线截距求得 $K=0.525\times10^{-6}$。这样，将硅酸盐水泥水化过程中加速期、减速期和稳定期的水化动力学参数列于表 4.5.2。

表 4.5.2　　硅酸盐水泥水化动力学参数

水化动力学参数	加速期（1.11h，7.31h）	减速期（7.31h，48.65h）	稳定期（48.65h，72h）
n	0.962	1	2.66
K	3.37×10^{-6}	0.125	0.525×10^{-6}

从试验结果可以看出，硅酸盐水泥水化过程遵循水化前期、诱导期、加速期、减速期和稳定期五个阶段。本书根据水化放热速率曲线主要研究了硅酸盐水泥在水化过程中处于加速期、减速期和稳定期三个阶段的水化动力学特性，计算得到了三个阶段的水化动力学参数。

从计算结果可以分析得到，硅酸盐水泥的水化动力学参数 n 值与水化机理有关。在加速期，水泥的 n 值为 0.962，说明这一阶段的水化主要受自动催化反应控制。稳定期的 n 值为 $2.66\geqslant2$，反应主要由扩散控制。而在减速期，水泥水化不遵循 Knudson 公式，而能很好地服从 $[1-(1-\alpha)^{1/3}]=K\ln(t-t_0)$ 公式。该公式是从 Tammann 经验式 $\frac{\mathrm{d}x}{\mathrm{d}t}=\frac{K}{t}$ 推导出来的，它适用于由化学反应和扩散反应双重控制的反应。这样，硅酸盐水泥的水化过程就从受自动催化反应控制阶段过渡到受化学反应和扩散反应双重反应控制阶段，再转变为扩散反应控制阶段。

通过比较水化速度常数 K 值大小分析得到，水泥水化加速期和稳定期都能很好地遵循公式，K 值具有可比较性。K 值从 3.37×10^{-6} 减小为 0.525×10^{-6}。这说明硅酸盐水泥在水化过程中，水化速度在不断减小，水化阻力越来越大。这主要是因为水泥在水化加速期生成的水化产物数量较少，水分供应比较充足，随着水化程度的深入，水化时间的延长，水化产物数量逐渐增多，离子迁移越来越困难，水化速率非常缓慢，由离子扩散通过水化产物层的速率来决定。

4.5.4.2　磷渣粉-硅酸盐水泥胶凝体系

与硅酸盐水泥水化过程类似，首先结合式（4.5.17）和式（4.5.19）可以得到磷渣粉-硅酸盐水泥水化过程中水化程度随时间变化的函数：

$$\alpha(t)=\frac{t-7904}{t+32906} \tag{4.5.23}$$

将式（4.5.23）改写为 $\ln[1-(1-\alpha)^{1/3}]=\frac{1}{n}\ln K+\frac{1}{n}\ln(t-t_0)$。

作 $\ln[1-(1-\alpha)^{1/3}]-\ln(t-t_0)$ 的曲线然后进行拟合，可得直线（图 4.5.11）。由直线斜率可以求得 n，由截距可以求得 K。

从图 4.5.11 可以看出，磷渣粉-硅酸盐水泥胶凝体系在水化过程中，加速期与稳定期都呈直线关系，而减速期呈曲线。其中 CF 由 CD 和 EF 两段直线构成，两条直线叠加，分别对应于硅酸盐水泥和磷渣粉两个组分的加速段。同样，根据式（4.5.23）分别计算 CF 段、FG 段和 GH 段的水化动力学参数，并绘制曲线（图 4.5.12～图 4.5.14）。

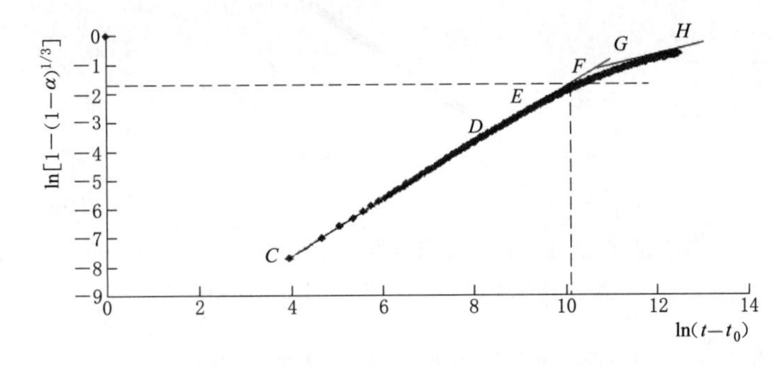

图 4.5.11　磷渣粉-硅酸盐水泥水化过程 $\ln[1-(1-\alpha)^{1/3}]-\ln(t-t_0)$ 关系曲线

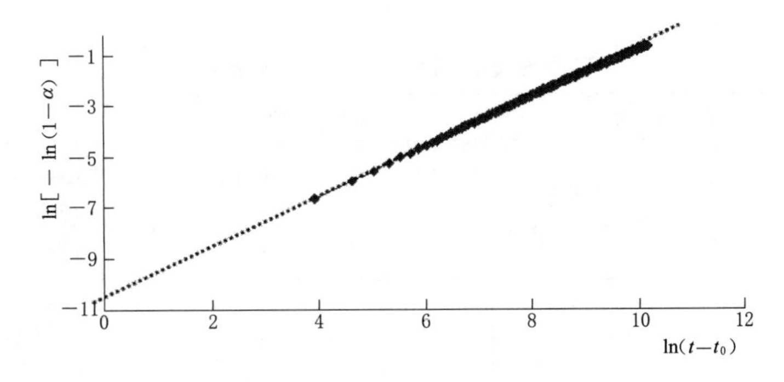

图 4.5.12　磷渣粉-硅酸盐水泥水化加速期 $\ln[-\ln(1-\alpha)]-\ln(t-t_0)$ 曲线［加速期 CF 段：$t\in$（2.2h，9.65h)］

拟合得到一条直线，由直线斜率 $\frac{1}{n}$ 和截距 $\frac{1}{n}\ln K$ 可以计算得到 $n=0.88$，$K=4.69\times10^{-6}$。

从图 4.5.11 可以看出 FG 段呈曲线，改用 $[1-(1-\alpha)^{1/3}]-\ln(t-t_0)$ 作图，可以得

到直线关系，直线斜率为0.14。

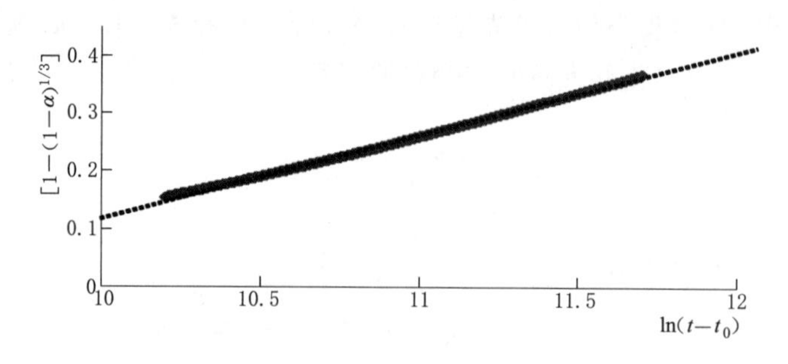

图4.5.13　磷渣粉-硅酸盐水泥水化减速期 $[1-(1-\alpha)^{1/3}]-\ln(t-t_0)$ 曲线
[减速期 FG 段：$t\in(9.65h, 35.75h)$]

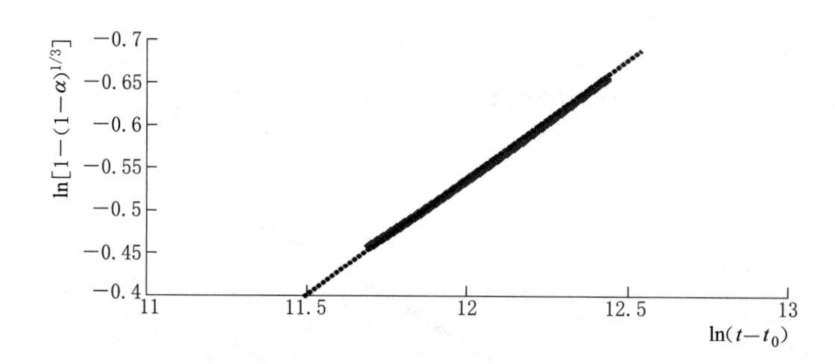

图4.5.14　磷渣粉-硅酸盐水泥水化稳定期 $\ln[1-(1-\alpha)^{1/3}]-\ln(t-t_0)$ 曲线
[稳定期 GH 段：$t\in(35.75h, 72.0h)$]

根据拟合直线的斜率和截距分别计算得到水化动力学参数：

$$n=2.50, K=0.681\times10^{-6}$$

磷渣粉-硅酸盐水泥胶凝体系水化过程加速期、减速期和稳定期的水化动力学参数列于表4.5.3。

表4.5.3　磷渣粉-硅酸盐水泥水化动力学参数

水化动力学参数	加速期		减速期		稳定期	
	掺35%磷渣粉(2.2h, 9.65h)	纯水泥(1.11h, 7.31h)	掺35%磷渣粉(9.65h, 35.75h)	纯水泥(7.31h, 48.65h)	掺35%磷渣粉(35.75h, 72h)	纯水泥(48.65h, 72h)
n	0.88	0.962	1	1	2.50	2.66
K	4.69×10^{-6}	3.37×10^{-6}	0.14	0.125	0.681×10^{-6}	0.53×10^{-6}

从试数据可以看出，在水化加速期，磷渣粉-硅酸盐水泥胶凝体系的水化动力学参数 $n=0.88<0.962$（硅酸盐水泥体系）<1，而 n 值是与水化机理有关的常数，说明在加速期水化主要由自动催化反应控制。吴学权认为 n 值与胶凝体系组分的反应阻力有关，n 值越大反应阻力就越大。根据表4.5.3中的数据可以分析出，磷渣粉的掺入可以减少水泥在进入加速期的反应阻力，即相比纯硅酸盐水泥水化而言磷渣粉的掺入会加速复

合胶凝体系的水化，这实际是磷渣粉和部分硅酸盐水泥两者的水化叠加以及磷渣粉对水泥前期水化的延缓作用综合造成，从图 4.5.11 上就可以看到 *CD* 和 *EF* 两段折线的叠加。在减速期和稳定期，磷渣粉的掺入都会减小水泥的反应阻力，只是阻力越来越大，在稳定期磷渣粉-硅酸盐水泥体系和硅酸盐体系的 n 值分别是 2.50 和 2.66，增长了 2.85 倍和 2.77 倍，水化由减速期的化学反应和扩散反应双重反应控制阶段过渡到稳定期的扩散反应控制阶段。

相应地，阻力小反应速度就快。K 值是表示反应速度的常数，从加速期、减速期到稳定期，磷渣粉-硅酸盐水泥体系的水化反应速度均大于硅酸盐水泥体系，但是在这个过程中两个胶凝体系的水化反应速度都明显降低，扩散速度远远小于自动催化速度，稳定期的水化反应速度常数分别降低至加速期的 14.5%和 15.7%。

4.5.4.3　P_2O_5 -硅酸盐水泥胶凝体系

结合式（4.5.17）和式（4.5.20）可以得到 3.5%P_2O_5 -硅酸盐水泥水化过程中水化程度随时间变化函数：

$$\alpha(t)=\frac{t-32136}{t+58344} \tag{4.5.24}$$

作 $\ln[1-(1-\alpha)^{1/3}]-\ln(t-t_0)$ 的曲线然后进行拟合，如图 4.5.15 所示。由直线斜率可以求得 n，由截距可以求得 K。

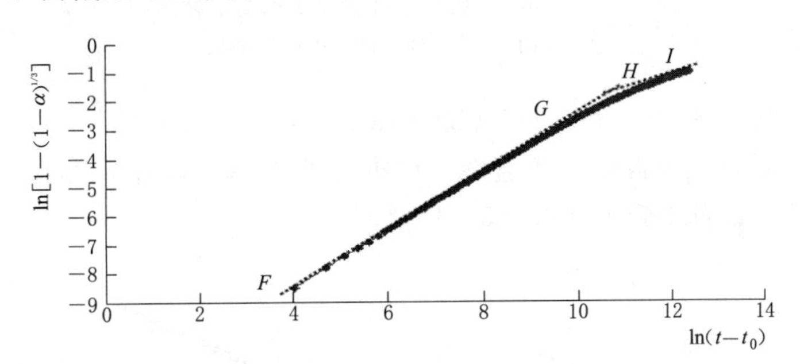

图 4.5.15　3.5%P_2O_5 -硅酸盐水泥水化过程
$\ln[1-(1-\alpha)^{1/3}]-\ln(t-t_0)$ 曲线

如图 4.5.15 所示，掺入 P_2O_5 后水泥熟料的水化被延迟，加速期开始时间 $t_0=$ 32136s。对曲线进行拟合得到，胶凝体系在加速期和稳定期都呈直线型，而减速期呈曲线。下面分段进行拟合计算。

加速期 *FG* 段：$t\in(8.93\text{h}, 19.85\text{h})$。作对数曲线 $\ln[1-(1-\alpha)^{1/3}]-\ln(t-t_0)$（图 4.5.16），然后进行拟合，得到一条直线，根据直线斜率和截距计算得到加速期水化动力学参数 n 和 K。

根据直线斜率求得水化动力学参数 $n=0.98$，根据截距求得水化速度常数 $K=5.34\times10^{-6}$；

减速段 *GH* 段：$t\in(19.85\text{h}, 36.36\text{h})$，作 $[1-(1-\alpha)^{1/3}]-\ln(t-t_0)$ 曲线（图 4.5.17），可以拟合得到直线斜率 $K=0.116$。

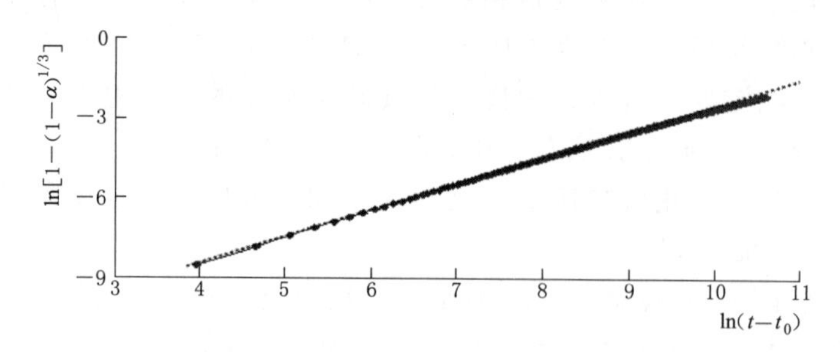

图 4.5.16　3.5% P_2O_5 -硅酸盐水泥水化加速段 $\ln[1-(1-\alpha)^{1/3}]$ - $\ln(t-t_0)$ 曲线

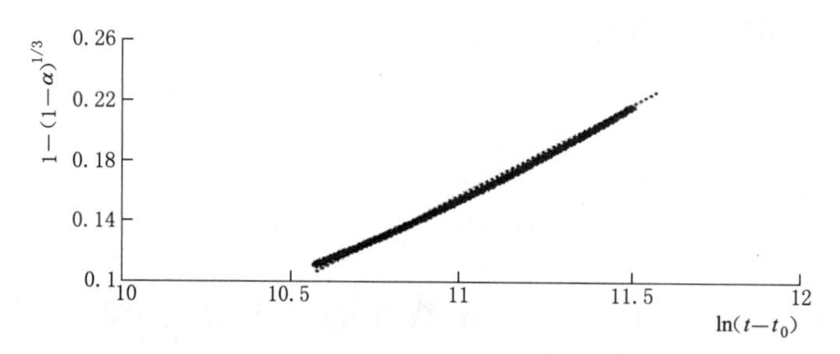

图 4.5.17　3.5% P_2O_5 -硅酸盐水泥水化减速段 $[1-(1-\alpha)^{1/3}]$ - $\ln(t-t_0)$ 曲线

稳定期 HI 段：$t\in(36.36\text{h},\ 72.0\text{h})$。作 $\ln[1-(1-\alpha)^{1/3}]$ - $\ln(t-t_0)$ 曲线（图 4.5.18），对曲线进行拟合得到一条直线，根据直线斜率可以计算得到水化动力学参数 $n=2.01$，根据截距计算得到 $K=0.525\times10^{-6}$。

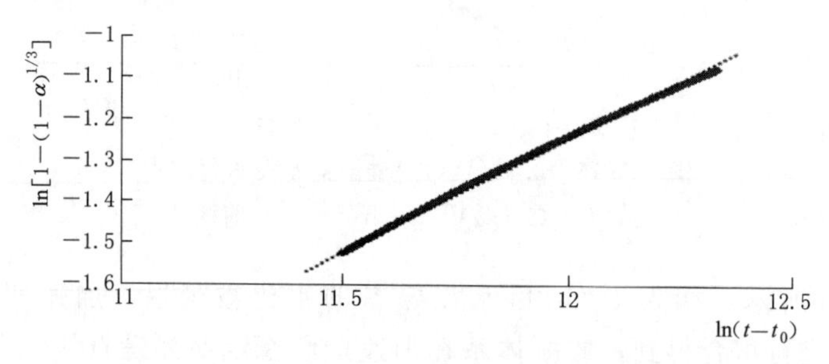

图 4.5.18　3.5% P_2O_5 -硅酸盐水泥水化稳定段 $\ln[1-(1-\alpha)^{1/3}]$ - $\ln(t-t_0)$ 曲线

硅酸盐水泥和 3.5% P_2O_5 -硅酸盐水泥胶凝体系水化过程参数列于表 4.5.4。

从表 4.5.4 数据比较分析得到，在水化加速期 3.5% P_2O_5 -硅酸盐水泥胶凝体系的水化与硅酸盐水泥均受自动催化反应控制，在稳定期扩散反应控制占据主导，而减速期是自动催化和扩散反应的双重反应控制阶段。通过比较水化机理常数 n 可以得到，P_2O_5 的掺入增加了硅酸盐水泥熟料在加速期的水化反应阻力，导致水化速度常数 K 值较纯硅酸盐水泥胶凝体系要小，这也是 P_2O_5 引起水泥缓凝的主要原因。在减速期，由于 K 值的导出公式

表 4.5.4　　$3.5\%P_2O_5$-硅酸盐水泥水化动力学参数

水化动力学参数	加速期		减速期		稳定期	
	P_2O_5-水泥	纯水泥	P_2O_5-水泥	纯水泥	P_2O_5-水泥	纯水泥
	(8.93h, 19.85h)	(1.11h, 7.31h)	(19.85h, 36.36h)	(7.31h, 48.65h)	(36.36h, 72h)	(48.65h, 72h)
n	0.97	0.962	1	1	2.01	2.66
K	2.65×10^{-6}	3.37×10^{-6}	0.116	0.125	0.55×10^{-6}	0.53×10^{-6}

不同，K 值仅供不同胶凝体系减速期水化反应速率的比较。尽管如此，$3.5\%P_2O_5$ 的掺入还是会使得硅酸盐水泥熟料的水化速度略有降低。与磷渣粉-硅酸盐水泥体系不同的是，在稳定期 P_2O_5 的掺入会减小水泥熟料的水化阻力，从而促进未水化水泥颗粒参与反应。分析认为，水化前期延缓了的水泥熟料此时开始加速水化，也即 P_2O_5 的掺入会降低水泥熟料早期的水化速率而加速其后期水化。

4.5.4.4　CaF_2-硅酸盐水泥胶凝体系

结合式（4.5.17）和式（4.5.21）可以得到 $3.0\%CaF_2$-硅酸盐水泥水化程度随时间函数：

$$\alpha(t)=\frac{t-10348}{t+24700} \tag{4.5.25}$$

作 $\ln[1-(1-\alpha)^{1/3}]-\ln(t-t_0)$ 的曲线然后进行拟合，可得直线，如图 4.5.19 所示。由直线斜率可以求得 n，由截距可以求得 K。

从图 4.5.19 可以观察到，$3.0\%CaF_2$-硅酸盐水泥的水化过程与硅酸盐水泥类似，加速期和稳定期都能很好地遵循直线规律，而减速期呈曲线。

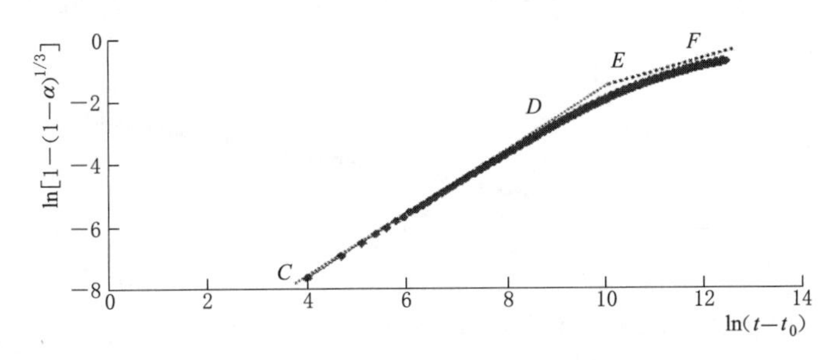

图 4.5.19　$3.0\%CaF_2$-硅酸盐水泥水化过程 $\ln[1-(1-\alpha)^{1/3}]-\ln(t-t_0)$ 曲线

对于加速期和稳定期，作 $\ln[1-(1-\alpha)^{1/3}]-\ln(t-t_0)$ 曲线拟合，然后根据直线斜率和截距计算出水化动力学参数 n 和 k。

加速期 CD 段：$t\in(2.87h, 7.45h)$。求解直线斜率和截距得到水化动力学参数 $n=0.947$，$K=4.785\times10^{-6}$（图 4.5.20）。

减速期 DE 段：$t\in(7.45h, 23.2h)$。对曲线进行拟合得到一条直线，计算得到直线的斜率 $K=0.136$（图 4.5.21）。

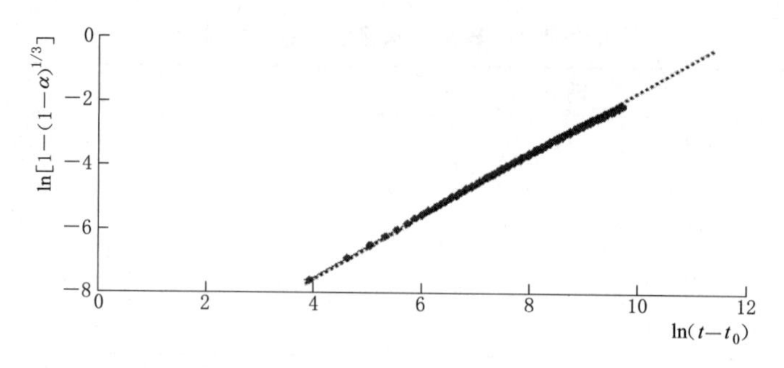

图 4.5.20 CaF_2-硅酸盐水泥水化加速期 $\ln[1-(1-\alpha)^{1/3}]-\ln(t-t_0)$ 曲线

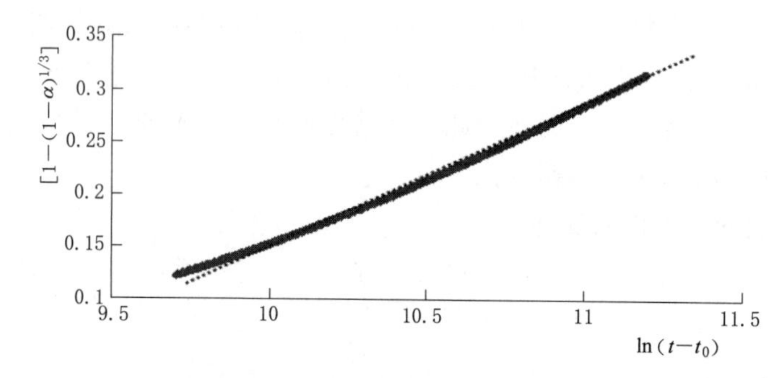

图 4.5.21 CaF_2-硅酸盐水泥水化减速期 $[1-(1-\alpha)^{1/3}]-\ln(t-t_0)$ 曲线

稳定期 EF 段：$t\in(23.2\text{h}, 72.0\text{h})$。对曲线进行拟合得到一条直线，根据直线斜率可以求得动力学参数 $n=2.427$，根据直线截距求得动力学参数 $K=0.842\times10^{-6}$（图4.5.22）。

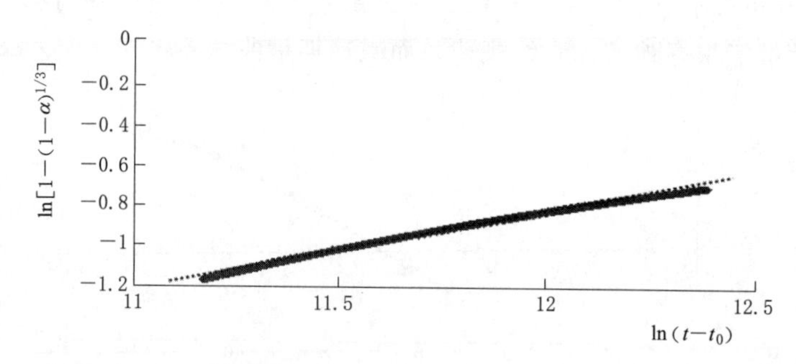

图 4.5.22 CaF_2-硅酸盐水泥水化稳定期 $\ln[1-(1-\alpha)^{1/3}]-\ln(t-t_0)$ 曲线

将硅酸盐水泥体系和 CaF_2-硅酸盐水泥体系的水化动力学参数列于表 4.5.5。

表 4.5.5　CaF_2-硅酸盐水泥水化动力学参数

水化动力学参数	加速期		减速期		稳定期	
	CaF_2-水泥 (2.87h，7.45h)	纯水泥 (1.11h，7.31h)	CaF_2-水泥 (7.45h，23.2h)	纯水泥 (7.31h，48.65h)	CaF_2-水泥 (23.2h，72h)	纯水泥 (48.65h，72h)
n	0.947	0.962	1	1	2.427	2.66
K	4.785×10^{-6}	3.37×10^{-6}	0.136	0.125	0.842×10^{-6}	0.53×10^{-6}

从表 4.5.5 数据可以看出，掺入外加剂后，胶凝体系的加速期水化还是受自动催化反应控制（$n=0.947<1$），然后过渡到化学反应和扩散反应双重反应控制阶段，在稳定期水化反应主要受扩散控制（$n=2.66>2$）。与硅酸盐水泥水化相比，CaF_2-硅酸盐胶凝体系在整个水化阶段水化动力学常数 n 值都小于纯硅酸盐水泥，而水化速度常数 K 均大于纯硅酸盐水泥，这说明外加剂 CaF_2 的掺入与磷渣粉-硅酸盐水泥体系类似也会减小水泥熟料的水化阻力，促进水泥水化快速进行。

4.6 小结

掺磷渣粉水泥基胶凝材料的微观测试分析表明，掺磷渣粉水泥水化产物主要由 $Ca(OH)_2$、钙钒石及水化硅酸钙等组成，磷渣粉掺量在 30%以内时，各龄期水泥石中水化产物的结合水量及 $Ca(OH)_2$ 含量与纯水泥石相当；当磷渣粉掺量大于 30%时，随其掺量的增加，水泥石中水化硅酸钙、钙钒石等水化产物生成量和 $Ca(OH)_2$ 含量均降低；磷渣粉掺量大于 30%时，水化产物和 $Ca(OH)_2$ 含量随龄期的增加而增长较快；掺量为 30%时，与粉煤灰相比，掺磷渣粉水泥石中水化硅酸钙、钙钒石的结合水量较大、$Ca(OH)_2$ 含量较低，这是由于磷渣粉水化生成了更多的水化产物，吸收了更多 $Ca(OH)_2$；磷渣粉比表面积增大时，水泥石中水化硅酸钙、钙钒石的结合水量明显增加、$Ca(OH)_2$ 含量降低，表明磷渣粉磨细可加快其水化速度。

7d 龄期掺磷渣粉水泥石中少数磷渣粉颗粒表面开始水化，生成水化硅酸钙凝胶等水化产物，大部分磷渣粉颗粒边缘清晰，但表面有细小的被侵蚀的痕迹。28d 龄期，水化产物开始形成致密的板块结构，孔隙明显减少，大部分磷渣粉颗粒边缘开始受到侵蚀并开始水化，且随磷渣粉掺量的增加，在水化产物中很难找到板状堆积的 $Ca(OH)_2$ 晶体。90d 龄期，磷渣粉颗粒大部分都已发生水化，与水泥颗粒的水化产物交叉联结，难以清晰辨认磷渣粉颗粒，水化产物更加致密。水泥石水化产物中 $Ca(OH)_2$ 含量随磷渣粉掺量的增加而降低，这一趋势在磷渣粉掺量大于 30%时尤为明显，这一方面是由于磷渣粉掺量大时水泥熟料含量相应降低，其水化产生的 $Ca(OH)_2$ 较少，另一方面是由于磷渣粉水化吸收了更多的 $Ca(OH)_2$。水泥石水化产物中 $Ca(OH)_2$ 含量随磷渣粉比表面积的增大而有降低的趋势，说明磷渣粉磨细会促进早期水化。在较高掺量下，水化后期磷渣粉的水化进程比粉煤灰快。

当磷渣粉掺量大于 30%时，水泥石 7d 龄期的平均孔径、最可几孔径和孔隙率随磷渣粉掺量的增加明显增大。随龄期增加，水泥石的平均孔径变化不大，但最可几孔径略有降低，孔隙率明显下降，水泥石更密实。磷渣粉掺量在 30%以下时，磷渣粉细度对水泥石的平均孔径没有明显影响，但较细的磷渣粉可降低水泥石的最可几孔径及孔隙率，随磷渣粉比表面积增大，水泥石的最可几孔径有降低的趋势。掺磷渣粉水泥石与掺粉煤灰水泥石在早龄期时的平均孔径、最可几孔径、孔隙率相当，在水化后期，掺磷渣粉水泥石的孔隙率较低，这说明磷渣粉掺量较大时，掺磷渣粉的水泥石结构更密实。

通过导热式微量热仪测定了硅酸盐水泥、磷渣粉-硅酸盐水泥、P_2O_5-硅酸盐水泥和 CaF_2-硅酸盐水泥四种胶凝体系的水化放热速率曲线，根据 Knudson 和公式 Kondo 公式分别计算了四种胶凝体系的水化热总量、水化热半衰期参数以及水化程度和水化动力学参数等指标，直观地比较分析了矿物掺合料-磷渣粉和外加剂 P_2O_5、CaF_2 对硅酸盐水泥水化过程特征值和水化动力学参数的影响。矿物掺合料-磷渣粉的掺入会显著降低水泥熟料的水化热总量，磷渣粉掺量为 35％时，水化热总量降低了 41.2％。外掺料 P_2O_5 和 CaF_2 也会不同程度地降低硅酸盐水泥熟料水化产生的水化热总量，其中 P_2O_5 的影响更为显著，分别为 22.6％和 8.3％。磷渣粉等量取代水泥后会降低参与水化的 C_3A 的量，P_2O_5 和 CaF_2 则不仅会影响初始参与水化的 C_3A 的量也会影响其参与水化的速率。P_2O_5 的掺入会加速 C_3A 与水接触发生反应，比硅酸盐水泥刚与水接触水解出现热量峰值的时间提前了 156s，且水化热峰值是纯硅酸盐水泥的 5.8 倍。CaF_2 的影响只有 P_2O_5 的一半。但是磷渣粉和外掺料的掺入都会降低加速期的热量峰值，掺入后 P_2O_5 降低幅度最大，磷渣粉次之，CaF_2 最小。

磷渣粉和外加剂的掺入都会不同程度地影响硅酸盐水泥的凝结，其中影响最为显著的是 P_2O_5。当 P_2O_5 掺量为 3.5％时，硅酸盐水泥的初凝和终凝时间分别被延长了 7.83h 和 12.54h。其次是磷渣粉，磷渣粉掺量为 35％时，硅酸盐水泥的初凝和终凝分别被延缓了 1.1h 和 2.28h。CaF_2 只对硅酸盐水泥的初凝有缓凝效果，延长了 1.76h，而对终凝时间影响不大。总结得到，磷渣粉和外掺料对硅酸盐水泥凝结特性的影响按程度从高到低列为：P_2O_5＞磷渣粉＞CaF_2。

磷渣粉、外掺料的掺入都不会影响硅酸盐水泥熟料在各水化阶段的反应机制。根据 $\ln[1-(1-\alpha)^{1/3}]-\ln(t-t_0)$ 曲线可以看出胶凝体系的水化过程中加速段均受自动催化反应控制，然后过渡到受自动催化和扩散控制的双重反应控制的减速期，最后转换到由扩散控制水化反应的稳定期。磷渣粉的掺入减小了硅酸盐水泥熟料在加速期、减速期和稳定期的水化反应阻力。水化动力学参数 n 均小于纯硅酸盐水泥。水化反应阻力的减小，促进了水化反应速度的提高，所以水化速度常数 K 值均大于纯硅酸盐水泥。

P_2O_5 的掺入会增加水泥熟料在加速期和减速期的反应阻力，导致水化反应速度降低；进入稳定期后，却会促进水泥熟料的水化，减小了水泥熟料参与水化的反应阻力。所以在加速期 P_2O_5 -硅酸盐水泥的水化动力学参数 $n=0.98>0.962$，稳定期 $n=2.01<2.66$。CaF_2 的掺入会减小硅酸盐水泥熟料在整个水化阶段参与反应的阻力，在加速期 $n=0.947<0.962$，稳定期 $n=427<2.66$，所以 CaF_2 的掺入有利于提高硅酸盐水泥熟料的水化速度。

第 5 章

磷渣粉水泥基材料的性能

由于磷渣粉的表观密度、颗粒尺寸与分布以及含有部分可溶性与难溶性磷酸盐和氟盐等物理与化学性质的特殊性，磷渣粉的掺入会影响水泥胶凝体系的水化热力学及水化动力学发展，进而导致掺磷渣粉水泥基材料的力学性能、热学性能以及变形性能均受到不同程度影响。本章从掺磷渣粉水泥砂浆角度，系统研究了磷渣粉水泥基材料的力学性能、水化热、干缩性能以及安定性等性能的影响规律，为磷渣粉用作混凝土掺合料奠定基础。

5.1 力学性能

本节选取胶砂强度作为力学性能指标。按照国标《水泥胶砂强度检验方法（ISO法）》（GB/T 17671）进行水泥胶砂强度试验，分别对掺磷渣粉水泥基材料的胶砂强度与龄期、掺量以及细度的关系进行研究，并与单掺粉煤灰、复掺粉煤灰和磷渣粉的水泥基材料胶砂强度进行对比分析。

5.1.1 胶砂强度与龄期的关系

分别开展单掺磷渣粉（比表面积为 290m²/kg）和单掺粉煤灰胶砂强度试验，7d、28d、90d、180d 胶砂强度试验结果列于表 5.1.1，以 28d 龄期胶砂抗压强度为基准的胶砂强度增长率及抗折强度与抗压强度之比（简称折压比）列于表 5.1.2。胶砂强度与龄期的关系曲线见图 5.1.1。

表 5.1.1　　掺磷渣粉、粉煤灰的胶砂强度试验结果

编号	掺合料	胶凝材料用量/%			需水量比/%	水胶比	抗压强度/MPa				抗折强度/MPa			
		水泥	粉煤灰	磷渣粉			7d	28d	90d	180d	7d	28d	90d	180d
1	磷渣粉	100	0	0	100	0.50	28.7	47.1	63.7	67.5	6.3	8.7	9.6	10.3
2		80	0	20	101	0.50	19.0	32.8	52.0	68.9	4.0	6.3	9.9	10.2
3		70	0	30	101	0.50	17.3	26.9	52.0	70.6	3.3	5.9	9.2	10.6
4		60	0	40	100	0.50	11.8	23.7	52.6	65.9	4.0	4.4	9.2	10.8
5		50	0	50	101	0.50	8.8	19.5	45.6	67.6	2.3	4.3	8.5	10.6
6		40	0	60	102	0.51	5.7	17.0	48.2	60.0	1.8	3.7	8.9	9.4
7	粉煤灰	80	20	0	99	0.50	20.3	35.2	55.9	65.3	4.7	6.4	9.7	11.7
8		70	30	0	99	0.50	17.5	29.0	50.0	61.6	4.3	6.3	9.3	10.9
9		40	60	0	99	0.49	7.3	12.3	25.6	43.8	2.4	3.2	5.1	8.6

表 5.1.2 胶砂的强度增长率及折压比

编号	掺合料	抗压强度/%				抗折强度/%				抗折强度/抗压强度/%			
		7d	28d	90d	180d	7d	28d	90d	180d	7d	28d	90d	180d
1	磷渣粉	61	100	135	143	72	100	110	118	22	18	15	15
2		60	100	159	210	63	100	157	162	21	19	19	15
3		64	100	193	262	56	100	156	180	19	22	18	15
4		50	100	222	278	91	100	209	245	34	19	17	16
5		45	100	234	347	53	100	198	247	26	22	19	16
6		34	100	284	353	49	100	241	254	32	22	18	16
7	粉煤灰	58	100	159	186	73	100	152	183	23	18	17	18
8		60	100	172	212	68	100	148	173	25	22	19	18
9		59	100	208	356	75	100	159	269	33	26	20	20

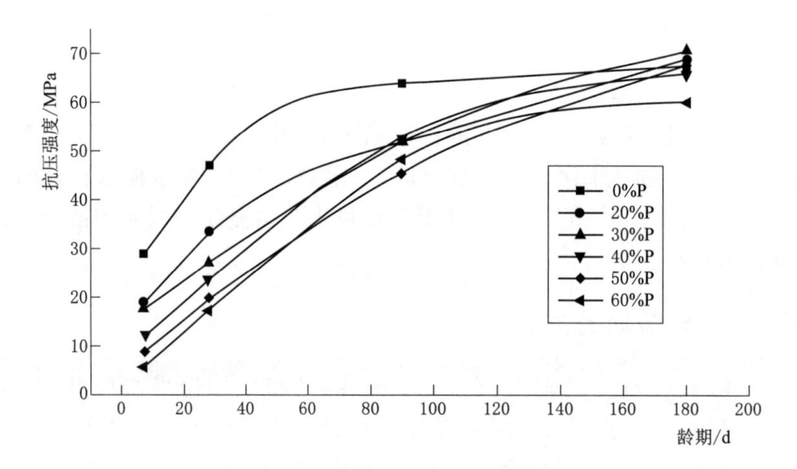

图 5.1.1 胶砂抗压强度与龄期的关系

从图 5.1.1 可以看出，掺磷渣粉的胶砂抗压强度均随龄期增长而增长。在 7d、28d、90d 龄期，纯水泥胶砂抗压强度高于掺磷渣粉的胶砂抗压强度。但随着龄期增长，掺磷渣粉水泥胶砂抗压强度上升较快，到 180d 龄期时，低掺磷渣粉水泥（20%、30%）胶砂抗压强度已经超过纯水泥抗压强度，而磷渣粉掺量为 40%、50%的胶砂抗压强度也非常接近纯水泥抗压强度，只有掺 60%磷渣粉水泥的胶砂抗压强度仍然略低于纯水泥胶砂抗压强度。

从表 5.1.1 可以看出，随磷渣粉掺量的增加，7d 龄期水泥胶砂的强度增长率减小，而 90d、180d 龄期的强度增长率增大，说明掺磷渣粉水泥的强度增长主要发生在后期，而抗折强度的增长率比同龄期抗压强度的增长率小。随龄期的增加，胶凝材料的折压比减小；与纯水泥胶砂相比，掺磷渣粉水泥胶砂的折压比 7d 龄期稍高，28d、90d、180d 龄期基本相当。

水化早期，掺粉煤灰水泥胶砂强度略高于掺磷渣粉水泥胶砂，这与水化热试验的结果是一致的。但随着龄期的增加，掺磷渣粉的水泥胶砂强度有赶上或超过粉煤灰水泥胶砂的趋势。水化中期，低掺量下掺粉煤灰水泥胶砂强度仍高于掺磷渣粉水泥胶砂强度，但高掺量下掺磷渣粉水泥胶砂强度已经超过掺粉煤灰水泥胶砂强度；水化后期，各掺量下磷渣粉水泥胶砂强度均超过掺粉煤灰水泥胶砂强度，且掺量越高，两种水泥胶砂强度差值越大。说明掺磷渣粉水泥胶砂强度的后期增长率高于掺粉煤灰水泥胶砂强度后期增长率。

5.1.2　胶砂强度与掺合料掺量的关系

掺入比表面积为290m²/kg的磷渣粉及粉煤灰的水泥各龄期（7d、28d、90d、180d）胶砂强度与纯水泥胶砂强度结果比较见表5.1.3；各龄期胶砂强度与磷渣粉掺量的拟合曲线见图5.1.2、图5.1.3。

表5.1.3　　不同掺量磷渣粉、粉煤灰水泥胶砂强度性能试验结果比较

编号	掺合料	胶凝材料用量/%			抗压强度/%				抗折强度/%			
		水泥	粉煤灰	磷渣粉	7d	28d	90d	180d	7d	28d	90d	180d
1		100	0	0	100	100	100	100	100	100	100	100
2	磷渣粉	80	0	20	66	70	82	102	63	72	103	99
3	磷渣粉	70	0	30	60	57	82	105	52	68	96	103
4	磷渣粉	60	0	40	41	50	83	98	63	51	96	105
5	磷渣粉	50	0	50	31	41	72	100	37	49	89	103
6	磷渣粉	40	0	60	20	36	76	89	29	43	93	91
7	粉煤灰	80	20	0	71	75	88	97	75	74	101	114
8	粉煤灰	70	30	0	61	62	78	91	68	72	97	106
9	粉煤灰	40	60	0	25	26	40	65	38	37	74	83

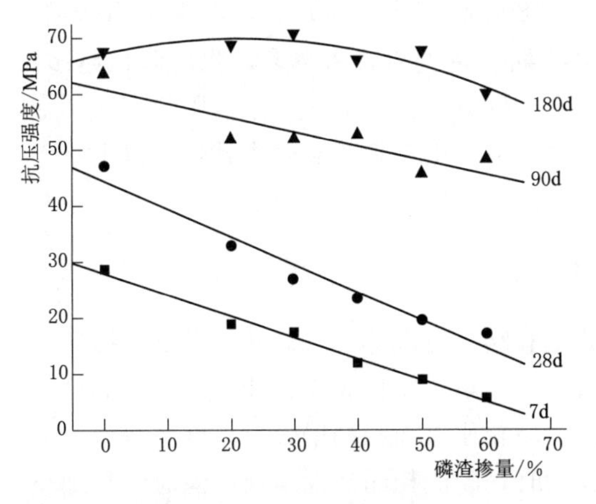

图5.1.2　胶砂抗压强度与磷渣粉掺量拟合关系

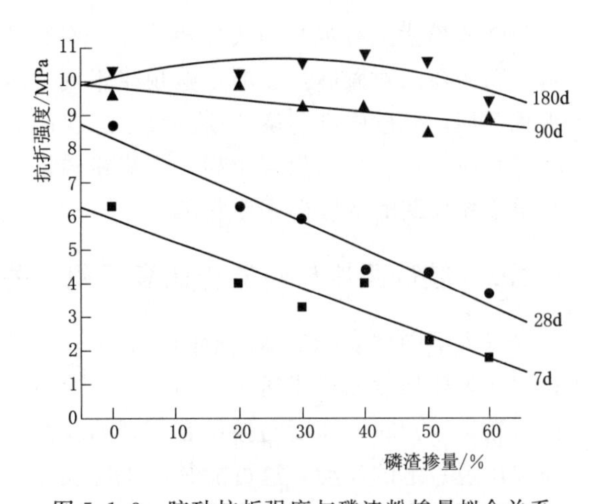

图5.1.3　胶砂抗折强度与磷渣粉掺量拟合关系

从表5.1.3可以看出，早期胶砂强度随磷渣粉掺量增加而逐渐下降。磷渣粉掺量在20%～60%范围内，7d、28d龄期的胶砂抗压强度分别为纯水泥胶砂强度的20%～66%、

36%～70%，胶砂抗折强度分别为纯水泥胶砂强度的29%～63%、43%～72%。但后期强度增长率高，90d、180d龄期的胶砂抗压强度分别为纯水泥胶砂强度的76%～82%、89%～102%，胶砂抗折强度分别为纯水泥胶砂强度的93%～103%、91%～99%；掺量在50%以下时，180d胶砂强度与纯水泥胶砂强度或略高，只有掺量为60%时强度略低，为纯水泥胶砂强度的89%。

单掺粉煤灰的胶砂强度与掺量的关系也有相似的趋势。但粉煤灰掺量较高（60%）时，后期强度发展明显低于单掺磷渣粉的强度，90d、180d龄期时，胶砂抗压强度只有纯水泥胶砂抗压强度的40%、65%。

7d、28d、90d、180d胶砂抗压强度与磷渣粉掺量关系的回归方程分别如下（式中R_c为胶砂抗压强度，P_m为磷渣粉掺量）：

$$R_c = 70.2 - 0.102P_m \tag{5.1.1}$$

$$R_c = 44.4 - 0.497P_m \tag{5.1.2}$$

$$R_c = 60.8 - 0.255P_m \tag{5.1.3}$$

$$R_c = 67.2 + 0.250P_m - 0.00587P_m^2 \tag{5.1.4}$$

7d、28d、90d、180d胶砂抗折强度与磷渣粉掺量关系的回归方程分别如下（式中R_f为胶砂抗折强度，P_m为磷渣粉掺量）：

$$R_f = 5.92 - 0.06P_m \tag{5.1.5}$$

$$R_f = 8.32 - 0.083P_m \tag{5.1.6}$$

$$R_f = 9.82 - 0.018P_m \tag{5.1.7}$$

$$R_f = 10.13 + 0.043P_m - 0.00082P_m^2 \tag{5.1.8}$$

从图5.1.2、图5.1.3和式（5.1.1）～式（5.1.8）可以看出，7d、28d龄期胶砂强度与磷渣粉掺量有很好的线性相关性，而在90d、180d龄期出现波动，说明在不同龄期，磷渣粉的掺入对胶砂强度的影响规律不同：水化早期，磷渣粉掺入越多，强度降低越多；水化后期，胶砂强度与磷渣粉掺量呈二次函数关系，磷渣粉掺量低于一个极限值（20%～30%）时，掺量越高强度越高，磷渣粉掺量高于这个值时则掺量越高强度越低。以上趋势与单掺粉煤灰时的胶砂强度相似。

5.1.3　胶砂强度与磷渣粉比表面积的关系

掺入不同比表面积磷渣粉的水泥胶砂强度的试验结果见表5.1.4。可以看出，掺磷渣粉水泥胶砂强度随磷渣粉比表面积增加而不断增大。在磷渣粉比表面积较小（与水泥比表面积较接近）时，强度与掺量有较好的线性关系。随着比表面积的增大，强度与掺量关系曲线出现一定的波动，这可能是由于比表面积较大时，磷渣粉的活性增加，同时颗粒细小的磷渣粉还起到微集料的作用，有利于改善胶砂孔结构，对胶砂强度的增加有一定的贡献，磷渣粉掺量在某个值（40%）以内时，强度促进效应较为明显。随着磷渣粉比表面积继续增大，溶出的磷、氟增多，对强度有一定不利影响，而且熟料含量相对降低。磷渣粉掺量高于40%时，磷渣粉的强度降低效应占优势。

表 5.1.4　　掺入不同比表面积磷渣粉的水泥胶砂强度的试验结果

编号	胶凝材料用量/%			磷渣粉比表面积/(m^2/kg)	需水量比/%	抗压强度/MPa			抗折强度/MPa		
	水泥	粉煤灰	磷渣粉			7d	28d	90d	7d	28d	90d
1	100	0	0	—	—	31.1	53.6	69.8	5.4	9.4	10.5
2	80	0	20	300	97	—	40.9	63.0	—	6.5	9.9
3	70	0	30	300	98	—	36.3	63.0	—	6.9	10.0
4	60	0	40	300	98	—	27.6	61.2	—	5.2	9.6
5	50	0	50	300	100	—	22.1	61.0	—	4.4	9.7
6	40	0	60	300	99	8.8	16.9	52.2	0.7	1.2	8.7
7	80	0	20	350	98	—	39.0	61.5	—	7.2	9.0
8	70	0	30	350	100	—	34.3	60.6	—	6.5	10.4
9	60	0	40	350	96	—	34.8	67.6	—	6.5	9.8
10	50	0	50	350	98	—	24.2	60.8	—	2.9	8.0
11	40	0	60	350	100	—	14.9	56.5	—	3.2	9.1
12	80	0	20	450	96	—	43.0	66.5	—	6.5	10.0
13	70	0	30	450	96	—	47.3	67.0	—	8.1	10.4
14	60	0	40	450	98	—	39.2	68.8	—	7.3	10.1
15	50	0	50	450	98	—	38.4	66.7	—	6.4	9.9
16	40	0	60	450	96	—	25.7	61.3	—	2.6	10.0
17	80	20	—	—	97	24.6	40.1	57.9	4.6	7.2	9.7
18	70	30	—	—	95	23.3	39.2	64.0	4.7	7.6	10.2
19	40	60	—	—	97	10.1	18.0	37.5	1.8	4.8	8.2

冷发光等同时研究了磷渣粉的比表面积、掺量和水灰比对混凝土抗压强度和劈拉强度的影响，通过对试验结果进行回归分析，得出混凝土抗压强度和劈拉强度随磷渣粉掺量、比表面积和水灰比的影响关系式见式（5.1.9）和式（5.1.10）：

$$f_c = -0.287x - 0.153y - 47.900z + 62.855 \qquad R^2 = 0.767 \qquad (5.1.9)$$

$$f_p = -0.020x - 0.015y - 3.472z + 4.713 \qquad R^2 = 0.882 \qquad (5.1.10)$$

式中：f_c 为混凝土的平均抗压强度，MPa；f_p 为混凝土的平均劈拉强度，MPa；x、y、z 为磷矿渣的掺量、比表面积和水灰比。

从表 5.1.4 和式（5.1.9）、式（5.1.10）可以看出，混凝土的抗压强度和劈拉强度均随磷渣粉掺量、比表面积、和水灰比的提高而降低，影响大小次序为：水灰比＞磷渣粉掺量＞磷渣粉比表面积。

5.1.4 胶砂强度与水泥品种的关系

不同品种水泥及掺合料胶砂强度试验结果见表 5.1.5 和图 5.1.4～图 5.1.13。纯水泥试件中，茂田普通水泥早期至 28d 胶砂强度均较高，江葛中热水泥和江葛普通水泥强度发展较快，胶砂强度增长率高，至 90d 龄期强度超过茂田普通水泥。江葛普通水泥的后期胶砂强度最高，德江普通水泥的后期胶砂强度最低，其他三种水泥的胶砂强度比较接近。

表 5.1.5 不同品种水泥及掺合料胶砂强度试验结果

序号	水泥品种	掺合料		抗压强度/MPa					抗折强度/MPa				
		品种	掺量/%	3d	7d	28d	90d	180d	3d	7d	28d	90d	180d
1	茂田普通		0	32.4	42.4	55.3	59.7	62.6	5.58	6.78	7.70	8.64	8.97
2	江葛中热		0	17.9	28.8	51.6	60.5	64.0	3.74	4.62	7.94	8.42	8.74
3	江葛普通		0	20.0	29.7	53.1	64.2	70.5	3.53	5.03	7.54	9.02	9.27
4	德江普通		0	26.9	36.6	50.7	53.9	57.2	4.37	5.79	7.20	7.93	8.18
5	三磊普通		0	24.1	36.5	51.8	57.4	61.0	3.85	5.21	8.00	8.51	8.68
6	茂田普通	大龙粉煤灰	20	—	29.7	41.9	58.3	63.1	—	5.73	8.37	9.35	9.73
7	茂田普通	大龙粉煤灰	30	21.6	24.5	37.2	58.2	63.9	—	5.02	7.32	8.61	10.43
8	茂田普通	大龙粉煤灰	40	—	20.4	30.7	50.6	56.9	—	4.03	6.77	8.42	10.01
9	茂田普通	大龙粉煤灰	50	—	14.5	26.2	41.4	48.0	—	3.23	6.01	8.18	9.45
10	茂田普通	大龙粉煤灰	60	—	11.2	19.4	36.3	45.0	—	2.44	4.22	6.81	7.53
11	茂田普通	瓮福磷渣粉	20	—	33.2	48.8	58.7	61.3	—	6.14	8.25	9.14	9.67
12	茂田普通	瓮福磷渣粉	30	21.2	24.4	39.3	54.8	61.1	3.78	4.57	7.14	8.68	10.10
13	茂田普通	瓮福磷渣粉	40	—	21.2	35.3	52.0	58.6	—	3.67	7.25	8.54	9.75
14	茂田普通	瓮福磷渣粉	50	—	17.1	31.3	52.0	56.2	—	2.97	5.96	8.52	9.15
15	茂田普通	瓮福磷渣粉	60	—	11.0	25.3	45.1	52.8	—	1.91	5.45	8.18	8.61
16	茂田普通	遵义粉煤灰	30	—	28.3	37.9	51.3	58.3	—	5.00	6.72	8.16	9.59
17	江葛中热	大龙粉煤灰	30	—	17.7	33.2	58.7	66.1	—	3.60	6.70	8.35	10.62
18	江葛普通	大龙粉煤灰	30	—	18.3	35.5	60.6	66.9	—	3.70	6.37	8.57	10.71
19	德江普通	大龙粉煤灰	30	—	23.0	34.3	53.9	59.3	—	4.14	5.96	8.41	9.92
20	三磊普通	大龙粉煤灰	30	—	22.5	33.1	52.3	59.3	—	4.03	5.90	8.42	9.53
21	江葛中热	瓮福磷渣粉	30	—	14.0	31.4	56.4	63.9	—	3.26	6.28	8.74	10.38
22	江葛普通	瓮福磷渣粉	30	—	15.2	33.1	58.4	64.6	—	3.14	6.59	8.44	10.83
23	德江普通	瓮福磷渣粉	30	—	22.9	39.4	59.4	64.6	—	4.30	6.86	8.15	9.73
24	三磊普通	瓮福磷渣粉	30	—	21.5	36.4	55.2	60.7	—	3.90	6.68	8.52	9.81

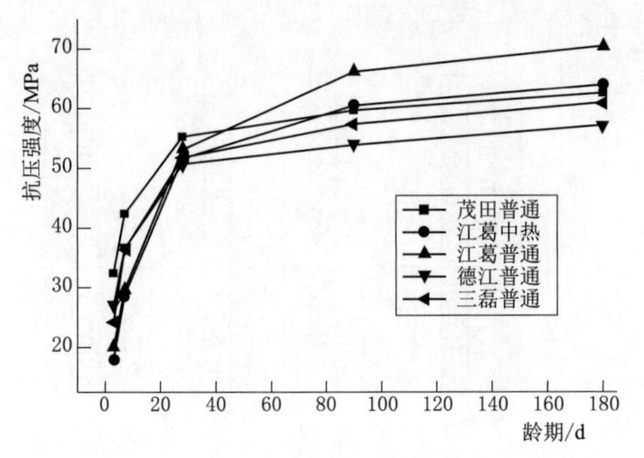

图 5.1.4 纯水泥胶砂抗压强度比较

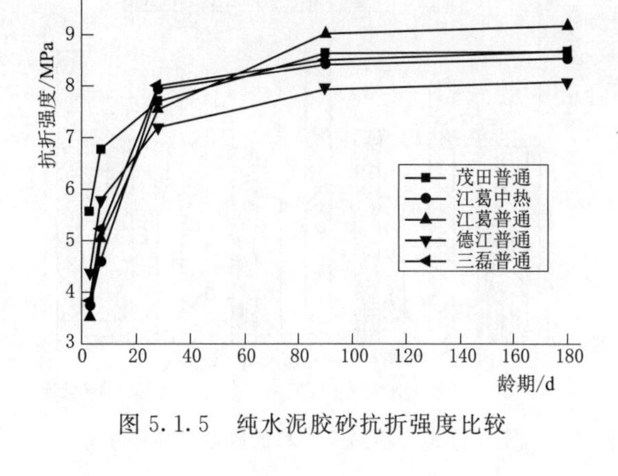

图 5.1.5 纯水泥胶砂抗折强度比较

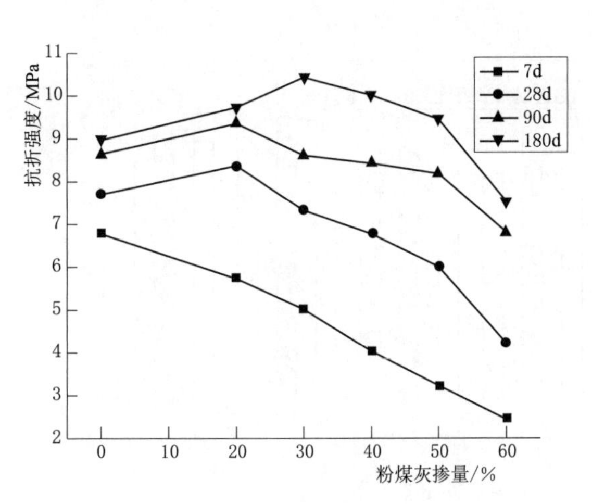

图 5.1.6 胶砂抗压强度与粉煤灰掺量的关系

（茂田普通水泥、大龙粉煤灰）

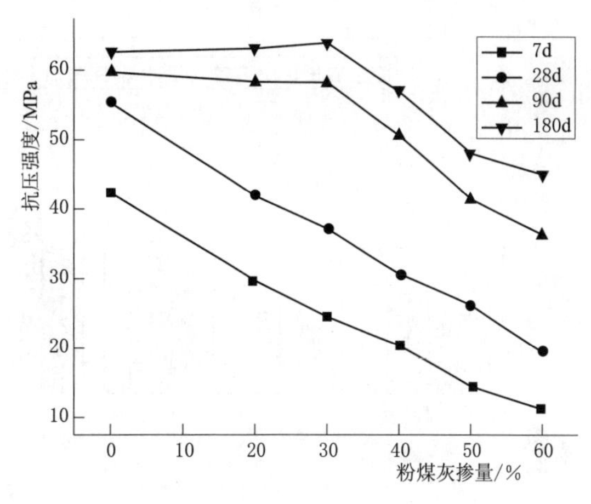

图 5.1.7 胶砂抗折强度与粉煤灰掺量的关系

（茂田普通水泥、大龙粉煤灰）

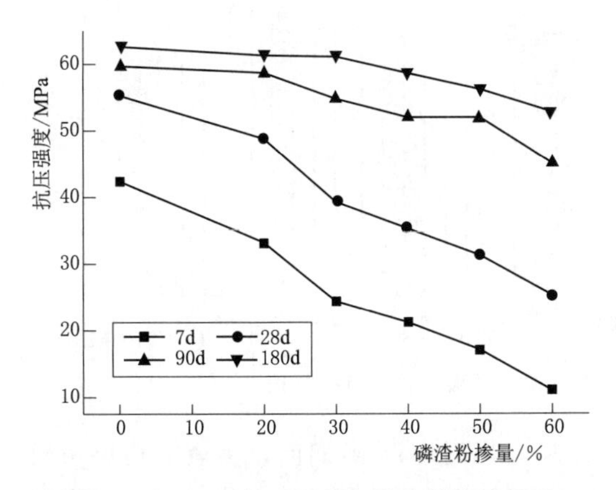

图 5.1.8 胶砂抗压强度与磷渣粉掺量关系

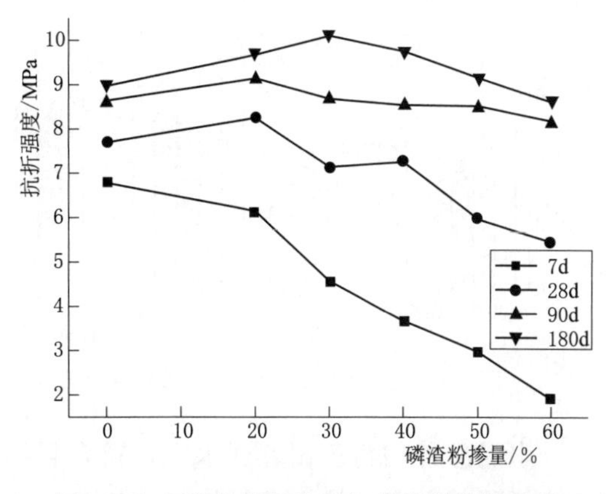

图 5.1.9 胶砂抗折强度与磷渣粉掺量关系

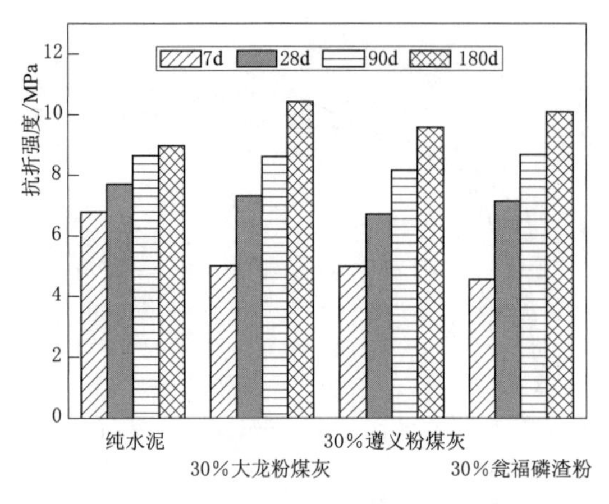

图 5.1.10 不同掺合料的胶砂抗压强度

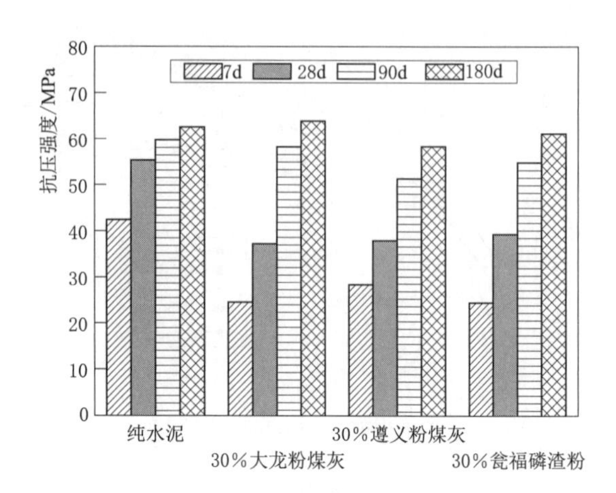

图 5.1.11 不同掺合料的胶砂抗折强度

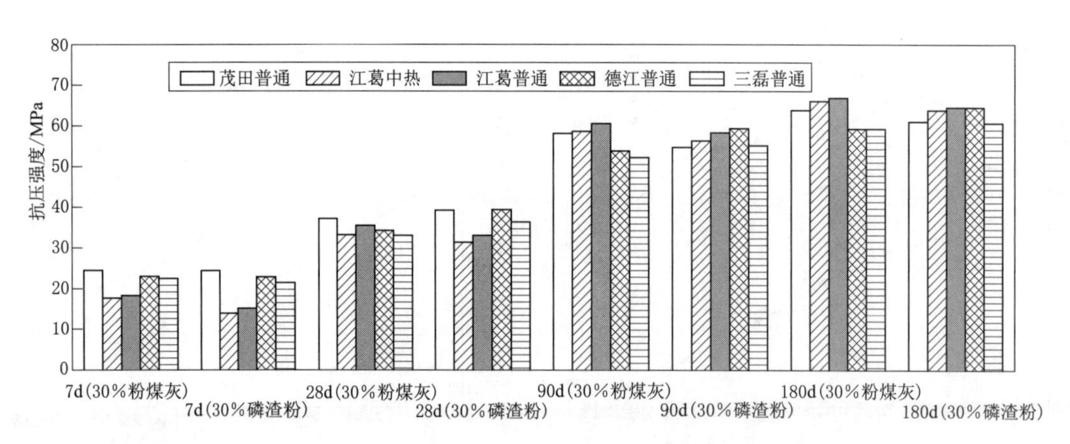

图 5.1.12 不同品种水泥复掺磷渣粉和粉煤灰的胶砂抗压强度

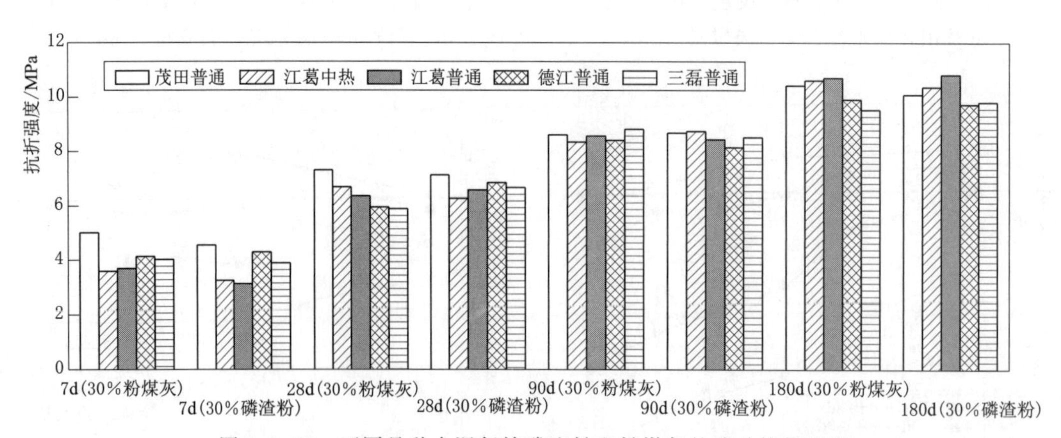

图 5.1.13 不同品种水泥复掺磷渣粉和粉煤灰的胶砂抗折强度

水泥品种均为茂田普通水泥，掺合料掺量均为 30%时，7d 龄期前，掺遵义粉煤灰胶砂抗压强度最高，掺大龙粉煤灰和掺瓮福磷渣粉时相当，28d 龄期后，掺磷渣粉胶砂强度与掺粉煤灰相当或略高；90d 龄期后，掺磷渣粉胶砂抗压强度与掺大龙粉煤灰时接近，高于掺遵义粉煤灰胶砂强度。

掺合料掺量较高时，掺磷渣粉的早期胶砂强度略低，28d 龄期后，掺磷渣粉的胶砂强度与掺大龙粉煤灰接近，当掺量超过 50%时，掺磷渣粉胶砂的后期强度显著高于掺粉煤灰胶砂强度。

当掺合料为大龙粉煤灰，掺量均为 30%，水泥品种不同时，7d 胶砂强度大小顺序依次为茂田普通水泥＞德江普通水泥＞三磊普通水泥＞江葛普通水泥＞江葛中热水泥；28d 龄期时，茂田普通水泥胶砂强度较高，其他水泥品种比较接近；90d 龄期时，茂田普通、江葛中热、江葛普通水泥胶砂强度接近且其值均较高，其他品种较低；180d 龄期时，江葛普通水泥胶砂强度最高，几种水泥胶砂抗压强度均超过 59MPa。当掺合料为瓮福磷渣粉，掺量均为 30%，水泥品种不同时，胶砂强度变化规律与抗压强度基本一致。

5.1.5 复掺磷渣粉和粉煤灰的水泥胶砂强度

复掺磷渣粉和粉煤灰的水泥胶砂强度见表 5.1.6。可以看出，在磷渣粉比表面积低于 $450m^2/kg$ 时，复掺磷渣粉、粉煤灰的水泥早期、中期胶砂强度高于单掺磷渣粉的水泥胶砂强度，后期强度则低于单掺磷渣粉的水泥胶砂强度。说明复掺磷渣粉、粉煤灰可以提高早期胶砂强度，而水化后期由于粉煤灰为Ⅱ级灰且比表面积（$290m^2/kg$）小于磷渣粉，粉煤灰的水化程度明显低于磷渣粉，所以复掺时强度也逐渐低于单掺磷渣粉的强度。

磷渣粉比表面积达到 $450m^2/kg$ 时，复掺对强度的提高并不明显，这可能是由于这时试验采用的粉煤灰比表面积（$290m^2/kg$）低于磷渣粉比表面积，进而影响了粉煤灰对早期胶砂强度提升作用的缘故。复掺磷渣粉和粉煤灰的胶砂折压比比单掺磷渣粉略高，比单掺粉煤灰略低。

表 5.1.6　复掺磷渣粉和粉煤灰的水泥胶砂强度试验结果

编号	胶凝材料用量/%			磷渣粉比表面积/(m^2/kg)	需水量比/%	抗压强度/MPa			抗折强度/MPa		
	水泥	粉煤灰	磷渣粉			7d	28d	90d	7d	28d	90d
1	100	0	0		100	31.1	53.6	69.8	5.4	9.4	10.5
2	80	10	10	300	98	—	44.0	63.5	—	8.1	10.0
3	70	10	20	300	98	—	37.7	61.4	—	7.4	9.9
4	70	15	15	300	97	—	37.4	61.0	—	7.3	10.0
5	60	20	20	300	98	—	35.1	64.3	—	6.9	4.7
6	60	15	25	300	98	—	33.2	59.5	—	7.0	9.7
7	50	25	25	300	97	—	28.4	58.4	—	5.4	9.6
8	50	20	30	300	97	—	30.0	60.6	—	6.0	10.3
9	40	30	30	300	98	—	20.4	50.2	—	4.9	8.9
10	40	20	40	300	93	—	32.3	64.4	—	6.0	9.8
11	80	10	10	350	94	—	46.8	65.7	—	8.5	10.2

续表

编号	胶凝材料用量/%			磷渣粉比表面积/(m^2/kg)	需水量比/%	抗压强度/MPa			抗折强度/MPa		
	水泥	粉煤灰	磷渣粉			7d	28d	90d	7d	28d	90d
12	70	10	20	350	95	—	47.7	62.6	—	8.7	10.5
13	70	15	15	350	94	—	43.8	64.3	—	8.2	9.8
14	60	20	20	350	94	—	39.3	63.6	—	7.4	10.2
15	60	15	25	350	98	—	36.6	63.6	—	7.2	9.7
16	50	25	25	350	98	—	27.6	55.7	—	5.6	9.7
17	50	20	30	350	97	—	29.9	63.1	—	5.6	9.4
18	40	30	30	350	98	—	21.3	54.3	—	4.3	9.4
19	40	20	40	350	97	—	22.3	58.5	—	4.3	9.9
20	80	10	10	450	99	26.2	49.5	63.6	5.8	8.0	10.4
21	70	10	20	450	99	—	41.3	—	—	7.9	—
22	70	15	15	450	98	20.0	34.3	63.7	4.7	6.5	10.2
23	60	20	20	450	99	15.7	38.1	62.1	3.7	5.8	9.9
24	60	15	25	450	99	—	35.2	65.2	—	5.7	10.1
25	50	25	25	450	100	11.1	29.3	64.3	2.9	4.5	9.6
26	50	20	30	450	98	—	31.1	73.1	—	4.2	10.0
27	40	30	30	450	101	7.4	27.2	55.6	1.9	4.0	9.3
28	40	20	40	450	99	—	27.0	62.8	—	3.9	9.3

5.2 水化热

水泥与水的作用为放热反应，随着硬化过程的进行不断放出热量，这种热量称为水化热。水泥水化热的大小、放热的快慢，除了取决于水泥成分外，还与水泥的细度、水泥中掺混合材料及外加剂的品种、数量等有关。水泥越细，放热量越高，放热速度也较快。

水泥的水化热对施工有很大的影响。对于小断面小体积的混凝土构件的低温施工，水化热可加快其硬化速度。但对于大体积混凝土工程，由于混凝土凝结、硬化过程中，水泥的水化反应产生大量的水化热，水化热积聚在内部不易散发，使内部温度上升到50℃以上，内外温差引起巨大的内应力和温度变形，使混凝土产生裂缝。因此，水化热对大体积混凝土工程是十分不利的。在大体积混凝土工程中，为降低水泥的放热量，宜采用低热水泥，或者掺入工业废渣掺合料。用掺合料代替一部分水泥，使混凝土各项性能满足设计要求的同时，降低混凝土温升，有利于温控。因此研究磷渣粉掺量、比表面积对胶凝材料水化热的影响及其规律，对磷渣粉在大体积混凝土中的应用具有重要意义。

5.2.1 单掺磷渣粉或粉煤灰时胶凝材料的水化热

(1) 磷渣粉掺量与胶凝材料水化热的关系。单掺磷渣粉或粉煤灰胶凝材料水化热试验结果见表 5.2.1，磷渣粉掺量与胶凝材料水化热降低率的关系见图 5.2.1。可以看出，胶凝材料水化热随着磷渣粉掺量的增加而降低，水化热降低率略低于磷渣粉掺量百分比。另外，胶凝材料 3d 龄期的水化热降低率高于 7d 龄期的水化热降低率。

表 5.2.1　单掺磷渣粉或粉煤灰胶凝材料的水化热试验结果

编号	胶凝材料用量/%			磷渣粉比表面积/(m^2/kg)	水化热/(kJ/kg)		水化热降低率/%	
	水泥	粉煤灰	磷渣粉		3d	7d	3d	7d
1	100	0	0	250	223	250	0	0
2	80	0	20	250	185	207	17	17
3	70	0	30	250	150	181	33	28
4	60	0	40	250	134	163	40	35
5	50	0	50	250	116	147	48	41
6	40	0	60	250	103	125	54	50
7	80	0	20	300	191	218	14	13
8	70	0	30	300	162	190	27	24
9	60	0	40	300	141	172	37	31
10	50	0	50	300	128	157	43	37
11	40	0	60	300	112	133	50	47
12	80	0	20	350	194	235	13	6
13	70	0	30	350	175	222	22	11
14	60	0	40	350	152	194	32	22
15	50	0	50	350	129	165	42	34
16	40	0	60	350	115	152	48	39
17	80	0	20	450	204	240	9	4
18	70	0	30	450	175	211	22	16
19	60	0	40	450	146	180	35	28
20	50	0	50	450	138	172	38	31
21	40	0	60	450	123	160	45	36
22	80	20	—	—	182	212	18	15
23	70	30	—	—	174	208	22	17
24	40	60	—	—	146	177	35	29

包春霞、冷发光等的研究也表明随着磷矿渣掺量的增加，胶凝材料水化热显著降低。吴定燕等的试验结果也验证了这一结论（表 5.2.2）。曹庆明通过对比普通混凝土、磷渣粉混凝土和粉煤灰混凝土的胶凝材料水化热，提出磷渣粉混凝土热峰值小，增长速度慢；

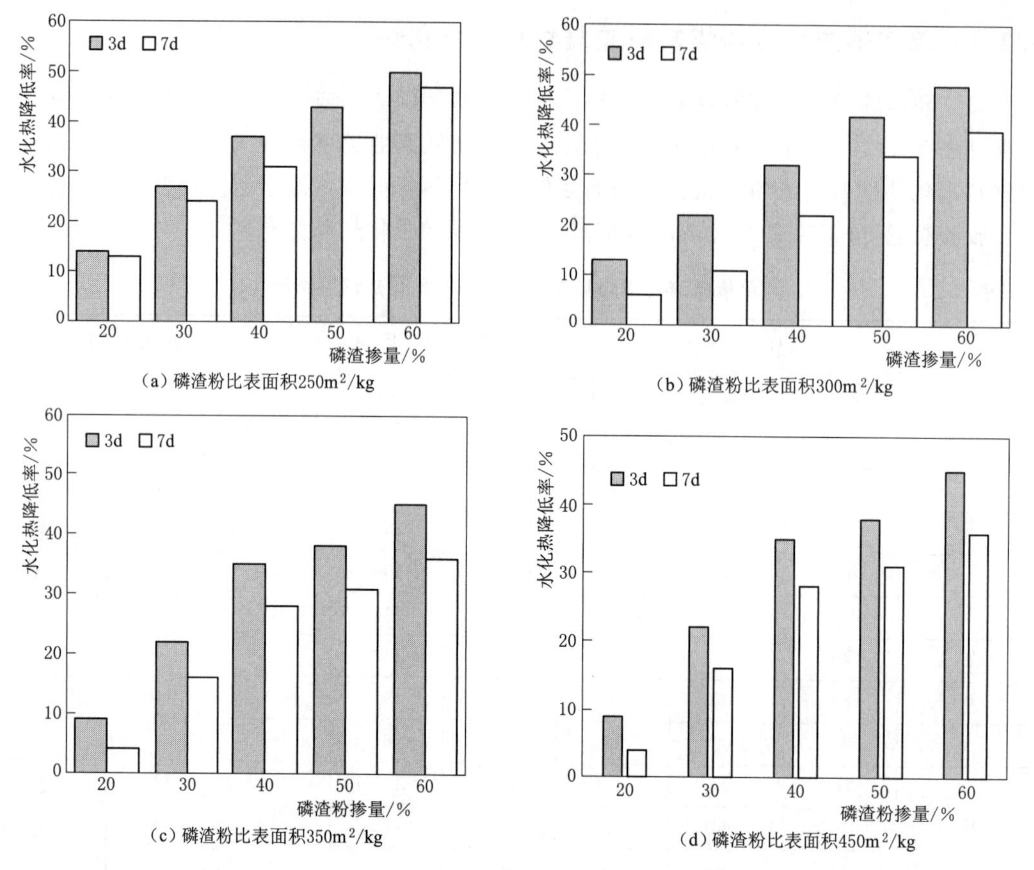

图5.2.1　不同比表面积的磷渣粉掺量与水化热降低率的关系

由于磷渣粉的缓凝效应，磷渣粉混凝土热峰值出现时间较常规混凝土推迟14h以上，水化热产生时间较晚，温升小，有利于混凝土的温控防裂。

表5.2.2　复掺磷渣粉胶凝材料的水化热

水胶比	磷渣粉与凝灰岩的掺量	磷渣粉在复掺料中的比例	水化热/(kJ/kg)			
			1d	3d	5d	7d
0.55	0.30	0.45	138.6	195.2	224.0	236.8
0.55	0.60	1.00	82.6	136.4	157.4	166.9
0.55	0	—	187.5	259.0	296.8	320.6

(2) 磷渣粉比表面积与胶凝材料水化热的关系。磷渣粉比表面积与水化热的关系见图5.2.2。

从图5.2.2可以看出，磷渣粉比表面积越小，水化热降低率越高。说明增加磷渣粉比表面积，胶凝材料水化热上升，磷渣粉活性提高。这符合水化动力学的一般原理，即在其他条件不变的情况下，反应物参与反应的表面积愈大，其反应速率愈快。

(3) 单掺磷渣粉与单掺粉煤灰时胶凝材料水化热的对比。从表5.2.1可以看出，对于比表面积为250m²/kg的磷渣粉，掺量较低时（20%）单掺粉煤灰和单掺磷渣粉时水化热

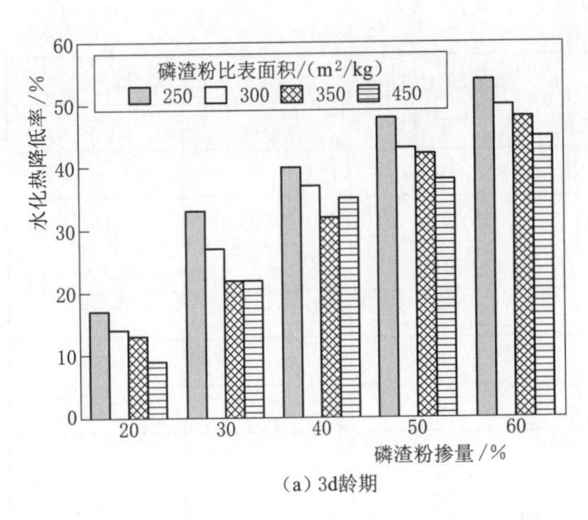

(a) 3d龄期

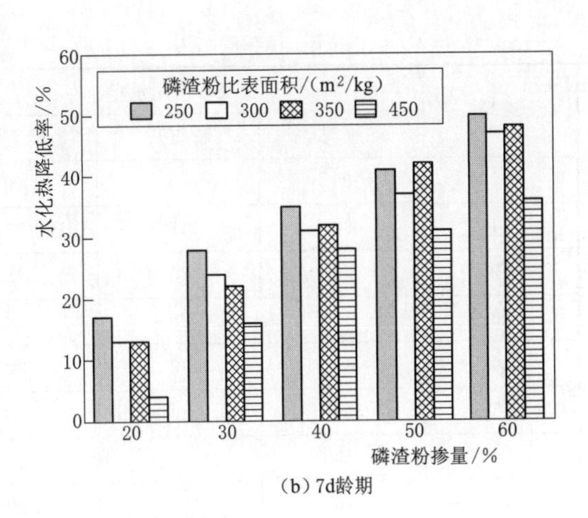

(b) 7d龄期

图 5.2.2 磷渣粉比表面积与水化热降低率的关系

相当；掺量达到30%后，单掺粉煤灰的水化热超过了单掺磷渣粉的水化热。磷渣粉比表面积大于250m^2/kg，掺量较低（20%）时单掺粉煤灰水化热低于单掺磷渣粉的水化热；掺量达到30%后，单掺粉煤灰的水化热开始超过单掺磷渣粉的水化热。因此，在掺量较低时（20%），单掺粉煤灰与单掺磷渣粉的水化热降低率相当或略高；掺量较高时，单掺粉煤灰比单掺磷渣粉的水化热降低率小。

5.2.2 复掺磷渣粉和粉煤灰时胶凝材料的水化热

磷渣粉和粉煤灰复掺条件下的试验结果见表5.2.3。从表5.2.1、表5.2.3可以看出，在低掺量（20%）时，复掺磷渣粉和粉煤灰时胶凝材料的水化热比单掺磷渣粉或粉煤灰时都高，说明在低掺量时，复掺两者对水化有一定的促进作用。在掺量高达60%时，复掺磷渣粉和粉煤灰的胶凝材料水化热也高于同掺量单掺磷渣粉的胶凝材料水化热。说明不论掺量高低，复掺磷渣粉、粉煤灰对胶凝材料的早期水化均有一定的促进作用。

表 5.2.3 复掺磷渣粉和粉煤灰胶凝材料水化热试验结果

编号	胶凝材料用量/%			磷渣粉比表面积/(m^2/kg)	水化热/(kJ/kg)	
	水泥	粉煤灰	磷渣粉		3d	7d
1	100	0	0	—	223	250
2	80	10	10	250	201	231
3	70	15	15	250	150	195
4	60	20	20	250	148	185
5	50	25	25	250	122	151
6	40	30	30	250	113	135
7	80	10	10	300	208	239
8	70	10	20	300	—	—
9	70	15	15	300	160	191

续表

编号	胶凝材料用量/%			磷渣粉比表面积/(m^2/kg)	水化热/(kJ/kg)	
	水泥	粉煤灰	磷渣粉		3d	7d
10	60	20	20	300	—	—
11	60	15	25	300	152	181
12	50	25	25	300	—	—
13	50	20	30	300	129	175
14	40	30	30	300	—	—
15	40	20	40	300	122	168
16	80	10	10	350	—	—
17	70	10	20	350	168	201
18	70	15	15	350	—	—
19	60	20	20	350	154	189
20	60	15	25	350	—	—
21	50	25	25	350	—	—
22	50	20	30	350	—	—
23	40	30	30	350	146	175
24	40	20	40	350	—	—
25	80	10	10	450	215	243
26	70	10	20	450	—	—
27	70	15	15	450	202	226
28	60	20	20	450	189	214
29	60	15	25	450	—	—
30	50	25	25	450	—	—
31	50	20	30	450	—	—
32	40	30	30	450	168	192

5.3 干缩性能

干缩是砂浆或混凝土置于未饱和空气中因水分散失而引起的收缩变形。在未饱和空气中，砂浆或混凝土最初失去的自由水引起的收缩很小甚至不会引起收缩，继续干燥，吸附水的逸出才会引起砂浆或混凝土体积收缩。Powers 提出完全干燥的水泥浆的线性尺寸变化为 10000×10^{-6}，因为其认为在吸附水逸出阶段未受约束的水泥浆体积变化量约为从全部凝胶粒子表面失去单层水分子厚度的水分的量。

水泥基材料的干缩受水灰比、水泥品种与用量、掺合料品种与掺量、骨料粒径与含量等密切相关。其中，掺合料对砂浆干缩的影响主要与其颗粒形貌、尺寸、组成、水化速度等因素有关。本书针对磷渣粉掺合料，分析了其掺量、比表面积对砂浆干缩率的影响，并与粉煤灰进行对比，试验结果见图 5.3.1～图 5.3.3。

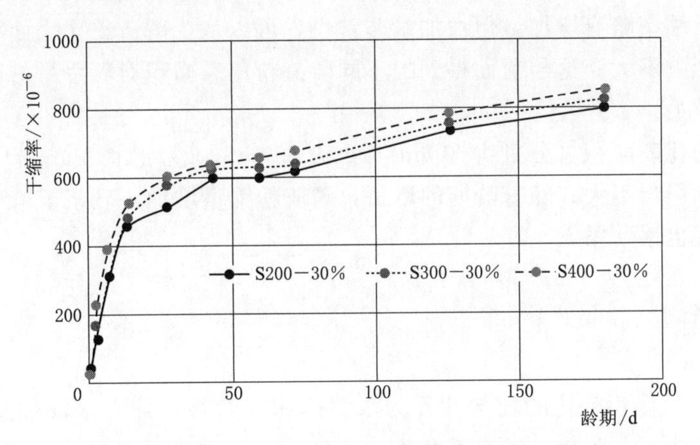

图 5.3.1　不同比表面积磷渣粉砂浆的干缩率

注：图例含义以“S200－30%”为例进行说明，S200 表示磷渣粉比表面积为 $200m^2/kg$，30%为掺量，下同。

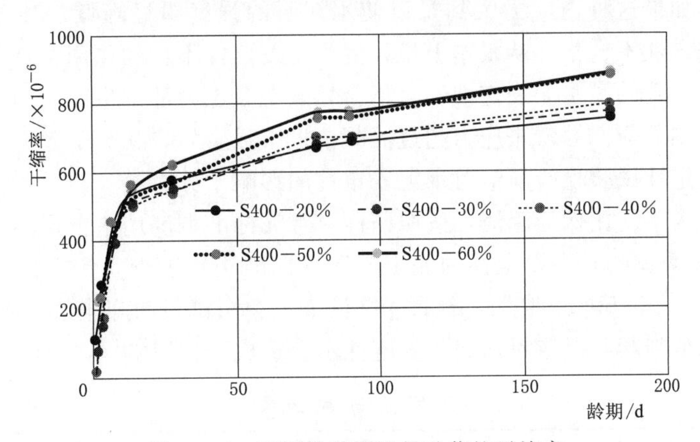

图 5.3.2　不同掺量磷渣粉砂浆的干缩率

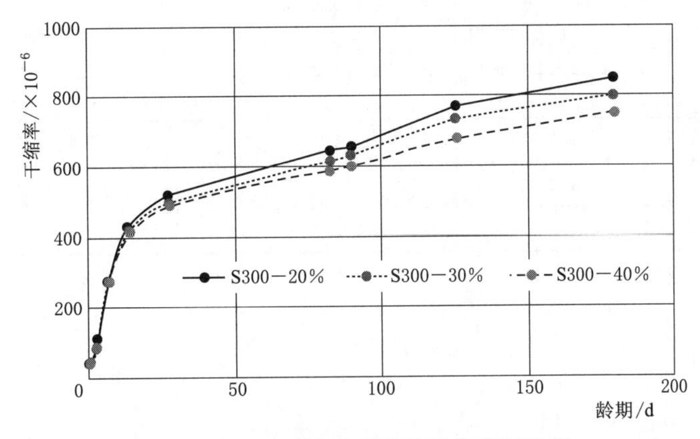

图 5.3.3　不同掺量磷渣粉砂浆的干缩率

从上述试验结果可以看出，相同磷渣粉掺量（30%）的情况下，随着磷渣粉比表面积的增加，砂浆干缩率略有增加，但增加量非常小，可以认为磷渣粉比表面积（在试验范围内）对干缩的影响不大。这与前面得到的不同磷渣粉比表面积对需水量的影响也非常小的试验结果是一致的。

相同磷渣粉比表面积（分别为 $300m^2/kg$ 和 $400m^2/kg$）的情况下，早期时磷渣粉掺量对砂浆干缩率影响不大；随着龄期的增长，磷渣粉掺量增加，砂浆干缩率小幅降低，且龄期越长，降幅也逐渐增大。

5.4　安定性

水泥浆硬化后体积变化的均匀性称为水泥体积安定性，即在水泥加水以后，逐渐水化、硬化后能保持一定形状，具有不开裂、不变形、不溃散的性质。正常的水泥石（包括砂浆和混凝土）的体积变化均匀，即安定性合格。如果水泥中某些成分的化学反应不在硬化前完成而在硬化后发生，并伴随有体积变化，这时便会使已经硬化的水泥石内部产生有害的内应力。如果这种内应力大到足以使水泥石的强度明显降低，甚至溃裂导致破坏时，即是水泥安定性不合格。从根本上说，混凝土安定性不良的作用机理与水泥安定性不良的作用机理是一致的。水泥安定性不合格会导致混凝土内部产生巨大的膨胀应力，致使混凝土的强度急剧下降。当膨胀应力超过混凝土极限强度时，就会引起混凝土的开裂和损坏。因此通过安定性试验检验磷渣对水泥安定性的影响十分必要。

在水泥中掺入不同比例的磷渣，按照国标《水泥标准稠度用水量、凝结时间、安定性检验方法》（GB/T 1346）中安定性的测定方法（标准法）进行安定性试验，安定性试验结果列于表5.4.1。表5.4.1表明，经过4次沸煮，净浆试件的膨胀值均小于5mm，按水泥体积安定性标准判断，磷渣对水泥的安定性不会造成不良影响。

表5.4.1　安定性试验结果

磷渣掺量/%	试件膨胀值/mm			
	沸煮1次	沸煮2次	沸煮3次	沸煮4次
0	0.5	1.5	1.5	1.0
20	1.5	2.0	2.5	2.8
30	1.7	2.5	3.0	3.5
40	1.0	2.8	3.5	3.8
60	0.5	1.0	1.5	1.5

第6章

掺磷渣粉新拌混凝土的性能

混凝土原材料种类多、物理化学作用复杂，磷渣粉用作混凝土掺合料时，由于表观密度比水泥低、颗粒粒径更细且含有部分可溶与难溶性磷酸盐和氟盐，磷渣粉的掺入会进一步加剧液相物理化学作用的复杂性，不同程度地影响新拌混凝土的各项性能。本章侧重从新拌混凝土的和易性、凝结时间与适应性等角度，系统阐明掺磷渣粉对水工混凝土拌合物性能影响的规律，为磷渣粉水工混凝土的现场施工提供技术支撑。

6.1 磷渣粉对水工混凝土和易性的影响

新拌混凝土为由水泥、掺合料、粗细骨料、水等按一定比例拌制而成的尚未凝结硬化的材料。新拌混凝土是否适于浇筑施工的性能称为和易性，也称工作性。新拌混凝土的和易性对于拌合物制备及选择合适的施工机械非常重要，并且还会影响混凝土硬化后的各项性能。

和易性是由流动性、黏聚性、保水性、可塑性、稳定性和易密性等性能组成的一个总的概念。流动性是指混凝土拌合物在自重或施工振捣的作用下，产生流动，并均匀、密实地填满模型的能力，流动性又称为稠度。流动性的大小反映拌合物的稀稠，它关系着施工振捣的难易和浇筑的质量。黏聚性也称为抗离析性，是指混凝土拌合物有一定的黏聚力，在运输及浇筑过程中不致出现分层离析，使混凝土保持整体均匀的性能。黏聚性不好的混凝土拌合物，砂浆与石子容易分离，振捣后出现蜂窝、空洞等现象，严重影响工程质量。保水性是混凝土拌合物具有一定的保持水分的能力，在施工过程中不致产生较严重的泌水。如果保水性差，浇筑振捣密实后，一部分水就从内部析出，不仅水渗过的地方会形成毛细管孔隙，成为以后混凝土内部的渗水通道，而且水分及泡沫等轻物质浮在表面，还会使混凝土上下浇筑层之间形成薄弱的夹层。在水分上升时，一部分水还会停留在石子及钢筋的下面形成水隙，减弱水泥浆与钢筋的黏结力。这些都将影响混凝土的密实性，并降低混凝土的耐久性。可塑性是指新拌混凝土在外力作用下克服屈服应力产生变形的能力。这种变形能够把新拌混凝土塑造成为不同形状的结构体。稳定性表示新拌混凝土依靠自重不产生超过屈服剪切应力的能力，保持构筑物形状不变的性能。易密性是新拌混凝土在自身的重量或外力作用下，能够充分均匀密实地分布在不同形状的构筑物中的性能。

混凝土和易性的影响因素较多，包括水泥品种与用量、单位用水量、砂率、骨料类型与品质、掺合料、外加剂等原材料及养护温度等。为掌握掺磷渣粉对混凝土和易性的影响，根据《水工混凝土试验规程》（DL/T 5150），采用水泥、人工砂石骨料以及外加剂等进行掺磷渣粉混凝土拌合物性能试验，并与粉煤灰混凝土拌合物性能进行对比，试验结果见表6.1.1。

表 6.1.1　　混凝土拌合物性能试验结果

编号	水胶比	粉煤灰掺量/%	磷渣掺量/%	减水剂		引气剂		坍落度/坍落度损失/(mm/%)						含气量/含气量损失/(%/%)						凝结时间		泌水率/%
				品种	掺量/%	品种	掺量/%	0h	0.5h	1.0h	1.5h	2.0h	2.5h	0h	0.5h	1.0h	1.5h	2.0h	2.5h	初凝	终凝	
P1	0.50	30	0	JG_3	0.65	FS	0.007	110/0	25/77	23/79	5/96	5/96	4/96	4.8/0	3.4/29	2.9/40	3.1/35	2.5/48	2.5/48	14h11min	19h30min	1.4
P2	0.50	0	30	JG_3	0.65	FS	0.0065	140/0	30/79	7/95	7/95	6/96	6/96	8.2/0	5.3/35	4.6/44	3.4/59	3.2/61	2.8/66	17h15min	22h50min	0.3
P3	0.50	15	15	JG_3	0.65	FS	0.007	146/0	29/80	18/88	11/93	11/93	9/94	7.8/0	4.8/39	3.9/50	2.4/69	2.7/65	2.3/71	16h48min	21h10min	0
P4	0.45	20	0	JG_3	0.65	FS	0.007	76/0	16/83	7/91	4/95	4/95	4/95	4.2/0	3.0/29	2.2/48	2.4/43	1.8/57	2.0/52	12h27min	17h40min	0
P5	0.45	0	20	JG_3	0.65	FS	0.0065	43/0	6/86	5/88	/100	—	—	5.8/0	3.5/40	2.9/50	2.9/50	—	—	16h16min	21h00min	0.2
P6	0.45	10	10	JG_3	0.65	FS	0.007	82/0	17/79	8/90	6/93	2/98	1/99	4.6/0	2.5/46	2.0/57	2.2/52	1.8/61	1.8/61	17h34min	22h10min	0.2
P7	0.30	10	0	SR_3	0.8	FS	0.006	25/0	14/44	5/80	5/80	5/80	—	1.9/0	1.9/0	1.9/0	1.9/0	1.9/0	—	8h30min	12h50min	0.2
P8	0.30	0	10	SR_3	0.8	FS	0.005	16/0	11/31	5/69	5/69	5/69	—	2.2/0	2.0/9	2.0/9	1.6/20	1.6/20	—	10h50min	14h30min	0.2
P9	0.30	5	5	SR_3	0.8	FS	0.005	50/0	10/80	5/10	7/14	5/69	—	2.2/0	2.1/95	1.9/86	1.9/86	1.9/86	—	9h20min	14h00min	0.5

注　试验拌合水温度21℃、养护温度25℃。

从试验结果可以看出，掺磷渣粉混凝土坍落度的早期损失比掺粉煤灰时要大一些，后期基本相当，掺磷渣粉混凝土含气量损失比单掺粉煤灰混凝土的含气量损失要大；与单掺粉煤灰的混凝土相比，掺磷渣粉的混凝土拌合物更黏稠，基本不泌水，拌合物不易离析。

与单掺粉煤灰的混凝土相比，掺磷渣的混凝土初终凝时间略长，凝结时间与拌合水温度、养护温度等有关，养护温度较高时，单掺磷渣混凝土的初终凝时间比单掺粉煤灰混凝土的初终凝时间延长2～4h；养护温度较低时，初终凝时间延长7～10h；凝结时间可通过减水剂的缓凝时间进行调节。

使用羧酸类减水剂SR3，混凝土拌合物比使用萘系减水剂时更黏稠，基本不泌水，不离析，静置后有轻微板结现象，但混凝土具有良好的触变性能，通过振动可使混凝土拌合物充分泛浆，易于振平密实。

6.2 磷渣粉对水工混凝土凝结时间的影响

混凝土的凝结与硬化，是随水泥的水化作用而发展到水化物网络结构的一种过程。凝结是混凝土拌合物随着时间的延续逐渐丧失其流动性而过渡到固体的过程，简单说就是新拌混凝土刚性的开始。硬化是混凝土凝结成固体以后的强度增长过程。凝结和硬化的区别很不明显，凝结在硬化之前，并没有明确的物理或化学变化来区别它们。初凝大致相当于混凝土拌合物不再能正常操作和浇筑的时间，而终凝接近于硬化开始的时间。在初凝以前新拌混凝土将失去一定的坍落度，而终凝之后某一时间混凝土将获得适当的强度。

水泥加水拌合后立即开始水化，水化过程因为含有反应和水化速度各不相同的矿物组成，所以是极其复杂的。通过测定水泥水化过程不同时期的放热速率（图4.5.1），大致可以将水泥的凝结硬化过程分为五个阶段。

第一阶段为快速反应期，从加水拌合开始，大约持续10～15min。在这个时期内，水泥颗粒表面大部分被硫铝酸钙的凝胶状水化产物所包裹，此后反应速度迅速减慢。

第二阶段为潜伏期或诱导期，大约持续30min到2h，这个时期内水泥颗粒表面的水化产物增加，水泥浆逐渐失去流动性。

第三阶段为加速期，潜伏期结束后，再次加速水化，在水泥颗粒之间形成网状结构。在加速期末达到最大反应速度，相应为最大放热速率。初凝、终凝就是在这个阶段发生的。初凝大致相当于第三阶段的开始，终凝大致对应于第三阶段的终点。

第四阶段是减速期，网络结构的间隙为不断产生的水化产物所填充，强度增加，反应速度逐渐变慢，未水化的水泥颗粒持续缓慢地水化，进入稳定期。

第五阶段是稳定期，反应速度很低，水化作用完全受到扩散速度的影响。

通常各国均采用贯入阻力法测定混凝土的凝结时间，得到表征混凝土凝结特性的两个参数，即初凝时间和终凝时间。测试样品为从混凝土拌合物中筛出的砂浆，记录不同截面积的测针贯入砂浆深度25mm时所需的力，然后以贯入阻力为纵坐标，测试时间为横坐标，绘制贯入阻力与时间的关系曲线，以3.5MPa及28MPa划两条平行于横坐标的直线，直线与曲线交点对应的横坐标值即为初凝时间和终凝时间。必须注意，这两个人为选择的点并不代表混凝土的强度，事实上，混凝土在初凝时没有任何强度，终凝时的混凝土仅有大约0.7MPa的强度。影响混凝土凝结时间的主要因素包括水泥的成分、水灰比、掺合料和外加剂。

影响混凝土凝结时间的因素很多，通常有水泥品种、水灰比、掺合料品种及掺量、外加剂品种及掺量、混凝土稀稠程度以及环境条件（如温度、湿度、风速）等因素。本节均采用掺磷渣粉混凝土拌合物湿筛获得的砂浆进行凝结时间试验。

6.2.1　磷渣粉掺量对凝结时间的影响

固定水胶比（$W/B=0.45$）、胶砂比（$B/S=0.33$）、砂率（$S/S+G=30\%$）、胶凝材料用量（$B=200\text{kg/m}^3$），分别选择瓮福磷渣粉（简称瓮福渣）与泡沫山磷渣粉（简称泡沫山渣）两种进行试验，磷渣粉掺量（$P/B=0\sim45\%$）。各种单掺磷渣粉混凝土拌合物凝结时间测试结果见表6.2.1及图6.2.1。P为磷渣粉用量，B为胶凝材料用量，W为用水量，S为砂的用量，G为石的用量。

表6.2.1　单掺磷渣粉凝结时间测试结果

序号	磷渣粉掺量/%	初凝时间/h		终凝时间/h	
		瓮福渣	泡沫山渣	瓮福渣	泡沫山渣
1	0	5.0（100%）	5.0（100%）	8.2（100%）	8.2（100%）
2	15	6.4（128%）	6.3（126%）	9.8（120%）	9.8（120%）
3	30	8.5（170%）	8.6（172%）	11.5（140%）	12.0（146%）
4	45	11.8（236%）	11.9（238%）	17.0（207%）	17.2（210%）

注　括号中的数字为相对于磷渣粉掺量为零时的百分比。

试验结果表明：①两种磷渣粉具有显著的缓凝效果，对混凝土初凝时间和终凝时间的缓凝影响都很大；②随着磷渣粉掺量的增加，缓凝效果更加明显，但掺量越高时终凝时间与初凝时间的差也在缩小，这对混凝土是有利的；③瓮福渣和泡沫山渣两种磷渣粉的缓凝效果相当。

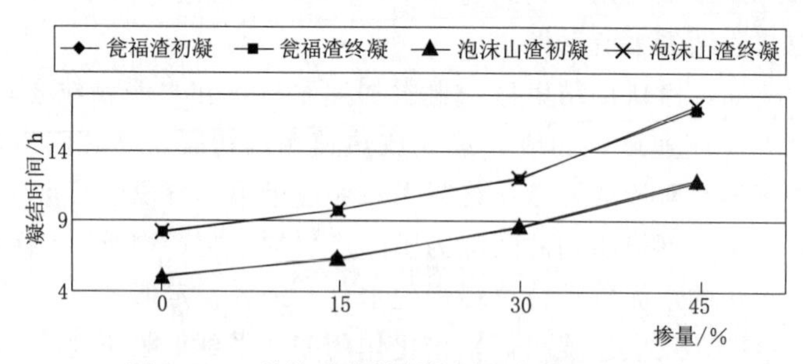

图6.2.1　单掺磷渣粉凝结时间与掺量关系图

为与单掺磷渣粉凝结时间对比，同样试验中固定水胶比（$W/B=0.45$）、胶砂比（$B/S=0.33$）、砂率（$S/S+G=30\%$）、胶凝材料用量（$B=200\text{kg/m}^3$），选择凯里粉煤灰（简称凯里灰）与遵义粉煤灰（简称遵义灰）进行试验，粉煤灰掺量（$F/B=0\sim45\%$），各种单掺粉煤灰混凝土拌合物凝结时间测试结果见表6.2.2、图6.2.2。单掺磷渣粉和单掺粉煤灰凝结时间对比见表6.2.3。

显而易见，磷渣粉比粉煤灰具有更强的缓凝性，且随着掺量的增加、缓凝效果更加显著；相对而言，磷渣粉的终凝时间增长率与粉煤灰终凝时间增长率的比值又比两者初凝时间增长率的比值小，这对大体积混凝土施工有利。

表6.2.2　单掺粉煤灰凝结时间测试结果

序号	粉煤灰掺量/%	初凝时间/h		终凝时间/h	
		凯里灰	遵义灰	凯里灰	遵义灰
1	0	5.0 (100%)	5.0 (100%)	8.2 (100%)	8.2 (100%)
2	15	5.5 (110%)	5.4 (108%)	9.2 (112%)	9.1 (111%)
3	30	6.0 (120%)	6.1 (122%)	10.1 (123%)	10.1 (123%)
4	45	6.7 (134%)	6.8 (136%)	11.2 (137%)	11.3 (138%)

注　括号中的数字为相对于磷渣粉掺量为零时的百分比。

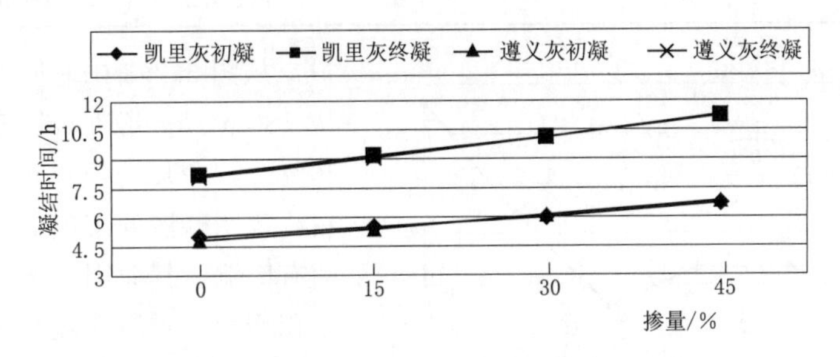

图6.2.2　单掺粉煤灰凝结时间与掺量关系图

表6.2.3　单掺磷渣粉和单掺粉煤灰凝结时间对比

序号	掺量/%	初凝时间增长率			终凝时间增长率		
		瓮福渣	凯里灰	瓮福渣/凯里灰	瓮福渣	凯里灰	瓮福渣/凯里灰
1	0	100%	100%	1.00	100%	100%	1.00
2	15	128%	110%	1.16	120%	112%	1.07
3	30	170%	120%	1.42	140%	123%	1.14
4	45	236%	134%	1.76	207%	137%	1.51

6.2.2　磷渣粉细度对凝结时间的影响

从表6.2.4和图6.2.3看到，单掺磷渣粉显著地延长了水泥浆体的凝结时间，缓凝性比单掺粉煤灰强；而且随着磷渣掺量的增加，缓凝效果更加明显。当掺量达40%（细度300m^2/kg）时，其凝结时间比纯水泥延长了约443min。这主要是因为，首先磷渣活性远低于水泥，等量取代水泥后，早期参与水化的水泥熟料减少，水化产物也随之减少，形成凝聚结构网所需的时间延长；其次，磷渣掺量增加时，溶液中可溶性P_2O_5和F含量增多，缓凝作用更为显著。

表 6.2.4 磨细磷渣粉对胶凝材料凝结时间的影响

胶凝材料组成/%			比表面积/(m^2/kg)	凝结时间		磨型
水泥	粉煤灰	磷渣		初凝	终凝	
100	—	—	—	3h13min	3h53min	—
70	30	0	—	3h7min	4h24min	—
70	—	30	180	4h50min	7h50min	雷蒙
70	—	30	200	5h7min	8h	球磨
70	—	30	250	5h15min	8h	球磨
80	—	20	300	5h29min	8h4min	球磨
70	—	30		5h16min	7h49min	球磨
60	—	40		8h47min	11h16min	球磨
70	—	30	350	5h5min	8h15min	球磨
70	—	30	450	6h32min	8h48min	球磨

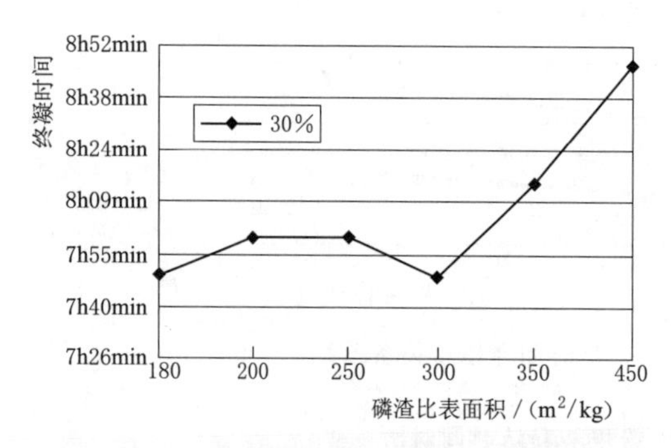

图 6.2.3 磷渣比表面积对终凝时间的影响

从图 6.2.3 中看到，磷渣比表面积从 180m^2/kg 增加到 450m^2/kg，掺量 30%时，净浆的凝结时间延长达 1h 左右，说明磷渣的细度对胶凝材料凝结时间有影响。其原因主要是因为随着比表面积增大，磷渣颗粒与水接触面积相应地增大，因而其溶解在水中的可溶性磷与氟也增加了，在较高的比表面积下，这种效应掩盖了由于比表面积的增大导致水化速度增加的作用。

6.3 磷渣粉与外加剂的适应性

混凝土原材料体系遴选与优选时，基于经济性考虑通常需要就地取材选用地缘性材料，这不仅加剧了混凝土原材料体系的复杂性，还会对混凝土的拌合物性能及硬化混凝土性能产生显著影响。为充分论证磷渣粉在混凝土中应用的合理性，需要开展磷渣粉与其他原材料的适应性试验。

本节主要研究了磷渣粉与外加剂中的减水剂的适应性。适应性试验是采用减水剂推荐掺量，以掺入减水剂后的标准稠度控制用水量，研究各种减水剂对胶凝材料标准稠度、凝结时间、安定性的影响。以掺合料掺量为 30%、采用剂为 ADD-3 减水剂时的胶砂流动度（流动度为 130～140mm）控制用水量 176mL，同时对比粉煤灰与磷渣粉两种掺合料的胶砂适应性试验结果，试验结果见表 6.3.1。

试验过程中发现，掺不同减水剂时胶砂的用水量均在规定范围内，流动度差别不大。比较不同材料体系的标准稠度用水量，掺入 30%粉煤灰时，标准稠度用水量在 22.6%～

23.0%之间，比基准组（不掺减水剂）的标准稠度用水量降低2.5%～2.9%；掺入30%磷渣粉时，标准稠度用水量在20.8%～21.6%之间，比基准组的标准稠度用水量降低2.8%～3.6%。

从凝结时间试验结果可知，掺合料为粉煤灰时，凝结时间差从长到短依次为HLC-NAF> ADD-3> RC-3CH> HJUNH-2H >DH4AG>RST-1，掺合料为瓮福磷渣粉时，凝结时间差从长到短依次为RC-3CH>HLC-NAF> ADD-3> HJUNH-2H >DH4AG> RST-1。RC-3CH减水剂对掺合料的变化较敏感。除RC-3CH减水剂在掺磷渣粉时凝结时间差比掺粉煤灰时延长约2.5h外，其余外加剂在掺磷渣粉时凝结时间差与掺粉煤灰时相当；掺磷渣粉净浆试件凝结时间比掺粉煤灰试件延长约1～2h。

以流动度控制用水量进行掺外加剂的胶砂强度试验，胶砂强度试验结果见表6.3.2。从试验结果可以看出，各龄期胶砂强度均有一定提高，早期胶砂强度差别较大，但随着龄期增长，差值逐渐缩小。除采用RC-3CH减水剂时掺磷渣粉胶凝体系缓凝较长外，磷渣粉与外加剂、水泥等原材料的适应性良好。

表6.3.1 减水剂与水泥、掺合料适应性试验结果（安定性、凝结时间）

序号	水泥	掺合料		减水剂		稠度/%	安定性	凝结时间		凝结时间差	
		品种	掺量/%	品种	掺量/%			初凝	终凝	初凝	终凝
1	茂田普通	大龙粉煤灰	30	—	—	25.5	合格	1h55min	3h8min	—	—
2	茂田普通	大龙粉煤灰	30	ADD-3	0.7	22.8	合格	6h5min	7h10min	4h10min	4h2min
3	茂田普通	大龙粉煤灰	30	HJUNH-2H	0.7	23.0	合格	2h46min	5h13min	51min	2h5min
4	茂田普通	大龙粉煤灰	30	RST-1	0.7	22.6	合格	2h25min	3h53min	30min	45min
5	茂田普通	大龙粉煤灰	30	HLC-NAF	0.7	23.0	合格	7h58min	9h22min	6h3min	6h14min
6	茂田普通	大龙粉煤灰	30	DH4AG	0.7	22.4	合格	3h25min	5h13min	1h30min	2h5min
7	茂田普通	大龙粉煤灰	30	RC-3CH	0.7	22.8	合格	5h52min	6h57min	3h57min	4h49min
8	茂田普通	瓮福磷渣粉	30	—	—	24.4	合格	3h30min	5h15min	—	—
9	茂田普通	瓮福磷渣粉	30	ADD-3	0.7	21.6	合格	7h5min	10h50min	3h35min	5h35min
10	茂田普通	瓮福磷渣粉	30	HJUNH-2H	0.7	21.0	合格	6h20min	8h35min	2h50min	3h20min
11	茂田普通	瓮福磷渣粉	30	RST-1	0.7	20.8	合格	4h8min	6h12min	38min	57min
12	茂田普通	瓮福磷渣粉	30	HLC-NAF	0.7	21.2	合格	8h42min	11h25min	5h12min	6h10min
13	茂田普通	瓮福磷渣粉	30	DH4AG	0.7	20.8	合格	4h57min	7h27min	1h27min	2h12min
14	茂田普通	瓮福磷渣粉	30	RC-3CH	0.7	21.0	合格	10h1min	14h15min	6h31min	7h

表6.3.2 减水剂与水泥、掺合料适应性试验结果（胶砂强度）

序号	水泥	掺合料		减水剂		用水量/mL	抗压强度/MPa			抗折强度/MPa			抗压强度比/%		
		品种	掺量/%	品种	掺量/%		3d	7d	28d	3d	7d	28d	3d	7d	28d
1	茂田普通	大龙粉煤灰	30	—	—	225	21.6	24.5	37.2	3.97	5.02	7.32	100	100	100
2	茂田普通	大龙粉煤灰	30	ADD-3	0.7	176	39.5	42.1	54.7	6.89	7.43	8.11	183	172	147
3	茂田普通	大龙粉煤灰	30	HLC-NAF	0.7	176	35.9	39.2	53.9	6.71	6.53	8.13	166	160	145
4	茂田普通	大龙粉煤灰	30	HJUNH-2H	0.7	176	41.0	43.4	56.6	7.22	7.88	8.02	190	177	152

续表

序号	水泥	掺合料		减水剂		用水量/mL	抗压强度/MPa			抗折强度/MPa			抗压强度比/%		
		品种	掺量/%	品种	掺量/%		3d	7d	28d	3d	7d	28d	3d	7d	28d
5	茂田普通	大龙粉煤灰	30	RST-1	0.7	176	36.3	42.6	53.0	6.75	6.63	8.47	168	174	142
6	茂田普通	大龙粉煤灰	30	DH4AG	0.7	176	38.2	39.2	55.4	6.54	7.08	8.55	177	160	149
7	茂田普通	大龙粉煤灰	30	RC-3CH	0.7	176	36.9	40.2	54.7	6.67	6.73	8.42	171	164	147
8	茂田普通	瓮福磷渣粉	30	—	—	225	21.2	24.4	39.3	3.78	4.57	7.14	100	100	100
9	茂田普通	瓮福磷渣粉	30	ADD-3	0.7	174	36.7	43.9	55.8	6.75	7.68	8.21	173	180	142
10	茂田普通	瓮福磷渣粉	30	HLC-NAF	0.7	174	34.3	38.8	54.8	6.42	6.97	8.00	162	159	139
11	茂田普通	瓮福磷渣粉	30	HJUNH-2H	0.7	174	40.9	44.7	57.3	6.45	7.72	8.64	193	183	146
12	茂田普通	瓮福磷渣粉	30	RST-1	0.7	174	35.0	38.3	56.1	6.67	6.73	8.43	165	157	143
13	茂田普通	瓮福磷渣粉	30	DH4AG	0.7	174	35.0	38.3	57.5	6.44	6.65	8.85	165	157	146
14	茂田普通	瓮福磷渣粉	30	RC-3CH	0.7	174	32.0	40.5	57.0	6.31	6.93	8.57	151	166	145

第 7 章

掺磷渣粉硬化混凝土的性能

全面掌握掺磷渣粉混凝土的性能是其规模化应用的根本前提。本章以掺磷渣粉硬化混凝土为研究对象，在前面新拌混凝土性能研究基础上，围绕力学性能、变形性能、热学性能和耐久性等方面，分别从单掺磷渣粉、单掺粉煤灰以及复掺磷渣粉与粉煤灰等角度，系统研究了掺磷渣粉硬化混凝土的各项性能，并与掺粉煤灰硬化混凝土进行对比，以期为掺磷渣粉混凝土在水电工程中的应用奠定坚实基础。

7.1 力学性能

混凝土力学性能通常指抗压强度、抗拉强度、劈拉强度、轴拉强度、抗弯强度、抗剪强度等，其中抗压强度是设计、施工与质量评判的重要指标，其与混凝土其他性能指标密切相关。抗压强度用单位面积上所承受的压力来表示，混凝土抗压强度根据试件的形状分为立方体抗压强度和轴心抗压强度。

混凝土抗压强度的影响因素众多，一方面，大多数的混凝土都是就地取材制成，混凝土原材料和施工工艺千差万别，决定了即使配合比完全相同的混凝土，其强度特性也不会完全相同；另一方面，混凝土强度随时间的变化而变化，不同龄期混凝土抗压强度不同，其中养护条件和使用环境对混凝土强度随时间变化特性产生了巨大的影响。

《水工混凝土结构设计规范》(DL/T 5057) 中规定混凝土标准试件为边长 150mm 的立方体试件。试验证明，混凝土的抗压强度随试件尺寸的增大而降低。这是因为试件大时，试件内存在缺陷的可能性要大些，抗压强度要低些。混凝土的强度随龄期的延长而增大，但增长率随水泥品种及养护温度、掺合料的品种及掺量的不同而不同。一般来说，硅酸盐水泥的早期强度增长率大，后期强度增长率小，矿渣硅酸盐水泥的早期强度增长率小，后期强度增长率大。掺粉煤灰混凝土的早期强度增长率小，后期强度增长率大，且粉煤灰掺量越大，早期的强度越低，后期强度增长率越大。

磷渣粉的掺入会不同程度延缓混凝土的凝结时间，进而影响掺磷渣粉混凝土的拌合物施工特性，其对强度性能的影响主要体现在早龄期。掺磷渣粉混凝土的强度试验结果见表 7.1.1，抗压强度、劈拉强度与掺磷渣粉、粉煤灰掺量的关系曲线见图 7.1.1 和图 7.1.2。

从试验结果可以看出，混凝土早期强度随掺合料掺量的增加而降低，在 30% 掺量范围内，掺磷渣粉混凝土的早期抗压强度比掺粉煤灰的混凝土稍高一些，后期相当或略高；与掺粉煤灰混凝土相比，掺磷渣粉混凝土各龄期的劈拉强度和轴拉强度有提高的趋势；同样的规律体现在轴拉强度与抗弯强度上。

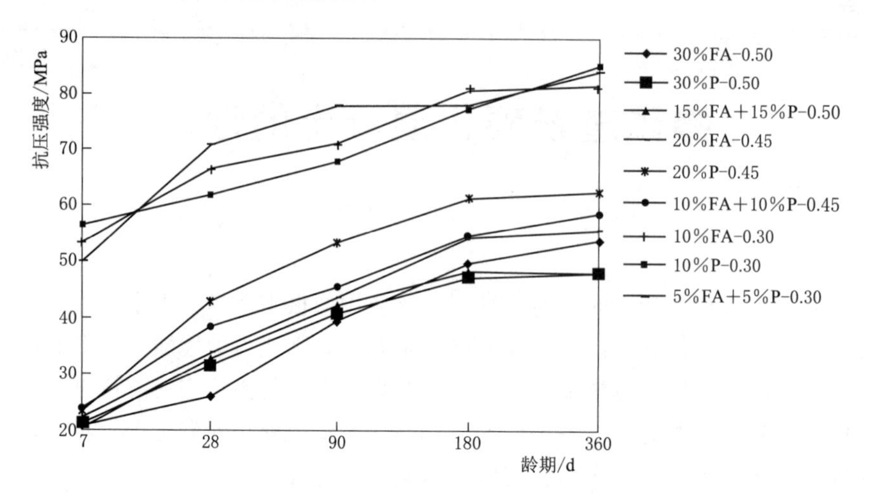

图 7.1.1 掺磷渣粉和粉煤灰混凝土的抗压强度曲线

注：图例中 FA 代表粉煤灰，P 代表磷渣粉，百分数为磷渣粉或粉煤灰的掺量，0.30、0.45、0.50 为水胶比，下同。

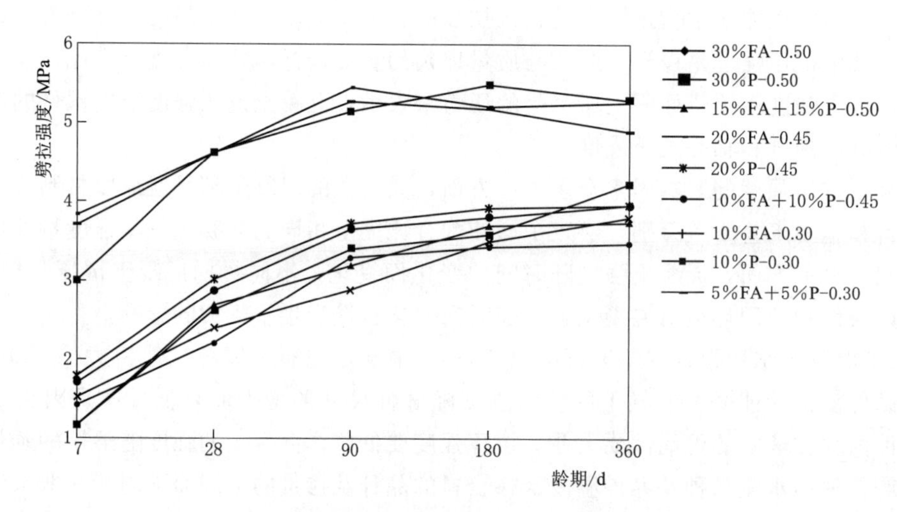

图 7.1.2 掺磷渣粉和粉煤灰混凝土的劈拉强度曲线

分析认为，由于磷渣粉的掺入相应降低了水泥用量，水化初期主要靠水泥水化产生强度，粉煤灰和磷渣粉的活性没有完全被激发出来，参与水化的量很少，所以对强度的增长影响较小；另外，磷渣粉的早期缓凝作用也使混凝土早期强度较低。不过，根据一般规律，若水泥早期水化被抑制，其晶体“生长发育”条件好，使水化产物的质量显著提高，水泥石结构更加紧密，内部孔隙率下降，气孔直径变小，因而对混凝土后期强度发展有利，从而使混凝土后期强度提高。此外，磷渣具有较高的活性，其二次水化反应会提高水泥石的强度，改善界面结构和孔径分布，使混凝土（胶砂）后期强度提高。随着龄期的增加，水化进一步深入，90d 以后磷渣的活性开始显现，强度增长趋势明显。

表 7.1.1　　混凝土力学性能试验结果

编号	水胶比	粉煤灰掺量/%	磷渣粉掺量/%	抗压强度/MPa					劈拉强度/MPa					轴拉强度/MPa				极限拉伸值/×10⁻⁶			
				7d	28d	90d	180d	360d	7d	28d	90d	180d	360d	7d	28d	90d	180d	7d	28d	90d	180d
P41	0.50	30	0	20.9	25.9	39.4	49.9	53.8	1.43	2.22	3.30	3.44	3.48	2.10	3.23	4.70	5.60	68	96	109	120
P42	0.50	0	30	21.2	31.6	40.8	47.3	48.1	1.18	2.63	3.41	3.58	4.21	1.80	3.45	4.75	5.10	72	110	117	111
P43	0.50	15	15	20.5	32.6	42.3	48.4	48.1	1.17	2.69	3.20	3.69	3.75	1.63	3.50	4.93	5.13	71	119	127	124
P21	0.45	20	0	22.3	33.7	43.6	54.5	55.6	1.52	2.40	2.89	3.50	3.80	2.43	3.50	5.10	5.10	97	106	132	125
P22	0.45	0	20	23.4	42.9	53.5	61.3	62.6	1.80	3.03	3.72	3.92	3.96	2.43	3.70	4.93	5.17	95	116	130	124
P23	0.45	10	10	23.7	38.4	45.5	54.6	58.6	1.71	2.87	3.66	3.80	3.95	2.45	3.90	4.97	5.30	87	110	123	122
PC1	0.30	10	0	53.5	66.5	71.2	80.7	81.7	3.0	4.62	5.15	5.49	5.29	4.10	5.40	6.00	6.50	105	138	147	136
PC2	0.30	0	10	56.5	61.9	67.9	77.3	85.1	3.82	4.60	5.44	5.20	5.26	5.07	5.80	6.80	6.50	117	132	140	135
PC3	0.30	5	5	50.0	70.8	77.8	77.9	83.9	3.70	4.63	5.27	5.17	4.88	4.57	5.10	6.37	7.10	115	121	142	140

编号	水胶比	粉煤灰掺量/%	磷渣粉掺量/%	抗弯强度/MPa					抗压强度/GPa					泊松比			圆柱体强度/MPa			
				7d	28d	90d	180d	360d	7d	28d	90d	180d	360d	7d	28d	90d	7d	28d	90d	180d
P41	0.50	30	0	3.75	5.80	7.87	8.7	8.4	31.6	32.3	38.9	42.4	42.3	—	—	0.22	14.5	20.2	23.0	34.8
P42	0.50	0	30	3.36	6.51	8.90	9.7	—	32.6	37.2	40.2	42.0	—	—	—	—	14.7	20.9	26.0	36.5
P43	0.50	15	15	2.75	5.68	7.2	8.3	10.2	27.9	38.2	41.8	43.7	44.4	—	—	—	15.3	22.4	27.1	40.7
P21	0.45	20	0	—	—	—	—	—	34.6	37.5	45.6	45.0	—	—	—	0.23	16.2	22.6	26.4	36.9
P22	0.45	0	20	—	—	—	—	—	30.8	40.7	43.4	44.0	42.6	—	0.29	0.23	16.7	24.1	29.4	34.3
P23	0.45	10	10	—	—	—	—	—	30.5	38.9	42.0	43.6	43.8	—	0.26	0.24	14.6	21.2	24.9	31.5
PC1	0.30	10	0	—	—	—	—	—	40.6	45.4	48.1	51.0	49.7	0.22	0.27	0.23	34.3	47.9	40.7	40.9
PC2	0.30	0	10	—	—	—	—	—	43.5	46.0	52.4	53.2	50.9	0.21	0.22	0.27	35.3	40.8	39.0	54.5
PC3	0.30	5	5	—	—	—	—	—	40.1	47.0	52.1	53.6	52.7	0.23	0.23	0.23	35.9	47.0	39.6	60.8

7.2 变形性能

7.2.1 弹性模量、泊松比和极限拉伸值

任何材料在受到外力作用时都会产生变形，在一定条件下，外力作用下的变形取决于荷载的大小、加荷速度、荷载持续时间等。物体在移开作用荷载后恢复到原尺寸的性能叫作弹性。许多材料在一定的应力范围内应力与应变的比值是不变的，这个比值叫作弹性模量。不同材料的应力-应变关系曲线是不同的。

混凝土在单轴受压时，当应力在 30%～50%以内时，应力-应变曲线可以近似地看成是直线，混凝土的变形主要是弹性变形，也有极少数的塑性变形。

当应力在（30%～50%）极限强度～（70%～90%）极限强度之间时，应力-应变曲线的曲率增大，由于混凝土内部微裂缝的扩展，混凝土的总变形中包括有较多的塑性变形。

当应力达到极限应力的 70%～90%，裂缝进一步扩展，互相连通，混凝土极限强度

开始下降，应力-应变曲线转而下降。

混凝土的弹性模量与龄期的关系，可用双曲线经验公式进行拟合：

$$E=\frac{E_0t}{a+t} \tag{7.2.1}$$

式中：E 为弹性模量，GPa；E_0 为最终弹性模量，GPa；t 为龄期，d；a 为常数。

混凝土的弹性模量与龄期的关系，也可用指数曲线经验公式进行拟合：

$$E=E_0(1-\beta e^{-rt}) \tag{7.2.2}$$

式中：β、r 为常数。

混凝土的弹性模量与混凝土的强度密切相关。强度越高，弹性模量越大，且混凝土的弹性模量随养护时间的提高即龄期的延长而增大。混凝土的弹性模量与抗压强度之间的关系，可根据 $\frac{1}{E_h}$ 与 $\frac{1}{f_c}$ 为线性关系的假设，近似地用下式表示：

$$E_h=\frac{10^5}{2.2+\frac{34.7}{f_c}} \tag{7.2.3}$$

式中：E_h 为混凝土的弹性模量，MPa；f_c 为混凝土 28d 龄期的立方体抗压强度，MPa。

一般而言，影响混凝土强度的因素同样影响混凝土的弹性模量，但并不完全相同。潮湿状态下混凝土的弹性模量比干燥状态下的高，而强度则恰恰相反。骨料的性质对混凝土的强度影响不大，但对混凝土的弹性模量却有影响，骨料弹性模量越高，其混凝土的弹性模量越大。粗骨料的形状及表面状态也可能影响混凝土的弹性模量及应力-应变曲线的曲率。

混凝土试件在受压或受拉时，在产生纵向应变的同时，也产生横向应变，其纵向应变与横向应变的比值称为泊松比，计算式如下：

$$\mu=\frac{\varepsilon_t}{\varepsilon_l} \tag{7.2.4}$$

式中：ε_t 为纵向应变；ε_l 为横向应变。

混凝土的泊松比随应力水平的大小而变化，当用测量应变的方法测定时，泊松比介于 0.15～0.20。

《混凝土重力坝设计规范》(SL 319—2018) 中对于混凝土重力坝的防裂问题制定的防裂标准指标为轴向拉伸的极限拉伸值与允许温差。根据混凝土的极限拉伸值就可导出施工时的允许温差。我国目前大都以轴心受拉试件断裂时的极限应变值——极限拉伸值代表混凝土的变形能力。这种方法的优点是它能比较直观地反映混凝土拉伸时的情况，缺点是试件的对中比较困难，偏心对试验结果影响较大，试验结果的合格率低，离散性大。

影响混凝土极限拉伸值的因素主要有：水泥品种、水灰比、骨料种类、掺合料、龄期等。影响混凝土极限拉伸值的因素很多，目前尚未找到提高混凝土极限拉伸值的经济有效的途径。

7.2.2　自生体积变形

混凝土由于胶凝材料自身水化引起的体积变形称之为自生体积变形。自生体积变形主要取决于胶凝材料的性质，是在保证充分水化的条件下产生的，它不同于干缩变形。普通水泥混凝土的自生体积变形大多为收缩，少数为膨胀，一般在$-50\times10^{-6}\sim50\times10^{-6}$之间，如果以混凝土的线膨胀系数为$10\times10^{-6}/℃$计，混凝土的自生体积变形从$-50\times10^{-6}\sim50\times10^{-6}$相当于温度变化10℃引起的变形，说明混凝土的自生体积变形对抗裂性有不可忽略的影响。混凝土的自生体积变形已经成为混凝土原材料选择和配合比设计考虑的一个指标，期望能够通过控制和利用混凝土的自生体积变形来改善和提高混凝土的抗裂性。

掺磷渣粉混凝土的自生体积变形试验结果见图7.2.1。试验结果表明，掺磷渣粉混凝土的自生体积早期略有收缩，后期略有膨胀，膨胀趋于稳定，磷渣粉与粉煤灰复掺的混凝土自生体积变形表现为不收缩，与掺粉煤灰的混凝土相比，膨胀值略小，膨胀回落值略大。

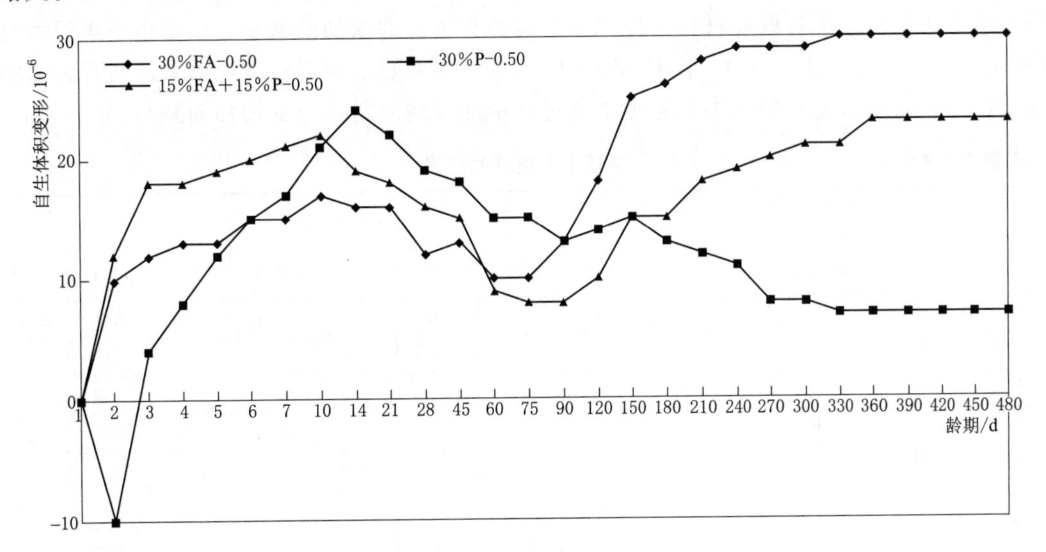

图7.2.1 混凝土的自生体积变形曲线（$W/B=0.5$）

7.2.3 干缩性能

混凝土的干缩和湿胀是由于混凝土内部的水分变化引起的。当混凝土长期在水中养护时，会产生微小的膨胀，当混凝土在空气中养护时，由于水分的蒸发，混凝土产生收缩。已干燥的混凝土再次吸水变湿时，原有的干缩变形大部分会消失，但也有一部分是不能消失的。混凝上干缩变形的大小用干缩率表示。干缩试验一般采用100mm×100mm×500mm的试件，两端埋设金属测头，在温度为20±3℃、相对湿度为55%～65%的干燥室中，干缩至规定龄期，测量试件干缩前后的长度变化，以试件单位长度变化率来表示干缩性能：

$$\varepsilon_t=\frac{L_t-L_0}{L_o-2\Delta} \tag{7.2.5}$$

式中：ε_t为td龄期时干缩率，10^{-6}；L_t为td龄期时试件的长度，mm；L_0为试件的基准长度，mm；Δ为金属测头的长度，mm。

影响混凝土干缩的因素主要有：水泥品种与掺合料、配合比、骨料、外加剂、养护条件和养护龄期等。水泥品种与混合材料对混凝土的干缩影响较大，在重要的工程中，希望使用干缩较小的水泥与混合材料。水泥净浆的干缩主要取决于它的矿物成分、SO_3 和细度等。一般来说，水泥中 C_3A 含量较大、碱含量较高、细度较细的水泥干缩较大。石膏掺量对水泥净浆的干缩也有较大的影响，对不同品种的水泥，如果将石膏掺量调整到最佳水平，则可使 C_3A、碱含量和细度对干缩的影响大为减小。

掺磷渣粉混凝土的干缩试验结果见表7.2.1及图7.2.2。试验结果表明，与单掺粉煤灰相比，单掺磷渣粉的早期干缩低，后期二者差距减小，磷渣粉与粉煤灰复掺时，混凝土的干缩值有减小的趋势。分析认为，磷渣粉本身的缓凝特性使得磷渣粉在水化早期主要起到填充的作用，干缩主要是由于水泥水化使得胶凝材料总体积减小造成的，磷渣粉掺量越大干缩就越小。水化后期，磷渣粉和水泥水化产生的 $Ca(OH)_2$ 以及高碱性的水化硅酸盐发生火山灰反应，尽管胶凝材料的体积随着磷渣粉掺量的增加而减小，但是由于水泥本身的 MgO 含量很高（4.15%），而且 MgO 的微膨胀性主要是在后期显现出来，两者叠加的效应使得磷渣粉水泥石的干缩在整个水化过程中随着磷渣粉掺量的增加而减小。

表7.2.1　混凝土干缩试验结果

编号	水胶比	粉煤灰掺量/%	磷渣掺量/%	级配	干缩率/$\times10^{-6}$							
					1d	3d	7d	14d	28d	60d	90d	180d
P41	0.50	30	0	四	51	91	105	182	240	281	311	331
P42	0.50	0	30	四	34	63	93	168	233	264	293	320
P43	0.50	15	15	四	30	60	95	173	218	270	288	311
P21	0.45	20	0	二	45	65	96	150	240	275	290	335
P22	0.45	0	20	二	36	57	116	160	208	239	278	328
P23	0.45	10	10	二	35	69	108	148	195	244	270	346
PC1	0.30	10	0	二	61	106	122	198	270	312	346	381
PC2	0.30	0	10	二	69	94	130	212	261	283	340	375
PC3	0.30	5	5	二	65	100	149	190	251	288	326	360

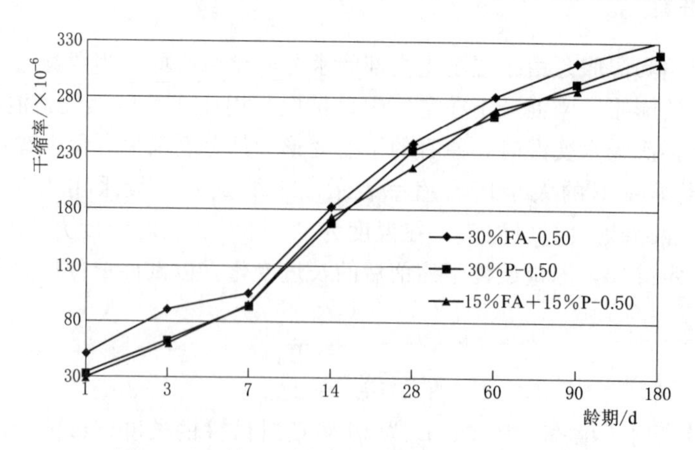

图7.2.2　掺30%掺合料混凝土的干缩率曲线

7.3 热学性能

在大体积混凝土结构中，由于混凝土的导热能力很低，水泥的水化热聚集在混凝土结构内部长期不易散失，使混凝土内部温度升高。根据热传导的规律，物体热量的散失与其最小尺寸的平方成反比。例如，15cm厚的混凝土，在两侧冷空气中散失95%的热量约需1.5h，对于1.5m厚的混凝土，散失同样的热量约需1周时间，对于15m厚的混凝土，散失同样的热量约需2年时间。对于150m厚的混凝土重力坝，散失同样的热量则需约200年时间。因此，在大体积混凝土工程中，往往由于水泥的水化热引起混凝土温升，形成大坝基础温差、内外温差以及上下层温差等，引起温度应力和温度变形，容易产生温度裂缝，给工程带来不同程度的危害。影响混凝土绝热温升的主要因素有水泥品种与用量、掺合料及掺量等。

混凝土的绝热温升是由水泥的水化热引起的，混凝土的水泥用量越多，绝热温升就越大。因此，在满足设计要求的前提下，应尽可能减少水泥用量。目前，大中型水利水电工程外部水位变化区多使用中热硅酸盐水泥，内部混凝土多使用低热矿渣硅酸盐水泥。在水泥中掺入混合材可降低水泥的水化热，混合材掺量越大，水化热降低越多。除在水泥中掺入混合材外，还可根据工程的重要性、使用功能及原材料质量情况，在混凝土中掺入掺合料，由于掺用了粉煤灰，减少了水泥用量，可显著降低混凝土的绝热温升，对简化混凝土的温控措施，防止混凝土的温度裂缝，降低工程造价是十分有利的。

美国垦务局在20世纪30年代曾经提出混凝土绝热温升与龄期关系的指数经验公式：

$$T = T_0(1 - e^{-mt}) \tag{7.3.1}$$

式中：T 为混凝土绝热温升，℃；m 为常数，随水泥品种、细度和浇筑温度而异；t 为龄期，d。

混凝土的绝热温升也可用双曲线型经验公式拟合：

$$T = \frac{mt}{n + t} \tag{7.3.2}$$

式中：m、n 为常数；其他符号含义同前。

混凝土绝热温升试验结果见表7.3.1及图7.3.1和图7.3.2。试验结果表明，掺合料

表 7.3.1 混凝土绝热温升试验结果

编号	掺合料		入仓温度/℃	各龄期绝热温升/℃													
	品种	掺量/%		1d	2d	3d	4d	5d	6d	7d	8d	10d	12d	14d	16d	21d	28d
				第一次试验结果													
ky-1	粉煤灰	30	25.8	7.2	13.1	15.9	17.4	18.6	19.2	19.6	19.9	20.4	20.7	20.8	21.0	21.1	21.2
ky-2	磷渣粉	30	26.5	1.0	1.6	10.8	14.5	17.0	18.4	19.3	19.9	20.7	21.0	21.2	21.4	21.5	21.6
ky-3	粉煤灰+磷渣粉	15+15	25.6	2.4	8.5	13.9	16.1	17.9	18.9	19.6	20.1	20.6	20.9	21.1	21.2	21.4	21.5

续表

编号	掺合料		入仓温度/℃	各龄期绝热温升/℃													
	品种	掺量/%		1d	2d	3d	4d	5d	6d	7d	8d	10d	12d	14d	16d	21d	28d
				第二次试验结果													
ky-1	粉煤灰	30	19.8	6.1	13.6	16.4	18.0	19.1	20.0	20.7	21.3	22.3	22.9	23.2	23.5	23.6	23.8
ky-2	磷渣粉	30	19.3	1.5	9.9	13.8	16.1	17.4	18.6	19.4	20.1	21.1	21.7	21.9	22.0	22.2	22.3
ky-3	粉煤灰+磷渣粉	15+15	19.4	4.9	12.5	15.0	16.5	17.6	18.5	19.3	20.0	21.1	21.9	22.3	22.5	22.6	22.8

掺量相同的条件下，不同胶凝材料组合的混凝土在 8～28d 龄期的绝热温升差别不大，但单掺磷渣粉的混凝土（编号 ky-2）在 8d 龄期之前，绝热温升明显低于单掺粉煤灰的混凝土（编号 ky-1）和复掺粉煤灰与磷渣粉的混凝土（编号 ky-3）。

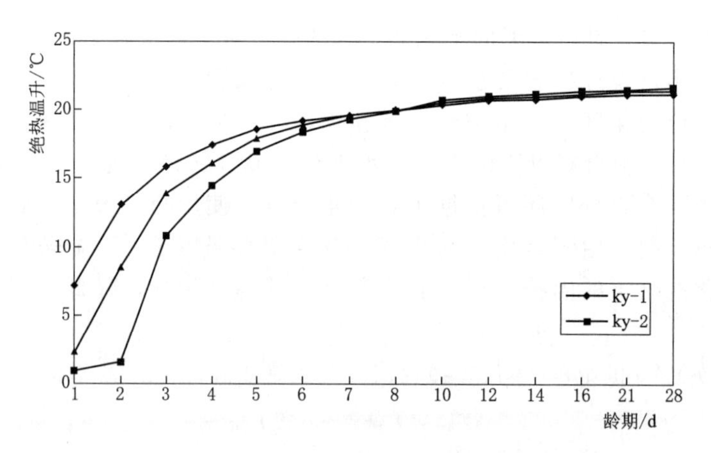

图 7.3.1 混凝土绝热温升过程线（第一次）

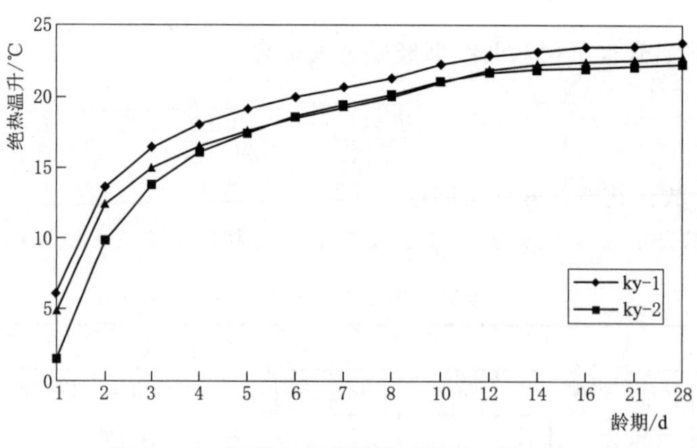

图 7.3.2 混凝土绝热温升过程线（第二次）

这是因为磷渣粉的加入减少了熟料含量，即减少了发热量大的 C_3A 和 C_3S 的含量，加之磷渣粉具有缓凝作用，从而使掺磷渣粉的胶砂能明显降低水化热、延缓放热峰值出现的时间以及延缓降温速率。这对防止温度裂缝相当有利。

7.4 耐久性

7.4.1 抗冻性能

混凝土遭受不断变化的温度和湿度反复作用时，会使混凝土表面开裂和剥落并逐步深入到内部导致混凝土的整体瓦解，最终丧失其性能称之为混凝土冰冻破坏。混凝土抵抗冰冻破坏的能力称之为抗冻性，抗冻性是评价混凝土耐久性的一个重要参数。混凝土冰冻破坏的机理，根据目前研究认为与混凝土内部的孔隙结构和其中含有的可冻结水密切相关。混凝土含有不同尺寸的孔隙。按孔径大小分为 2.5～20nm、20～50nm、50～200nm 和大于 200nm 四级，其中 2.5～20nm 被认为是无害孔级称为凝胶孔，20～50nm 是少害孔级称为小毛细孔，50～200nm 是有害孔级称为中毛细孔，大于 200nm 是多害孔级称为大毛细孔。当水饱和的硬化混凝土温度降低时，吸附于水泥浆中毛细管孔隙的水冻结，体积增加 9%，在混凝土中产生冻胀压力，使孔隙中未冻结的过量水受到挤压向尚未冻结的孔隙运动，就会产生静水压力，即静水压理论。所产生的静水压力取决于孔隙的饱水程度、冻结速率、水流径的长短以及硬化水泥浆体的渗透性。除了水的冻结膨胀产生静水压力外，根据热力学理论，孔隙越大，冰点越高，越容易结冰，当温度降到 0℃以下时，一部分大毛细孔中的水首先结冰，而较小的毛细孔或凝胶孔中的水处于过冷状态，比如尺寸极小的凝胶孔，形成冰核的温度在－78℃以下，过冷水的蒸汽压比同温度下冰的蒸汽压高，将发生较小毛细孔和凝胶孔水向结冰毛细孔的渗透，直至达到平衡状态，产生渗透压力，即渗透压理论。如果在混凝土中产生的静水压力或渗透压力超过其强度，就可能导致混凝土的破坏。

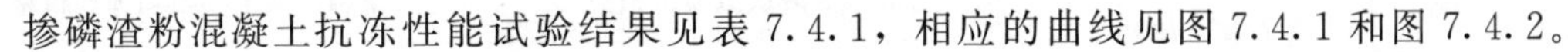
掺磷渣粉混凝土抗冻性能试验结果见表 7.4.1，相应的曲线见图 7.4.1 和图 7.4.2。

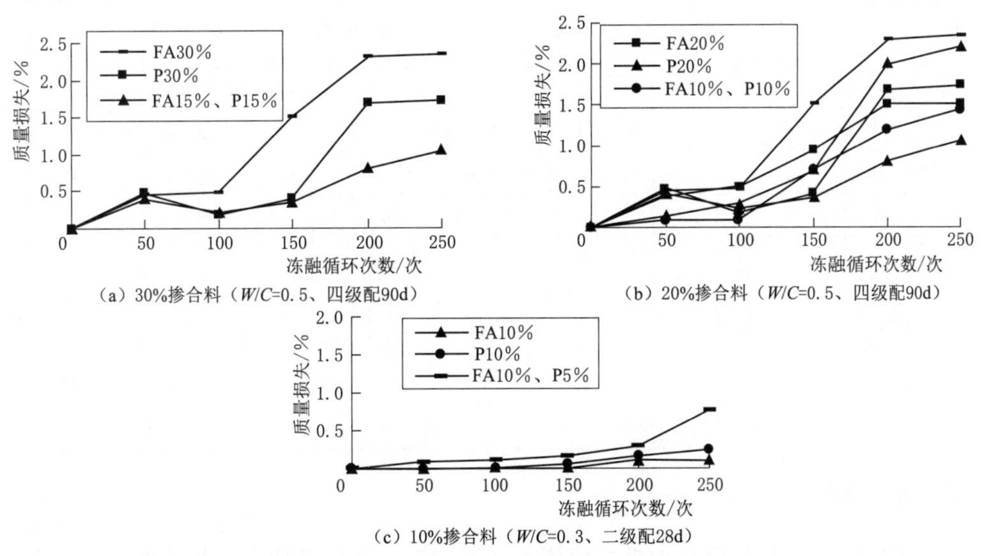

(a) 30%掺合料（W/C=0.5、四级配90d）

(b) 20%掺合料（W/C=0.5、四级配90d）

(c) 10%掺合料（W/C=0.3、二级配28d）

图 7.4.1 掺磷渣粉及粉煤灰混凝土的冻融质量损失曲线图

试验结果表明，随着冻融次数的增加，混凝土的质量损失增加，相对动弹性模量减小。在混凝土中掺磷渣粉不会对混凝土抗冻性能带来不利影响，9组试件的重量和相对弹性模量均没有严重损失，说明适量掺磷渣粉的混凝土具有良好的抗冻性能。

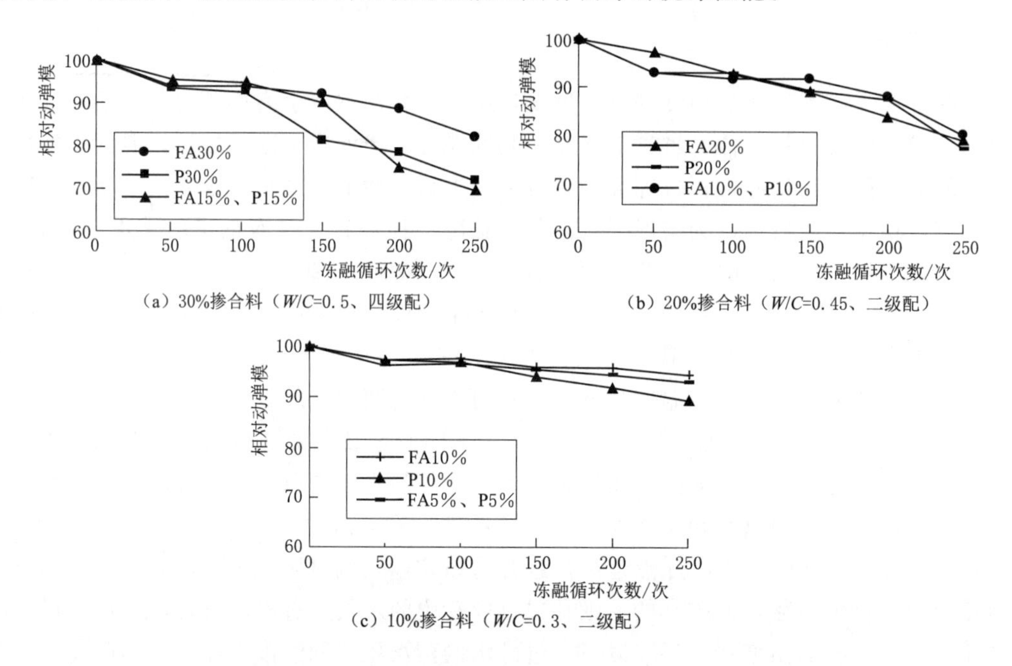

图 7.4.2 掺磷渣粉及粉煤灰混凝土的相对动弹性模量曲线图

表 7.4.1　　混凝土抗冻性能试验结果

编号	水胶比 (W/C)	粉煤灰掺量/%	磷渣粉掺量/%	龄期/d	级配	各冻融循环次数质量损失/%						各冻融循环次数相对动弹性模量/%					
						0次	50次	100次	150次	200次	250次	0次	50次	100次	150次	200次	250次
P41	0.50	30	0	90	四	0	0.45	0.48	1.50	2.30	2.35	100	94.0	93.9	92.1	88.6	82.2
P42	0.50	0	30	90	四	0	0.48	0.19	0.40	1.70	1.73	100	93.6	92.3	81.2	78.5	71.9
P43	0.50	15	15	90	四	0	0.40	0.22	0.35	0.80	1.05	100	95.3	94.6	90.1	75.0	69.3
P21	0.45	20	0	90	二	0	0.38	0.50	0.95	1.50	1.52	100	97.0	93.0	89.2	84.2	79.0
P22	0.45	0	20	90	二	0	0.13	0.30	0.70	2.00	2.20	100	93.0	92.8	89.5	87.5	77.3
P23	0.45	10	10	90	二	0	0.08	0.08	0.70	1.20	1.45	100	93.0	92.0	91.8	88.2	80.2
PC1	0.30	10	0	28	二	0	0.00	0.00	0.00	0.10	0.10	100	97.5	97.9	96.1	96.1	94.5
PC2	0.30	0	10	28	二	0	0.01	0.01	0.05	0.15	0.23	100	97.5	97.2	94.2	92.1	89.3
PC3	0.30	5	5	28	二	0	0.09	0.10	0.17	0.30	0.77	100	96.3	96.8	95.6	94.5	93.2

7.4.2 抗渗性能

混凝土的抗渗性是指混凝土抵抗液体和气体的渗透作用的能力。抗渗性是混凝土的一项重要物理性质。除关系到混凝土的挡水及防水作用外，还直接影响混凝土的抗冻性及抗侵蚀性。混凝土是一种内部存在多孔隙结构的材料，内部孔隙尺寸大小和分布直接影响抗渗性能。抗渗性能差的混凝土内部孔隙相互连通，在所承受的压力水作用下，并与有害物质接触时，水和有害物质沿着内部的渗径逐渐扩大，要么造成大量的氢氧化钙溶蚀，要么其有效化学成分与有害酸类或盐类相互作用产生破坏，要么引起内部钢筋锈蚀，锈蚀的钢筋产生体积膨胀，造成混凝土保护层的开裂或剥落，最后导致混凝土丧失功能。此外，抗渗性差的混凝土在冰冻作用下更容易破坏。

评定混凝土抗渗性有两种方法。一种为抗渗等级法，即对一组（一般为 6 个）按规定尺寸的截头圆锥体试件底面，从 0.1MPa 的水压开始，每隔 8h 增加 0.1MPa 的水压，逐次加压观察试件表面渗水来判断抗渗性，以 6 个试件中有 4 个试件未出现渗水的最大压力为混凝土的抗渗标号；另一种是一次施加 0.8MPa 的水压，恒定 24h，量测透过混凝土的渗水高度，通过计算用渗透系数表达。

根据达西定律，水流过孔隙材料时，渗水量与渗透面积成正比，而与水力比降（渗水距离与压力水头的比值）成反比：

$$Q=K\frac{A}{x/H} \tag{7.4.1}$$

$$K=\frac{Qx}{AH} \tag{7.4.2}$$

式中：Q 为混凝土渗水量，cm^3/s；K 为渗透系数，cm/s；A 为渗透面积，cm^2；x 为渗水距离，cm；H 为压力水头，cm。

混凝土的渗透系数可以根据抗渗试验进行计算。当混凝土试件承受压力水头 H 作用时，水分渗至一定距离 x 处，经过时间 $\mathrm{d}t$ 后，水分渗透了 $\mathrm{d}x$ 的一段距离，于是混凝土试件空隙中渗入的水量为：

$$Q\mathrm{d}t=mA\mathrm{d}x \tag{7.4.3}$$

式中：m 为混凝土试件中空隙体积与试件总体积的百分比，简称空隙率。

根据式（7.4.1）、式（7.4.2）及式（7.4.3）有

$$Q=\frac{mA\mathrm{d}x}{\mathrm{d}t}=\frac{KAH}{x}$$

$$\mathrm{d}t=\frac{m}{KH}x\mathrm{d}x \tag{7.4.4}$$

当水的平均距离为 D_m，所需的时间为 T，则：

$$\int_0^T\mathrm{d}t=\frac{m}{KH}\int_0^{D_m}x\mathrm{d}x \tag{7.4.5}$$

$$T=\frac{mD_m^2}{2KH} \tag{7.4.6}$$

$$K=\frac{mD_m^2}{2TH} \tag{7.4.7}$$

如果逐级施加水压，则：

$$K=\frac{mD_m^2}{2\sum TH} \tag{7.4.8}$$

混凝土渗水的原因，是由于内部的孔隙形成连通的渗水通道。这些通道除产生于施工振捣不密实及裂缝外，主要来源于水泥浆中多余水分蒸发留下的毛细孔、水泥浆泌水所形成的通道及骨料下部界面聚集的水隙。水泥浆与骨料均含有孔隙，不过，就整个混凝土而言，孔隙体积约占混凝土总体积的1%～10%。在混凝土中，骨料颗粒被水泥浆包裹，所以，在充分密实的混凝土中，水泥浆的渗透性对混凝土的渗透性影响最大。

水透过混凝土的流动，基本上与透过其他多孔物体的流动相同。但组成浆体的颗粒仅有其总表面积的很小部分相互接触，所以，只有一部分水处于固体引力场之内，即被吸附。吸附水虽有较高的黏滞性，但仍具有可流动性并可参与流动。混凝土的渗透性与孔隙的尺寸、分布及连续性有关，但不是孔隙率的直线函数。虽然水泥凝胶体具有28%的孔隙率，但其渗透系数仅为7×10^{-16}m/s，这是因为硬化水泥浆的组织结构极为致密，其孔隙与固相颗粒尺寸都很小，而数量却很多。而骨料中的孔隙，虽然数量较少，但孔径很大，故渗透性较高。基于相同的原因，水透过毛细孔而流动比透过更细小的凝胶孔而流动要容易得多。水泥浆作为一个整体的渗透性比凝胶体本身大20～100倍。由此可见，水泥浆的渗透性主要取决于浆体的毛细管孔隙率。

掺磷渣粉混凝土抗渗性能试验结果见表7.4.2。从试验结果可以看出，复掺磷渣粉和粉煤灰的混凝土抗渗性能最好，单掺磷渣粉的混凝土抗渗性要优于单掺粉煤灰的混凝土。掺磷渣粉不会对混凝土抗渗性能带来不利影响，掺磷渣粉混凝土90d龄期的抗渗等级均可达到W15以上。掺磷渣粉的混凝土抗渗性优良主要是由于磷渣粉有填充效应和火山灰效应，能有效地“细化”孔隙和填塞毛细孔通道，使混凝土中的大孔减少、不透水的小孔增多，从而改善混凝土的抗渗性。

表7.4.2　混凝土抗渗性能试验结果

编号	水胶比	粉煤灰掺量/%	磷渣掺量/%	砂率/%	级配	28d渗水高度/cm	28d抗渗等级	90d渗水高度/cm	90d抗渗等级
P41	0.50	30	0	25	四	—	W10	7.8	>W15
P42	0.50	0	30	25	四	—	W10	7.4	>W15
P43	0.50	15	15	25	四	—	W10	4.5	>W15
P21	0.45	20	0	37	二	—	>W15	8.6	>W15
P22	0.45	0	20	37	二	—	>W15	5.1	>W15
P23	0.45	10	10	37	二	—	>W15	3.7	>W15
PC1	0.30	10	0	35	二	3.0	>W15	2.1	>W15
PC2	0.30	0	10	35	二	1.9	>W15	1.5	>W15
PC3	0.30	5	5	35	二	2.5	>W15	1.0	>W15

7.4.3 抗冲磨性能

混凝土与运动中的介质接触后引起损伤失重的现象称为磨损。混凝土抵抗磨损的能力称之为抗冲磨性，水流挟带的泥沙和碎石对水工建筑物混凝土的磨损是最常见的一种破坏，这种磨损主要发生在大坝的溢洪道、通航建筑物的闸室底板、输水廊道以及水电站底部的排沙底孔等部位。水流对水工建筑物的破坏主要有三种方式：

（1）推移质、类推移质对水工建筑物的冲击磨损破坏。这种破坏作用在我国西南地区的山区性河流中较常见，由于河谷狭窄，河床坡降大，流域内的风化岩石在暴雨的作用下，大量进入河道，形成推移质。这些推移质粒径一般在20～30cm，最大粒径可能超过1m。推移质在水流中以滑动、滚动和跳跃的方式运动，对进水口较低的建筑物造成撞击磨损破坏，四川的石棉水电站、渔子溪水电站、葛洲坝二江船闸都存在推移质破坏问题。

类推移质的磨损破坏是指泄水建筑物由于施工废渣、上游围堰残体及新的造床运动（因泄水影响下游河床变化而将河床泥沙卷入泄水建筑物的一种运动）引起的磨损破坏，如石泉水电站泄洪中孔消力戽，碧口水电站的导流底板，刘家峡水电站泄洪洞出口段及陆水、官厅、三门峡、黄坛口等水电站都不同程度地遭到此类破坏。

（2）悬移质泥沙对水工建筑物的磨损破坏。这种破坏作用多发生在我国的黄河流域和华北地区输沙量大的河流中，如含有大量泥沙的高速水流对三门峡水电站各泄水建筑物的过流表面，造成严重的磨损破坏，刘家峡水电站工程的排沙泄水道等均存在严重的磨损问题。但西南地区含沙量大、泄水流速高的河流中的水工建筑物如葛洲坝水利枢纽也存在悬移质泥沙对水工建筑物的磨损破坏情况。

（3）高速水流对水工建筑物的气蚀、冲刷破坏。高速水流气蚀现象过程比较复杂，当高速水流通过泄洪建筑物表面时，由于过水边界的突变、陡坎，使水流发生涡流和分离现象时，会使局部流速加大，压力降低，当水流质点的压力降到相应于水温的蒸汽压力时，水质点就会变成气泡，发生大量气泡的区域称为空穴。这些气泡被携带到下游高压区，受到周围液体的压缩，突然溃灭，由于气泡溃灭所形成的瞬时冲击力是相当大的，如果气泡的溃灭发生在水流的固体边界，就会对建筑物的表面造成气蚀破坏。根据国内外的研究成果，气蚀强度与流速的5～7次方成正比。流速越大，气蚀强度就越高，破坏力就越大。从材料学的角度看，提高水工建筑物的抗气蚀能力，首先要提高建筑材料的抗气蚀能力；另外施工平整度对气蚀作用影响很大，特别是垂直水流向的升坎后面易发生气蚀，施工中对此应进行严格的控制，流速大于30m/s时，垂直升坎应小于5mm。

上述三种对水工建筑物的磨蚀破坏作用有时是联合作用的，由磨损引起的破坏往往与气蚀作用相互促进，导致建筑物的过水表面在短期内冲蚀破坏。

水工混凝土的磨损与磨损介质的矿物种类、数量、形状、大小和硬度密切相关。如果磨损介质含有大量的坚硬石英颗粒，会加快混凝土的磨损速率。水流的流速和流态，特别是挟带磨损介质时，更会加速水工混凝土的磨损。混凝土的抗磨损能力主要取决于水泥石和集料的抗磨耗性能。使用磨阻力大的集料制作的过流面以及与含有悬浮物的流水接触的表面，因砂浆被磨耗后留下突出的粗骨料，所以混凝土的抗冲性主要受水泥石的性质的影响。

掺磷渣粉混凝土抗冲磨性能试验结果见表7.4.3。混凝土抗冲耐磨性能试验在混凝土抗含砂水流冲刷仪上进行。采用环型试件，每次加入150g磨损剂和1000mL水，开动冲刷仪0.5h，测试试件的质量损失，重复上述试验3次，计算试件的累计质量损失，以混凝土单位面积上损失单位质量所用的时间作为抗冲磨强度。试验结果表明，复掺粉煤灰和磷渣粉能够提高混凝土的抗冲磨强度，单掺磷渣粉混凝土的抗冲磨强度有一定程度的降低。

表 7.4.3　　混凝土抗冲耐磨性能试验结果

编号	水胶比	粉煤灰掺量/%	磷渣掺量/%	坍落度/mm	含气量/%	28d 抗冲磨强度/[h/(g/cm²)]
PC1	0.30	10	0	61	3.4	9.53
PC2	0.30	0	10	44	1.6	6.76
PC3	0.30	5	5	26	1.6	10.92

第8章

掺磷渣粉四级配碾压混凝土

碾压混凝土一般控制骨料最大粒径不超过40mm或80mm，以二级配和三级配为主。四级配碾压混凝土旨在通过增大骨料最大粒径至120mm，在满足设计要求的技术指标前提下，使碾压混凝土用水量、胶凝材料比三级配碾压混凝土有较大的降低，以进一步降低碾压混凝土的水化热温升，简化温控措施，加快碾压混凝土筑坝的施工进度。

本章着重对采用磷渣粉作为掺合料的四级配碾压混凝土的材料、组成和性能进行系统试验研究，并与三级配碾压混凝土的配合比参数和性能进行比较。针对设计要求同时进行$C_{90}20$三级配碾压混凝土和$C_{90}20$三级配变态混凝土的配合比设计和性能的试验研究，为工程应用提供理论依据。

8.1 配合比设计方法

四级配碾压混凝土的配合比设计旨在通过四级配碾压混凝土的材料、组成调整和性能试验，力求使四级配碾压混凝土的性能能够满足原来采用三级配碾压混凝土时的技术要求，以达到用四级配碾压混凝土取代三级配碾压混凝土的目的。碾压混凝土配合比设计应遵循的一般原则包括“水灰比定则”和“需水量定则”。

配合比参数确定应遵循的原则包括：①大掺合料掺量原则；②小水胶比原则；③保证混凝土拌合物于一定振动能量下能碾压密实并满足施工要求的VC值前提下，小浆砂比原则；④最优砂率原则。

碾压混凝土配合比设计方法包括“绝对体积法”和“填充包裹法”，其原理分别如下：

(1) 绝对体积法。假定碾压混凝土拌合物的体积等于各组成材料绝对体积及混凝土拌合物中所含空气体积之和，即：

$$C/\rho_C + F/\rho_F + W/\rho_W + S/\gamma_S + G/\gamma_G + 10\alpha = 1000 \tag{8.1.1}$$

式中：C、F、W、S、G分别为碾压混凝土中水泥、掺合料、水、砂及石子的用量，kg；ρ_C、ρ_F、ρ_W分别为水泥、掺合料及水的密度，kg/m^3；γ_S、γ_G分别为砂、石子的表观密度，kg/m^3；α为碾压混凝土拌合物含气量的百分数。

根据取定的配合比参数，计算出每立方米混凝土中各种材料用量。

(2) 填充包裹法。该方法基于以下原理：①胶凝材料浆体包裹砂粒并填充砂的空隙形成砂浆；②砂浆包裹粗骨料并填充粗骨料的空隙，形成混凝土。

以α及β作为衡量的指标，α表示胶凝材料浆体积与砂空隙体积的比值，β表示砂浆体积与粗骨料空隙体积的比值。由于考虑一定的富余，α，β均应大于1。碾压混凝土中α

值一般为1.1～1.3，β 值一般为1.2～1.5。因此：

$$C/\rho_C+F/\rho_F+W/\rho_W=\alpha\frac{P_S S}{\gamma'_S} \tag{8.1.2}$$

$$1000-10V_a-G/\gamma_G=\beta\frac{P_G G}{\gamma'_G} \tag{8.1.3}$$

从而求得：

$$G=\frac{1000-10V_a}{\beta\left(\frac{P_G}{\gamma'_G}\right)}+\frac{1}{\gamma_G} \tag{8.1.4}$$

$$S=\frac{\beta\left(\frac{P_G}{\gamma'_G}\right)G}{\alpha\left(\frac{P_S}{\gamma'_S}\right)+\frac{1}{\gamma_G}} \tag{8.1.5}$$

若配合比参数为

$$W/(C+F)=K_1,\quad F/(C+F)=K_2$$

则：

$$C=\frac{\alpha\frac{P_S}{\gamma'_S}S}{K_1+\frac{K_1K_2}{1-K_2}+\frac{1}{\rho_C}+\frac{K_2}{(1-K_2)\rho_F}} \tag{8.1.6}$$

$$W=K_1(C+F) \tag{8.1.7}$$

以上各式中：P_S、P_G分别为砂、石子的振实状态空隙率；V_a为混凝土的孔隙体积面积百分数；γ'_S、γ'_G分别为砂、石子的振实状态堆积密度，kg/cm^3。

根据以上各式计算出每立方米碾压混凝土的各种材料用量。

本书试验采用绝对体积法进行配合比设计，并用填充包裹法验算 α 及 β 值的合理性。

8.2　碾压混凝土技术要求

依托沙沱水电站开展了掺磷渣粉四级配碾压混凝土试验研究与应用，其中碾压混凝土包括上游坝面混凝土、下游坝面混凝土。根据《水工混凝土配合比设计规程》（DL/T 5330），混凝土配制强度按下式计算：

$$f_{cu,0}=f_{cu,k}+t\sigma \tag{8.2.1}$$

式中：$f_{cu,0}$为混凝土配制强度，MPa；$f_{cu,k}$为混凝土设计龄期立方体抗压强度标准值，MPa；t 为概率度系数，由给定的保证率 P 选定；当 $P=95\%$时，$t=1.645$；当 $P=80\%$时，$t=0.840$；σ 为混凝土立方体抗压强度标准差，MPa。

各部位混凝土的技术要求见表8.2.1，混凝土配制强度见表8.2.2。

表 8.2.1 沙沱水电站碾压及变态混凝土主要期望技术指标

混凝土种类	工程部位	强度等级	级配	抗渗等级	抗冻等级	抗压弹性模量/GPa	表观密度/(kg/m³)	28d 极限拉伸值/×10⁻⁶
碾压混凝土	迎水面防渗层	$C_{90}20$	二	W8	F100	<30	⩾2350	⩾75
	坝体内部	$C_{90}15$	三	W6	F50	<30	⩾2350	⩾75
变态混凝土	上游坝面	$C_{90}20$	二	W8	F100	<32	⩾2350	⩾75
	下游坝面	$C_{90}15$	三	W6	F100	<30	⩾2350	⩾75

表 8.2.2 沙沱水电站碾压及变态混凝土配制强度

混凝土种类	工程部位	强度等级	级配	强度保证率/%	概率度系数	强度标准差/MPa	配制强度/MPa
碾压混凝土	迎水面防渗层	$C_{90}20$	二	80	0.84	4.0	23.4
	坝体内部混凝土	$C_{90}15$	三	80	0.84	3.5	18.0
变态混凝土	RCC 上游坝面	$C_{90}20$	二	80	0.84	4.0	23.4
	RCC 下游坝面	$C_{90}15$	三	80	0.84	3.5	18.0

8.3 碾压混凝土原材料

8.3.1 水泥

采用重庆三磊水泥有限公司生产的 42.5 普通硅酸盐水泥（简称三磊普通水泥）。水泥化学成分检验结果见表 8.3.1，水泥的物理力学性能检验结果见表 8.3.2。检验结果表明，试验所用三磊普通水泥的基本性能指标符合《通用硅酸盐水泥》（GB 175—2007）对 42.5 普通硅酸盐水泥（简称 GB 175—2007 普通水泥）的有关规定。

表 8.3.1 水泥化学成分检验结果 单位：%

品 种	化 学 成 分									
	CaO	SiO_2	Al_2O_3	Fe_2O_3	MgO	SO_3	K_2O	Na_2O	R_2O*	Loss
三磊普通水泥	62.37	21.15	4.82	3.16	2.68	2.74	0.92	0.08	0.60	1.47
GB 175—2007 普通水泥	—	—	—	—	⩽5.0	⩽3.5	—	—	—	⩽3.0

* 碱含量 $R_2O=Na_2O+0.658K_2O$。

表 8.3.2 水泥物理力学性能检验结果

品 种	细度/%	比表面积/(m²/kg)	密度/(kg/m³)	稠度/%	安定性	凝结时间	
						初凝	终凝
三磊普通水泥	1.2	304	3120	25.8	合格	1h50min	2h12min
GB 175—2007 普通水泥	—	⩾300	—	—	合格	⩾45min	⩽10h

品 种	抗压强度/MPa			抗折强度/MPa		
	3d	7d	28d	3d	7d	28d
三磊普通水泥	26.6	35.1	46.9	5.5	6.8	8.8
GB 175—2007 普通水泥	⩾16.0	—	⩾42.5	⩾3.5	—	⩾6.5

8.3.2 粉煤灰

采用大龙粉煤灰。粉煤灰的化学成分和物理力学性能检验结果见表8.3.3、表8.3.4。检验结果表明，大龙粉煤灰的主要性能指标均达到电力行业标准《水工混凝土掺用粉煤灰技术规范》（DL/T 5055—2007）对Ⅱ级粉煤灰的要求；除细度外，其他指标达到DL/T 5055—2007对Ⅰ级粉煤灰的要求。

表8.3.3 粉煤灰化学成分检验结果 单位：%

品 种	化 学 成 分								
	CaO	SiO_2	Al_2O_3	Fe_2O_3	MgO	SO_3	K_2O	Na_2O	Loss
大龙粉煤灰	2.97	47.32	23.74	12.01	1.18	0.96	2.48	0.93	4.94

表8.3.4 粉煤灰物理力学性能检验结果

品 种	物 理 力 学 性 能							
	细度/%	需水量比/%	烧失量/%	含水量/%	密度/(kg/m^3)	SO_3/%	强度比/%	
							28d	90d
大龙粉煤灰	18.3	93.8	4.9	0.2	2320	0.96	71.0	78.8
DL/T 5055—2007 Ⅰ级粉煤灰	≤12.0	≤95	≤5.0	≤1.0	—	≤3.0	—	—
DL/T 5055—2007 Ⅱ级粉煤灰	≤25.0	≤105	≤8.0	≤1.0	—	≤3.0	—	—

8.3.3 磷渣粉

采用瓮福磷渣粉，其化学成分和物理力学性能检测结果见表8.3.5、表8.3.6中。可以看出，其主要性能指标均能达到电力行业标准《水工混凝土掺用磷渣粉技术规范》（DL/T 5387—2007）的要求。

表8.3.5 磷渣粉化学成分检验结果 单位：%

类 别	化 学 成 分					
	CaO	SiO_2	Al_2O_3	Fe_2O_3	MgO	SO_3
瓮福磷渣粉	46.60	34.21	4.65	0.65	1.85	1.27
DL/T 5387—2007 要求	—	—	—	—	—	≤3.5

类 别	化 学 成 分				
	K_2O	Na_2O	P_2O_5	Loss	质量系数K
瓮福磷渣粉	1.17	1.13	6.72	1.50	1.31
DL/T 5387—2007 要求	—	—	≤3.5	—	1.10

表8.3.6 磷渣粉物理力学性能检验结果

类 别	密度/(kg/m^3)	比表面积/(m^2/kg)	细度*/%	需水量比/%	活性指数/%		含水量/%	安定性
					28d	90d		
瓮福磷渣粉	2860	321	15.5	98.1	65.3	100.2	0.06	合格
DL/T 5387—2007 要求	—	≥300	—	≤105	≥60	—	≤1.0	合格

* 表中细度均为80μm筛余。

8.3.4 外加剂

减水剂采用 HLC-NAF 缓凝高效减水剂，在四级配碾压混凝土拌合物性能试验中同时采用了 JM-PCA 聚羧酸减水剂进行比对试验。减水剂性能检验结果见表 8.3.7。

表 8.3.7 减水剂性能检验结果

编号	减水剂		减水率/%	坍落度/mm	含气量/%	泌水率比/%	凝结时间	凝结时间差/min	抗压强度/MPa			抗压强度比/%	收缩率比/%
	品种	掺量/%					初凝/终凝	初凝/终凝	3d	7d	28d	3d/7d/28d	
SW1	基准混凝土	0	0	80	1.1	100	7h30min/10h15min	0/0	13.0	20.6	32.8	100/100/100	100
SW2	HLC-NAF	0.7	27.8	86	2.8	47.5	8h3min/12h48min	33/153	20.0	29.6	36.2	154/144/110	102
SW5	JM-PCA	0.8	21.6	79	0	12.5	8h29min/11h19min	59/64	21.2	31.7	41.10	163/154/125	97
DL/T 5100 中对缓凝高效减水剂的要求			≥15	—	<3.0	≤100		+120～+240	≥125	≥120	≥125		<125

检验结果表明，在推荐掺量下，HLC-NAF 缓凝高效减水剂初凝凝结时间差及 JM-PCA 聚羧酸减水剂初凝终凝凝结时间差偏小，HLC-NAF 缓凝高效减水剂 28d 抗压强度比偏低。HLC-NAF 缓凝高效减水剂和 JM-PCA 聚羧酸减水剂的其余性能均满足《水工混凝土外加剂技术规程》(DL/T 5100) 中对缓凝高效减水剂相应技术要求。

引气剂采用 AE 引气剂，引气剂性能检验结果见表 8.3.8。检验结果表明，该引气剂各项指标均达到《水工混凝土外加剂技术规程》(DL/T 5100) 中引气剂的技术要求。

表 8.3.8 引气剂性能检验结果

编号	外加剂		减水率/%	坍落度/mm	含气量/%	泌水率比/%	凝结时间	凝结时间差/min	抗压强度/MPa			抗压强度比/%	收缩率比/%	200次冻融循环相对动弹模/%
	品种	掺量/%					初凝/终凝	初凝/终凝	3d	7d	28d	3d/7d/28d		
SW3	基准混凝土	0	—	72	1.0	100	7h57min/10h47min	0/0	12.6	20.3	33.5	100/100/100	108	—
SW4	AE 引气剂	0.007	6.3	85	5.0	54.6	7h17min/10h30min	−40/−17	11.5	19.1	29.1	91/94/87	104	97.9
DL/T 5100 中对引气剂的要求			≥6	—	4.5～5.5	≤70		−90～+120	≥90	≥90	≥85		≥60	≥60

8.3.5 骨料

试验用灰岩人工粗、细骨料进行四级配碾压混凝土试验。炭岩人工砂的颗粒级配筛分试验结果和品质检验结果分别见表8.3.9及表8.3.10，颗粒级配曲线（中砂区）见图8.3.1，炭岩粗骨料品质检验结果见表8.3.11。试验结果表明，粗、细骨料的品质均满足《水工混凝土施工规范》（DL/T 5144）和《水工碾压混凝土施工规范》（DL/T 5112）的规定。

表8.3.9 灰岩人工砂颗粒级配筛分试验结果

各孔径筛累计筛余量/%						细度模数	石粉含量/%
5mm	2.5mm	1.25mm	0.63mm	0.315mm	0.16mm		
1.6	25.9	48.3	59.3	75.7	84.9	2.90	15.1

表8.3.10 灰岩人工砂品质检验结果

类别	吸水率/%	表观密度/(kg/m³)	饱干密度/(kg/m³)	堆积密度/(kg/m³)	紧密密度/(kg/m³)
灰岩人工砂	1.0	2710	2700	1460	1790
DL/T 5112 人工砂品质要求	≤2.5	≥2500	—	—	—

品种	有机物含量/%	硫化物含量/%	云母含量/%	坚固性
灰岩人工砂	无	0.05	0.1	2.3
DL/T 5144 人工砂品质要求	不允许	≤1	≤2	≤8

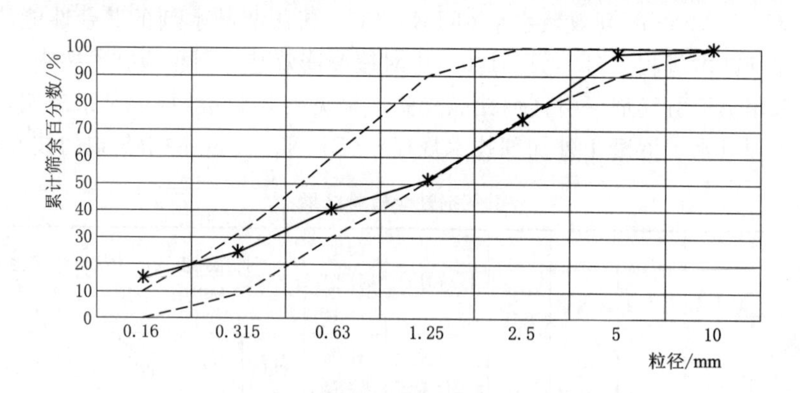

图8.3.1 灰岩人工砂颗粒级配曲线（中砂区）

炭岩粗骨料不同级配组合密度试验结果见表8.3.12。试验结果表明，对于四级配组合，组合比（特大石：大石：中石：小石）为25：30：25：20时堆积密度和振实密度最大。一般地，碾压混凝土粗骨料组合比除考虑振实密度最大和空隙率最小外，还应考虑不同骨料组合比对*VC*值、抗分离性能、成型的密实性和湿密度的影响，尤其对于最大骨料粒径达到120mm的四级配碾压混凝土，更应选择抗分离性能好，可碾性好、湿密度满足设计要求的骨料组合。

表 8.3.11　　　　灰岩粗骨料品质检验结果

类别	表观密度/(kg/m³)	饱干密度/(kg/m³)	超径含量/%	逊径含量/%	压碎指标/%
小石	2750	2730	0	5	7.3
中石	2740	2720	0	4	—
大石	2730	2720	1	2	—
特大石	2730	2720	—	—	—
DL/T 5144 碎石品质要求	≥2550	—	<5	<10	≤16

表 8.3.12　　　　灰岩粗骨料级配组合密度试验结果

级配	骨料组合	堆积密度/(kg/m³)	紧密密度/(kg/m³)
单粒级	小石	1510	1710
	中石	1460	1640
	大石	1460	1570
	特大石	1400	1520
二级配(中石：小石)	60：40	1520	1750
	50：50	1490	1740
	55：45	1480	1740

级配	骨料组合	堆积密度/(kg/m³)	紧密密度/(kg/m³)
三级配(大石：中石：小石)	30：40：30	1560	1840
	40：30：30	1540	1820
	50：20：30	1570	1880
四级配(特大石：大石：中石：小石)	30：30：20：20	1730	1970
	25：30：25：20	1740	1980
	20：30：30：20	1690	1920

8.4 碾压混凝土配合比设计

8.4.1 配合比参数选择

坝体内部 C_{90}15 四级配碾压混凝土，采用 0.50 水胶比。由于四级配碾压混凝土的胶凝材料用量较低，为保证碾压混凝土的强度等级，特别是抗拉强度和极限拉伸值，采用 60%掺量的掺合料，复掺掺合料时，粉煤灰和磷渣粉各 30%。迎水面防渗层 C_{90}20 三级配碾压混凝土，采用 0.50 水胶比，50%掺量的掺合料。上游坝面 C_{90}20 三级配变态混凝土，以迎水面防渗层 C_{90}20 三级配碾压混凝土为母体，加浆量 6%，浆液的水胶比比母体小 0.05、粉煤灰掺量降低 5%，减水剂掺量与母体相同，不掺引气剂。加浆后，使变态混凝土的坍落度达到 20～30mm，含气量也相应增加。

进行了 25 个四级配碾压混凝土配合比拌合物的性能试验，以探求 *VC* 值与用水量、*VC* 值与砂率、砂率与用水量的关系和石子组合比对 *VC* 值及碾压混凝土振实湿密度的影响。25 个四级配碾压混凝土配合比拌合物的性能试验配合比见表 8.4.1。

表 8.4.1　四级配碾压混凝土拌合物性能试验配合比

编号	内容	水胶比	粉煤灰掺量/%	磷渣粉掺量/%	用水量/kg	砂率/%	石子组合比（特大石：大石：中石：小石）	减水剂品种	引气剂掺量/%	材料用量/(kg/m³)					
										水	水泥	粉煤灰	磷渣粉	砂	石
1	VC值与用水量关系	0.50	60	0	67	30	20：30：30：20	HLC-NAF	0.05	67	53.6	80.4	0.0	684	1620
2		0.50	60	0	71	30	20：30：30：20	HLC-NAF	0.05	71	56.8	85.2	0.0	686	1607
3		0.50	60	0	71	30	20：30：30：20	JM-PCA 0.8*	0.05	71	56.8	85.2	0.0	686	1607
4		0.50	60	0	74	30	20：30：30：20	HLC-NAF	0.05	74	59.2	88.8	0.0	674	1597
5		0.45	60	0	67	30	20：30：30：20	HLC-NAF	0.05	67	59.6	89.3	0.0	680	1609
6		0.45	60	0	71	30	20：30：30：20	HLC-NAF	0.05	71	63.1	94.7	0.0	674	1595
7		0.45	60	0	74	30	20：30：30：20	HLC-NAF	0.05	74	65.8	98.7	0.0	669	1585
8		0.50	60	0	71	30	25：30：25：20	HLC-NAF	0.05	71	56.8	85.2	0.0	679	1607
9		0.50	60	0	71	30	30：30：20：20	HLC-NAF	0.05	71	56.8	85.2	0.0	679	1607
11		0.50	30	30	71	30	20：30：30：20	HLC-NAF	0.05	71	56.8	42.6	42.6	682	1614
13		0.50	30	30	71	30	20：30：30：20	JM-PCA 0.8*	0.05	71	56.8	42.6	42.6	682	1614
14	VC值与砂率关系	0.50	60	0	71	26	20：30：30：20	HLC-NAF	0.05	71	56.8	85.2	0.0	588	1699
15		0.50	60	0	71	28	20：30：30：20	HLC-NAF	0.05	71	56.8	85.2	0.0	633	1653
16		0.50	60	0	71	32	20：30：30：20	HLC-NAF	0.05	71	56.8	85.2	0.0	724	1561
17		0.45	30	30	71	28	20：30：30：20	HLC-NAF	0.05	71	63.1	47.3	47.3	632	1649
18		0.45	30	30	71	30	20：30：30：20	HLC-NAF	0.05	71	63.1	47.3	47.3	677	1603
19		0.45	30	30	71	32	20：30：30：20	HLC-NAF	0.05	71	63.1	47.3	47.3	722	1557
20	砂率与用水量关系	0.50	60	0	67	26	20：30：30：20	HLC-NAF	0.05	67	53.6	80.4	0.0	593	1713
21		0.50	60	0	67	28	20：30：30：20	HLC-NAF	0.05	67	53.6	80.4	0.0	639	1667
22		0.50	60	0	74	28	20：30：30：20	HLC-NAF	0.05	74	59.2	88.8	0.0	629	1642
23		0.50	60	0	74	32	20：30：30：20	HLC-NAF	0.05	74	59.2	88.8	0.0	719	1551
24	石子组合比	0.45	30	30	71	30	25：30：25：20	HLC-NAF	0.05	71	63.1	47.3	47.3	677	1603
25		0.45	30	30	71	30	30：30：20：20	HLC-NAF	0.05	71	63.1	47.3	47.3	677	1603

* JM-PCA减水剂掺量为0.8%，其他减水剂掺量为0.7%。

8.4.1.1 *VC* 值与用水量的关系

水胶比分别取 0.45 和 0.50，砂率 30%，掺合料为粉煤灰（掺量 60%），减水剂为 HLC-NAF（掺量为 0.7%）、引气剂为 AE 引气剂（掺量为 0.05%），石子组合比为特大石：大石：中石：小石＝20：30：30：20，用水量分别取 67kg/m³、71kg/m³ 和 74kg/m³。其试验结果见表 8.4.2，图 8.4.1、图 8.4.2 为两种水胶比情况下 *VC* 值与用水量关系曲线。

表 8.4.2　四级配碾压混凝土 *VC* 值与用水量的关系试验结果

编号	水胶比	粉煤灰掺量/%	用水量/(kg/m³)	砂率/%	石子组合比	*VC* 值/s	含气量/%	骨料包裹情况
1	0.50	60	67	30	20：30：30：20	3.8	4.0	好
2	0.50	60	71	30	20：30：30：20	3.0	4.4	好
4	0.50	60	74	30	20：30：30：20	1.1	5.2	好
5	0.45	60	67	30	20：30：30：20	4.9	4.2	中，偏干
6	0.45	60	71	30	20：30：30：20	3.8	4.6	好
7	0.45	60	74	30	20：30：30：20	1.8	5.5	好

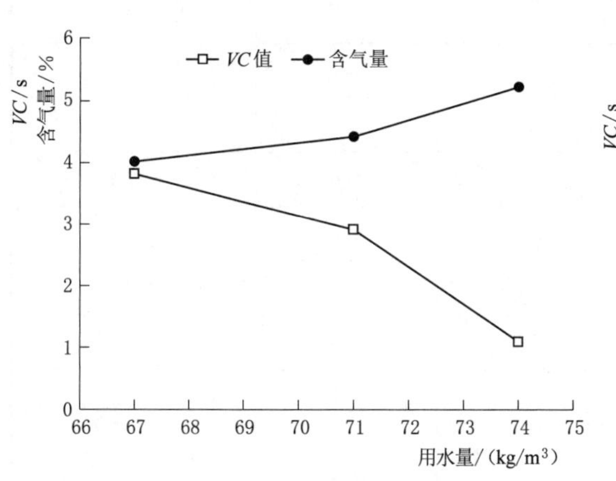

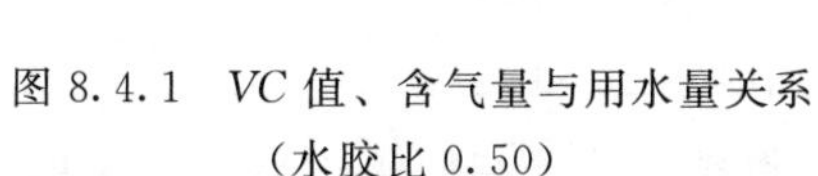
图 8.4.1　*VC* 值、含气量与用水量关系
（水胶比 0.50）

图 8.4.2　*VC* 值、含气量与用水量关系
（水胶比 0.45）

试验结果表明，四级配碾压混凝土的 *VC* 值随用水量增加而降低，用水量在 67kg/m³ 左右时，*VC* 值为 3.8～4.9s；用水量在 71kg/m³ 左右时，*VC* 值为 3.6～3.8s；用水量在 74kg/m³ 左右时，*VC* 值为 1.1～1.8s。为了达到 1～3s 的 *VC* 值，用水量可在 71～74kg/m³。

含气量随用水量增加而增加，当用水量达到 74kg/m³ 时，含气量达到 5%以上。在保证碾压混凝土抗冻等级的前提下，含气量不宜过高，否则对碾压混凝土强度有不利影响。

从碾压混凝土拌合物的骨料包裹情况来看，用水量在67kg/m³ 时，特大石表面砂浆包裹较少。

综合考虑用水量对 *VC* 值、含气量的影响及碾压混凝土拌合物的骨料包裹情况，对于水胶比在0.45～0.50的四级配碾压混凝土，用水量取 71kg/m³ 为宜。

8.4.1.2　*VC* 值与砂率的关系

试验采用0.50水胶比，掺60%粉煤灰，掺0.7%HLC-NAF减水剂和0.05%AE引气剂，石子组合比为特大石：大石：中石：小石=20：30：30：20，3个不同的用水量和4个不同的砂率。试验结果列于表8.4.3，图8.4.3为用水量为71kg/m³ 时，*VC* 值与砂率的关系曲线。

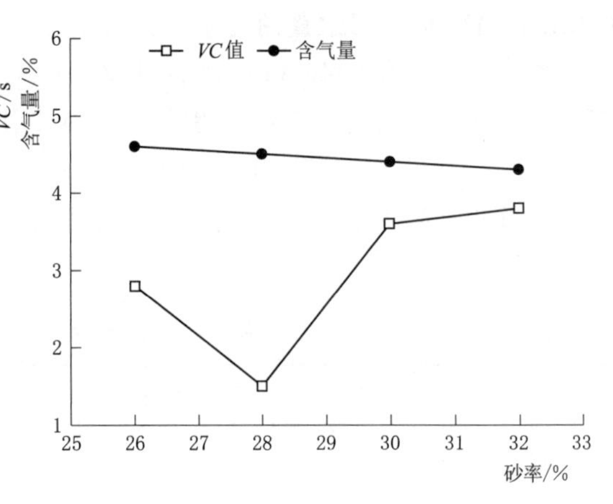

图8.4.3　*VC* 值、含气量与砂率关系曲线（用水量71kg/m³）

表8.4.3　　四级配碾压混凝土砂率对 *VC* 值的影响试验结果

编号	用水量/kg	砂率/%	*VC* 值/s	含气量/%	骨料包裹情况
20	67	26	1.7	3.7	中
21	67	28	2.8	3.9	较差，偏干
1	67	30	3.8	4.0	好
14	71	26	2.8	4.6	好
15	71	28	1.5	4.5	较好
2	71	30	3.6	4.4	好
16	71	32	3.8	4.3	中，偏干
22	74	28	0.9	5.1	较好
4	74	30	1.1	5.2	好
23	74	32	4.8	5.5	好

当用水量为71kg/m³ 时，砂率为28%时的 *VC* 值最小，砂率低于或高于28%时，*VC* 值增大；砂率为32%时拌合物偏干，骨料裹浆情况较差。虽然采用28%的砂率可以进一步降低用水量，但考虑到可碾性，四级配碾压混凝土砂率选择30%较为合适。

8.4.1.3　粗骨料组合比对拌合物性能的影响

（1）粗骨料组合比对 *VC* 值的影响。石子组合比对 *VC* 值的影响采用0.45、0.50水胶比，用水量71kg/m³，掺60%粉煤灰或复掺30%粉煤灰和30%磷渣粉，砂率30%，掺0.7%HLC-NAF减水剂和0.05%AE引气剂，3个不同的石子组合比。其试验结果见表8.4.4，图8.4.4、图8.4.5。

表 8.4.4 四级配碾压混凝土粗骨料组合比对VC值的影响试验结果

编号	水胶比	粉煤灰掺量/%	磷渣粉掺量/%	石子组合比	VC值/s	含气量/%	骨料包裹情况
2	0.50	60	0	20：30：30：20	3.6	4.4	好
8	0.50	60	0	25：30：25：20	1.3	5.0	好
9	0.50	60	0	30：30：20：20	1.4	6.6	好
18	0.45	30	30	20：30：30：20	4.5	5.1	较好
24	0.45	30	30	25：30：25：20	3.5	3.8	较好
25	0.45	30	30	30：30：20：20	3.0	4.6	好

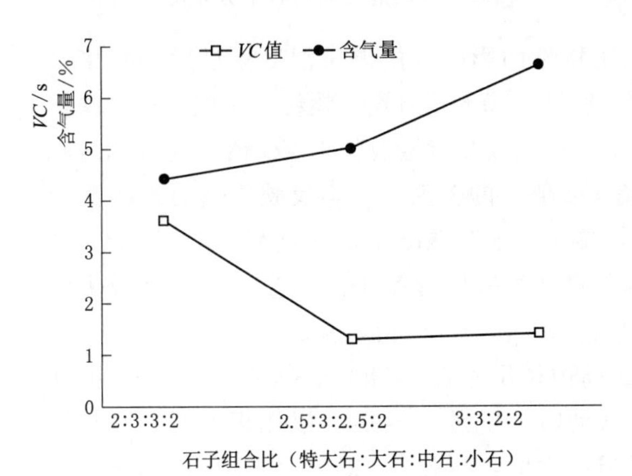

图 8.4.4 VC值、含气量与粗骨料组合比的关系（一）
（水胶比0.50，单掺粉煤灰，用水量71kg/m³，砂率30%，HLC-NAF减水剂）

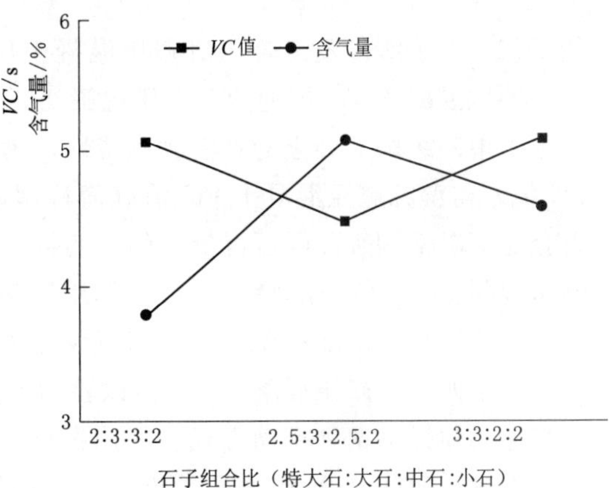

图 8.4.5 VC值、含气量与粗骨料组合比的关系（二）
（水胶比0.45，复掺粉煤灰和磷渣粉，用水量71kg/m³，砂率30%，HLC-NAF减水剂）

碾压混凝土的湿筛VC值随粗骨料中的特大石、大石含量增加而降低，含气量随粗骨料中的特大石、大石含量增加而增加，说明增加特大石、大石的比例，可以降低四级配碾压混凝土的用水量。由于碾压混凝土是超干硬性混凝土，应更多地考虑施工性能需要，特别是四级配碾压混凝土，石子组合比对大骨料分离及可碾性的影响应受到重视。图8.4.6、图8.4.7、图8.4.8为三种不同石子组合比碾压混凝土劈开后的照片，从中可以看到，三种石子组合比碾压混凝土中的大骨料与砂浆的结合都比较好，但30：30：20：20组合比的碾压混凝土显得大骨料偏多。

图 8.4.6 石子组合比为20：30：30：20时四级配碾压混凝土内石子分布情况

图8.4.7 石子组合比为25∶30∶25∶20时四级配碾压混凝土内石子分布情况

图8.4.8 石子组合比为30∶30∶20∶20时四级配碾压混凝土内石子分布情况

(2) 石子级配及组合比对碾压混凝土压实特性的影响。按碾压混凝土试验规程中规定，碾压混凝土*VC*值的测定采用湿筛法，筛去大于40mm的骨料颗粒，不能完全反映实际施工中四级配混凝土的真实碾压特性。为了比较四级配碾压混凝土*VC*值（简称四级配*VC*值）与湿筛碾压混凝土*VC*值（简称湿筛*VC*值）的关系，真实反映不同石子级配及组合比情况下四级配碾压混凝土的压实特性，参考《水工混凝土试验规程》(SL 352) 中碾压混凝土*VC*值的试验方法，制作用于测定四级配碾压混凝土的容量筒、压板及配重块，对比进行四级配碾压混凝土和四级配碾压混凝土湿筛*VC*值试验。

用于四级配碾压混凝土*VC*值试验的容量筒内径尺寸为ϕ450mm×450mm，采用振动台和振动器振动两种振动方式。使用振动台振动时，压强4.9kPa，以压板上所有孔均泛浆时的振动时间(s)作为*VC*值；使用振动器振动时，压强6.4kPa，以压板周边全部泛浆时的振动时间(s)作为*VC*值。

全级配碾压混凝土*VC*值测试完毕后，测量筒内拌合物的下沉深度并计算此时拌合物的密度（简称泛浆表观密度），以分析石子组合比对振实湿密度的影响。对骨料组合比为20∶30∶30∶20的拌合物，*VC*值试验完毕后，继续振动，直至不再能继续振实，测试其振实密度（最大振实密度），以比较泛浆表观密度与最大振实密度的关系。

试验采用0.50水胶比，用水量71kg/m³，掺60%粉煤灰，砂率30%，掺0.7%HLC-NAF减水剂和0.05%AE引气剂，4个不同的石子组合比。四级配碾压混凝土*VC*值、湿筛*VC*值对比试验结果及密度试验结果见表8.4.5，图8.4.9为四级配碾压混凝土*VC*值试验过程及不同石子组合比四级配碾压混凝土*VC*值试验混凝土压实后的照片。

表8.4.5 碾压混凝土*VC*值试验结果

序号	振动方式	骨料组合比	湿筛*VC*值 /s	四级配*VC*值 /s	泛浆表观密度 /(kg/m³)	振实密度 /(kg/m³)
1	振动台	20∶20∶30∶30	4.5	23	2409	—
2		20∶30∶30∶20	2.4	22	2429	2453
3		25∶30∶25∶20	1.7	24	2405	—
4		30∶30∶20∶20	1.5	19	2380	—
5	振动器	20∶30∶30∶20	2.4	41	2407	—

（a）第一层装料后进行插捣

（b）第二层装料后表面整平

（c）表面压重后振动台振动

（d）振动后表面泛浆情况

（e）振动器振动

（f）全级配*VC*值测试后的试件
（骨料组合比 2:3:3:2）

（g）全级配*VC*值测试后的试件
（骨料组合比 2:2:3:3）

（h）全级配*VC*值测试后的试件
（骨料组合比 2.5:3:2.5:2）

（i）全级配 *VC*值测试后的试件
（骨料组合比 3:3:2:2）

图 8.4.9 全碾压混凝土 *VC* 值试验情况

试验结果表明，湿筛 VC 值随着大骨料比例的增大而减小，四级配 VC 值在石子组合比为 30∶30∶20∶20 时最小，其他三种石子组合比的四级配 VC 值相当。

三种石子组合比的四级配碾压混凝土的泛浆表观密度，以特大石∶大石∶中石∶小石＝20∶30∶30∶20 组合的振实湿密度最高，采用该石子组合比的碾压混凝土较易压实。

石子组合比对四级配碾压混凝土压实特性的影响与粗骨料的含量和不同组合比石子的振实密度有关。粗骨料含量越大，液化出浆所需能量越大，VC 值增加；保持碾压混凝土用水量、水胶比、砂率不变，不同石子组合比的振实密度越大，石子中的空隙体积越少，β 值增加，液化出浆所需能量越小，因而 VC 值越小；从试验结果看，不同石子组合比的振实密度对 VC 值的影响比粗骨料含量的影响大，不同石子组合比中以 20∶30∶30∶20 石子组合比的振实密度最大，VC 值最小。另外，从四级配碾压混凝土泛浆时的表观密度看，粗骨料含量增大至一定程度，碾压混凝土易泛浆并不一定易压实，所有试验组合中，特大石∶大石∶中石∶小石＝20∶30∶30∶20 组合的 VC 值虽不是最小，但泛浆振实湿密度最高，继续振实，碾压混凝土的压实度可达到 98%以上。

与振动台振实相比，采用表面振动器振实时混凝土拌合物的四级配 VC 值增加，泛浆表观密度降低。这与试验室表面振捣器对碾压混凝土做功效率有关。

(3) 抗骨料分离措施。四级配碾压混凝土拌合物骨料分离最应受到重视的问题之一。早期少量的现场试验和工程施工结果表明，当骨料最大粒径超过 80mm 时，在运输，卸料和摊铺过程中，大颗粒骨料易发生滚动而形成粗骨料集中的分离现象。日本曾使用最大粒径为 150mm 的粗骨料，辅以严格的铺筑工艺和施工层面处理措施，但效果仍不理想。在巴基斯坦贝拉坝的修补工程中，用最大粒径达 230mm 的石料拌制碾压混凝土，并采用大型振动碾和卸料高度较小的运输工具。

四级配碾压混凝土抗骨料分离措施设计首先从配合比设计时就给予了充分的重视，如合适的砂率、石子组合比，掺合料掺量，外加剂使用等。其次在施工过程采取的抗骨料分离措施是减少碾压混凝土骨料分离的关键，这些措施包括严格的配合比控制措施，减少转运次数、降低卸料高度和料堆高度，采用减少分离的铺料和平仓方法等。具体的防分离措施应包括：拌和楼卸料缓降装置改装；自卸汽车尾部的缓降及简易的摊铺装置；采用大型摊铺机或多层铺料；辅以人力分散因分离而集中的骨料等。

在自卸汽车尾部加装间距（300～400mm）合适的三层错层钢筋网，组成缓卸及分散摊铺系统可有效减少四级配碾压混凝土中大骨料的分离。

(4) 碾压层厚度试验和碾压机械。碾压混凝土的碾压层厚要求不应小于骨料最大粒径的 3 倍，这样才不影响大型振动碾的压实效果。沙沱水电站四级配碾压混凝土试验中采用的骨料最大粒径为 120mm，由此可知碾压混凝土压实厚度应大于 360mm，并由此决定摊铺厚度。最优的压实厚度将通过室内和现场碾压试验确定，适应厚度应包括 400mm、500mm、650mm、800mm、1000mm 等 5 个碾压层厚，室内试验结果表明，碾压层厚 500mm 左右，采用合适的振动方式，易获得需要的压实度。

骨料最大粒径愈大，要求振动机械的振动力愈大。在日本新中野坝和玉川坝的施工中，使用激振力 32t 的 BW－200 型振动碾，能够碾压骨料最大粒径 150mm 的碾压混凝土，目前尚无采用激振力在20t以下的振动碾碾压最大粒径在80mm以上碾压混凝土的先例。在沙沱水电站四级配碾压混凝土现场试验中开展了用激振力20t以下的碾压设备和激振力20t以上的试验设备的对比试验结果。

总之，从骨料分离、可碾性、石子组合比对*VC*值、振实湿密度的影响及骨料包裹情况等考虑，四级配碾压混凝土的粗骨料组合比取20：30：30：20较为合适。

8.4.1.4 掺合料品种对拌合物性能的影响

掺合料品种对*VC*值的影响试验结果见表8.4.6和图8.4.10。试验发现，磷渣粉和粉煤灰复掺时，*VC*值略小，含气量小幅增加，骨料包裹性好；说明磷渣粉与粉煤灰复掺有利于改善四级配碾压混凝土的施工性能。

表8.4.6 掺合料品种对*VC*值影响试验结果（用水量71kg/m³）

编号	水胶比	粉煤灰掺量/%	磷渣粉掺量/%	砂率/%	石子组合比	*VC*值/s	含气量/%	骨料包裹情况
2	0.50	60	0	30	20：30：30：20	3.6	4.4	好
11	0.50	30	30			1.8	5.3	好
6	0.45	60	0			4.5	4.6	好
18	0.45	30	30			3.8	5.1	较好

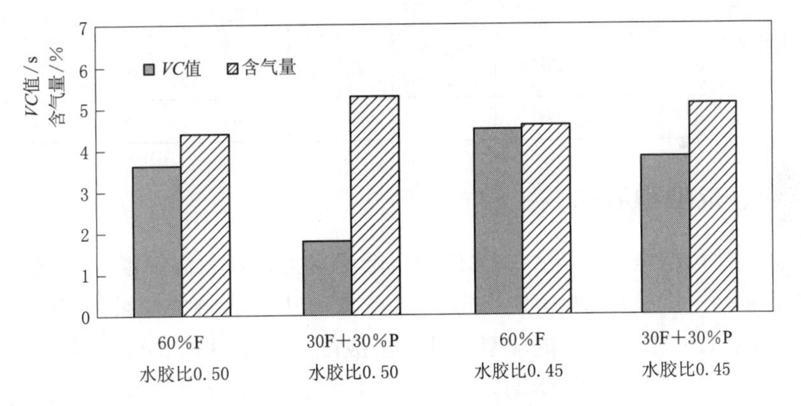

图8.4.10 掺合料品种对*VC*值影响

8.5 碾压混凝土性能

8.5.1 碾压混凝土配合比

通过四级配碾压混凝土用水量、砂率及石子组合比的试验及选择，确定$C_{90}15$四级配碾压混凝土的试验配合比的基本参数，其中水胶比0.50，掺合料采用单掺粉煤灰60%或复掺30%粉煤灰和30%磷渣粉，单掺粉煤灰时单位用水量为71kg/m³，复掺粉煤灰和磷渣粉时单位用水量为70kg/m³，砂率30%。

采用绝对体积法计算的$C_{90}15$四级配碾压混凝土的材料用量见表8.5.1、表8.5.2。

表中同时列出了用于对比试验的三级配碾压混凝土和变态混凝土的配合比，并用填充包裹法计算所有配合比的 α、β 值。

值得注意的是公式（8.1.2）和公式（8.1.3）计算 α 及 β 值时未将砂浆中的含气作为浆体计入，此处计算时特别予以考虑。碾压混凝土的 α 值一般为 1.1～1.3，β 值一般为 1.2～1.5，试验配合比的 α 为 1.16～1.25，β 值为 1.59～1.75，表明碾压混凝土具有较好的可碾性。

表 8.5.1　　碾压混凝土试验配合比

编号	水胶比	粉煤灰掺量/%	磷渣粉掺量/%	级配	砂率/%	材料用量/(kg/m³)						α	β	减水剂HLC-NAF/%	引气剂AE/%
						水	水泥	粉煤灰	磷渣粉	砂	石				
ST1	0.50	60	0	四	30	71	57	85	—	686	1607	1.19	1.66	0.7	0.05
ST2	0.50	30	30	四	30	70	56	42	42	688	1617	1.16	1.63	0.7	0.05
ST3	0.50	60	0	三	34	80	64	96	—	755	1477	1.23	1.75	0.7	0.05
ST4	0.50	50	0	三	33	80	80	80	—	738	1503	1.25	1.69	0.7	0.05
ST5	0.50	50	0	四	30	71	71	71	—	687	1607	1.18	1.59	0.7	0.05

表 8.5.2　　变态混凝土浆液配合比及拌合物性能

编号	母体配合比编号	级配	浆液配合比参数			加浆量/%	变态混凝土浆液材料用量/(kg/m³)		
			水胶比	粉煤灰掺量/%	减水剂		水	水泥	粉煤灰
ST8	ST4	三	0.45	45	0.7	6	33	40	33

8.5.2　拌合、成型和养护

性能试验试件包括全级配混凝土试件和湿筛混凝土试件。湿筛混凝土试件的形状与尺寸符合《水工混凝土试验规程》（SL 352）的规定，其中轴向拉伸采用 SL 352 规范中图 4.5.2-1 中分图（c）形式的室内成型试件。全级配混凝土性能试验试件的形状与尺寸见表 8.5.3。为了消除试件尺寸的影响，三级配、四级配碾压混凝土及三级配变态混凝土均采用相同的形状与尺寸。全级配混凝土拌合成型的同时，成型湿筛混凝土小试件。

表 8.5.3　　全级配混凝土各性能试验试件的形状与尺寸

试验项目	试件形状	试件尺寸	试验项目	试件形状	试件尺寸
抗压强度	立方体	450mm×450mm×450mm	干缩率	圆柱体	Φ450mm×900mm
劈拉强度	立方体	450mm×450mm×450mm	线膨胀系数	圆柱体	Φ450mm×900mm
轴心抗拉强度	棱柱体	450mm×450mm×1700mm	比热	圆柱体	Φ450mm×450mm
轴心抗压弹性模量	圆柱体	Φ450mm×900mm	导温系数	圆柱体	Φ450mm×450mm
抗渗等级	圆柱体	Φ450mm×450mm	导热系数	圆柱体	Φ450mm×450mm
抗冻等级	棱柱体	450mm×450mm×900mm	绝热温升	圆柱体	Φ450mm×450mm
自生体积变形	圆柱体	Φ450mm×1350mm			

混凝土的拌合采用100L强制式搅拌机。采用全级配振动成型器成型，振动器频率50Hz±3 Hz，振幅3mm±0.2mm，附有可拆卸的试模压板和压重块，压板形状与试件表面形状一致，其边长或直径比试件尺寸约小5mm。将压重块的质量调整至碾压混凝土试件表面压强为4.9kPa。

将全级配碾压混凝土拌合物分层浇注在试模内，浇注层厚度不超过300mm，全级配混凝土抗压强度、劈拉强度、轴心抗拉强度、绝热温升、抗渗、抗冻试件采用两次装料成型，轴心抗压弹性模量、自生体积变形、热学性能、徐变试件分三次装料成型。按每$100cm^2$插捣12次进行插捣，插捣上层时捣棒应插入下层10～20mm，将拌合物表面整平后，将装有压板的振动成型器垂直置于拌合物表面进行振动成型，振动时间以浇注层表面均匀泛浆为准。当下层振动完毕后，装入上层拌合物，重复上述步骤至成型完毕。

试件成型、平模后，置于静置室中，在20℃±5℃环境中静置3～7d，待到一定强度后拆模并编号，移至标准养护室养护。湿筛混凝土试件的成型采用振动台加压成型（压强4.9kPa）。全级配碾压混凝土振动成型器示意图见图8.5.1，四级配碾压混凝土出机拌合物照片见图8.5.2，大骨料裹浆情况见图8.5.3，*VC*值试验情况见图8.5.4。全级配碾压混凝土各种试件的成型及养护照片见图8.5.5～图8.5.14。

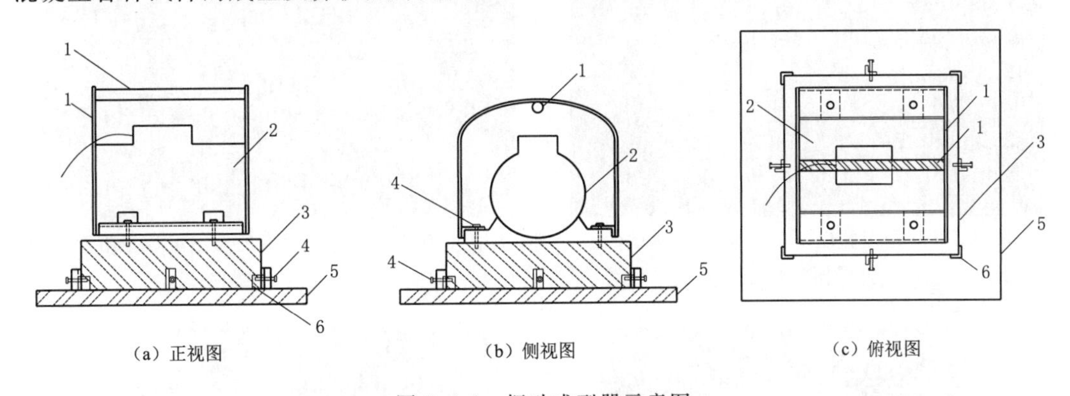

图8.5.1　振动成型器示意图

1—扶手；2—混凝土平板式振动器；3—底板；4—固定螺丝；5—成型压板；6—底板固定角铁

图8.5.2　四级配碾压混凝土拌合物

图8.5.3　大骨料裹浆情况

图 8.5.4　*VC* 值试验情况

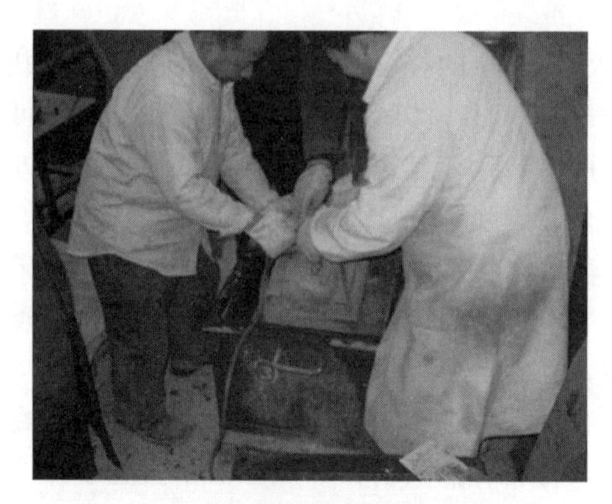

图 8.5.5　全级配碾压混凝土立方体试件下层振动成型

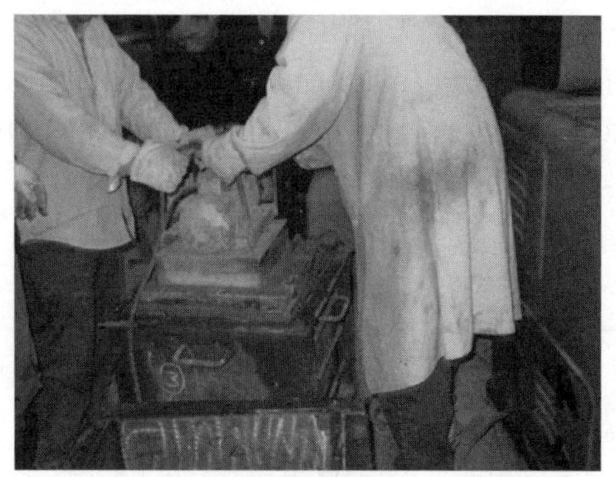

图 8.5.6　全级配碾压混凝土立方体试件上层振动成型

图 8.5.7　成型抹面后的全级配碾压混凝土立方体试件

图 8.5.8　全级配碾压混凝土弹性模量试件抹面

图 8.5.9　全级配碾压混凝土极限拉伸试件下层振动成型

图 8.5.10 全级配碾压混凝土极限拉伸试件上层振动抹面

图 8.5.11 全级配碾压混凝土自生体积变形试件

(a) 抗冻试件

(b) 抗渗试件

图 8.5.12 全级配碾压混凝土抗冻及抗渗试件

图 8.5.13 标准养护的全级配及湿筛碾压混凝土试件（一）

图 8.5.14 标准养护的全级配及湿筛碾压混凝土试件（二）

8.5.3 性能试验结果及分析

8.5.3.1 抗压强度

全级配及湿筛碾压混凝土的抗压强度、抗压强度增长率、全级配碾压混凝土与湿筛碾压混凝土抗压强度比值见表 8.5.4，四级配碾压混凝土与三级配碾压混凝土抗压强度及比

表 8.5.4 混凝土抗压强度试验结果

编号	水胶比	粉煤灰掺量/%	磷渣粉掺量/%	级配	抗压强度/MPa					抗压强度增长率/%					全级配试件/湿筛试件/%				
					7d	28d	90d	180d	360d	7d	28d	90d	180d	360d	7d	28d	90d	180d	360d
ST1	0.50	60	0	四	10.2	18.1	28.3	35.5	41.2	56	100	156	196	228	123	105	109	114	116
				湿筛	8.3	17.2	26.0	31.1	35.4	48	100	151	181	206					
ST2	0.50	30	30	四	11.5	18.2	28.5	36.9	44.4	63	100	157	203	238	153	105	107	114	116
				湿筛	7.5	17.4	26.7	32.4	37.3	43	100	153	186	214					
ST3	0.50	60	0	三	9.6	19.1	29.2	35.7	41.7	50	100	153	187	218	112	115	122	111	116
				湿筛	8.6	16.6	24.0	32.2	35.8	52	100	145	194	216					
ST5	0.50	50	0	四	16.5	22.1	32.5	38.7	43.0	75	100	147	175	195	139	123	112	115	115
				湿筛	11.9	18.0	29.1	33.7	37.5	66	100	162	187	208					
ST4	0.50	50	0	三	17.5	21.3	30.6	38.3	43.9	82	100	134	180	206	136	107	109	110	114
				湿筛	12.9	19.9	28.0	34.8	38.4	65	100	141	175	193					
ST8	0.50	50	0	三*	12.1	19.0	30.9	38.0	44.2	64	100	163	200	233	115	104	111	110	111
				湿筛	10.5	18.2	27.9	34.6	40.0	58	100	153	190	220					
平均															130	110	111	112	115

* 三级配变态混凝土。

值见表 8.5.5。全级配及湿筛碾压混凝土的抗压强度随龄期发展曲线分别见图 8.5.15、图 8.5.16，全级配及湿筛碾压混凝土 7d、28d、90d、180d、360d 龄期抗压强度比较图见图 8.5.17～图 8.5.21，全级配碾压混凝土抗压强度观测现场见图 8.5.22，全级配碾压混凝土抗压强度试件破坏情况见图 8.5.23～图 8.5.28。

表 8.5.5　四级配碾压混凝土与三级配碾压混凝土抗压强度比较

编号	粉煤灰掺量/%	试件及级配		各龄期抗压强度/MPa				
				7d	28d	90d	180d	360d
ST1/ST3	60	全级配试件	四	10.2	18.1	28.3	35.5	41.2
			三	9.6	19.1	29.2	35.7	41.7
		比值/%		106	95	97	99	99
		湿筛试件	四	8.3	17.2	26.0	31.1	35.4
			三	8.6	16.6	24.0	32.2	35.8
		比值/%		97	104	108	97	99
ST5/ST4	50	全级配试件	四	16.5	22.1	32.5	38.7	43.0
			三	17.5	21.3	30.6	38.3	43.9
		比值/%		94	104	106	101	98
		湿筛试件	四	11.9	18.0	29.1	33.7	37.5
			三	12.9	19.9	28.0	34.8	38.4
		比值/%		92	95	104	97	98

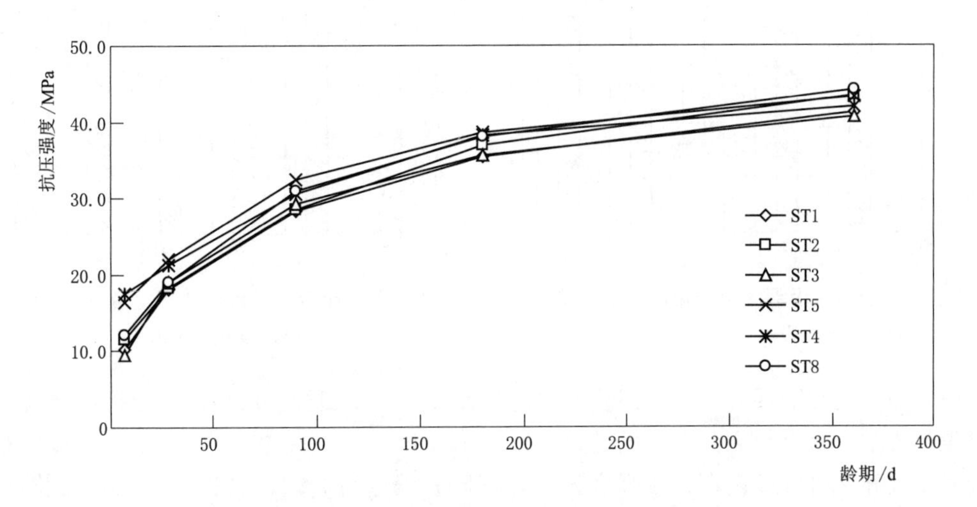

图 8.5.15　全级配碾压混凝土抗压强度随龄期发展曲线

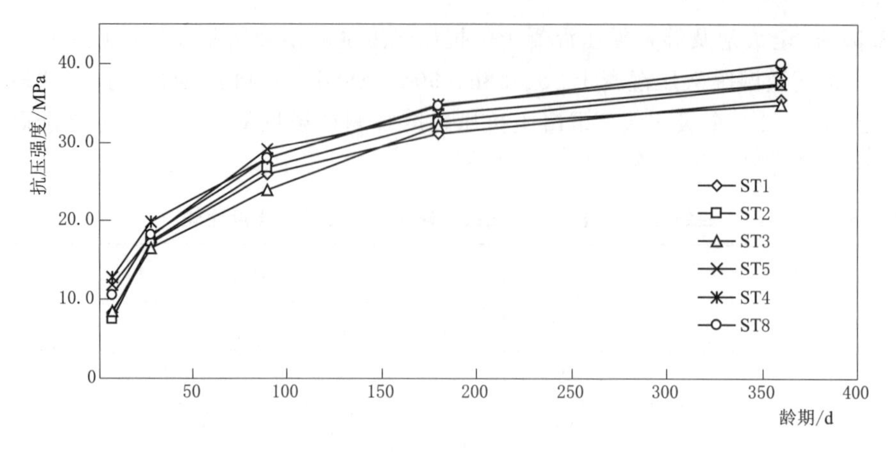

图 8.5.16 湿筛碾压混凝土抗压强度随龄期发展曲线

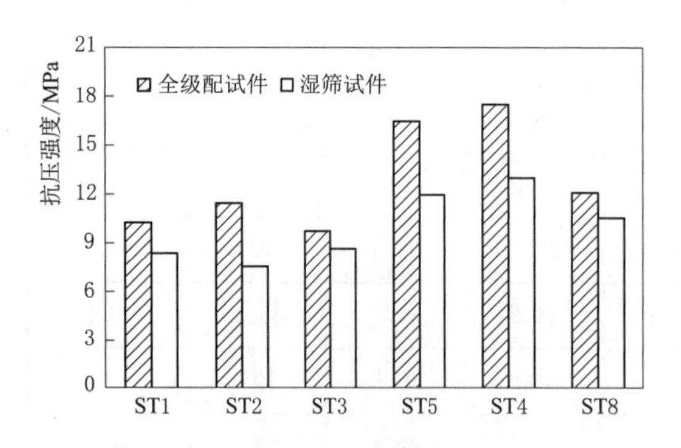

图 8.5.17 全级配及湿筛碾压混凝土 7d 龄期抗压强度比较图

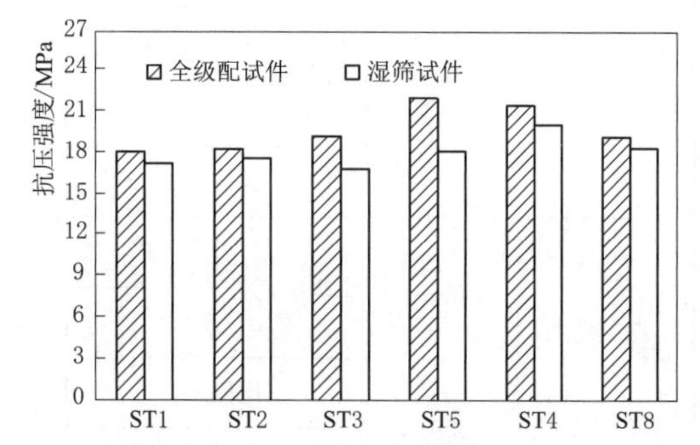

图 8.5.18 全级配及湿筛碾压混凝土 28d 龄期抗压强度比较图

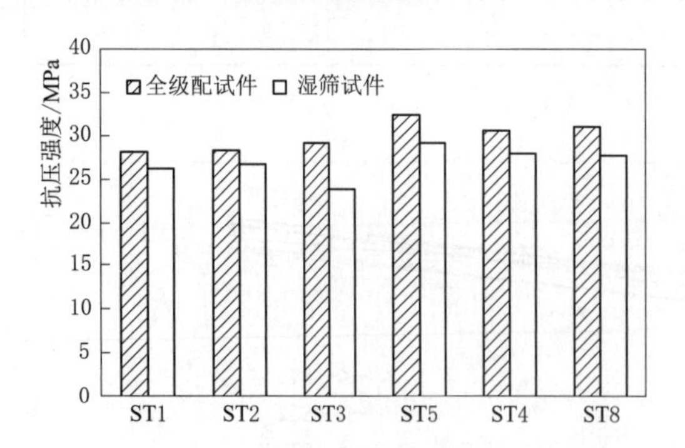

图 8.5.19 全级配及湿筛碾压混凝土 90d 龄期抗压强度比较图

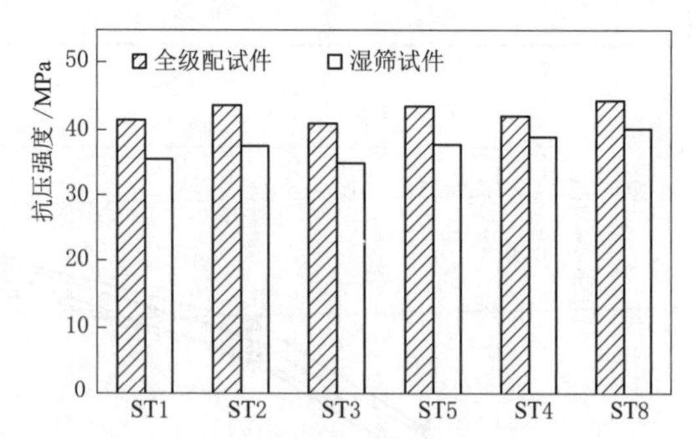

图 8.5.20 全级配及湿筛碾压混凝土 180d 龄期抗压强度比较图

(1) 四级配碾压混凝土抗压强度能够满足设计要求。四级配碾压混凝土抗压强度能够满足设计要求，且有较大富余。编号为 ST1，水胶比 0.50、单掺 60%粉煤灰的四级配碾压混凝土湿筛试件 90d 龄期抗压强度为 26.0MPa；编号为 ST2，水胶比 0.50、复掺 30%粉煤灰及 30%磷渣粉的四级配碾压混凝土湿筛小试件 90d 龄期的抗压强度为 26.7MPa；不仅能满足 $C_{90}15$ 坝体内部混凝土配制强度 18.0MPa 的要求，且有较大富余。同时都高

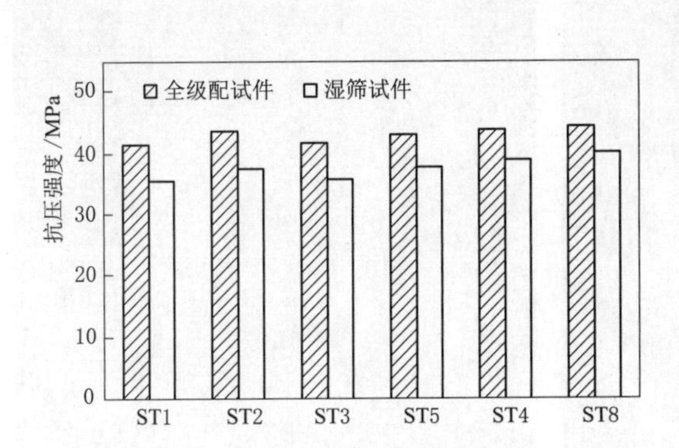

图 8.5.21　全级配及湿筛碾压混凝土 360d 龄期抗压强度比较图

图 8.5.22　全级配碾压混凝土抗压强度观测现场

(a) 破碎外观

(b) 破碎形态

图 8.5.23　全级配碾压混凝土抗压强度试件破坏情况（ST1）

(a) 破碎外观

(b) 破碎形态

图 8.5.24　全级配混凝土抗压强度试件破坏情况（ST2）

(a) 破碎外观　　(b) 破碎形态

图 8.5.25　全级配混凝土抗压强度试件破坏情况（ST3）

(a) 破碎外观　　(b) 破碎形态

图 8.5.26　全级配混凝土抗压强度试件破坏情况（ST5）

(a) 破碎外观　　(b) 破碎形态

图 8.5.27　全级配混凝土抗压强度试件破坏情况（ST4）

于编号为 ST3，水胶比 0.50、单掺 60%粉煤灰的三级配碾压混凝土湿筛试件 90d 龄期的抗压强度 24.0MPa。编号为 ST4，水胶比 0.50、单掺 50%粉煤灰的三级配碾压混凝土湿筛试件 90d 龄期抗压强度为 28.0MPa，满足 $C_{90}20$ 迎水面防渗层碾压混凝土配制强度 23.4MPa 的要求，且有一定富余。编号为 ST8 的 $C_{90}20$ 三级配变态混凝土湿筛试件 90d 龄期抗压强度为 27.9MPa，满足上游坝面变态混凝土 $C_{90}20$ 配制强度 23.4MPa 的要求。

图 8.5.28　全级配混凝土抗压强度试件破坏情况（ST8）

（2）四级配碾压混凝土与三级配碾压混凝土抗压强度比较。四级配碾压混凝土与三级配碾压混凝土抗压强度比较见表 8.5.5。不同龄期四级配碾压混凝土与三级配碾压混凝土全级配大试件抗压强度的比值为 94%～106%，平均值 101%，说明碾压混凝土骨料最大粒径由 80mm 增至 120mm，四级配碾压混凝土与三级配碾压混凝土抗压强度没有明显变化。

不同龄期四级配与三级配碾压混凝土湿筛小试件抗压强度的比值在 92%～108%，平均值 100%，四级配碾压混凝土与三级配碾压混凝土湿筛后的抗压强度相比差别较小。

同水胶比、等粉煤灰掺量、相同压实方法条件下，四级配碾压混凝土和三级配碾压混凝土抗压强度无明显差异。

（3）掺合料品种对四级配碾压混凝土抗压强度的影响。复掺粉煤灰和磷渣粉的四级配碾压混凝土湿筛小试件 7d 龄期的抗压强度略低于单掺粉煤灰的四级配碾压混凝土湿筛小试件，全级配大试件 7d 龄期的抗压强度略高于单掺粉煤灰的四级配碾压混凝土全级配大试件。早期的微小差别可能是由于全级配碾压混凝土的骨架作用较大，磷渣粉早期水化慢，对湿筛试件影响更明显。

复掺粉煤灰磷渣粉和单掺粉煤灰的四级配碾压混凝土 28d、90d 龄期的抗压强度，无论是湿筛试件还是全级配大试件，抗压强度十分接近。但随着龄期增长，到 180d、360d 龄期，复掺粉煤灰磷渣粉和单掺粉煤灰的四级配碾压混凝土及湿筛试件的抗压强度显著高于单掺粉煤灰四级配碾压混凝土。

试验结果表明，单掺磷渣粉四级配碾压混凝土的抗压强度与单掺粉煤灰的四级配碾压混凝土相比，早期、中期接近，后期显著提高。

（4）抗压强度增长率。四级配碾压混凝土 7d 龄期强度增长率在 56%～75%，平均值为 65%，三级配碾压混凝土 7d 龄期强度增长率在 50%～82%，平均值为 66%，除粉煤灰掺量为 50%的三级配碾压混凝土 7d 龄期强度增长率较高外，其余四级配、三级配碾压混凝土的 7d 龄期强度增长率相当。四级配碾压混凝土 90d 龄期强度增长率在 147%～157%，平均值为 153%，三级配碾压混凝土 90d 龄期强度增长率在 134%～153%，平均值为 144%，四级配碾压混凝土的 90d 龄期强度增长率略高。四级配碾压混凝土 180d 龄期强度增长率在 175%～203%，平均值为 191%，三级配碾压混凝土 180d 龄期强度增长率在180%～200%，平均值为189%，除复掺粉煤灰磷渣粉的四级配碾压混凝土的180d龄期强度增长率较高外，其余四级配、三级配碾压混凝土的180d龄期强度增长率相当。四级配碾压混凝土360d龄期强度增长率在195%～238%，平均值为220%，三级配碾压混凝土360d龄期强度增长率在206%～218%，平均值为212%，四级配碾压混凝土的360d龄期强度增长率略高。

（5）全级配大试件与湿筛小试件抗压强度的比值。全级配大试件与湿筛小试件抗压强度的比值，7d、28d、90d、180d、360d龄期时平均值分别为130%、110%、111%、112%、115%。全级配大试件抗压强度与湿筛小试件抗压强度的比值较稳定，7d龄期后基本稳定在110%～115%左右。

长江科学院大量的试验结果表明，全级配碾压混凝土大试件的强度略高于湿筛小试件的强度，这与以往的结论有较大不同，究其可能原因包括：①骨料最大粒径增加，大粒径骨料带来的内部缺陷增多，即骨料尺寸效应降低混凝土抗压强度。②骨料最大粒径增加，骨料总表面积下降减少了过渡层的存在，同时大骨料架构作用也可提高混凝土抗压强度。③全级配碾压混凝土用水量小，聚集于骨料表面的水分减少，界面过渡区晶体生长约束较大、晶粒尺寸减小，因而碾压混凝土的界面过渡区结构有一定的改善。④骨料最大粒径增加，大骨料含量增加，混凝土含气量下降，可提高混凝土抗压强度。⑤试件尺寸效应的影响，大尺寸试件比小尺寸试件抗压强度低。

湿筛小试件与全级配大试件抗压强度关系受上述五种因素的综合影响。与以往相比，现代碾压混凝土中引气剂的大量使用是主要影响因素，计算表明湿筛小试件中碾压混凝土的含气量约比全级配大试件碾压混凝土中的含气量高1.5%左右。已有资料表明含气量每增加1%，常态混凝土强度下降3%～5%，对碾压混凝土的影响尚无数据。由于碾压混凝土胶凝材料用量少和需通过碾压才能密实的特点，可估计含气量对强度的影响更大，由此计算全级配大试件抗压强度比湿筛小试件抗压强度高约10%，这与试验结果相符合。另外在早期（7d龄期）时的比值高是由于早期砂浆强度低，过渡层的影响和大骨料的骨架作用对抗压强度影响较为明显的关系，随着龄期增长，砂浆强度提高，过渡层的影响、骨料骨架作用相对减少，比值趋于稳定。全级配大试件与湿筛小试件28d、90d、180d、360d龄期时强度比值稳定在110%左右，与以往其他全级配混凝土的试验结果一致。

四级配碾压混凝土的全级配试件与湿筛试件的抗压强度比值，7d龄期时略高于三级配碾压混凝土，28d、90d龄期时低于三级配碾压混凝土，180d、360d龄期两者相当。说明在早期过渡层与骨料的骨架作用影响明显；在中后期，随砂浆强度的增加，骨料最大粒径尺寸效应影响明显；而随着龄期继续增长、水化继续进行，几种效应对混凝土抗压强度的综合影响趋于平衡。

8.5.3.2　劈拉强度

全级配碾压混凝土大试件及湿筛碾压混凝土小试件的劈裂抗拉强度（简称劈拉强度）及其比值见表8.5.6，四级配碾压混凝土与三级配碾压混凝土劈拉强度及比值见表8.5.7，劈拉强度增长率、劈拉强度与抗压强度比（简称拉压比）见表8.5.8。7d、28d、90d、180d龄期劈拉强度比较图分别见图8.5.29～图8.5.32。全级配碾压混凝土劈拉强度观测现场见图8.5.34，全级配碾压混凝土劈拉强度试件整体与劈裂面照片见图8.5.34～图8.5.37。

表 8.5.6　混凝土劈拉强度试验结果

编号	水胶比	粉煤灰掺量/%	磷渣粉掺量/%	级配	劈拉强度/MPa				劈拉强度增长率/%				全级配试件/湿筛试件/%			
					7d	28d	90d	180d	7d	28d	90d	180d	7d	28d	90d	180d
ST1	0.50	60	0	四	0.63	1.34	1.84	2.00	47	100	137	149	94	83	66	67
				湿筛	0.67	1.61	2.80	2.97	42	100	174	184				
ST2	0.50	30	30	四	0.47	1.49	1.93	2.12	32	100	130	142	87	88	68	70
				湿筛	0.54	1.70	2.83	3.04	32	100	166	179				
ST3	0.50	60	0	三	0.72	1.47	2.04	2.15	49	100	139	146	90	88	69	67
				湿筛	0.80	1.68	2.94	3.19	48	100	175	190				
ST5	0.50	50	0	四	0.90	1.49	1.96	2.05	60	100	132	138	90	84	66	60
				湿筛	1.00	1.78	2.99	3.42	56	100	168	192				
ST4	0.50	50	0	三	1.10	1.62	2.17	2.24	68	100	134	138	94	81	69	65
				湿筛	1.17	1.99	3.15	3.43	59	100	158	172				
ST8	0.50	50	0	三*	0.91	1.48	2.04	2.28	61	100	138	154	75	79	71	68
				湿筛	1.21	1.87	2.86	3.34	65	100	153	179				
平均（不计入 ST8）													91	85	68	66

* 三级配变态混凝土。

表 8.5.7　　　　四级配碾压混凝土与三级配碾压混凝土劈拉强度比较

编号	水胶比	粉煤灰掺量/%	试件及级配		各龄期劈拉强度/MPa			
					7d	28d	90d	180d
ST1/ST3	0.50	60	全级配试件	四	0.63	1.34	1.84	2.00
				三	0.72	1.47	2.04	2.15
			比值/%		88	91	90	93
			湿筛试件	四	0.67	1.61	2.80	2.97
				三	0.80	1.68	2.94	3.15
			比值/%		84	96	95	94
ST5/ST4	0.50	50	全级配试件	四	0.90	1.49	1.96	2.05
				三	1.10	1.62	2.17	2.24
			比值/%		82	92	90	92
			湿筛试件	四	1.00	1.78	2.99	3.42
				三	1.17	1.99	3.15	3.43
			比值/%		85	89	95	99

表 8.5.8　　　　混凝土劈拉强度增长率及拉压比

编号	水胶比	粉煤灰掺量/%	磷渣粉掺量/%	级配	劈拉强度/抗压强度/%			
					7d	28d	90d	180d
ST1	0.50	60	0	四	6	7	7	6
				湿筛	8	9	10	10
ST2	0.50	30	30	四	4	8	7	6
				湿筛	6	10	11	9
ST3	0.50	60	0	三	8	8	7	6
				湿筛	9	10	11	10
ST5	0.50	50	0	四	5	7	6	5
				湿筛	7	10	10	10
ST4	0.50	50	0	三	6	8	7	6
				湿筛	9	10	11	10
ST8	0.50	50	0	三	8	8	7	6
				湿筛	12	10	10	10

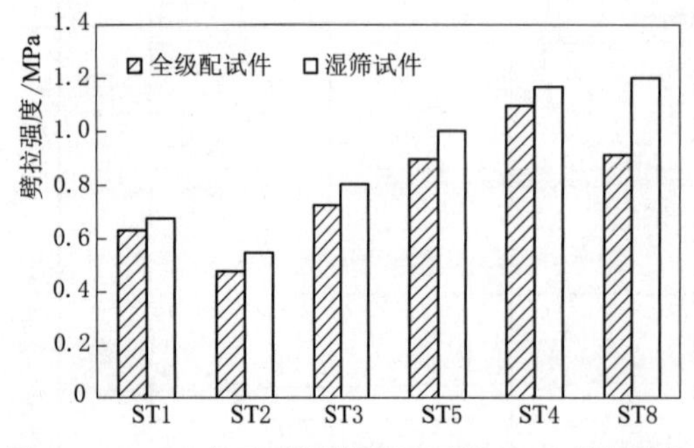

图 8.5.29　全级配及湿筛碾压混凝土 7d 龄期劈拉强度比较图

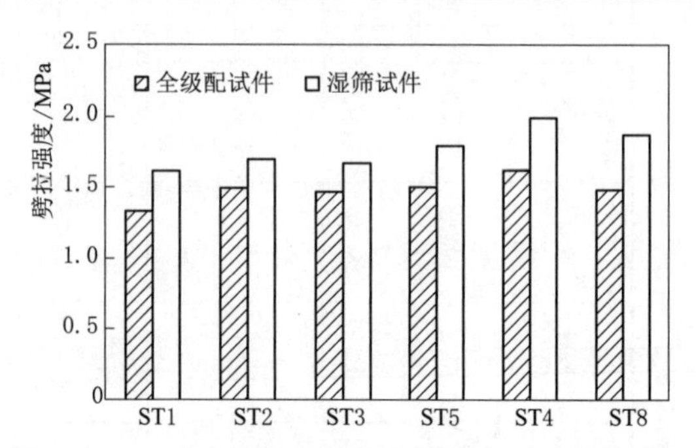

图 8.5.30　全级配及湿筛碾压混凝土 28d 龄期劈拉强度比较图

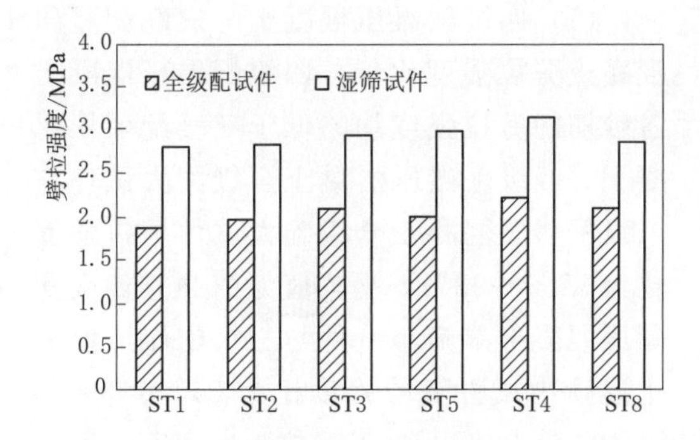

图 8.5.31 全级配及湿筛碾压混凝土 90d 龄期劈拉强度比较图

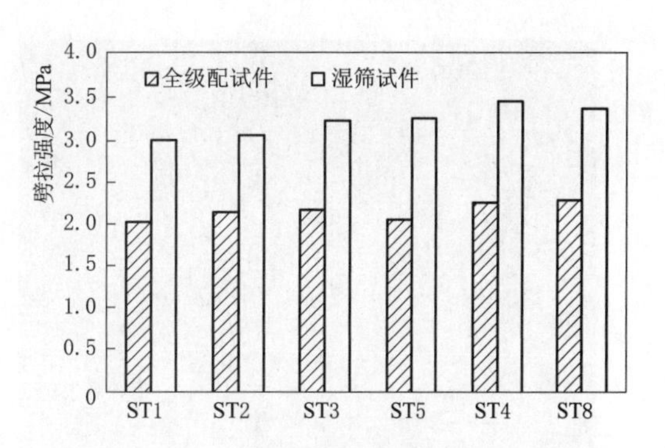

图 8.5.32 全级配及湿筛碾压混凝土 180d 龄期劈拉强度比较图

图 8.5.33 全级配碾压混凝土劈拉强度试验现场

图 8.5.34 全级配碾压混凝土劈拉强度试验试件整体（破坏后）

图 8.5.35 全级配碾压混凝土劈拉试件劈裂面（ST1 28d 龄期）

图 8.5.36 全级配碾压混凝土劈拉试件劈裂面（ST2 7d 龄期）

图 8.5.37 全级配碾压混凝土劈拉试件劈裂面（ST3 28d 龄期）

(1) 四级配碾压混凝土与三级配碾压混凝土劈拉强度比较。四级配碾压混凝土各龄期的劈拉强度均略低于三级配碾压混凝土。四级配碾压混凝土全级配大试件与三级配碾压混凝土全级配大试件劈拉强度比为82%～93%，平均值为90%；四级配碾压混凝土湿筛小试件与三级配碾压混凝土湿筛小试件劈拉强度比为84%～99%，平均值为92%。对于劈拉强度而言，四级配碾压混凝土中界面薄弱区域增加，与三级配碾压混凝土相比，四级配碾压混凝土劈拉强度降低约10%。

(2) 复掺粉煤灰和磷渣粉与单掺粉煤灰时的劈拉强度比较。复掺粉煤灰和磷渣粉时劈拉强度早期发展慢，后期发展较快。与单掺粉煤灰的四级配碾压混凝土相比，复掺粉煤灰和磷渣粉时7d龄期的劈拉强度略低，28d龄期以后劈拉强度略高。这可能是由于磷渣粉早期水化缓慢影响了混凝土的早期劈拉强度，而后期强度增长率较高的原因。

(3) 劈拉强度增长率。四级配碾压混凝土劈拉强度早期增长率略低于三级配碾压混凝土，但差值不大，劈拉强度后期增长率与三级配碾压混凝土相当。四级配碾压混凝土7d龄期劈拉强度增长率为32%～60%，平均值为35%，四级配碾压混凝土90d龄期劈拉强度增长率为130%～137%，平均值为133%，三级配碾压混凝土90d龄期劈拉强度增长率为112%～118%，平均值为136%，四级配碾压混凝土180d龄期劈拉强度增长率为134%～139%，平均值为136%。全级配碾压混凝土轴拉强度增长率显著低于湿筛小试件。掺磷渣粉时混凝土早期劈拉强度增长率较低，与抗压强度试验结果一致。

从全级配碾压混凝土劈拉强度试件劈裂面照片可以看到，在7d龄期，四级配碾压混凝土试件劈裂面可看到完整大石脱落情况，说明在早龄期，大石与砂浆界面薄弱，劈拉强度低。到了28d龄期，劈裂面比较平整，大石沿劈裂面均匀劈裂，说明此时大石与砂浆界面结合情况得到改善，混凝土劈拉强度显著提高。

(4) 全级配大试件与湿筛小试件劈拉强度比较。全级配大试件与湿筛小试件劈拉强度的比值随着龄期增长而降低。全级配大试件与湿筛小试件劈拉强度的比值7d龄期时平均值为91%、28d龄期时平均值为85%、90d龄期时平均值为68%，180d龄期时平均值为66%，全级配试件与湿筛试件劈拉强度强度的比值有随着龄期增长而降低的趋势，这与抗压强度比值相对较稳定有较大不同。

三级配变态混凝土全级配大试件与湿筛小试件劈拉强度比值平均值为75%。

(5) 劈拉强度与抗压强度比。四级配碾压混凝土拉压比略低于三级配碾压混凝土拉压比，但差值不大（约1%）。7d龄期为4%～8%，28d龄期为7%～8%，90d龄期为6%～7%，180d龄期为5%～6%，均低于湿筛试件。湿筛小试件拉压比在正常范围内。

8.5.3.3 轴向拉伸强度

全级配及湿筛混凝土的轴向拉伸强度（简称轴拉强度）及其比值见表 8.5.9，表中还给出了轴拉强度与劈拉强度的比值，四级配碾压混凝土与三级配碾压混凝土轴拉强度比值见表 8.5.10，轴拉强度增长率及抗压比见表 8.5.11，28d、90d、180d 龄期轴拉强度比较图分别见图 8.5.38～图 8.5.40。全级配碾压混凝土轴拉强度观测现场见图 8.5.41，全级配碾压混凝土轴拉强度试件及断面照片见图 8.5.42～图 8.5.47。

表 8.5.9　混凝土轴拉强度试验结果

编号	水胶比	粉煤灰掺量/%	磷渣粉掺量/%	级配	轴拉强度/MPa			全级配轴拉强度/湿筛轴拉强度/%			轴拉强度/劈拉强度/%		
					28d	90d	180d	28d	90d	180d	28d	90d	180d
ST1	0.50	60	0	四	1.70	2.05	2.22	78	68	61	134	111	111
				湿筛	2.20	3.02	3.62				137	108	126
ST2	0.50	30	30	四	1.72	2.31	2.73	76	72	68	115	120	129
				湿筛	2.26	3.22	3.99				133	114	136
ST3	0.50	60	0	三	1.90	2.16	2.50	76	67	67	129	106	116
				湿筛	2.49	3.21	3.74				148	109	123
ST5	0.50	50	0	四	1.88	2.34	2.65	71	72	71	126	119	129
				湿筛	2.65	3.26	3.71				149	109	115
ST4	0.50	50	0	三	2.11	2.37	2.77	78	71	73	130	109	124
				湿筛	2.70	3.35	3.81				136	106	111
ST8	0.50	50	0	三 *	2.03	2.39	2.80	86	69	73	137	117	123
				湿筛	2.36	3.48	3.82				126	122	114
平均（不计入 ST8）								76	70	69			

* 三级配变态混凝土。

表 8.5.10　四级配碾压混凝土与三级配碾压混凝土轴拉强度比较

编号	水胶比	粉煤灰掺量/%	试件及级配		各龄期轴拉强度/MPa		
					28d	90d	180d
ST1/ST3	0.50	60	全级配试件	四	1.70	2.05	2.22
				三	1.90	2.16	2.50
			比值/%		89	95	89
			湿筛试件	四	2.20	3.02	3.62
				三	2.49	3.21	3.74
			比值/%		88	94	97
ST5/ST4	0.50	50	全级配试件	四	1.88	2.34	2.65
				三	2.11	2.37	2.77
			比值/%		89	99	96
			湿筛试件	四	2.65	3.26	3.71
				三	2.70	3.35	3.81
			比值/%		98	97	97

表 8.5.11　　　　混凝土轴拉强度增长率及拉压比

编号	水胶比	粉煤灰掺量/%	磷渣粉掺量/%	级配	轴拉强度增长率/%			轴拉强度/抗压强度/%		
					28d	90d	180d	28d	90d	180d
ST1	0.50	60	0	四	100	121	131	8	7	6
				湿筛	100	137	165	11	12	12
ST2	0.50	30	30	四	100	134	159	9	8	7
				湿筛	100	142	177	13	12	12
ST3	0.50	60	0	三	100	114	132	10	7	7
				湿筛	100	129	150	15	13	12
ST5	0.50	50	0	四	100	124	141	9	7	7
				湿筛	100	123	140	15	11	11
ST4	0.50	50	0	三	100	112	131	10	8	7
				湿筛	100	124	141	14	12	11
ST8	0.50	50	0	三	100	118	138	11	8	7
				湿筛	100	147	162	13	12	11

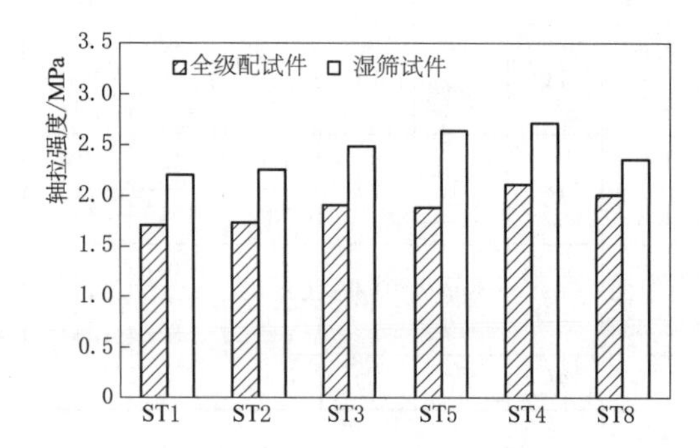

图 8.5.38　全级配及湿筛碾压混凝土 28d 龄期轴拉强度比较图

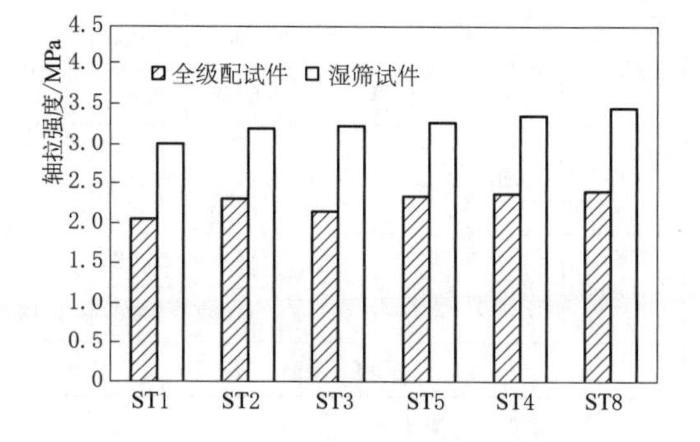

图 8.5.39　全级配及湿筛碾压混凝土 90d 龄期轴拉强度比较图

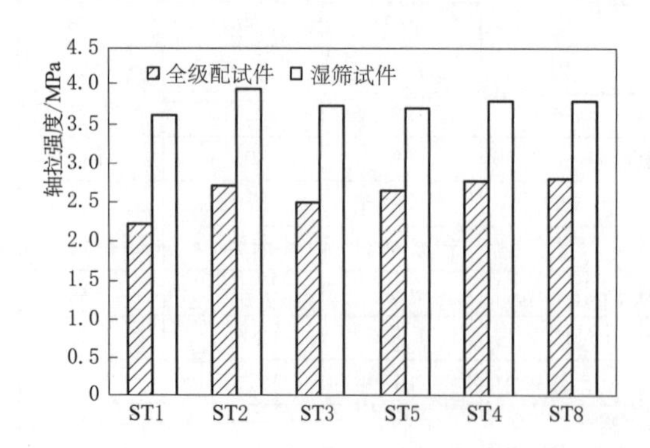

图 8.5.40　全级配及湿筛碾压混凝土 180d 龄期轴拉强度比较图

图 8.5.41　全级配碾压混凝土轴拉强度观测现场

图 8.5.42　全级配碾压混凝土轴拉强度试验试件（破坏前）

图 8.5.43　全级配碾压混凝土轴拉强度试验试件（破坏后）

图 8.5.44　全级配混凝土轴拉强度试验试件断面（ST1 90d）

图 8.5.45　全级配混凝土轴拉强度试验试件断面（ST2 28d）

图 8.5.46　全级配混凝土轴拉强度试验试件断面（ST3 90d）

图 8.5.47　全级配混凝土轴拉强度试验试件断面（ST4 90d）

（1）四级配碾压混凝土与三级配碾压混凝土轴拉强度比较。四级配碾压混凝土各龄期的轴拉强度均略低于三级配碾压混凝土。四级配碾压混凝土全级配大试件与三级配碾压混凝土全级配大试件轴拉强度比平均93%；四级配碾压混凝土湿筛小试件与三级配碾压混凝土湿筛小试件轴拉强度比平均95%。与三级配碾压混凝土相比，四级配碾压混凝土轴拉强度降低约平均7%。

四级配碾压混凝土粗骨料最大粒径增加，因泌水、振捣不实等产生的薄弱面也随之增加，轴拉强度低于三级配碾压混凝土。

（2）复掺粉煤灰和磷渣粉对四级配碾压混凝土轴拉强度的影响。复掺粉煤灰和磷渣粉对四级配碾压混凝土的中后期轴拉强度略有提高。与单掺粉煤灰的四级配碾压混凝土相比，复掺粉煤灰和磷渣粉四级配碾压混凝土全级配大试件28d、90d、180d龄期的轴拉强度可分别提高1%、13%、23%，湿筛小试件28d、90d、180d龄期轴拉强度可分别提高3%、7%、10%。

（3）全级配碾压混凝土轴拉强度增长率。四级配碾压混凝土轴拉强度增长率略高于三级配碾压混凝土。四级配碾压混凝土90d龄期轴拉强度增长率为121%～134%，不掺磷渣粉时平均值为123%，三级配碾压混凝土90d龄期轴拉强度增长率为112%～118%，平均值为113%。四级配碾压混凝土180d龄期轴拉强度增长率为131%～159%，不掺磷渣粉时平均值为136%，三级配碾压混凝土180d龄期轴拉强度增长率为131%～132%，平均值为132%。全级配碾压混凝土轴拉强度增长率显著低于湿筛小试件。从全级配碾压混凝土轴拉强度试件断裂面照片可以看到，在28d龄期，四级配碾压混凝土试件断裂面有部分大石沿砂浆-骨料界面脱落情况，到了90d龄期，断裂面比较平整，大石沿断裂面均匀拉断，说明此时大石与砂浆界面结合情况得到显著改善。

（4）全级配大试件与湿筛小试件轴拉强度的比值。全级配大试件与湿筛小试件轴拉强度的比值28d龄期时平均为76%、90d龄期时平均为70%，180d龄期时平均为69%，总平均值72%。全级配大试件与湿筛小试件轴拉强度的比值有随着龄期增长而降低的趋势。四级配大试件与湿筛小试件轴拉强度的比值和三级配大试件与湿筛小试件轴拉强度的比值相比没有根本差别。

（5）轴拉强度与劈拉强度比。四级配、三级配及湿筛碾压混凝土各龄期轴拉强度均高于劈拉强度。全级配大试件28d轴拉强度与劈拉强度比值平均为126%，90d轴拉强度与劈拉强度比值平均为113%，180d轴拉强度与劈拉强度比值平均为122%；湿筛小试件28d轴拉强度与劈拉强度比值平均为140%，90d轴拉强度与劈拉强度比值平均为109%，180d轴拉强度与劈拉强度比值平均为118%。轴拉强度与劈拉强度比在180d仍有增大的趋势，这是由于尽管180d龄期劈拉强度增长率高于轴拉强度增长率，但增长值仍低于轴拉强度增长值。

（6）轴拉强度与抗压强度比。四级配大试件各龄期轴拉强度与抗压强度比三级配碾压混凝土大试件略低1%～2%，随龄期的增加，轴拉强度与抗压强度比值略有降低。全级配大试件28d轴拉强度与抗压强度比值平均为9%，90d轴拉强度与抗压强度比值平均为8%，180d轴拉强度与抗压强度比值平均为7%。湿筛小试件28d轴拉强度与抗压强度比值平均为14%，90d轴拉强度与抗压强度比值平均为12%，180d轴拉强度与抗压强度比值平均为12%。

8.5.3.4 极限拉伸值

全级配及湿筛碾压混凝土的极限拉伸值及比值见表8.5.12，四级配碾压混凝土与三级配碾压混凝土极限拉伸值及比值见表8.5.13，28d、90d、180d龄期全级配及湿筛混凝土的比较图见图8.5.48～图8.5.50。

表8.5.12 混凝土极限拉伸值试验结果

编号	水胶比	粉煤灰掺量/%	磷渣粉掺量/%	级配	极限拉伸值/$\times10^{-6}$			增长率/%*		全级配/湿筛/%		
					28d	90d	180d	90d	180d	28d	90d	180d
ST1	0.50	60	0	四	38	45	51	118	134	50	62	50
				湿筛	76	83	102	109	134			
ST2	0.50	30	30	四	48	52	64	108	133	56	58	51
				湿筛	86	89	126	103	147			
ST3	0.50	60	0	三	42	54	70	129	167	51	56	66
				湿筛	82	96	106	117	129			
ST5	0.50	50	0	四	45	53	55	118	122	56	54	50
				湿筛	80	98	110	123	138			
ST4	0.50	50	0	三	49	55	74	112	151	56	54	70
				湿筛	88	101	105	115	119			
ST8	0.50	50	0	三	44	55	59	125	134	58	52	54
				湿筛	76	106	109	139	143			
平均										54	56	57

* 以28d龄期的极限拉伸值为100%。

表8.5.13 四级配碾压混凝土与三级配碾压混凝土极限拉伸值比较

编号	水胶比	粉煤灰掺量/%	试件及级配		各龄期极限拉伸值/$\times10^{-6}$		
					28d	90d	180d
ST1/ST3	0.50	60	全级配试件	四	38	45	51
				三	42	54	70
			比值/%		90	83	73
			湿筛试件	四	76	83	102
				三	86	89	106
			比值/%		88	93	96
ST5/ST4	0.50	50	全级配试件	四	45	53	55
				三	49	55	74
			比值/%		92	96	74
			湿筛试件	四	80	98	110
				三	88	101	105
			比值/%		91	97	105

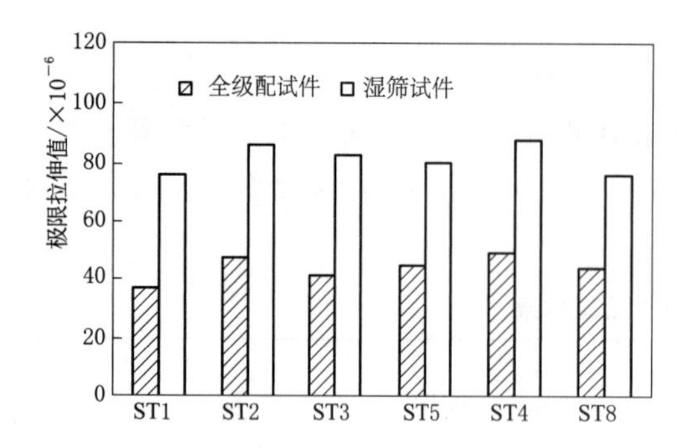

图 8.5.48　全级配及湿筛碾压混凝土 28d 龄期极限拉伸值比较图

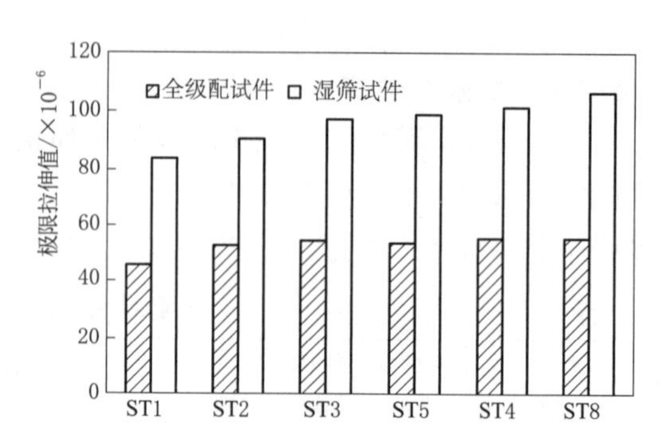

图 8.5.49　全级配及湿筛碾压混凝土 90d 龄期极限拉伸值比较图

(1) 湿筛试件极限拉伸值。6 个试验配合比混凝土湿筛试件 28d 龄期的极限拉伸值为 $76\times10^{-6}\sim88\times10^{-6}$，满足不低于 75×10^{-6} 的设计要求。

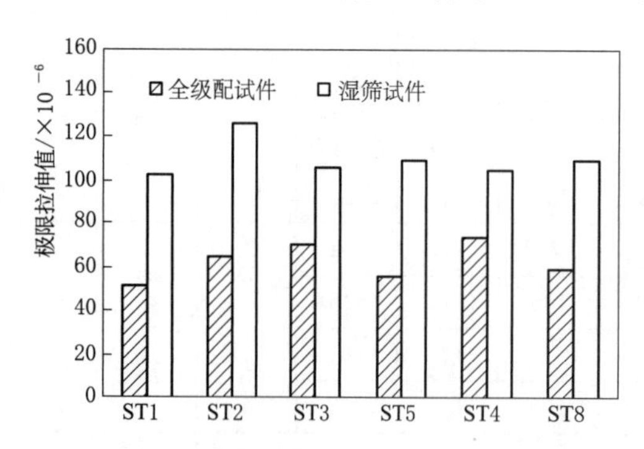

图 8.5.50　全级配及湿筛碾压混凝土 180d 龄期极限拉伸值比较图

(2) 四级配碾压混凝土与三级配碾压混凝土极限拉伸值比较。四级配碾压混凝土各龄期的极限拉伸值略低于三级配碾压混凝土，且两者的比值随着龄期增长而降低，四级配与三级配碾压混凝土大试件极限拉伸值的比值平均值在 74%～91%，平均值为 85%。四级配与三级配碾压混凝土湿筛试件极限拉伸值较接近，比值在 90%～101%，平均值为 95%。混凝土极限拉伸值主要受胶凝材料用量的影响，四级配碾压混凝土骨料用量较多、胶凝材料用量较少，所以其极限拉伸值略低。

(3) 复掺粉煤灰和磷渣粉对全级配碾压混凝土极限拉伸值的影响。复掺粉煤灰和磷渣粉可提高混凝土极限拉伸值。与单掺粉煤灰相比，复掺粉煤灰和磷渣粉四级配碾压混凝土大试件 28d、90d、180d 极限拉伸值可分别提高约 26%、16%、25%，湿筛小试件 28d、90d、180d 极限拉伸值提高平均约 13%、7%、24%，因此磷渣粉作为掺合料，对提高大体积碾压混凝土抗裂能力是有利的。

(4) 四级配碾压混凝土极限拉伸值增长率。各龄期四级配碾压混凝土极限拉伸值增长率均低于三级配碾压混凝土，尤其是在 90d 龄期后，四级配碾压混凝土极限拉伸值增长缓慢。四级配碾压混凝土 90d 龄期极限拉伸值增长率在 108%～118%，不掺磷渣粉时平均 118%，三级配碾压混凝土 90d 龄期极限拉伸值增长率在 112%～129%，平均 121%。四级配碾压混凝土 180d 龄期极限拉伸值增长率在 122%～134%，不掺磷渣粉时平均 128%，三级配碾压混凝土 180d 龄期极限拉伸值增长率在 151%～167%，平均 159%。

(5) 全级配大试件与湿筛小试件极限拉伸值的比值。从试验结果可知，湿筛小试件的极限拉伸值并不能代表全级配混凝土的极限拉伸值。湿筛小试件灰浆率高于全级配大试件，其极限拉伸值也显著大于全级配试件。全级配大试件与湿筛小试件极限拉伸值的比值平均值在28d、90d、180d龄期时分别为55%、56%、57%，总平均值56%。值得注意的是，28d、90d龄期全级配大试件与湿筛小试件极限拉伸值的比值基本相当，180d龄期四级配大试件与湿筛小试件极限拉伸值的比值较低，三级配大试件与湿筛小试件极限拉伸值的比值较高。因此，四级配大试件与湿筛小试件极限拉伸值的比值和三级配大试件与湿筛小试件轴拉强度的比值差别主要表现在后期。

8.5.3.5　抗压弹性模量及泊松比

全级配及湿筛碾压混凝土的抗压弹性模量（简称抗压弹模）、泊松比试验结果见表8.5.14，四级配与三级配碾压混凝土的抗压弹模及比值见表8.5.15。全级配碾压混凝土抗压弹模观测现场见图8.5.51，全级配碾压混凝土抗压弹模试验试件破坏情况见图8.5.52、图8.5.53。

表8.5.14　　混凝土抗压弹模和泊松比试验结果

编号	水胶比	粉煤灰掺量/%	磷渣粉掺量/%	级配	抗压弹模/GPa			全级配/湿筛/%			泊松比		
					28d	90d	180d	28d	90d	180d	28d	90d	180d
ST1	0.50	60	0	四	39.6	42.1	43.8	107	109	107	0.21	0.20	0.20
				湿筛	36.9	38.7	40.8				0.19	0.18	0.19
ST2	0.50	30	30	四	40.0	43.7	44.7	107	110	107	0.24	0.23	0.21
				湿筛	37.3	39.9	41.7				0.23	0.22	0.22
ST3	0.50	60	0	三	38.2	40.2	43.5	106	104	106	0.24	0.22	0.22
				湿筛	36.2	38.7	41.0				0.23	0.20	0.20
ST5	0.50	50	0	四	40.4	43.4	44.9	105	107	106	0.23	0.21	0.20
				湿筛	38.3	40.4	42.3				0.21	0.20	0.19
ST4	0.50	50	0	三	38.8	42.4	45.2	103	105	106	0.24	0.23	0.22
				湿筛	37.7	40.2	42.8				0.23	0.22	0.20
ST8	0.50	50	0	三	36.5	38.9	42.6	107	105	108	0.24	0.23	0.21
				湿筛	34.0	36.9	39.6				0.23	0.22	0.20
平均								106	107	107			

表8.5.15　　四级配碾压混凝土与三级配碾压混凝土抗压弹模比较

编号	水胶比	粉煤灰掺量/%	试件及级配		各龄期抗压弹模及比值		
					28d	90d	180d
ST1/ST3	0.50	60	全级配试件	四	39.6	42.1	43.8
				三	39.2	40.2	43.5
			比值/%		101	105	101
			湿筛试件	四	36.9	38.7	40.8
				三	36.2	38.7	41
			比值/%		102	100	100

续表

编号	水胶比	粉煤灰掺量/%	试件及级配		各龄期抗压弹模及比值		
					28d	90d	180d
ST5/ST4	0.50	50	全级配试件	四	40.1	43.4	44.9
				三	38.8	42.4	45.2
			比值/%		103	102	99
			湿筛试件	四	38.3	40.4	42.3
				三	37.7	40.2	42.8
			比值/%		102	100	99

图 8.5.51　全级配混凝土抗压弹模观测现场

图 8.5.52　全级配碾压混凝土抗压弹模试验试件（破坏前）

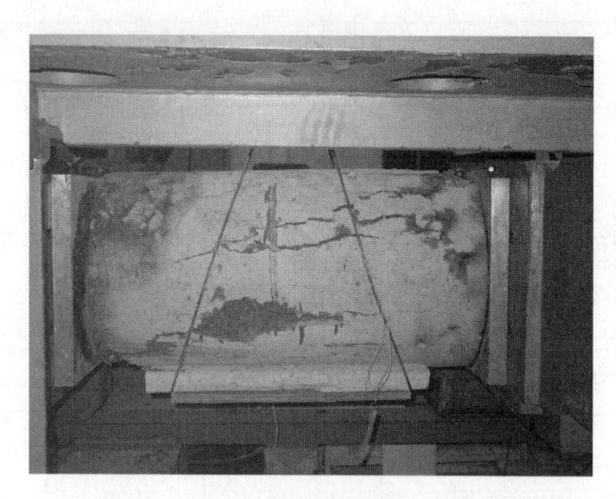

图 8.5.53　全级配混凝土抗压弹模试验试件（破坏后）

（1）四级配与三级配碾压混凝土的抗压弹模比较。四级配碾压混凝土的抗压弹模略高于三级配碾压混凝土。四级配与三级配碾压混凝土大试件抗压弹模的比值平均为102%，四级配与三级配碾压混凝土湿筛小试件抗压弹模的比值平均为101%。

（2）全级配碾压混凝土大试件抗压弹模与湿筛混凝土小试件比较。全级配碾压混凝土大试件抗压弹模为湿筛混凝土小试件的106%。全级配碾压混凝土大试件与湿筛混凝土小试件抗压弹模的比值，28d 龄期时平均为106%，90d 龄期时平均为107%，180d 龄期时平均为107%。

（3）泊松比。泊松比在 0.19～0.24 变化。混凝土 28d 龄期的泊松比比 90d、180d 龄期的泊松比略大；全级配大试件的泊松比比湿筛小试件的泊松比略大；三级配混凝土比四级配混凝土泊松比略大。全级配大试件的平均泊松比为 0.22，湿筛小试件的平均泊松比为0.21，两者相差不大。

8.5.3.6 绝热温升

全级配混凝土绝热温升试验结果见表8.5.16，根据试验结果拟合的绝热温升双曲线表达式见表8.5.17，混凝土绝热温升曲线见图8.5.54。

(1) 四级配碾压混凝土28d龄期的绝热温升比三级配碾压混凝土低。四级配碾压混凝土28d龄期的最终绝热温升值比三级配碾压混凝土低2.2℃，这是由于四级配碾压混凝土胶材用量低于三级配碾压混凝土中胶材用量。较低的绝热温升对温控防裂和加快施工速度是有利的。

(2) 复掺粉煤灰和磷渣粉时碾压混凝土早期绝热温升值略低。由于磷渣粉在水化早期有缓凝作用，复掺粉煤灰和磷渣粉的四级配碾压混凝土的早期绝热温升略低于与单掺粉煤灰的四级配碾压混凝土，随着水化的进行，从7d左右起，两者的绝热温升相当。

(3) 三级配变态混凝土28d绝热温升值比三级配碾压混凝土的高约7℃。

表8.5.16 混凝土绝热温升试验结果

编号	各龄期绝热温升/℃													
	1d	2d	3d	4d	5d	6d	7d	8d	9d	10d	11d	12d	13d	14d
ST1	4.9	8.1	9.6	10.6	11.3	11.8	12.2	12.6	12.9	13.2	13.4	13.5	13.6	13.7
ST2	3.4	7.1	9.1	10.3	11.1	11.7	12.1	12.5	12.8	13.1	13.3	13.5	13.6	13.6
ST3	5.8	10	11.6	12.8	13.8	14.5	15.0	15.3	15.5	15.7	15.8	15.9	16.0	16.1
ST4	5.7	10.8	13.0	14.5	15.6	16.4	16.9	17.3	17.5	17.7	17.9	18.0	18.1	18.2
ST8	4.5	14.8	18.7	21.0	22.1	22.8	23.5	24.0	24.4	24.7	24.9	25.0	25.1	25.3
编号	各龄期绝热温升/℃													
	15d	16d	17d	18d	19d	20d	21d	22d	23d	24d	25d	26d	27d	28d
ST1	13.9	14.0	14.0	14.1	14.2	14.2	14.2	14.3	14.3	14.3	14.3	14.4	14.4	14.4
ST2	13.8	13.9	13.9	13.95	14.0	14.0	14.1	14.1	14.1	14.1	14.2	14.2	14.2	14.2
ST3	16.1	16.2	16.3	16.3	16.3	16.4	16.4	16.5	16.5	16.5	16.5	16.6	16.6	16.6
ST4	18.3	18.3	18.4	18.4	18.4	18.4	18.5	18.5	18.6	18.6	18.6	18.6	18.7	18.7
ST8	25.3	25.4	25.4	25.5	25.5	25.4	25.6	25.6	25.6	25.7	25.65	25.8	25.8	25.8

表8.5.17 混凝土绝热温升双曲线表达式

编号	水胶比	粉煤灰掺量/%	磷渣粉掺量/%	级配	双曲线表达式	相关系数
ST1	0.50	60	0	四	$T=15.41t/(t+1.80)$	0.999
ST2	0.50	30	30	四	$T=15.42t/(t+2.05)$	0.999
ST3	0.50	60	0	三	$T=17.45t/(t+1.34)$	0.999
ST4	0.50	50	0	三	$T=19.73t/(t+1.39)$	0.999
ST8	0.50	50	0	三*	$T=27.66t/(t+1.67)$	0.996

* 三级配变态混凝土。

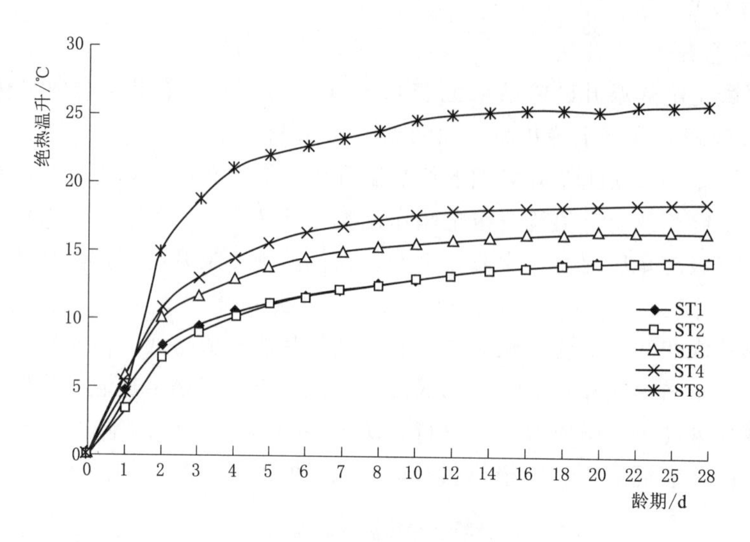

图 8.5.54 混凝土绝热温升曲线

8.5.3.7 干缩性能

全级配碾压混凝土大试件及湿筛碾压混凝土小试件的干缩试验结果见表 8.5.18，全级配混凝土干缩试验试件见图 8.5.55，全级配碾压混凝土大试件及湿筛小试件干缩曲线见图 8.5.56。

表 8.5.18 混凝土干缩试验结果

编号	水胶比	粉煤灰掺量/%	磷渣粉掺量/%	级配	干缩率/×10⁻⁶								
					3d	7d	14d	28d	60d	90d	180d	270d	360d
ST1	0.50	60	0	四	−14	−20	−42	−93	−131	−154	−171	−180	−184
				湿筛	−36	−98	−155	−217	−270	−301	−323	−334	−341
ST2	0.50	30	30	四	−14	−21	−43	−94	−133	−157	−177	−187	−192
				湿筛	−37	−99	−157	−220	−274	−305	−329	−343	−350
ST3	0.50	60	0	三	−24	−43	−65	−116	−156	−180	−193	−206	−212
				湿筛	−35	−96	−152	−205	−263	−292	−314	−322	−327
ST5	0.50	50	0	四	−19	−26	−47	−99	−137	−162	−180	−190	−196
				湿筛	−39	−105	−167	−223	−284	−318	−342	−355	−363
ST4	0.50	50	0	三	−28	−49	−74	−119	−167	−192	−206	−219	−226
				湿筛	−38	−102	−162	−220	−281	−312	−331	−340	−346
ST8	0.50	50	0	三	−35	−65	−102	−143	−184	−222	−235	−246	−253
				湿筛	−40	−97	−163	−225	−289	−327	−344	−352	−360

（1）由于四级配碾压混凝土湿筛后的浆骨比大于三级配碾压混凝土，四级配碾压混凝土湿筛试件的干缩率略大于三级配碾压混凝土湿筛试件；而四级配碾压混凝土全级配大试件的干缩率则低于三级配碾压混凝土全级配大试件15%～25%，这是因为水胶比同为0.50时，四级配碾压混凝土胶凝材料用量较低的关系。因此，在工程实际应用中，采用四级配碾压混凝土在干缩性能上是有利的。

图8.5.55　全级配混凝土干缩试验试件

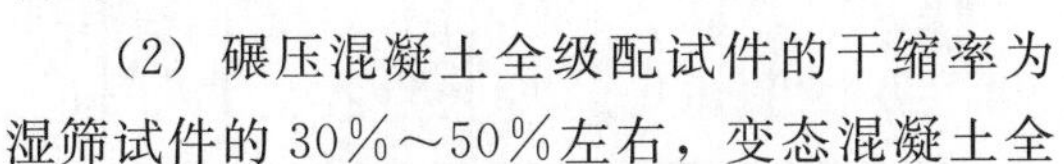

（2）碾压混凝土全级配试件的干缩率为湿筛试件的30%～50%左右，变态混凝土全级配试件的干缩率为湿筛试件的60%～70%左右。与湿筛试件相比，由于全级配试件较大，早期的干缩慢；从发展趋势看，全级配试件干缩趋于平稳的时间要更长一些。

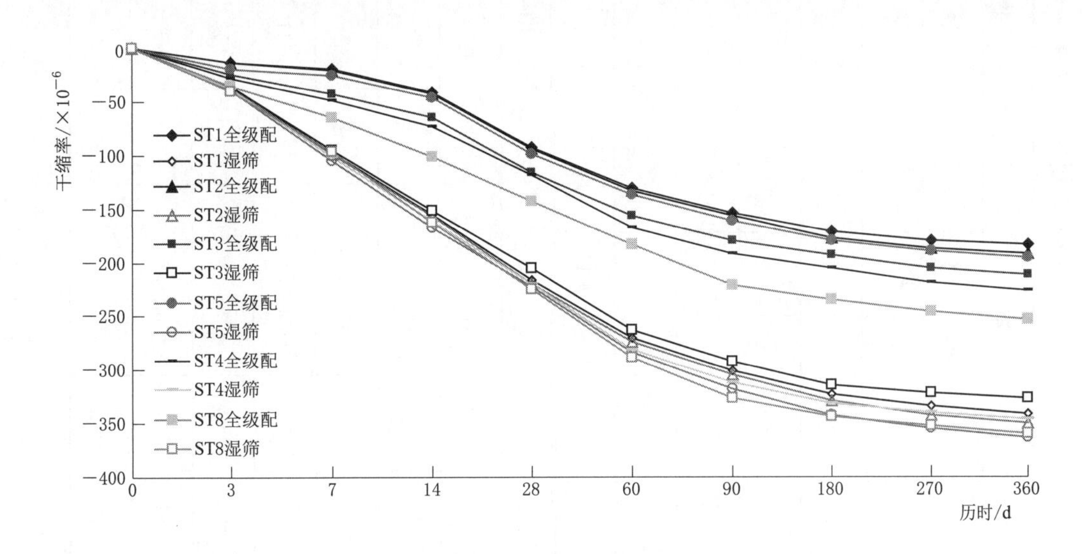

图8.5.56　混凝土干缩曲线

8.5.3.8　自生体积变形

全级配碾压混凝土及湿筛小试件自生体积变形试验结果见表8.5.19，自生体积变形与龄期的关系曲线见图8.5.57。

（1）四级配碾压混凝土自生体积变形与三级配碾压混凝土接近。同水胶比、等粉煤灰掺量条件下，四级配碾压混凝土自生体积变形表现为收缩或膨胀时，其值略小于三级配碾压混凝土，大骨料对混凝土自生体积变形的限制和约束作用明显，体积稳定性更好。

（2）湿筛混凝土表现为收缩，且收缩值大于全级配大试件的自生体积收缩值。这是由于全级配碾压混凝土灰骨比小于湿筛小试件的灰骨比。

（3）变态混凝土的自生体积变形表现为早期略有膨胀，后期略有收缩。

表 8.5.19　混凝土自生体积变形试验结果

编号	水胶比	粉煤灰掺量/%	磷渣粉掺量/%	级配	各历时自生体积变形/$\times 10^{-6}$													
					1d	2d	3d	4d	5d	6d	7d	10d	14d	21d	28d	35d	42d	49d
ST1	0.50	60	0	四	0	+5	+3	+2	+1	0	0	−3	−5	−7	−6	−5	−7	−7
				湿筛	0	−4	−4	−7	−7	−8	−9	−12	−15	−17	−19	−20	−20	−19
ST3	0.50	60	0	三	0	+7	+1	+2	+4	+4	+4	+2	−3	−6	−6	−9	−12	−9
				湿筛	0	−1	−1	−1	−3	−3	−5	−4	−8	−12	−11	−10	−7	−9
ST8	0.50	50	0	三*	0	+2	+14	+11	+10	+8	+7	+3	−2	−2	−3	−4	−3	−5
				湿筛	0	+1	+18	+15	+14	+15	+15	+12	+9	+5	+7	+5	+6	+4

编号	水胶比	粉煤灰掺量/%	磷渣粉掺量/%	级配	各历时自生体积变形/$\times 10^{-6}$											
					56d	63d	70d	80d	90d	100d	120d	150d	180d	240d	300d	420d
ST1	0.50	60	0	四	−5	−7	−6	−7	−6	−7	−8	−9	−8	−8	−9	−11
				湿筛	−17	−19	−21	−21	−20	−20	−23	−24	−25	−23	−31	−31
ST3	0.50	60	0	三	−6	−9	−11	−12	−10	−11	−10	−11	−11	−10	−10	−11
				湿筛	−7	−8	−9	−11	−11	−12	−14	−15	−16	−16	−19	−19
ST8	0.50	50	0	三*	−4	−7	−8	−9	−8	−9	−10	−10	−11	−13	−13	−15
				湿筛	+3	−1	1	0	1	−2	−2	−4	−5	−5	−4	−4

*　三级配变态混凝土。

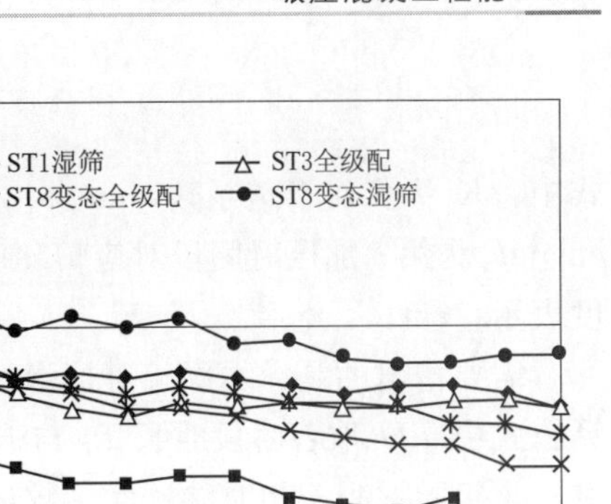

图 8.5.57 全级配混凝土与湿筛混凝土自生体积变形与龄期的关系曲线

8.5.3.9 热学性能

碾压混凝土的导温、导热、比热及线膨胀系数试验结果见表 8.5.20 中。对于灰岩骨料的碾压混凝土而言，混凝土的导温、导热、比热及线膨胀系数均在正常范围内。

（1）四级配与三级配碾压混凝土全级配大试件相比，导温系数接近，导热系数和比热略小。

（2）四级配与三级配碾压混凝土湿筛小试件相比，导温系数接近，导热系数和比热略大。

通常，浆骨比越大，比热增加，导温系数和导热系数降低。四级配碾压混凝土湿筛前浆骨比比三级配碾压混凝土小，湿筛后比三级配碾压混凝土大，这与导温、导热系数的试验结果是一致的。

表 8.5.20 混凝土的导温、导热、比热及线膨胀系数试验结果

配合比编号	导温系数 α /(m^2/h)	导热系数 K /[W/(m·℃)]	比热 C /[J/(kg·℃)]	线膨胀系数 α /($\times10^{-6}$/℃)
ST1（四级配）	0.003150	1.95	877.0	—
ST1（湿筛）	0.00280	1.89	891	5.65
ST3（三级配）	0.003158	2.05	900.0	—
ST3（湿筛）	0.00281	1.88	886	5.45

注 比热取 30℃时的值。

8.5.3.10 抗渗性能

全级配碾压混凝土抗渗性能试验采用 H-04 型全级配混凝土渗透系数测定仪，参照《水工碾压混凝土试验规程》（DL/T 5433）全级配碾压混凝土逐级加压法抗渗试验和相对渗透性试验方法进行。试验时，水压从某一固定值开始，以后每隔 8h 增加 0.1MPa，并随时注意试件端面情况。试件加压至 4.0MPa 后，恒压 24h，然后降压，从试模中退出试件，用压力机将试件沿轴向劈开。将劈开面的底边二十等分，测量渗水高度。

相对渗透系数按式（8.5.1）计算：

$$K_r=\frac{aH_m^2}{2\sum T_iH_i} \tag{8.5.1}$$

式中：K_r为相对渗透系数，cm/s；a为混凝土的吸水率，取0.03；H_m为平均渗水高度，cm；T_i为第i加压时间段对应恒压时间，s；H_i为第i加压时间段对应水压力，以水柱高度表示，cm。

需要指出的是，本次相对抗渗性试验采用逐级加压的方式进行，因此相对渗透系数计算公式中TH取各时段时长T_i与H_i水压力乘积之和$\sum T_iH_i$。

全级配混凝土相对渗透性系数试验试件尺寸见表8.5.3，全级配混凝土渗水高度及相对渗透性系数见表8.5.21和图8.5.58，试验设备见图8.5.59，全级配混凝土试件渗水情况见图8.5.60、图8.5.61。

表8.5.21 全级配混凝土渗透系数试验结果

配合比编号	水胶比	掺量/%		渗水高度/cm			抗渗等级	相对渗透性系数/(cm/s)
		粉煤灰	磷渣粉	最大	最小	平均		
ST1（四级配）	0.50	60	0	40.5	7.0	28.4	＞W40	5.97×10^{-10}
ST2（四级配）	0.50	30	30	31.5	5.5	19.6	＞W40	3.78×10^{-10}
ST3（三级配）	0.50	60	0	15.0	3.0	6.6	＞ W40	0.621×10^{-10}
ST8（三级配变态）	0.50	60	0	11.0	2.8	5.2	＞ W40	0.384×10^{-10}

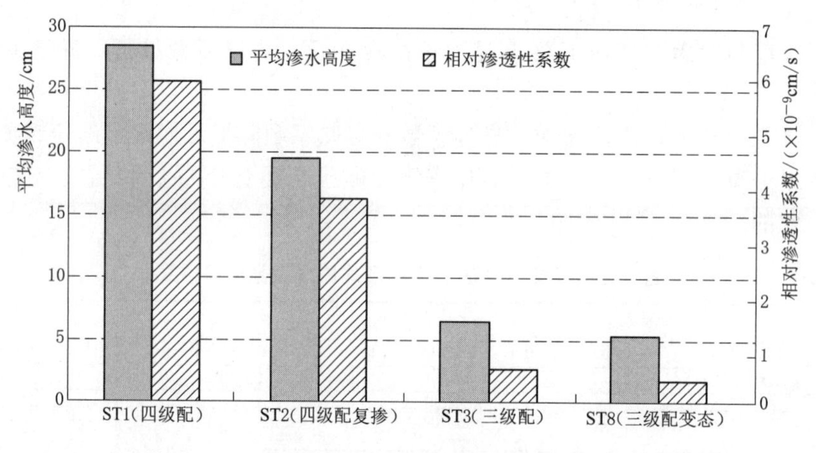

图8.5.58 全级配混凝土渗水高度与相对渗透性系数

(1) 90d龄期的四级配碾压混凝土、三级配碾压混凝土和三级配变态混凝土抗渗等级均达到W40。

(2) 复掺粉煤灰和磷渣粉的四级配碾压混凝土90d相对抗渗性系数低于单掺粉煤灰试件，说明复掺粉煤灰和磷渣粉的四级配碾压混凝土抗渗性能优于单掺粉煤灰。磷渣粉是活性掺合料，磷渣粉与$Ca(OH)_2$发生火山灰反应水化，降低水泥石孔隙率，提高混凝土密实度，改善全级配混凝土耐久性能，与混凝土强度试验结果是一致的。

(3) 四级配碾压混凝土90d龄期相对渗透性系数高于三级配碾压混凝土90d龄期相对渗透性系数，说明其抗渗性能低于三级配碾压混凝土。全级配混凝土骨料最大粒径愈大，混凝土抗渗性愈差。这是由于随着骨料粒径的增大，其比表面积相应减少，当水流渗透时，绕过

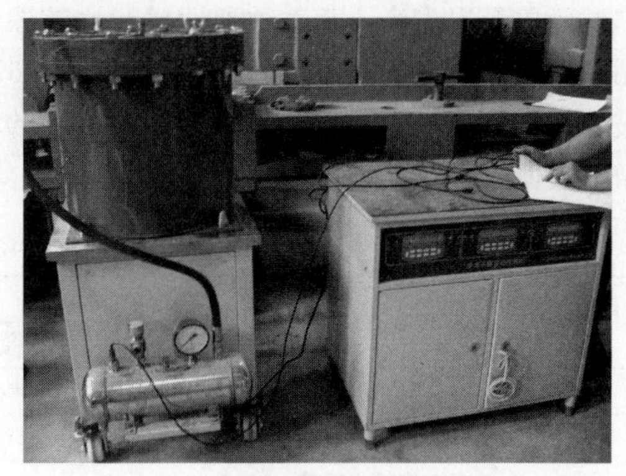

图 8.5.59 全级配混凝土抗渗试验设备

骨料颗粒的有效路径缩短，致使渗流量增大。此外，混凝土内部大粒径骨料的下部易形成空隙，给水流渗透创造了有利条件。

(4) 从劈开的四级配碾压混凝土抗渗试件可以看到，四级配碾压混凝土渗水高度从试件中心到边缘呈增大趋势，在试件中心位置的渗水高度在 7～9cm，靠近试件边缘位置的渗水高度达到 30cm 以上，尤其是大骨料聚集的区域周围渗水高度显著增大。分析原因，主要是由于靠近试件边缘区的全级配混凝土振辗效果较差，密实度较低。因此，在实际施工中，应采用合适的振辗机械及工艺，保证不同部位的混凝土均得到充分振辗密实，并采取有效的层间结合防渗处理措施。

图 8.5.60 全级配混凝土抗渗试件渗水情况（ST1）

图 8.5.61 全级配混凝土抗渗试件渗水情况（ST3）

混凝土的抗渗性能与混凝土的水胶比、龄期、含气量、骨料性能等因素有关，主要取决于硬化混凝土浆体的孔隙率以及孔隙大小和分布情况。硬化水泥浆体中毛细孔的孔隙率越大，其渗透系数也越大，抗渗性能也越差。试验采用的四级配、三级配碾压混凝土配合比中，水胶比和粉煤灰掺量较高，粉煤灰与水化产物 $Ca(OH)_2$ 的反应比较缓慢，水化早期水泥石中孔隙较多，混凝土的抗渗性能较低。随着混凝土中胶凝材料水化程度的提高，水泥石中毛细孔逐渐被新生成的水化物占据，毛细孔的连通性减弱，使得水泥浆体的渗透系数降低，全级配混凝土的渗透系数也随着龄期的延长而降低。

8.5.3.11 抗冻性能

全级配碾压混凝土抗冻性试验参照《水工混凝土试验规程》（DL/T 5150）湿筛小尺寸混凝土抗冻性试验方法进行，全级配混凝土抗冻试件 90d 龄期前在全级配冻融试验机内静水浸泡 3d，然后进行冻融循环试验。一次冻融循环历时 18～21h，其中降温历时 9～11h，升温历时 8～10h。降温和升温终了时，试件中心温度控制分别控制在－18℃±2℃和 5℃±2℃。全级配混凝土含气量控制在 4.0%～5.0%。全级配混凝土抗冻试件尺寸见表 8.5.3，全级配大试件与湿筛小试件典型冻融循环参数见表 8.5.22。

全级配混凝土及湿筛小试件抗冻性能试验结果见表 8.5.23，全级配及湿筛混凝土抗冻试验质量损失率、相对动弹性模量比较图见图8.5.62、图8.5.63，全级配混凝土冻融循环试验设备及过程见图8.5.64～图8.5.67，经100次冻融循环后的全级配混凝土试件表面损伤情况见图8.5.68、图8.5.69，三级配碾压混凝土及三级配变态混凝土经受冻融循环表面损失情况见图8.5.69～图8.5.73。

表8.5.22　　全级配大试件及湿筛小试件典型冻融循环参数比较

参数	全级配		小试件	
	降温过程	升温过程	降温过程	升温过程
历时/h	10	9	2	1.5
中心温度极值/℃	−17.6	3.9	−18.7	8.8
中心温度极值时冷冻液温度/℃	8.0	12.9	−14.8	5.7
中心温度极值点温差/℃	25.6	16.8	3.8	3.2
冷冻液温度极值/℃	−30.2	16.9	−24.1	20.9
冷冻液温度极值时中心温度/℃	−14.6	1.2	−17.1	3.0
冷冻液温度极值点温差/℃	15.6	15.7	3.0	17.9
冻融循环历程温差极值/℃	26.2	27.4	12	20.4
温度梯度极值/(℃/m)	116	122	240	408

表8.5.23　　混凝土的抗冻试验结果

编号	级配	质量损失率/%						相对动弹性模量/%					
		10次	25次	35次	50次	75次	100次	10次	25次	35次	50次	75次	100次
ST1	四	0.22	0.43	0.76	0.87	1.08	1.52	97.6	96.9	96.6	96.5	93.6	91.2
	湿筛	—	—	—	0.65	—	2.84	—	—	—	92.8	—	86.9
ST2	四	0.19	0.35	0.58	0.66	0.89	1.25	99.7	98.6	97.8	97.5	96.4	94.3
	湿筛	—	—	—	0.21	—	2.32	—	—	—	96.8	—	93.2
ST3	三	0.22	0.66	1.32	1.32	1.43	1.97	98.7	98.0	97.5	95.4	94.1	90.3
	湿筛	—	—	—	0.49	—	2.77	—	—	—	93.2	—	87.4
ST8	三	0.45	0.34	0.79	0.90	0.90	1.35	99.2	98.2	97.7	95.5	94.2	93.8
	湿筛	—	—	—	0.52	—	2.11	—	—	—	95.9	—	94.7

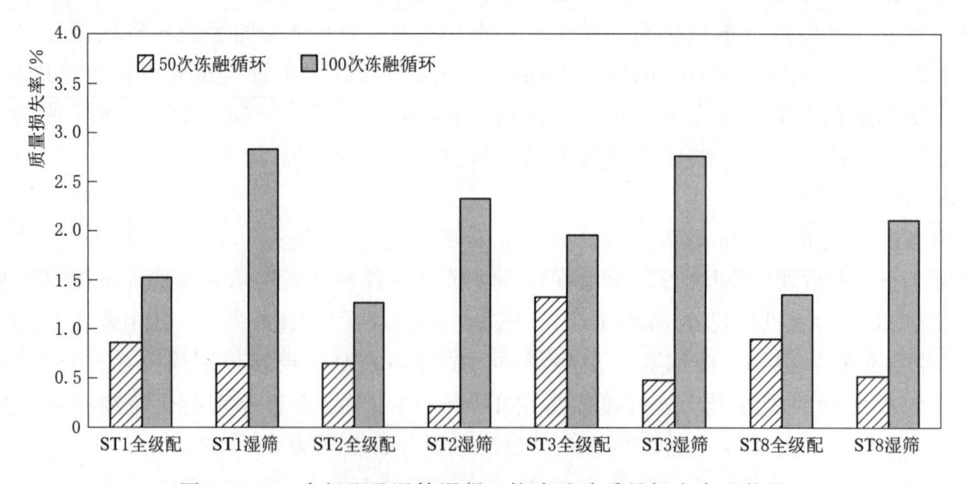

图8.5.62　全级配及湿筛混凝土抗冻试验质量损失率比较图

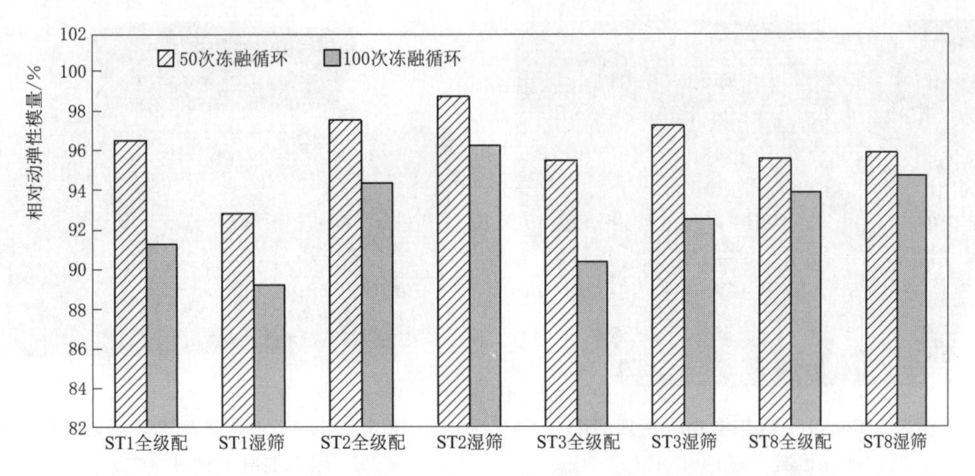

图 8.5.63 全级配及湿筛混凝土抗冻试验相对动弹性模量比较图

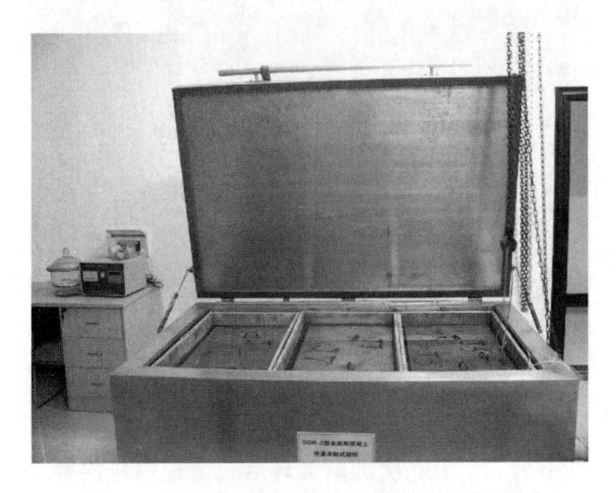

图 8.5.64 全级配混凝土冻融循环试验机

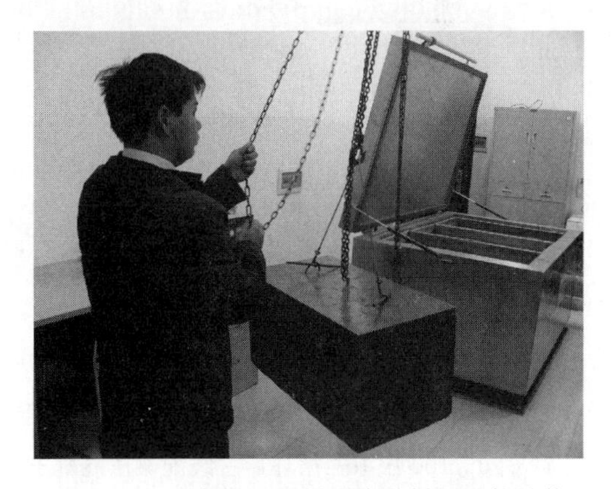

图 8.5.65 全级配混凝土冻融循环试件吊装

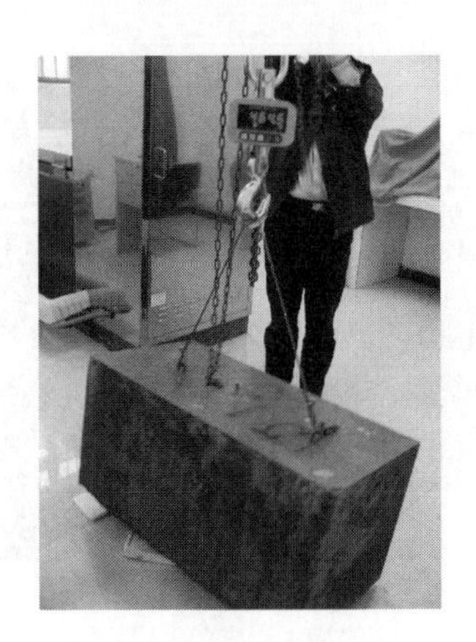

图 8.5.66 全级配混凝土冻融循环试件质量损失测试

图 8.5.67 全级配混凝土冻融循环试件动弹性模量测试

图 8.5.68 100次冻融循环后四级配碾压混凝土试件（一）

图 8.5.69 100次冻融循环后四级配碾压混凝土试件（二）

图 8.5.70 100次冻融循环后三级配碾压混凝土试件表面损伤（一）

图 8.5.71 100次冻融循环后三级配碾压混凝土试件表面损伤（二）

图 8.5.72 100次冻融循环后三级配变态混凝土试件表面损伤（一）

图 8.5.73 100次冻融循环后三级配变态混凝土试件表面损伤（二）

表8.5.23的试验结果表明，经过100次冻融循环的四级配碾压混凝土与三级配碾压混凝土的质量损失率及相对动弹性模量差别不大，但全级配混凝土大试件质量损失率均低于湿筛试件，相对动弹性模量均高于湿筛试件。

一般看来，全级配混凝土内部的大尺寸骨料对全级配混凝土的抗冻性有负面作用。骨料尺寸越大、大尺寸骨料含量越高，骨料总体比表面积减少，水泥石-骨料界面过渡区面积减少，但由于骨料尺寸增大引起不均匀性增加，缺陷和薄弱环节连续性增加，使试件在冻融循环过程中表面剥蚀较严重。由于试件尺寸影响，试件饱水程度不同，大试件内部通过短时间浸泡，不能完全饱水，而小试件饱水效果较好；与二级配混凝土相比，全级配混凝土内部过渡区微裂缝发展度更快，损伤更严重；但两种不同尺寸试件在抗冻性试验中的冻融循环制度不同，冻融循环中湿筛小试件的温度梯度显著大于全级配大试件。试验结果表明，湿筛混凝土的抗冻性不能完全代表坝体混凝土的抗冻性，在设计和施工中应引起注意。

8.5.3.12 徐变

混凝土的徐变是持续荷载作用下，混凝土结构的变形随时间不断增加的现象，徐变度则是单位应力作用下的徐变变形。在混凝土早龄期加荷，由于混凝土中胶凝材料尚未充分水化，强度较低，徐变发展较快；而晚龄期加荷时，由于胶凝材料的水化，混凝土强度的增长，徐变发展较慢。

四级配碾压混凝土抗压徐变度试验采用自主研发的CW-5000型电液-伺服自动反力加荷徐变试验系统进行。四级配碾压混凝土抗压徐变试件尺寸见表8.5.3。四级配碾压混凝土全级配大试件及湿筛小试件抗压徐变度试验结果见表8.5.24，碾压混凝土抗压徐变度曲线见图8.5.74，全级配混凝土徐变试验观测现场见图8.5.75。

表8.5.24 混凝土抗压徐变度试验结果

配合比编号	级配	灰浆率*/%	加荷龄期/d	不同持荷时间的徐变度/(×10⁻⁶/MPa)												
				0d	1d	2d	3d	4d	5d	6d	7d	10d	14d	21d	28d	35d
ST1	全级配	12.6	7	0	21.8	22.8	26.4	29.7	30.2	31.4	33.2	33.7	36.8	41.4	41.7	42.3
			28	0	3.1	2.7	3.9	5.6	5.9	6.9	7.3	10.4	12.3	10.2	11.4	12.4
ST1	湿筛	17.3	7	0	31.0	34.4	38.1	42.3	43.3	45.7	47.0	50.1	54.7	55.6	62.4	58.5
			28	0	7.1	8.2	10.3	11.8	12.7	12.6	13.4	16.9	18.2	19	20.8	22.2

配合比编号	级配	灰浆率*/%	加荷龄期/d	不同持荷时间的徐变度/(×10⁻⁶/MPa)							
				42d	53d	67d	72d	77d	83d	97d	113d
ST1	全级配	12.6	7	42.8	43.8	45.0	45.9	46.8	45.0	46.6	48.1
			28	13.6	14.7	16.9	15.3	15.5	15.9	16.9	—
ST1	湿筛	17.3	7	59.1	62.1	64.0	64.2	64.3	65.1	65.3	65.4
			28	22.2	22.5	23.7	24.1	24.3	24.4	24.1	—

* 灰浆率为体积灰浆率。

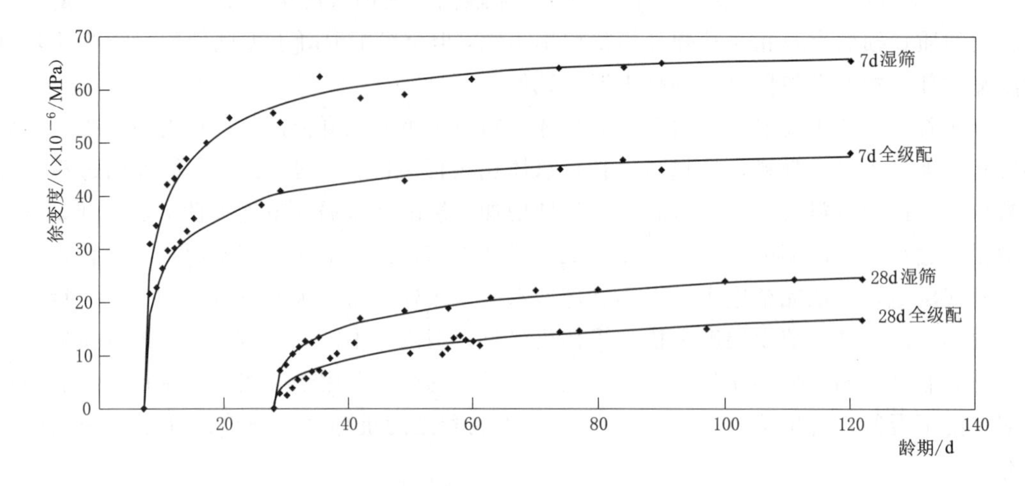

图 8.5.74　四级配混凝土及湿筛试件抗压徐变度曲线

图 8.5.75　全级配混凝土徐变试验观测现场

（1）四级配碾压混凝土全级配大试件的徐变度比湿筛小试件的徐变度小。7d 加荷龄期，持荷约 120d 龄期后四级配碾压混凝土全级配大试件的徐变度是湿筛小试件的 73.5%；28d 加荷龄期，持荷约 90d 龄期后四级配碾压混凝土全级配大试件的徐变度是湿筛小试件的 70.1%。

（2）四级配碾压混凝土全级配大试件及湿筛小试件徐变度随持荷龄期的延长而增加，强度和灰浆率是影响最显著的因素。四级配碾压混凝土全级配大试件和湿筛小试件 7d、28d 龄期的抗压强度比分别为 123%、105%，前者略高。大量研究表明，全级配大试件与湿筛小试件的徐变度比值与相应的灰浆率比成正比关系，且比例系数（徐变度比/灰浆率比）接近 1.0。本次徐变试验碾压混凝土全级配大试件与湿筛小试件的体积灰浆率比为 72.8%，相应的比例系数分别为 0.99 和 1.04。

8.5.4　推荐配合比

根据试验结果及分析，推荐了沙沱水电站坝体内部 $C_{90}15$ 使用四级配碾压混凝土时的各部位碾压混凝土配合比，供工程现场试验时选择和使用。

8.5.4.1　配合比参数

（1）推荐的配合比的主要期望技术指标和配制强度，与坝体内部 $C_{90}15$ 使用三级配碾压混凝土时保持一致，各部位碾压混凝土的石子级配增加一级。新的技术指标和配制强度分别见表 8.5.25、表 8.5.26。

表 8.5.25 沙沱水电站碾压及变态混凝土主要期望技术指标

混凝土种类	工程部位	强度等级	级配	抗渗等级	抗冻等级	抗压弹模/GPa	容重/(kg/m³)	极限拉伸值(28d)/×10⁻⁶
碾压混凝土	迎水面防渗层	$C_{90}20$	三	W8	F100	<30	≥2350	≥75
	坝体内部	$C_{90}15$	四	W6	F50	<30	≥2350	≥75
变态混凝土	上游坝面	$C_{90}20$	三	W8	F100	<32	≥2350	≥75
	下游坝面	$C_{90}15$	四	W6	F100	<30	≥2350	≥75

表 8.5.26 沙沱水电站碾压及变态混凝土配制强度

混凝土种类	工程部位	强度等级	级配	强度保证率/%	概率度系数	强度标准差/MPa	配制强度/MPa
碾压混凝土	迎水面防渗层	$C_{90}20$	三	80	0.84	4.0	23.4
	坝体内部混凝土	$C_{90}15$	四	80	0.84	3.5	18.0
变态混凝土	上游坝面	$C_{90}20$	三	80	0.84	4.0	23.4
	下游坝面	$C_{90}15$	四	80	0.84	3.5	18.0

（2）坝体内部 $C_{90}15$ 四级配碾压混凝土推荐了两种配合比，供单掺粉煤灰或复掺粉煤灰和磷渣粉时使用；由于磷渣粉在早期缓凝作用，从拆模时间考虑，迎水面防渗层 $C_{90}20$ 三级配碾压混凝土暂不推荐复掺粉煤灰和磷渣粉的配合比；为简化配料和从拆模时间考虑，变态混凝土浆液也只推荐单掺粉煤灰。

（3）由于四级配碾压混凝土缺乏工程实践经验，采用推荐配合比进行现场施工工艺试验十分必要，包括拌合工艺试验，如投料顺序、拌合时间和单机拌合量和拌合均匀性试验，碾压工艺试验，如振动碾的吨位选择、碾压层厚、碾压遍数与压实度关系，机口取样碾压混凝土拌合物及硬化混凝土力学性能试验，层面结合、原位抗剪、钻芯取样及压水试验等。在现场施工工艺试验的基础上，对推荐的配合比进行适当调整，确定符合工程实际的施工配合比。

8.5.4.2 推荐配合比

碾压混凝土及变态混凝土推荐配合比见表 8.5.27。表 8.5.28 为碾压混凝土层面结合所用砂浆及净浆推荐配合比。

与单掺粉煤灰四级配碾压混凝土相比，复掺粉煤灰和磷渣粉的四级配碾压混凝土中后期抗压强度、劈拉强度、抗拉强度、极限拉伸值略高，早期绝热温升低，抗渗、抗冻性能更优。粉煤灰掺量为 50%时全级配碾压混凝土抗压强度、劈拉强度、极限拉伸值、抗压弹性模量略高于粉煤灰掺量为 60%全级配碾压混凝土。

四级配碾压混凝土和三级配碾压混凝土相比，抗压强度无明显差异，劈拉强度约为三级配碾压混凝土 90%，拉压比约低 1%～2%，轴拉强度约为三级配碾压混凝土 93%。四级配碾压混凝土极限拉伸值约为三级配碾压混凝土 85%，抗压弹模约大 1%～3%，泊松比接近，干缩率则约低 15%～25%，四级配碾压混凝土自生体积变形表现为收缩或膨胀时，其值略小于三级配碾压混凝土。四级配与三级配碾压混凝土全级配大试件相比，导温系数接近，导热系数和比热略小，相对渗透性系数较高，抗渗性能略低。

表 8.5.27　沙沱水电站碾压混凝土及变态混凝土推荐配合比

混凝土种类	工程部位	强度等级	级配	水胶比	粉煤灰掺量/%	磷渣粉掺量/%	砂率/%	HLC-NAF减水剂/%	AE引气剂/%	材料用量/(kg/m³)						VC值/s	含气量/%
										水	水泥	粉煤灰	磷渣粉	砂	石		
碾压混凝土	迎水面防渗层	$C_{90}20$	三	0.50	50	0	33	0.7	0.05	80	80	80	—	738	1503	3～5	3.5～4.5
	坝体内部	$C_{90}15$	四	0.50	60	0	30	0.7	0.05	71	57	85	—	686	1607	1～3	3.5～4.5
				0.50	30	30	30	0.7	0.05	70	56	42	42	688	1617	1～3	3.5～4.5
变态混凝土	上游坝面	$C_{90}20$	三级配母体	0.50	50	0	33	0.7	0.05	80	80	80	—	738	1503	3～5	3.5～4.5
			浆液(6%)	0.45	45	0	0	0.7	0	33	40	33	0	0	0	—	—
	下游坝面	$C_{90}15$	四级配母体	0.50	60	0	30	0.7	0.05	71	57	85	—	686	1607	1～3	3.5～4.5
				0.50	30	30	30	0.7	0.05	70	56	42	42	688	1617	1～3	3.5～4.5
			浆液(6%)	0.45	55	0	0	0.7	0	32.5	32.5	39.5	0	0	0	—	—

表 8.5.28　碾压混凝土层面结合所用砂浆及净浆推荐配合比

种类	水胶比	砂率/%	粉煤灰掺量/%	材料用量/(kg/m³)					
				水	水泥	粉煤灰	砂	HLC-NAF减水剂	AE引气剂
$M_{90}20$	0.45	100	50	214	238	238	1545	1.904	0.1904
$M_{90}20$	0.45	—	45	550	672	550	—	3.67	—
$M_{90}15$	0.45	100	60	212	188	283	1542	1.884	0.1884
$M_{90}15$	0.45	—	55	542	542	662	—	3.61	—

注　$M_{90}20$ 的砂浆及净浆用于 $C_{90}20W8F100$ 迎水面防渗碾压混凝土的结合层面；$M_{90}15$ 的砂浆及净浆用于 $C_{90}15W6F50$ 坝体内部碾压混凝土的结合层面。

经过100次冻融循环的四级配碾压混凝土与三级配碾压混凝土的质量损失率及相对动弹性模量差别不大，但全级配混凝土大试件质量损失率均低于湿筛试件，相对动弹性模量均高于湿筛试件。四级配碾压混凝土大试件的徐变度比湿筛小试件的徐变度低约30%。7d加荷龄期，持荷约120d龄期后四级配碾压混凝土大试件的徐变度是湿筛小试件的73.5%；28d加荷龄期，持荷约90d龄期后四级配碾压混凝土大试件的徐变度是湿筛小试件的70.1%。

坝体内部三级配碾压混凝土改为四级配，迎水面防渗层二级配碾压混凝土改为三级配后，可以降低混凝土水化热温升2.2～2.5℃，不仅可以简化温控措施，同时还可加快碾压混凝土的施工进度，具有较大的技术经济效益。

与湿筛试件相比，三、四级配全级配试件的抗压强度和抗压弹性模量较高，而劈拉强度、抗拉强度和极限拉伸值较低；干缩值较低，自生体积变形较小，徐变度较低。

第9章

工 程 应 用 实 例

基于前述磷渣粉自身品质特性、磷渣粉水泥基胶凝体系水化特性及掺磷渣粉水工混凝土性能研究成果，本章从示范应用与效果评价角度，结合索风营水电站、龙潭嘴水电站和构皮滩水电站等几个典型工程，重点阐述了磷渣用作水工混凝土掺合料的实际应用效果，形成了磷渣粉水工混凝土制备技术、性能规律及现场应用的完整技术链条，可为磷渣粉的成熟规模化应用提供借鉴与参考。

9.1 磷渣粉在索风营水电站中的应用

9.1.1 索风营水电站工程概况

索风营水电站位于贵州省修文县与黔西县交界的乌江六广河段，电站控制流域面积 2186km^2，水库正常蓄水位高程为 837.00m，死水位为 817.00m，总库容为 2.012 亿 m^3，死库容为 0.84 亿 m^3，电站总装机容量 600MW。电站枢纽由碾压混凝土重力坝、坝顶溢流表孔、坝身冲沙孔、左岸引水系统、右岸地下发电厂房组成，属Ⅱ等工程。主要建筑物，如大坝、泄洪系统和引水发电系统为 2 级建筑物。

索风营水电站大坝混凝土共 8 种等级，已完成设计阶段的配合比试验，受索风营电站建设公司委托，长江水利委员会长江科学院对大坝混凝土配合比进行验证试验。

为利用贵州丰富的电炉磷渣粉资源，达到变废为宝的目的，基于不同水胶比、不同粉煤灰掺量下掺不同膨胀剂的混凝土基本性能试验成果，采用磷渣粉单掺、磷渣粉和粉煤灰复掺方面进行了平行对比试验，掌握磷渣粉对混凝土性能的影响规律。在此基础上优选出既能满足设计要求，又经济合理的混凝土配合比。

9.1.2 索风营水电站混凝土主要设计指标

索风营水电站大坝混凝土的技术要求见表 9.1.1。

按《水工混凝土施工规范》(DL/T 5144)，混凝土的配制强度按下式计算：

$$f_{cu,0}=f_{cu,k}+t\sigma \tag{9.1.1}$$

式中：$f_{cu,0}$为混凝土的配制强度，MPa；$f_{cu,k}$为混凝土设计龄期的强度标准值，MPa；t 为概率度系数；σ 为混凝土强度标准差，MPa。

根据表 9.1.1 的混凝土设计强度等级和保证率，依式（9.1.1）计算出混凝土配制强度见表 9.1.2。

表 9.1.1 索风营水电站大坝混凝土的技术要求

工程部位	强度等级	强度保证率	骨料级配	抗冻等级	抗渗等级	28d 极限拉伸值 $/\times10^{-4}$	28d 抗压弹性模量 /GPa	28d 自生体积变形 $/\times10^{-6}$
溢流坝头部、消力池底板常态混凝土	$C_{90}25$	85%	三	F100	W6	≥0.85	<35	>80
导墙常态混凝土	$C_{90}25$	85%	三	F100	W6	≥0.85	<35	—
闸墩常态混凝土	$C_{90}30$	90%	二	F100	W6	≥0.90	<40	>60
坝体大体积碾压混凝土	$C_{90}15$	80%	三	F50	W4	≥0.70	<30	>60
上游防渗层碾压混凝土	$C_{90}20$	80%	二	F100	W8	≥0.70	<32	>60

表 9.1.2 索风营水电站大坝混凝土的配制强度

工程部位	强度等级	设计龄期 /d	骨料级配	强度标准值 /MPa	强度保证率 /%	概率度系数	强度标准差 /MPa	配制强度 /MPa
溢流坝头部、消力池底板常态混凝土	$C_{90}25$	90	三	25	85	1.04	4.0	29.2
导墙常态混凝土	$C_{90}25$	90	三	25	85	1.04	4.0	29.2
闸墩常态混凝土	$C_{90}30$	90	二	30	90	1.28	4.5	35.8
坝体大体积碾压混凝土	$C_{90}15$	90	三	15	80	0.84	3.5	18.0
上游防渗层碾压混凝土	$C_{90}20$	90	二	20	80	0.84	4.0	23.4

9.1.3 索风营水电站混凝土原材料

索风营水电站混凝土配合比设计及性能试验采用原材料包括贵州水泥厂生产的乌江牌42.5普通硅酸盐水泥、贵州凯里电厂Ⅰ级粉煤灰以及贵州赛迪高峡科技开发有限责任公司生产的 NF-M_2 膨胀剂（此类膨胀剂均简写为 NF-M_2）和海城江海镁业有限公司生产的轻烧氧化镁膨胀剂（此类膨胀剂均简写为 MgO）。NF-M_2 膨胀剂的密度为 2.77g/cm^3，轻烧氧化镁膨胀剂的密度为 2.94g/cm^3。

骨料采用灰岩人工砂与人工碎石，人工砂的石粉含量为 11.4%，细度模数为 3.06，砂的其他各项性能指标符合《水工混凝土施工规范》(DL/T 5144) 对人工砂的技术要求，粗骨料的各项性能指标也符合《水工混凝土施工规范》(DL/T 5144) 对人工碎石的技术要求。

碾压混凝土与变态混凝土试验主要采用四川晶华化工有限公司生产的 QH-R20 缓凝高效减水剂，并与浙江龙游五强混凝土外加剂有限责任公司生产的 ZB-1Rcc 缓凝高效减水剂进行对比试验；常态混凝土试验主要采用南京瑞迪高新技术公司生产的 HLC-NAF2 缓凝高效减水剂，并与江苏省建筑科学研究院生产的 JM-Ⅱ缓凝高效减水剂进行对比试验。

试验选用的磷渣粉为贵州磷酸盐制品厂生产黄磷产生的工业废渣——粒化电炉磷渣粉。磷渣经过球磨机粉磨加工制得磷渣粉用于试验，对磷渣粉的物理性能和化学成分进行了检验，检验结果分别见表9.1.3和表9.1.4。

表9.1.3 磷渣粉物理性能检验结果

厂 家	细度（80μ筛余）/%	需水量比/%	密度/(g/cm³)
贵州磷酸盐制品厂	15.8	98	2.91

表9.1.4 磷渣粉化学成分检验结果 单位：%

厂 家	SiO_2	Fe_2O_3	Al_2O_3	CaO	MgO	K_2O	Na_2O	SO_3	Loss	P_2O_5
贵州磷酸盐制品厂	39.4	0.16	1.24	49.53	1.51	1.31	0.25	1.99	0.60	1.53

国家标准《用于水泥中的粒化电炉磷渣》（GB 6645）规定：磷渣中的五氧化二磷含量不得大于3.5%，不应有游离态的磷，不应有磷泥等外来夹杂物，磷渣的质量系数K值不得小于1.10。

K值按下式（式中化学成分均为质量百分数）计算：

$$K=(CaO+MgO+Al_2O_3)/(SiO_2+P_2O_5) \quad (9.1.2)$$

贵州磷酸盐制品厂粒化电炉磷渣粉的质量评定系数为1.31，P_2O_5含量为1.53%，无游离态的磷，各项技术指标都达到了国标要求。

9.1.4 混凝土配合比设计与性能试验

9.1.4.1 配合比参数设计

混凝土配合比设计分常态混凝土、碾压混凝土两类，为研究水胶比，磷渣粉、粉煤灰掺量和膨胀剂对各类混凝土基本性能的影响，针对每类混凝土分别确定了不同的配合比试验参数和控制标准。

混凝土配合比设计应满足工程设计对混凝土的力学、变形、热学和耐久性能的要求，并充分注意到经济性和满足施工和易性的要求。配合比设计应经济合理地选择水泥品种和强度等级，在水泥确定的情况下，优先采用优质的掺合料和外加剂，在满足施工和易性的条件下，力求最小的单位用水量，最大的粗骨料粒径和最大的骨料用量，选择最佳的骨料级配和含砂率。

本次试验首先通过试拌确定了混凝土的单位用水量和最优砂率，然后采用绝对体积法确定混凝土配合比参数，骨料级配根据骨料组合容重试验及混凝土的特性确定。

（1）骨料级配。根据索风营水电站大坝混凝土的设计要求，大坝混凝土全部为二、三级配混凝土，对选定的人工粗骨料进行二、三级配的组合容重试验，试验结果见表9.1.5。从试验结果可以看出，二级配骨料当中石与小石的质量比为55∶45时，骨料的紧密密度最大，也即空隙率最小；三级配骨料当大石、中石与小石的质量比为50∶20∶30时骨料的堆积和紧密密度最大，当大石、中石与小石的质量比为35∶35∶30时骨料的堆积和紧密密度次之。碾压混凝土属于干硬性混凝土，灰浆含量少，为避免施工中骨料离析，三级配碾压混凝土选用大石含量较少，紧密密度次之的骨料级配。根据粗骨料组合容重试验结果，混凝土配合比设计试验采用的最佳骨料级配见表9.1.6。

表 9.1.5 骨料组合密度试验结果

级配	骨料组合（大石：中石：小石）	堆积状态		振实状态	
		堆积密度/(kg/m³)	空隙率/%	紧密密度/(kg/m³)	空隙率/%
二	0：60：40	1540	43.2	1750	35.4
二	0：55：45	1525	43.7	1770	34.7
二	0：50：50	1510	44.3	1750	35.4
二	0：45：55	1520	43.9	1760	35.1
二	0：40：60	1500	44.6	1740	35.8
三	50：20：30	1690	37.6	1940	28.4
三	50：25：25	1670	38.4	1920	29.2
三	30：40：30	1630	39.8	1900	29.9
三	40：30：30	1680	38.0	1900	29.9
三	35：35：30	1680	38.0	1920	29.2

表 9.1.6 最佳骨料级配

级配	碾压混凝土		常态混凝土	
	小：中：大	空隙率/%	小：中：大	空隙率/%
二	45：55	35.1	45：55	35.1
三	30：35：35	29.2	30：20：50	28.4

（2）混凝土砂率和用水量。混凝土用水量与粗细骨料粒形、级配、石粉含量、外加剂用量、坍落度、VC 值等要求有关，在以上条件确定的情况下，主要取决于砂率和掺合料种类及掺量。合理的砂率可以使混凝土拌合物获得良好的和易性，并使硬化混凝土获得优良的综合性能。

按不同水胶比、不同掺合料及掺量和不同膨胀剂的组合，混凝土的试验配合比有数十个。因此首先确定不同级配混凝土（不掺掺合料和膨胀剂）的最优砂率和单位用水量，其次确定粉煤灰、膨胀剂和磷渣粉对混凝土最优砂率和单位用水量的影响，然后根据水胶比和掺合料掺量，确定不同混凝土配合比的最佳砂率及单位用水量。

确定混凝土最佳砂率及用水量的方法为：在固定水胶比，保持坍落度接近的条件下，先选取一个较大的砂率，然后依次减小砂率，直至混凝土拌合物不能满足和易性要求。根据外观和强度确定混凝土的最佳砂率及用水量。混凝土配合比试拌结果见表 9.1.7。

混凝土试拌试验结果表明，随掺合料掺量不同二级配常态混凝土用水量为 125～135kg/m³，最优砂率为 35%～36%，三级配常态混凝土用水量为 101～110kg/m³，最优砂率为 32%～33%；二级配碾压混凝土的用水量为 87～93kg/m³，最优砂率为 38%～40%，三级配碾压混凝土的用水量为 75～83kg/m³，最优砂率为 34%～36%。掺粉煤灰和磷渣粉可降低混凝土单位用水量，改善混凝土拌合物的和易性。掺 NF－M_2 膨胀剂及轻烧氧化镁膨胀剂对混凝土的单位用水量及砂率影响不大。

9.1.4.2 试验配合比

通过试拌调整确定的混凝土配合比见表 9.1.8 及表 9.1.9。

表 9.1.7 混凝土配合比试拌结果

编号	混凝土类型	水胶比	粉煤灰掺量/%	磷渣粉掺量/%	NF-M_2掺量/%	MgO掺量/%	级配	用水量/(kg/m^3)	砂率/%	坍落度或*VC*值	含气量/%	抗压强度/MPa	
												7d	28d
1	常态混凝土	0.50	0	0	0	0	二	138	38	5.2cm	4.3	34.9	43.6
								135	36	5.6cm	4.5	35.5	44.1
								132	34	5.0cm	4.0	35.2	43.8
2	常态混凝土	0.50	0	30	0	0	二	133	37	4.7cm	4.5	25.4	37.9
								130	35	4.5cm	4.6	25.6	38.3
								127	33	3.9cm	4.4	25.2	38.0
3	常态混凝土	0.50	0	0	10	0	二	135	36	4.3cm	4.6	27.9	34.1
4	常态混凝土	0.50	0	0	0	3	二	135	36	4.6cm	4.4	31.0	40.9
5	常态混凝土	0.50	30	0	0	0	二	128	37	4.8cm	4.5	24.8	35.5
								125	35	5.5cm	4.6	25.3	36.2
								122	33	4.6cm	4.4	24.6	35.2
6	常态混凝土	0.50	0	0	0	0	三	114	35	5.8cm	4.4	36.2	45.0
								110	33	6.7cm	4.5	37.0	45.9
								108	31	4.6cm	4.0	36.6	45.1
7	常态混凝土	0.50	0	30	0	0	三	107	34	4.0cm	4.0	26.5	39.3
								104	32	4.5cm	4.6	27.1	39.8
								101	30	4.3cm	4.2	26.7	38.9
8	常态混凝土	0.50	30	0	0	0	三	104	34	4.2cm	4.1	27.0	37.2
								101	32	5.5cm	4.6	27.5	37.7
								98	30	3.9cm	4.2	26.8	36.9
9	碾压混凝土	0.55	0	0	0	0	二	96	42	7.0 s	4.7	30.9	35.8
								93	40	8.0s	4.7	31.5	36.4
								90	38	5.0s	4.3	30.7	35.4
10	碾压混凝土	0.55	40	0	0	0	二	90	40	7.6s	4.6	14.3	25.1
								87	38	7.8s	4.5	15.0	25.9
								83	36	8.2s	4.6	14.2	24.9
11	碾压混凝土	0.55	0	0	0	0	三	86	38	6.0s	4.7	31.8	36.5
								83	36	6.5s	4.8	32.5	37.1
								80	34	8.0s	4.7	31.6	36.4
12	碾压混凝土	0.55	40	0	0	0	三	78	36	6.2s	4.2	15.2	25.8
								75	34	6.3s	4.2	15.6	26.4
								72	32	7.5s	4.1	15.0	26.1

9.1.4.3 性能试验结果及分析

1. 抗压强度

混凝土的拌合、成型、养护及性能试验按《水工混凝土试验规程》(DL/T 5150) 和《碾压混凝土试验规程》(SL 48) 的有关方法进行。混凝土的强度试验结果见表 9.1.10 和表 9.1.11 中，同时还列出了极限拉伸值和弹性模量试验结果。

从表 9.1.10 可以看出，混凝土的抗压强度随水胶比的增大而降低，根据“水胶比定则”，混凝土的抗压强度与胶水比呈线性关系，对常态混凝土的胶水比与抗压强度的关系进行了回归分析，得出了不同粉煤灰掺量混凝土的抗压强度和胶水比的关系，回归方程见表 9.1.12。

表 9.1.8 常态混凝土配合比

编号	水胶比	砂率/%	粉煤灰掺量/%	磷渣粉掺量/%	膨胀剂掺量/%		级配	混凝土材料用量/(kg/m³)								含气量/%	坍落度/cm
					$NF-M_2$	MgO		水	水泥	粉煤灰	磷渣粉	$NF-M_2$	MgO	砂	石		
C-1	0.55	33	0	0	0	0	三	110	200	0	0	0	0	708	1437	5.3	5.5
C-2	0.55	32	20	0	0	0	三	101	147	37	0	0	0	694	1475	4.8	4.9
C-3	0.55	32	30	0	0	0	三	101	129	55	0	0	0	693	1472	4.5	5.2
C-4	0.55	35	30	0	0	0	二	125	159	68	0	0	0	715	1329	4.0	4.5
C-5	0.55	32	0	30	0	0	三	104	132	0	57	0	0	693	1473	4.2	4.7
C-6	0.55	35	0	30	0	0	二	130	166	0	71	0	0	712	1322	3.8	4.1
C-7	0.55	33	0	0	0	3	三	110	194	0	0	0	6	707	1436	4.5	4.2
C-8	0.55	32	20	0	0	3	三	101	141	37	0	0	5.5	693	1473	4.7	5.0
C-9	0.55	32	30	0	0	3	三	101	123	55	0	0	5.5	692	1471	4.2	4.6
C-10	0.55	35	30	0	0	3	二	125	152	68	0	0	7	713	1328	4.6	4.3
C-11	0.55	32	0	30	0	3	三	104	123	0	57	0	6	692	1472	4.0	4.2
C-12	0.55	35	0	30	0	3	二	130	158	0	71	0	7	711	1321	4.1	6.8
C-13	0.55	33	0	0	10	0	三	110	180	0	0	20	0	704	1429	3.9	6.1
C-14	0.55	32	20	0	10	0	三	101	129	37	0	18	0	694	1474	4.2	4.6
C-15	0.55	32	30	0	10	0	三	101	110	55	0	18	0	693	1472	4.6	5.3
C-16	0.55	35	30	0	10	0	二	125	136	68	0	23	0	714	1330	5.2	5.0
C-17	0.55	32	0	30	10	0	三	104	114	0	57	19	0	694	1475	4.8	4.7
C-18	0.55	35	0	30	10	0	二	130	142	0	71	24	0	712	1323	5.2	4.2
C-19	0.50	33	0	0	0	0	三	110	220	0	0	0	0	702	1426	5.3	4.6
C-20	0.50	32	20	0	0	0	三	101	162	40	0	0	0	689	1464	4.8	5.0

续表

编号	水胶比	砂率/%	粉煤灰掺量/%	磷渣粉掺量/%	膨胀剂掺量/%		级配	混凝土材料用量/(kg/m³)								含气量/%	坍落度/cm
					NF-M₂	MgO		水	水泥	粉煤灰	磷渣粉	NF-M₂	MgO	砂	石		
C-21	0.50	32	30	0	0	0	三	101	141	61	0	0	0	687	1461	5.2	4.8
C-22	0.50	32	0	30	0	0	三	104	146	0	62	0	0	687	1461	4.2	4.1
C-23	0.50	32	15	15	0	0	三	101	141	30	30	0	0	688	1463	3.9	4.2
C-24	0.50	33	0	0	0	3	三	110	213	0	0	0	6.6	702	1426	4.0	4.2
C-25	0.50	32	20	0	0	3	三	101	156	40	0	0	6	689	1464	4.5	5.0
C-26	0.50	32	30	0	0	3	三	101	135	61	0	0	6	687	1461	4.8	5.0
C-27	0.50	32	0	30	0	3	三	104	139	0	62	0	6	687	1462	4.9	4.3
C-28	0.50	33	0	0	10	0	三	110	198	0	0	22	0	701	1425	4.0	4.2
C-29	0.50	32	20	0	10	0	三	101	141	40	0	20	0	687	1463	4.5	4.6
C-30	0.50	32	30	0	10	0	三	101	121	61	0	20	0	686	1460	4.0	5.1
C-31	0.50	32	0	30	10	0	三	104	125	0	62	21	0	686	1460	5.2	4.7
C-32	0.50	36	0	0	0	0	二	135	270	0	0	0	0	718	1277	4.0	4.3
C-33	0.50	35	20	0	0	0	二	125	200	50	0	0	0	708	1315	3.2	4.2
C-34	0.50	35	30	0	0	0	二	125	175	75	0	0	0	705	1310	3.5	6.8
C-35	0.50	35	0	30	0	0	二	130	182	0	78	0	0	705	1311	4.0	7.8
C-36	0.50	35	15	15	0	0	二	125	175	38	38	0	0	708	1315	4.5	4.1
C-37	0.50	36	0	0	0	3	二	135	262	0	0	0	8	718	1278	4.0	4.2
C-38	0.50	35	20	0	0	3	二	125	193	50	0	0	8	708	1315	4.2	5.0
C-39	0.50	35	30	0	0	3	二	125	168	75	0	0	8	705	1310	4.4	5.0
C-40	0.50	35	0	30	0	3	二	130	174	0	78	0	8	705	1311	4.0	4.9

续表

编号	水胶比	砂率/%	粉煤灰掺量/%	磷渣粉掺量/%	膨胀剂掺量/%		级配	混凝土材料用量/(kg/m³)								含气量/%	坍落度/cm
					$NF-M_2$	MgO		水	水泥	粉煤灰	磷渣粉	$NF-M_2$	MgO	砂	石		
C-41	0.50	36	0	0	10	0	二	135	243	0	0	27	0	717	1275	5.3	4.2
C-42	0.50	35	20	0	10	0	二	125	175	50	0	25	0	707	1316	4.8	4.6
C-43	0.50	35	30	0	10	0	二	135	162	81	0	27	0	692	1263	5.2	5.0
C-44	0.50	35	0	30	10	0	二	130	156	0	78	26	0	704	1309	5.2	4.2
C-45	0.45	35	0	0	0	0	二	135	300	0	0	0	0	689	1280	3.6	3.0
C-46	0.45	34	20	0	0	0	二	125	222	56	0	0	0	679	1317	3.6	3.6
C-47	0.45	34	30	0	0	0	二	125	194	83	0	0	0	676	1311	4.0	4.0
C-48	0.45	35	0	0	0	3	二	135	293	0	0	0	9	689	1279	4.3	5.2
C-49	0.45	34	20	0	0	3	二	125	214	56	0	0	8	679	1316	4.0	4.0
C-50	0.45	34	30	0	0	3	二	125	186	83	0	0	8	676	1312	3.5	5.4
C-51	0.45	35	0	0	10	0	二	135	270	0	0	30	0	688	1278	4.7	4.4
C-52	0.45	34	20	0	10	0	二	125	194	56	0	28	0	676	1312	3.5	3.0
C-53	0.45	34	30	0	10	0	二	125	167	83	0	28	0	675	1309	3.2	6.0
C-54	0.40	35	0	0	0	0	二	135	338	0	0	0	0	678	1162	4.0	5.0
C-55	0.40	34	20	0	0	0	二	125	250	63	0	0	0	667	1296	4.0	3.2
C-56	0.40	34	30	0	0	0	二	125	219	94	0	0	0	664	1290	3.2	4.8
C-57	0.40	35	0	0	0	3	二	135	327	0	0	0	10	678	1258	4.2	5.0
C-58	0.40	34	20	0	0	3	二	125	241	63	0	0	9	667	1295	3.5	3.5
C-59	0.40	34	30	0	0	3	二	125	209	94	0	0	9	664	1289	3.1	3.5
C-60	0.40	35	0	0	10	0	二	135	304	0	0	34	0	676	1254	3.8	4.0
C-61	0.40	34	20	0	10	0	二	125	219	63	0	31	0	667	1294	4.0	7.0
C-62	0.40	34	30	0	10	0	二	125	188	94	0	31	0	664	1288	3.7	4.5

表 9.1.9　　碾压混凝土配合比

编号	水胶比	砂率/%	粉煤灰掺量/%	磷渣粉掺量/%	膨胀剂掺量/%		级配	混凝土材料用量/(kg/m³)								含气量/%	VC值/s
					$NF-M_2$	MgO		水	水泥	粉煤灰	磷渣粉	$NF-M_2$	MgO	砂	石		
R-1	0.50	35	0	0	0	0	三	83	166	0	0	0	0	783	1455	4.0	5.2
R-2	0.50	40	0	0	0	0	二	93	186	0	0	0	0	878	1317	4.8	7.1
R-3	0.50	34	20	0	0	0	三	75	120	30	0	0	0	769	1493	4.6	5.4
R-4	0.50	39	20	0	0	0	二	87	139	35	0	0	0	867	1357	4.4	6.2
R-5	0.50	34	30	0	0	0	三	75	105	45	0	0	0	768	1490	4.5	5.6
R-6	0.50	39	30	0	0	0	二	87	122	52	0	0	0	865	1353	4.9	7.9
R-7	0.50	34	40	0	0	0	三	75	90	60	0	0	0	767	1487	4.4	5.8
R-8	0.50	38	40	0	0	0	二	87	104	70	0	0	0	863	1349	4.1	7.8
R-9	0.50	34	0	40	0	0	三	83	100	0	66	0	0	782	1453	4.3	5.4
R-10	0.50	38	0	40	0	0	二	93	112	0	74	0	0	871	1315	4.9	6.1
R-11	0.50	34	50	0	0	0	三	75	75	75	0	0	0	766	1484	4.8	4.5
R-12	0.50	38	50	0	0	0	二	87	87	87	0	0	0	862	1346	4.2	4.4
R-13	0.50	34	60	0	0	0	三	75	60	90	0	0	0	765	1481	4.4	4.9
R-14	0.50	38	60	0	0	0	二	87	70	104	0	0	0	860	1479	4.2	7.1
R-15	0.55	36	0	0	0	0	三	83	151	0	0	0	0	815	1450	4.6	3.3
R-16	0.55	35	20	0	0	0	三	75	109	27	0	0	0	801	1488	4.2	7.2
R-17	0.55	35	10	10	0	0	三	75	109	14	14	0	0	802	1489	4.8	8.0

续表

编号	水胶比	砂率/%	粉煤灰掺量/%	磷渣粉掺量/%	膨胀剂掺量/%		级配	混凝土材料用量/(kg/m³)								含气量/%	VC值/s
					NF-M₂	MgO		水	水泥	粉煤灰	磷渣粉	NF-M₂	MgO	砂	石		
R-18	0.55	36	0	20	0	0	三	81	118	0	29	0	0	818	1454	4.6	6.1
R-19	0.55	35	30	0	0	0	三	75	96	41	0	0	0	800	1485	4.0	6.8
R-20	0.55	35	40	0	0	0	三	75	82	55	0	0	0	797	1481	4.8	6.8
R-21	0.55	35	20	20	0	0	三	75	82	27	27	0	0	798	1482	4.6	7.8
R-22	0.55	35	50	0	0	0	三	75	68	68	0	0	0	794	1477	3.8	5.1
R-23	0.55	35	60	0	0	0	三	75	55	82	0	0	0	791	1473	4.2	6.2
R-24	0.55	36	0	0	0	3	三	83	146	0	0	0	4.5	815	1450	4.2	8.0
R-25	0.55	35	20	0	0	3	三	75	105	27	0	0	4	801	1488	3.8	7.0
R-26	0.55	35	30	0	0	3	三	75	91	41	0	0	4	800	1485	4.5	7.1
R-27	0.55	35	40	0	0	3	三	75	78	55	0	0	4	797	1481	4.9	6.0
R-28	0.55	35	50	0	0	3	三	75	64	68	0	0	4	794	1477	4.4	9.0
R-29	0.55	35	60	0	0	3	三	75	51	82	0	0	4	791	1473	4.4	7.0
R-30	0.55	36	0	0	10	0	三	83	136	0	0	15	0	815	1449	4.1	6.5
R-31	0.55	35	20	0	10	0	三	75	96	27	0	14	0	800	1487	4.5	7.0
R-32	0.55	35	30	0	10	0	三	75	82	41	0	14	0	799	1484	4.5	6.2
R-33	0.55	35	40	0	10	0	三	75	68	55	0	14	0	796	1480	4.0	7.5
R-34	0.55	35	50	0	10	0	三	75	55	68	0	14	0	793	1476	4.5	9.1
R-35	0.55	35	60	0	10	0	三	75	41	82	0	14	0	790	1469	4.8	8.2

表 9.1.10 常态混凝土力学性能试验结果

编号	水胶比	粉煤灰掺量/%	磷渣粉掺量/%	膨胀剂掺量/%		级配	抗压强度/MPa					劈拉强度/MPa		轴拉强度/MPa		极限拉伸值/$\times10^{-6}$		弹性模量/GPa		泊松比
				NF-M_2	MgO		7d	28d	90d	180d	360d	28d	90d	28d	90d	28d	90d	28d	90d	90d
C-1	0.55	0	0	0	0	三	28.4	37.9	47.0	50.6	52.3	2.97	3.78	3.42	4.61	108	129	37.5	41.5	0.22
C-2	0.55	20	0	0	0	三	23.8	33.9	44.7	48.2	51.9	2.51	3.45	3.32	4.40	106	125	35.5	40.2	0.24
C-3	0.55	30	0	0	0	三	20.3	31.1	41.8	45.0	49.6	2.66	3.35	3.25	4.27	106	120	34.2	39.2	0.25
C-4	0.55	30	0	0	0	二	19.7	30.2	40.6	44.1	48.3	2.58	3.25	3.16	4.15	102	115	29.0	36.5	0.23
C-5	0.55	0	30	0	0	三	21.7	33.3	44.7	46.0	51.8	2.79	3.42	3.29	4.32	115	127	34.5	39.5	0.26
C-6	0.55	0	30	0	0	二	21.1	32.3	43.4	45.4	51.0	2.71	3.32	3.18	4.20	112	125	33.7	38.4	0.21
C-7	0.55	0	0	0	3	三	27.0	35.6	37.8	43.9	45.8	2.87	3.53	3.08	4.09	113	120	33.9	37.8	0.22
C-8	0.55	20	0	0	3	三	21.5	31.6	36.7	41.2	44.6	2.51	3.21	2.94	3.93	108	121	29.8	37.2	0.23
C-9	0.55	30	0	0	3	三	17.8	28.5	36.0	38.7	43.9	2.39	3.06	2.86	3.82	110	122	29.5	36.9	0.24
C-10	0.55	30	0	0	3	二	17.3	27.7	35.0	38.1	43.2	2.32	2.97	2.77	3.71	108	120	29.1	37.0	0.20
C-11	0.55	0	30	0	3	三	19.3	31.1	38.5	39.2	44.5	2.45	3.12	2.91	3.86	112	125	30.9	38.2	0.21
C-12	0.55	0	30	0	3	二	18.7	30.2	37.4	38.6	43.8	2.38	3.04	2.83	3.75	111	123	30.2	39.4	0.22
C-13	0.55	0	0	10	0	三	23.1	31.6	37.5	42.7	43.9	2.71	3.26	2.61	3.09	93	102	31.0	36.8	0.23
C-14	0.55	20	0	10	0	三	19.3	29.6	37.0	40.2	42.5	2.51	3.01	2.49	2.95	91	99	27.3	35.4	0.24
C-15	0.55	30	0	10	0	三	15.1	25.7	35.4	39.4	40.8	2.38	2.84	2.42	2.86	90	99	26.8	36.0	0.25
C-16	0.55	30	0	10	0	二	14.7	25.0	34.4	39.0	40.2	2.33	2.78	2.34	2.78	87	96	26.3	34.9	0.21
C-17	0.55	0	30	10	0	三	16.3	28.0	37.9	40.8	43.6	2.43	2.90	2.49	2.92	95	104	26.9	35.6	0.23
C-18	0.55	0	30	10	0	二	15.8	27.2	36.8	40.2	42.9	2.36	2.82	2.42	2.83	93	102	25.0	34.2	0.24
C-19	0.50	0	0	0	0	三	37.0	45.9	53.4	54.2	56.7	3.33	3.44	3.79	4.80	115	137	43.5	45.2	0.22
C-20	0.50	20	0	0	0	三	30.8	41.1	48.1	51.7	55.2	3.21	3.40	3.62	4.38	119	121	41.2	44.8	0.24

续表

编号	水胶比	粉煤灰掺量/%	磷渣粉掺量/%	膨胀剂掺量/%		级配	抗压强度/MPa					劈拉强度/MPa		轴拉强度/MPa		极限拉伸值/$\times10^{-6}$		弹性模量/GPa		泊松比
				$NF-M_2$	MgO		7d	28d	90d	180d	360d	28d	90d	28d	90d	28d	90d	28d	90d	90d
C-21	0.50	30	0	0	0	三	27.5	37.7	44.4	48.4	53.9	2.94	3.16	3.51	3.95	102	110	41.7	425	0.25
C-22	0.50	0	30	0	0	三	27.1	39.8	46.9	52.6	55.7	3.21	3.50	3.79	4.42	115	127	41.9	43.6	0.23
C-23	0.50	15	15	0	0	三	27.9	39.5	46.1	49.2	52.9	3.22	3.57	3.86	4.78	112	129	39.2	42.6	0.25
C-24	0.50	0	0	0	3	三	33.7	41.1	49.3	50.6	52.3	3.27	3.42	3.23	4.18	103	115	40.1	40.8	0.22
C-25	0.50	20	0	0	3	三	27.2	36.8	44.5	48.2	51.9	3.08	3.36	3.10	3.46	104	116	39.3	40.5	0.21
C-26	0.50	30	0	0	3	三	21.9	33.8	41.1	46.0	50.2	2.53	3.31	2.94	3.44	95	105	37.9	39.8	0.20
C-27	0.50	0	30	0	3	三	24.6	34.5	42.3	48.0	51.7	2.69	3.41	3.13	3.93	101	110	36.5	39.2	0.25
C-28	0.50	0	0	10	0	三	28.3	35.6	42.4	45.9	47.6	2.86	3.33	3.00	3.53	103	112	39.7	40.2	0.24
C-29	0.50	20	0	10	0	三	25.0	33.1	41.4	43.6	46.8	2.77	2.91	2.87	3.23	95	102	37.5	40.0	0.21
C-30	0.50	30	0	10	0	三	19.9	29.5	37.1	42.1	43.2	2.41	2.52	2.79	3.16	93	105	33.1	36.8	0.23
C-31	0.50	0	30	10	0	三	22.6	30.5	38.5	43.2	45.9	2.55	2.84	2.96	3.70	98	110	33.0	38.0	0.24
C-32	0.50	0	0	0	0	二	35.5	44.1	51.8	52.8	55.3	3.14	3.31	3.59	4.55	107	135	43.0	45.1	0.22
C-33	0.50	20	0	0	0	二	29.6	39.5	48.3	50.5	53.8	3.06	3.27	3.40	4.16	110	115	41.5	44.6	0.25
C-34	0.50	30	0	0	0	二	25.3	36.2	42.3	47.2	52.8	2.81	3.01	3.37	3.76	101	112	40.4	42.1	0.23
C-35	0.50	0	30	0	0	二	25.6	38.3	44.8	51.3	54.3	3.08	3.40	3.61	4.21	118	123	41.3	43.1	0.24
C-36	0.50	15	15	0	0	二	25.7	37.9	45.4	47.9	51.7	3.05	3.47	3.69	4.56	116	137	38.9	43.9	0.21
C-37	0.50	0	0	0	3	二	31.7	39.6	41.8	45.9	47.8	3.08	3.27	3.18	3.98	104	123	40.3	40.5	0.25
C-38	0.50	20	0	0	3	二	25.3	35.2	40.8	43.8	46.8	2.98	3.20	3.00	3.73	101	117	38.8	39.6	0.20
C-39	0.50	30	0	0	3	二	20.9	31.8	39.9	41.0	46.3	2.41	3.17	2.95	3.65	97	102	37.9	39.2	0.22
C-40	0.50	0	30	0	3	二	23.2	33.0	41.1	43.2	46.9	2.62	3.29	3.10	3.81	99	112	36.6	38.4	0.21
C-41	0.50	0	0	10	0	二	28.3	34.2	40.8	43.8	45.2	2.69	3.20	2.99	3.42	102	109	38.2	39.4	0.23

续表

编号	水胶比	粉煤灰掺量/%	磷渣粉掺量/%	膨胀剂掺量/%		级配	抗压强度/MPa					劈拉强度/MPa		轴拉强度/MPa		极限拉伸值/$\times 10^{-6}$		弹性模量/GPa		泊松比
				NF-M_2	MgO		7d	28d	90d	180d	360d	28d	90d	28d	90d	28d	90d	28d	90d	90d
C-42	0.50	20	0	10	0	二	23.6	32.0	40.2	41.3	44.5	2.64	2.77	2.84	3.17	93	99	36.1	38.2	0.21
C-43	0.50	30	0	10	0	二	18.5	27.9	36.0	40.9	41.3	2.33	2.48	2.72	3.05	93	95	32.0	37.8	0.24
C-44	0.50	0	30	10	0	二	19.7	29.7	37.3	41.5	44.6	2.41	2.76	2.82	3.58	95	112	33.6	38.5	0.21
C-45	0.45	0	0	0	0	二	38.7	49.3	55.8	57.6	59.2	4.21	4.93	4.11	4.57	115	138	41.9	43.9	0.22
C-46	0.45	20	0	0	0	二	32.4	46.1	52.6	55.8	57.7	3.51	4.05	3.73	4.10	106	136	39.6	41.1	0.21
C-47	0.45	30	0	0	0	二	30.8	41.3	47.6	52.4	54.8	3.14	3.58	3.30	3.68	94	124	38.4	43.6	0.23
C-48	0.45	0	0	0	3	二	36.1	47.0	50.2	51.8	58.2	3.85	4.47	4.12	4.21	117	128	41.5	43.2	0.24
C-49	0.45	20	0	0	3	二	30.2	42.2	44.8	49.8	57.0	3.36	3.83	3.72	4.19	116	131	40.2	44.1	0.22
C-50	0.45	30	0	0	3	二	29.3	39.7	43.7	48.2	54.4	3.00	3.45	3.30	3.78	95	129	39.6	40.8	0.23
C-51	0.45	0	0	10	0	二	34.8	39.3	46.7	49.5	53.1	3.66	4.28	3.53	3.97	115	134	38.5	40.0	0.25
C-52	0.45	20	0	10	0	二	30.0	35.5	46.0	48.3	49.7	3.24	3.69	3.34	3.90	112	128	38.9	41.1	0.24
C-53	0.45	30	0	10	0	二	26.1	33.7	43.8	47.1	48.5	3.04	3.52	3.33	3.72	95	126	38.2	42.3	0.26
C-54	0.40	0	0	0	0	二	46.3	54.2	61.2	64.3	66.5	4.96	5.21	4.53	4.81	135	146	45.4	45.0	0.21
C-55	0.40	20	0	0	0	二	38.1	49.4	56.4	62.3	64.9	4.59	5.05	4.20	4.32	128	138	43.7	39.9	0.22
C-56	0.40	30	0	0	0	二	33.9	46.6	52.0	61.3	62.9	3.78	4.23	3.79	4.12	106	130	41.2	42.5	0.23
C-57	0.40	0	0	0	3	二	43.1	51.9	54.6	59.4	63.9	4.03	4.52	4.10	4.34	123	135	43.6	45.0	0.21
C-58	0.40	20	0	0	3	二	37.6	48.1	51.9	58.8	62.5	3.46	3.91	3.58	3.79	117	127	41.4	42.5	0.20
C-59	0.40	30	0	0	3	二	33.2	43.6	50.8	57.9	59.8	3.28	3.77	3.45	3.69	100	126	36.5	38.3	0.25
C-60	0.40	0	0	10	0	二	38.9	44.2	50.7	56.5	60.2	3.83	4.40	3.89	4.16	121	130	40.7	42.0	0.21
C-61	0.40	20	0	10	0	二	32.5	41.0	48.4	55.4	59.2	3.55	3.96	3.65	3.94	120	123	39.6	41.0	0.19
C-62	0.40	30	0	10	0	二	28.1	37.2	46.5	52.7	55.9	3.15	3.59	3.46	3.72	120	120	39.1	41.2	0.23

表 9.1.11 碾压混凝土力学性能试验结果

编号	水胶比	粉煤灰掺量/%	磷渣粉掺量/%	膨胀剂掺量/%		级配	抗压强度/MPa					劈拉强度/MPa		轴拉强度/MPa		极限拉伸值/$\times10^{-6}$		弹性模量/GPa		泊松比
				NF-M_2	MgO		7d	28d	90d	180d	360d	28d	90d	28d	90d	28d	90d	28d	90d	90d
R-1	0.50	0	0	0	0	三	37.2	43.1	48.5	49.8	50.6	3.22	3.96	3.79	4.17	113	115	48.1	52.8	0.20
R-2	0.50	0	0	0	0	二	36.1	41.8	46.8	47.7	49.0	3.11	3.79	3.53	3.88	106	108	47.8	50.6	0.19
R-3	0.50	20	0	0	0	三	31.1	37.3	45.7	48.2	49.7	2.97	3.71	3.52	3.86	103	107	42.6	43.8	0.18
R-4	0.50	20	0	0	0	二	29.3	36.4	42.6	46.8	48.8	2.85	3.65	3.33	3.70	99	102	42.5	43.6	0.17
R-5	0.50	30	0	0	0	三	26.6	34.5	43.0	47.4	49.2	2.86	3.58	3.21	3.56	94	96	40.5	41.3	0.15
R-6	0.50	30	0	0	0	二	25.1	32.6	41.8	45.2	48.7	2.73	3.53	3.00	3.33	89	91	40.1	41.6	0.19
R-7	0.50	40	0	0	0	三	20.6	31.0	40.6	44.7	49.0	2.62	3.22	2.85	3.68	90	93	37.8	39.8	0.20
R-8	0.50	40	0	0	0	二	19.8	30.1	39.4	43.4	48.0	2.56	3.19	2.67	3.41	86	88	36.7	39.5	0.18
R-9	0.50	0	40	0	0	三	21.5	33.7	43.3	46.8	50.7	2.71	3.24	3.01	3.86	108	112	35.2	38.4	0.17
R-10	0.50	0	40	0	0	二	19.8	31.5	42.0	44.2	48.9	2.44	3.16	2.71	3.80	99	102	34.8	38.5	0.16
R-11	0.50	50	0	0	0	三	16.2	24.3	33.1	40.9	46.2	2.35	3.06	2.47	3.21	92	96	34.1	37.9	0.20
R-12	0.50	50	0	0	0	二	15.0	23.1	32.1	39.6	44.6	2.17	2.97	2.27	2.91	89	92	33.2	34.5	0.19
R-13	0.50	60	0	0	0	三	13.5	21.8	28.8	36.2	41.4	2.10	2.89	1.99	2.56	82	87	31.5	33.6	0.21
R-14	0.50	60	0	0	0	二	12.5	20.4	28.1	35.6	40.8	2.07	2.82	1.87	2.43	76	80	30.8	31.7	0.20
R-15	0.55	0	0	0	0	三	32.5	37.1	46.8	47.2	48.0	2.90	3.56	3.47	4.17	100	104	406	41.8	0.149
R-16	0.55	20	0	0	0	三	18.5	32.0	43.2	45.2	46.5	2.54	3.12	3.03	3.64	91	96	38.7	38.9	0.20
R-17	0.55	10	10	0	0	三	24.1	31.7	43.2	46.0	47.2	2.65	3.23	3.36	4.13	105	108	405	41.6	0.18
R-18	0.55	0	20	0	0	三	22.5	32.7	44.5	46.7	47.9	2.43	2.96	2.99	3.64	99	103	37.3	38.5	0.15

续表

编号	水胶比	粉煤灰掺量/%	磷渣粉掺量/%	膨胀剂掺量/%		级配	抗压强度/MPa					劈拉强度/MPa		轴拉强度/MPa		极限拉伸值/$\times 10^{-6}$		弹性模量/GPa		泊松比
				NF－M_2	MgO		7d	28d	90d	180d	360d	28d	90d	28d	90d	28d	90d	28d	90d	90d
R－19	0.55	30	0	0	0	三	17.9	29	40.6	42.8	44.4	2.07	2.55	2.93	3.57	89	93	36.9	37.6	0.16
R－20	0.55	40	0	0	0	三	15.6	26.4	37.2	39.5	43.4	1.99	2.45	2.48	3.19	84	90	35.5	36.4	0.18
R－21	0.55	20	20	0	0	三	16.1	27.2	38.3	40.0	44.2	2.05	2.52	2.55	3.27	89	95	35.7	36.8	0.17
R－22	0.55	50	0	0	0	三	11.2	22.0	31.0	38.8	42.6	1.86	2.27	2.26	2.69	82	89	30.2	32.6	0.19
R－23	0.55	60	0	0	0	三	9.6	16.9	27.8	33.3	37.0	1.71	2.10	1.83	2.10	72	76	29.6	31.2	0.20
R－24	0.55	0	0	0	3	三	30.8	34.9	39.8	43.6	45.8	2.82	3.07	3.46	4.15	99	102	40.7	41.6	0.18
R－25	0.55	20	0	0	3	三	24.1	31.2	37.5	41.3	43.1	2.52	2.88	2.93	3.63	86	101	38.5	40.2	0.16
R－26	0.55	30	0	0	3	三	21.5	26.6	36.5	40.6	42.8	2.41	2.74	2.84	3.50	82	95	36.3	38.5	0.20
R－27	0.55	40	0	0	3	三	15.5	23.4	33.1	39.0	41.3	2.21	2.52	2.45	2.98	80	92	35.3	37.2	0.19
R－28	0.55	50	0	0	3	三	13.8	20.0	29.2	38.2	40.8	1.90	2.18	2.30	2.69	77	78	35.0	36.4	0.18
R－29	0.55	60	0	0	3	三	9.6	16.0	26.3	32.8	36.2	1.86	2.16	1.69	2.01	72	75	33.2	34.6	0.21
R－30	0.55	0	0	10	0	三	22.1	29.0	36.7	39.3	41.2	2.63	3.03	3.34	4.01	98	102	37.2	38.2	0.20
R－31	0.55	20	0	10	0	三	18.3	27.1	35.0	37.9	38.8	2.36	2.74	2.89	3.56	95	100	35.2	36.2	0.19
R－32	0.55	30	0	10	0	三	15.3	24.0	33.2	34.8	37.9	1.98	2.48	2.75	3.30	92	98	34.8	35.9	0.18
R－33	0.55	40	0	10	0	三	14.4	20.0	29.0	33.6	35.8	1.89	2.19	2.41	2.80	85	92	35.8	36.0	0.20
R－34	0.55	50	0	10	0	三	10.5	18.9	26.3	32.8	35.0	1.81	2.06	2.27	2.65	80	88	31.0	32.1	0.19
R－35	0.55	60	0	10	0	三	8.3	11.9	23.1	31.8	34.6	1.70	1.96	1.48	1.65	66	70	27.9	29.6	0.16

表 9.1.12 常态混凝土的抗压强度（R）与胶水比［$(C+F)/W$］的关系

粉煤灰掺量/%	膨胀剂掺量/%		龄期/d	回归方程	相关系数
	MgO	NF-M_2			
0	0	0	28	$R_{28}=24.92(C+F)/W-7.11$	0.963
			90	$R_{90}=22.20(C+F)/W+6.21$	0.979
20	0	0	28	$R_{28}=24.25(C+F)/W-9.79$	0.944
			90	$R_{90}=17.65(C+F)/W+11.58$	0.930
30	0	0	28	$R_{28}=23.73(C+F)/W-12.09$	0.984
			90	$R_{90}=17.55(C+F)/W+8.15$	0.983
0	3	0	28	$R_{28}=23.39(C+F)/W-6.14$	0.980
			90	$R_{90}=29.68(C+F)/W-18.06$	0.958
20	3	0	28	$R_{28}=20.08(C+F)/W-2.59$	0.924
			90	$R_{90}=22.04(C+F)/W-3.50$	0.996
30	3	0	28	$R_{28}=24.31(C+F)/W-16.21$	0.967
			90	$R_{90}=22.66(C+F)/W-6.04$	0.994
0	0	10	28	$R_{28}=20.11(C+F)/W-5.83$	0.997
			90	$R_{90}=21.33(C+F)/W-1.89$	0.980
20	0	10	28	$R_{28}=17.92(C+F)/W-3.96$	0.998
			90	$R_{90}=18.77(C+F)/W+2.55$	0.948
30	0	10	28	$R_{28}=18.62(C+F)/W-8.79$	0.979
			90	$R_{90}=19.39(C+F)/W-1.21$	0.933

试验研究了以磷渣粉作为掺合料部分和全部替代粉煤灰对混凝土性能的影响，磷渣粉对混凝土抗压强度的影响试验结果见表 9.1.13。在掺量相同时，水胶比为 0.50～0.55 时，掺磷渣粉的常态混凝土和碾压混凝土的 28d 和 90d 抗压强度比掺粉煤灰的略高一些。

表 9.1.13 磷渣粉替代粉煤灰对混凝土抗压强度的影响试验结果

混凝土种类	磷渣粉掺量/%	粉煤灰掺量/%	膨胀剂掺量/%		水胶比			
					0.50		0.55	
			NF-M_2	MgO	28d	90d	28d	90d
常态混凝土	0	30	0	0	100	100	100	100
	30	0	0	0	106	106	107	107
	15	15	0	0	105	104	—	—
	0	30	0	3	100	100	100	100
	30	0	0	3	102	103	109	107
	0	30	10	0	100	100	100	100
	30	0	10	0	103	104	109	107
碾压混凝土	0	20	0	0	100	100	100	100
	20	0	0	0	—	—	102	103
	10	10	0	0	—	—	99	100
	0	40	0	0	100	100	100	100
	40	0	0	0	109	107	—	—
	20	20	0	0	—	—	103	103

2. 抗拉强度

水胶比，磷渣粉、粉煤灰掺量，膨胀剂等对混凝土劈拉强度和轴拉强度的影响规律与对抗压强度的影响规律基本相同。表9.1.14～表9.1.17列出了根据试验结果计算的常态混凝土和碾压混凝土的抗压强度与轴拉强度之比（简称压拉比）。

表9.1.14 常态混凝土抗压强度与轴拉强度比值

磷渣粉掺量/%	粉煤灰掺量/%	膨胀剂掺量/%		水胶比							
				0.40		0.45		0.50		0.55	
		$NF-M_2$	MgO	28d	90d	28d	90d	28d	90d	28d	90d
0	0	0	0	10.4	12.7	12.0	12.2	12.1	11.1	11.1	10.2
0	20	0	0	11.8	13.1	12.4	12.8	11.4	11.0	10.2	10.1
0	30	0	0	12.3	12.6	12.5	12.9	10.7	11.2	9.6	9.8
30	0	0	0	—	—	—	—	10.5	10.6	10.1	10.3
15	15	0	0	—	—	—	—	10.2	9.6	—	—
0	0	0	3	12.0	12.7	11.4	11.9	12.7	11.8	11.5	9.2
0	20	0	3	11.8	13.1	11.3	10.7	11.9	12.9	10.7	9.3
0	30	0	3	12.3	12.6	12.0	11.6	11.5	11.9	10.0	9.4
30	0	0	0	—	—	—	—	11.0	10.8	10.7	10.0
0	0	10	0	12.7	12.6	11.1	11.8	11.9	12.0	12.1	12.1
0	20	10	0	13.4	13.7	10.6	11.8	11.5	12.8	11.9	12.5
0	30	10	0	12.6	13.8	10.1	11.8	10.6	11.7	10.6	12.4
30	0	10	0	—	—	—	—	10.3	10.4	11.2	13.0

表9.1.15 碾压混凝土抗压强度/轴拉强度比值

磷渣掺量/%	粉煤灰掺量/%	膨胀剂掺量/%		水胶比			
				0.50		0.55	
		$NF-M_2$	MgO	28d	90d	28d	90d
0	0	0	0	11.4	11.6	10.7	11.2
0	20	0	0	10.6	11.8	10.6	11.9
10	10	0	0	—	—	9.4	10.5
20	0	0	0	—	—	10.9	12.2
0	30	0	0	10.7	12.1	9.9	11.4
0	40	0	0	10.9	11.0	10.6	11.7
40	0	0	0	11.2	11.2	—	—
0	50	0	0	9.8	10.3	9.7	11.5
0	60	0	0	11.0	11.3	9.2	13.2
0	0	0	3	—	—	10.1	9.6
0	20	0	3	—	—	10.6	10.3
0	30	0	3	—	—	9.4	10.4
0	40	0	3	—	—	9.6	11.1
0	50	0	3	—	—	8.7	10.9
0	60	0	3	—	—	9.5	13.1
0	0	10	0	—	—	8.7	9.2

续表

磷渣掺量/%	粉煤灰掺量/%	膨胀剂掺量/%		水胶比			
				0.50		0.55	
		NF-M$_2$	MgO	28d	90d	28d	90d
0	20	10	0	—	—	9.4	9.8
0	30	10	0	—	—	8.7	10.1
0	40	10	0	—	—	8.3	10.4
0	50	10	0	—	—	8.3	9.9
0	60	10	0	—	—	8.0	14

表 9.1.16　　常态混凝土抗压强度与劈拉强度比值

磷渣粉掺量/%	粉煤灰掺量/%	膨胀剂掺量/%		水胶比							
				0.40		0.45		0.50		0.55	
		NF-M$_2$	MgO	28d	90d	28d	90d	28d	90d	28d	90d
0	0	0	0	10.4	11.7	11.7	11.3	13.8	15.5	12.8	12.4
0	20	0	0	10.8	11.2	13.1	13.0	12.8	14.1	13.5	13.0
0	30	0	0	12.3	12.3	13.2	13.3	12.8	14.1	11.7	12.5
30	0	0	0	—	—	—	—	12.4	13.4	11.9	13.0
15	15	0	0	—	—	—	—	12.3	12.9	—	—
0	0	0	3	12.9	12.1	12.2	11.2	12.6	14.4	12.4	10.7
0	20	0	3	13.9	13.3	12.6	11.7	11.9	13.2	12.6	11.4
0	30	0	3	13.3	13.5	13.2	12.7	13.4	12.4	11.9	11.8
30	0	0	0	—	—	—	—	12.8	12.4	12.7	12.3
0	0	10	0	11.5	11.5	10.7	10.9	12.4	12.7	11.7	11.5
0	20	10	0	11.5	12.2	11.0	12.5	11.9	14.2	11.8	12.3
0	30	10	0	11.8	13.0	11.1	12.4	12.2	14.7	10.8	12.5
30	0	10	0	—	—	—	—	12.0	13.6	11.5	13.1

表 9.1.17　　碾压混凝土抗压强度与劈拉强度比值

磷渣粉掺量/%	粉煤灰掺量/%	膨胀剂掺量/%		水胶比			
				0.50		0.55	
		NF-M$_2$	MgO	28d	90d	28d	90d
0	0	0	0	13.4	12.2	12.8	13.1
0	20	0	0	12.6	12.3	12.6	13.8
10	10	0	0	—	—	12.0	13.4
20	0	0	0	—	—	13.4	15.0
0	30	0	0	12.1	12.0	14.0	15.9
0	40	0	0	11.8	12.6	13.3	15.2
40	0	0	0	12.4	13.4	—	—
0	50	0	0	10.3	10.8	11.8	13.6
0	60	0	0	10.4	10.0	9.9	13.2

续表

磷渣粉掺量/%	粉煤灰掺量/%	膨胀剂掺量/%		水胶比			
				0.50		0.55	
		NF-M_2	MgO	28d	90d	28d	90d
0	0	0	3	—	—	12.4	13.0
0	20	0	3	—	—	12.4	13.0
0	30	0	3	—	—	11.0	13.3
0	40	0	3	—	—	10.6	13.1
0	50	0	3	—	—	10.5	13.4
0	60	0	3	—	—	8.6	12.2
0	0	10	0	—	—	11.0	12.1
0	20	10	0	—	—	11.5	12.8
0	30	10	0	—	—	12.1	13.4
0	40	10	0	—	—	10.6	13.2
0	50	10	0	—	—	10.4	12.8
0	60	10	0	—	—	7.0	11.8

常态混凝土比为9.2～13.8，碾压混凝土的压拉比为8.0～14.0。常态混凝土压拉比为10.4～15.5，碾压混凝土的压拉比为7.0～15.9。混凝土的轴拉强度略高于劈拉强度。

3. 极限拉伸值与抗压弹模

从表9.1.10可以看出，常态混凝土的极限拉伸值都能满足设计等级为C_{90}25和C_{90}30的常态混凝土的设计要求。从表9.1.11可以看出，碾压混凝土的水胶比为0.55，粉煤灰掺量大于60%时，极限拉伸值将不能满足大坝碾压混凝土的设计要求。粉煤灰掺量和膨胀剂对混凝土极限拉伸值的影响与抗压强度一致。在掺量相同时，掺磷渣粉的常态混凝土和碾压混凝土极限拉伸值比掺粉煤灰的略高一些。

混凝土的抗压弹模与混凝土的强度成正比，从常态混凝土的力学性能试验结果来看，C_{90}25常态混凝土28d龄期弹性模量要满足设计要求（<35GPa），水胶比为0.55，粉煤灰或磷渣粉掺量大于20%以上时可以满足要求；C_{90}30常态混凝土28d弹性模量要满足设计要求（<40GPa），水胶比应不小于0.50，掺粉煤灰或磷渣粉时容易满足要求；复掺膨胀剂时，由于强度降低较多，弹性模量较低。

C_{90}15碾压混凝土28d弹性模量要满足设计要求（<30GPa），水胶比0.55，粉煤灰或磷渣粉掺量大于50%时可能满足要求；C_{90}20碾压混凝土28d弹性模量要满足设计要求（<32GPa），水胶比不小于0.50，掺粉煤灰或磷渣粉时容易满足要求；复掺膨胀剂时，由于强度降低较多，弹性模量较低。

4. 抗渗性能与抗冻性能

常态与碾压混凝土的抗渗性能试验结果分别见表9.1.18和表9.1.19，抗冻性能试验结果见表9.1.20和表9.1.21。常态混凝土和碾压混凝土的抗渗等级满足设计要求；当含气量达到规定范围时，常态混凝土和碾压混凝土的抗冻等级也均能满足设计要求。

表 9.1.18 常态混凝土抗渗试验结果（90d）

编号	水胶比	粉煤灰掺量/%	磷渣粉掺量/%	膨胀剂掺量/%		级配	抗渗等级	渗水高度/cm
				NF-M_2	MgO			
C-2	0.55	20	0	0	0	三	＞W6	4.5
C-3	0.55	30	0	0	0	三	＞W6	2.1
C-4	0.55	30	0	0	0	二	＞W6	5.0
C-5	0.55	0	30	0	0	三	＞W6	1.0
C-6	0.55	0	30	0	0	二	＞W6	2.1
C-7	0.55	0	0	0	3	三	＞W6	3.5
C-8	0.55	20	0	0	3	三	＞W6	5.5
C-9	0.55	30	0	0	3	三	＞W6	4.3
C-10	0.55	30	0	0	3	二	＞W6	3.8
C-11	0.55	0	30	0	3	三	＞W6	1.9
C-12	0.55	0	30	0	3	二	＞W6	2.1
C-13	0.55	0	0	10	0	三	＞W6	3.7
C-14	0.55	20	0	10	0	三	＞W6	5.5
C-15	0.55	30	0	10	0	三	＞W6	3.9
C-18	0.55	0	30	10	0	二	＞W6	5.2
C-34	0.50	0	30	0	0	二	＞W6	2.2
C-35	0.50	30	0	0	0	二	＞W6	3.0
C-40	0.50	30	0	0	3	二	＞W6	2.6
C-44	0.50	30	0	10	0	二	＞W6	1.3

表 9.1.19 碾压混凝土抗渗试验结果（90d）

编号	水胶比	粉煤灰掺量/%	磷渣粉掺量/%	膨胀剂掺量/%		级配	抗渗等级	渗水高度/cm
				NF-M_2	MgO			
R-20	0.55	40	0	0	0	三	＞W6	3.9
R-21	0.55	20	20	0	0	三	＞W6	5.4
R-22	0.55	50	0	0	0	三	＞W6	3.9
R-23	0.55	60	0	0	0	三	＞W6	5.0
R-26	0.55	30	0	0	3	三	＞W6	4.3
R-28	0.55	50	0	0	3	三	＞W6	5.2
R-29	0.55	60	0	0	3	三	＞W6	6.3
R-33	0.55	40	0	10	0	三	＞W6	5.9
R-34	0.55	50	0	10	0	三	＞W6	7.2
R-35	0.55	60	0	10	0	三	＞W6	9.9
R-2	0.50	0	0	0	0	二	＞W8	8.7
R-4	0.50	20	0	0	0	二	＞W8	1.9
R-6	0.50	30	0	0	0	二	＞W8	4.3
R-8	0.50	40	0	0	0	二	＞W8	5.2
R-10	0.50	0	40	0	0	二	＞W8	3.9
R-12	0.50	50	0	0	0	二	＞W8	4.2
R-14	0.50	60	0	0	0	二	＞W8	6.3

表 9.1.20 常态混凝土抗冻试验结果（90d）

编号	水胶比	粉煤灰掺量/%	磷渣粉掺量/%	膨胀剂掺量/%		级配	各冻融循环次数重量损失/%				各冻融循环次数动弹性模量损失/%				抗冻等级
				NF-M_2	MgO		0	50	100	150	0	50	100	150	
C-2	0.55	20	0	0	0	三	0	0.1	0.3	0.8	100	94.1	90.9	89.1	>F150
C-3	0.55	30	0	0	0	三	0	0.3	0.5	0.6	100	93.8	89.8	82.6	>F150
C-4	0.55	30	0	0	0	二	0	0.2	0.3	0.5	100	93.1	92.1	83.3	>F150
C-5	0.55	0	30	0	0	三	0	0.2	0.5	1.0	100	94.1	90.6	85.2	>F150
C-6	0.55	0	30	0	0	二	0	0.2	0.4	0.9	100	93.1	91.9	86.1	>F150
C-7	0.55	0	0	0	3	三	0	0.3	0.6	0.9	100	94.5	86.8	83.5	>F150
C-8	0.55	20	0	0	3	三	0	0.2	0.5	0.8	100	92.6	91.2	84.1	>F150
C-9	0.55	30	0	0	3	三	0	0.4	0.6	1.1	100	93.6	91.1	87.6	>F150
C-10	0.55	30	0	0	3	二	0	0.3	0.5	1.2	100	92.1	89.7	83.4	>F150
C-11	0.55	0	30	0	3	三	0	0.2	0.5	0.8	100	92.3	89.8	83.8	>F150
C-12	0.55	0	30	0	3	二	0	0.2	0.4	1.9	100	93.3	87.7	75.9	>F150
C-13	0.55	0	0	10	0	三	0	0.3	0.6	1.2	100	90.2	87.1	80.2	>F150
C-14	0.55	20	0	10	0	三	0	0.3	0.5	1.0	100	90.1	91.0	85.1	>F150
C-15	0.55	30	0	10	0	三	0	0.2	0.9	1.3	100	93.2	84.1	81.4	>F150
C-18	0.55	0	30	10	0	二	0	0.5	0.9	1.7	100	90.6	82.1	80.6	>F150
C-34	0.50	0	30	0	0	二	0	0.1	0.3	3.2	100	91.1	86.7	77.7	>F150
C-35	0.50	30	0	0	0	二	0	0	0.2	0.5	100	91.9	88.3	85.3	>F150
C-40	0.50	30	0	0	3	二	0	0.6	0.6	0.8	100	91.8	90.8	89.6	>F150
C-44	0.50	30	0	10	0	二	0	0.4	0.4	0.7	100	91.9	91.0	89.3	>F150

表 9.1.21 碾压混凝土抗冻试验结果（90d）

编号	水胶比	粉煤灰掺量/%	磷渣粉掺量/%	膨胀剂掺量/%		级配	各冻融循环次数重量损失/%			各冻融循环次数动弹性模量损失/%			抗冻等级
				$NF-M_2$	MgO		0	50	100	0	50	100	
R-20	0.55	40	0	0	0	三	0	0.6	—	100	90.0	—	>F50
R-21	0.55	20	20	0	0	三	0	1.2	—	100	91.0	—	>F50
R-22	0.55	50	0	0	0	三	0	1.5	—	100	88.2	—	>F50
R-23	0.55	60	0	0	0	三	0	1.0	—	100	85.6	—	>F50
R-26	0.55	30	0	0	3	三	0	1.3	—	100	92.1	—	>F50
R-28	0.55	50	0	0	3	三	0	1.2	—	100	88.1	—	>F50
R-29	0.55	60	0	0	3	三	0	1.5	—	100	85.1	—	>F50
R-33	0.55	40	0	10	0	三	0	1.3	—	100	83.2	—	>F50
R-34	0.55	50	0	10	0	三	0	1.2	—	100	85.6	—	>F50
R-35	0.55	60	0	10	0	三	0	1.5	—	100	89.3	—	>F50
R-2	0.50	0	0	0	0	二	0	1.0	1.3	100	90.2	83.2	>F100
R-4	0.50	20	0	0	0	二	0	0.9	1.2	100	91.3	82.3	>F100
R-6	0.50	30	0	0	0	二	0	0.8	1.1	100	95.4	89.5	>F100
R-8	0.50	40	0	0	0	二	0	1.0	1.5	100	92.1	82.6	>F100
R-10	0.50	0	40	0	0	二	0	1.1	1.4	100	93.5	87.3	>F100
R-12	0.50	50	0	0	0	二	0	1.0	1.3	100	92.4	85.6	>F100
R-14	0.50	60	0	0	0	二	0	1.2	1.2	100	88.5	80.5	>F100

5. 混凝土的干缩

常态混凝土干缩性能试验结果见表 9.1.22，碾压混凝土的干缩性能试验结果见表 9.1.23。随粉煤灰掺量的增加，混凝土干缩率有一定减少；复掺粉煤灰和磷渣粉，或单掺磷渣粉，混凝土的干缩率增加；水胶比减小，胶凝材料用量增加，混凝土干缩率增加；掺 MgO 时，混凝土的干缩率减少，复掺粉煤灰和磷渣粉时混凝土干缩率降低幅度较大。

表 9.1.22　　常态混凝土干缩性能试验结果

编号	水胶比	粉煤灰掺量/%	磷渣粉掺量/%	膨胀剂掺量/%		级配	各龄期干缩率/$\times10^{-6}$					
				$NF-M_2$	MgO		3d	7d	14d	28d	60d	90d
C-34	0.50	30	0	0	0	二	40	61	108	190	253	301
C-35	0.50	0	30	0	0	二	46	80	139	218	242	282
C-36	0.50	15	15	0	0	二	44	75	132	212	236	270
C-40	0.50	0	30	0	3	二	43	78	138	219	245	260
C-41	0.50	0	0	10	0	二	82	131	174	263	290	317
C-42	0.50	20	0	10	0	二	60	117	160	240	275	292
C-43	0.50	30	0	10	0	二	59	110	158	235	245	255
C-22	0.50	0	30	0	0	三	111	150	182	212	280	309
C-23	0.50	15	15	0	0	三	65	111	143	158	228	258
C-25	0.50	20	0	0	0	三	55	96	110	123	242	257
C-27	0.50	0	30	0	3	三	77	143	151	164	285	306
C-28	0.50	0	0	10	0	三	61	116	132	145	267	285
C-29	0.50	20	0	10	0	三	63	86	101	125	216	233
C-30	0.50	30	0	10	0	三	59	78	85	119	200	230
C-31	0.50	0	30	10	0	三	13	68	28	129	216	229
C-45	0.45	0	0	0	0	二	78	121	175	237	318	329
C-46	0.45	20	0	0	0	二	55	108	153	215	285	301
C-47	0.45	30	0	0	0	二	53	94	147	213	265	289
C-48	0.45	0	0	0	3	二	56	94	140	191	274	315
C-49	0.45	20	0	0	3	二	67	88	140	188	238	261
C-50	0.45	30	0	0	3	二	28	99	126	154	231	238
C-51	0.45	0	0	10	0	二	86	136	165	221	315	325
C-52	0.45	20	0	10	0	二	67	120	154	206	284	307
C-53	0.45	30	0	10	0	二	62	115	153	208	274	299
C-54	0.40	0	0	0	0	二	86	132	189	252	354	392
C-55	0.40	20	0	0	0	二	64	112	168	248	330	362

续表

编号	水胶比	粉煤灰掺量/%	磷渣粉掺量/%	膨胀剂掺量/%		级配	各龄期干缩率/$\times10^{-6}$					
				$NF-M_2$	MgO		3d	7d	14d	28d	60d	90d
C-56	0.40	30	0	0	0	二	60	90	151	232	320	350
C-57	0.40	0	0	0	3	二	89	105	132	236	323	350
C-58	0.40	20	0	0	3	二	71	98	112	181	260	283
C-59	0.40	30	0	0	3	二	68	111	156	171	259	286
C-61	0.40	20	0	10	0	二	87	126	152	173	258	308

表 9.1.23　碾压混凝土干缩性能试验结果

编号	水胶比	粉煤灰掺量/%	磷渣粉掺量/%	膨胀剂掺量/%		级配	各龄期干缩率/$\times10^{-6}$					
				$NF-M_2$	MgO		3d	7d	14d	28d	60d	90d
R-15	0.55	0	0	0	0	三	29	60	80	170	191	231
R-16	0.55	20	0	0	0	三	21	46	79	130	160	210
R-20	0.55	40	0	0	0	三	20	40	72	120	199	228
R-23	0.55	60	0	0	0	三	12	40	68	110	207	229
R-24	0.55	0	0	0	3	三	51	71	110	170	171	218
R-25	0.55	20	0	0	3	三	35	68	95	133	162	205
R-27	0.55	40	0	0	3	三	30	52	114	152	183	192
R-28	0.55	50	0	0	3	三	24	50	143	166	195	218
R-29	0.55	60	0	0	3	三	14	46	92	122	169	200
R-31	0.55	20	0	10	0	三	47	76	100	183	205	226
R-33	0.55	40	0	10	0	三	46	65	99	160	202	205
R-34	0.55	50	0	10	0	三	38	65	95	140	201	211
R-35	0.55	60	0	10	0	三	25	64	83	130	172	185
R-17	0.55	10	10	0	0	三	20	47	81	150	191	258
R-21	0.55	20	20	0	0	三	16	48	81	143	219	250
R-1	0.50	0	0	0	0	三	45	79	110	190	253	273
R-7	0.50	40	0	0	0	三	33	61	100	159	259	284
R-9	0.50	0	40	0	0	三	40	98	142	195	224	273
R-13	0.50	60	0	0	0	三	32	49	83	155	198	202

9.1.5　初选配合比试验

9.1.5.1　初选配合比参数确定

（1）水胶比。根据常态混凝土 $R-(C+F)/W$ 的关系，掺合料掺量30%时，设计强

度等级为 $C_{90}30$ 的混凝土，0.63的水胶比可以满足其配制强度要求；设计强度等级为 $C_{90}25$ 的混凝土，0.7的水胶比可以满足其配制强度要求。因此抗压强度不是配合比设计的主要控制因素；水胶比及粉煤灰掺量的选择，主要考虑弹性模量的要求，同时受到极限拉伸值的制约。设计强度等级为 $C_{90}25$ 的常态混凝土，可选用0.53～0.55的水胶比；设计强度等级为 $C_{90}30$ 的常态混凝土，可选用0.48～0.50的水胶比。

碾压混凝土的力学性能试验结果表明，碾压混凝土在水胶比0.55、掺合料掺量60%以内时，抗压强度可满足设计强度等级为 $C_{90}15$ 的碾压混凝土的要求；掺合料掺量50%以内，抗压强度可满足设计强度等级为 $C_{90}20$ 的碾压混凝土的要求。

综合考虑碾压混凝土的施工性能和防裂要求，采用富胶凝材料碾压混凝土。参照国内外成功经验，碾压混凝土的胶凝材料用量大于150kg/m³ 时，抗渗、抗冻等性能容易满足设计要求，施工时不易发生大骨料的分离现象，可碾性好。因此碾压混凝土都选用0.50的水胶比。

(2) 掺合料和膨胀剂。根据试验结果，综合考虑掺合料和膨胀剂对混凝土各设计指标的影响，导墙常态混凝土设计强度等级为 $C_{90}25$ 且无自生体积变形要求时，可不掺膨胀剂，粉煤灰或磷渣粉掺量在30%～35%；溢流坝头部、消力池底板常态混凝土设计强度等级为 $C_{90}25$，有自生体积变形要求时，应选用合适的膨胀剂以达到设计要求，粉煤灰或磷渣粉掺量在30%左右；闸墩常态混凝土设计强度等级为 $C_{90}30$ 且有自生体积变形要求时，应选用合适的膨胀剂以达到设计要求，考虑到混凝土28d极限拉伸的要求，粉煤灰掺量不可太大，粉煤灰或磷渣粉掺量选择25%。

坝体大体积碾压混凝土粉煤灰掺量最高可达60%，当水胶比为0.55时，混凝土强度可以满足要求，又因考虑碾压混凝土的胶凝材料用量，实际选用0.50水胶比。因此，设计强度等级为 $C_{90}15$ 坝体大体积碾压混凝土选用掺量65%的粉煤灰或磷渣粉或二者复掺；设计强度等级为 $C_{90}20$ 上游防渗层碾压混凝土，考虑满足抗渗要求及其他性能的要求，选用掺量45%的粉煤灰或磷渣粉或二者复掺。

(3) 外加剂。根据外加剂性能试验，南京瑞迪高新技术公司生产的HLC－NAF2缓凝高效减水剂和四川晶华化工有限公司生产的QH－R20两种缓凝高效减水剂的各项性能指标符合《水工混凝土外加剂技术规程》(DL/T 5100) 的有关规定。

引气剂品质检验结果表明，使用DH9引气剂，必须掺入比厂家推荐掺量大得多的剂量，才可使混凝土含气量达到要求，在此掺量下的抗压强度比低于《水工混凝土外加剂技术规程》(DL/T 5100) 要求。DH9引气剂质量波动较大，引气效果不稳定，使用时应严格检查，并同时注意温度变化和储存时间等，及时调整掺量。

AEA202引气剂各项指标满足《水工混凝土外加剂技术规程》(DL/T 5100) 的要求，可以在现场试验验证基础上考虑使用。

(4) 砂率和用水量。根据混凝土试拌试验成果掺粉煤灰及磷渣粉的常态混凝土和碾压混凝土的砂率和用水量见表9.1.24和表9.1.25。

(5) 骨料级配。常态混凝土：二级配中石：小石＝55：45；三级配大石：中石：小石＝5：2：3；碾压混凝土：二级配中石：小石＝55：45；三级配大石：中石：小石＝35：35：30。

表 9.1.24 掺粉煤灰混凝土用水量及砂率

混凝土种类	坍落度或 *VC* 值	二级配		三级配	
		用水量/(kg/m³)	砂率/%	用水量/(kg/m³)	砂率/%
常态混凝土	3～7cm	125	35	101	32
碾压混凝土	5～10s	87	38	75	34

表 9.1.25 掺磷渣粉混凝土用水量及砂率

混凝土种类	坍落度或 *VC* 值	二级配		三级配	
		用水量/(kg/m³)	砂率/%	用水量/(kg/m³)	砂率/%
常态混凝土	3～7cm	130	35	104	32
碾压混凝土	5～10s	91	39	80	34

9.1.5.2 初选配合比的性能试验

根据以上试验结果及分析，初步选择了 16 个混凝土配合比进行全面的性能试验。混凝土的初选配合比见表 9.1.26。

(1) 力学性能。混凝土力学性能试验结果见表 9.1.27，从力学性能试验结果看，导墙混凝土设计强度等级为 $C_{90}25$，无自生体积变形要求，粉煤灰或磷渣粉掺量为 35%；溢流坝头部、消力池底板常态混凝土设计强度等级为 $C_{90}25$，粉煤灰或磷渣粉掺量 30%；闸墩常态混凝土设计强度等级为 $C_{90}30$，粉煤灰或磷渣粉掺量 25%；各项强度指标和极限拉伸值均可满足设计要求，抗压弹性模量也基本满足设计要求。

坝体大体积碾压混凝土设计强度等级为 $C_{90}15$，粉煤灰或磷渣粉掺量为 65%；上游防渗层碾压混凝土设计强度等级为 $C_{90}20$，粉煤灰或磷渣粉掺量 45%；各项强度指标和极限拉伸值均可满足设计要求，抗压弹性模量也基本满足设计要求。

(2) 自生体积变形。混凝土的自生体积变形对大坝混凝土的抗裂性有不可忽视的影响，是混凝土抗裂性能的一个重要指标。自生体积变形分为收缩型、膨胀型和先膨胀后收缩型。如果混凝土收缩较大，对坝体的抗裂性极为不利，它与混凝土的干缩变形和温度变形相叠加，可导致大体积混凝土表面开裂。

自生体积变形性能试验结果见表 9.1.28，从表 9.1.28 的试验结果来看，掺 MgO 的常态混凝土自生体积变形较小，掺 MgO 的常态混凝土在水胶比 0.48 时收缩，在水胶比 0.53 时，仅在早期有微量膨胀，最大膨胀量 19×10^{-6}左右，10d 后开始收缩。

单掺磷渣粉的常态混凝土早期有微量膨胀，5d 后开始收缩，最大膨胀值随水胶比变化在 $9\times10^{-6}\sim22\times10^{-6}$左右；掺磷渣粉的碾压混凝土自生体积变形是收缩的。单掺粉煤灰的常态和碾压混凝土在早期都有几个微应变的膨胀量，5d 后都开始收缩。

常态混凝土采用 NF－M_2 的自生体积变形最大膨胀量 20×10^{-6}左右，10d 后开始收缩。是否和 NF－M_2 存放时间过长有关，有待进一步进行试验。碾压混凝土自生体积变形试验采用了新近生产的 NF－M_2，从表 9.1.29 可以看到，掺膨胀剂的碾压混凝土在试验龄期第一天就基本达到最大膨胀量，在试验龄期 35d 时混凝土的膨胀量基本稳定，但膨胀量离设计要求仍有较大距离。

表 9.1.26 索风营水电站大坝混凝土初选配合比

设计等级	编号	水胶比	粉煤灰掺量/%	磷渣粉掺量/%	MgO掺量/%	$NF-M_2$掺量/%	砂率/%	级配	混凝土材料用量/(kg/m^3)								含气量/%	坍落度或VC值
									水	水泥	粉煤灰	磷渣粉	MgO	$NF-M_2$	砂	石		
溢流坝常态混凝土 $C_{90}25$	CT1	0.53	30	0	0	0	32	三	101	133	57	0	0	0	691	1468	4.2	6.2cm
	CT2	0.53	30	0	0	10	32	三	101	114	57	0	0	19	690	1466	4.0	4.0cm
	CT3	0.53	30	0	3	0	32	三	101	128	57	0	5.7	0	690	1467	4.1	4.0cm
	CT4	0.53	0	30	0	0	32	三	104	137	59	0	0	0	691	1469	5.5	6.5cm
导墙常态混凝土 $C_{90}25$	CT5	0.55	0	35	0	0	32	三	104	123	0	66	0	0	693	1473	3.7	4.7cm
	CT6	0.55	35	0	0	0	32	三	101	119	64	0	0	0	692	1470	4.2	5.2cm
闸墩常态混凝土 $C_{90}30$	CT7	0.48	25	0	0	0	35	二	125	195	65	0	0	0	706	1310	3.1	7.0cm
	CT8	0.48	25	0	0	10	35	二	125	169	65	0	0	26	705	1309	4.1	4.0cm
	CT9	0.48	25	0	3	0	35	二	125	187.5	65	0	7.8	0	706	1310	3.7	4.0cm
	CT10	0.48	0	25	0	0	35	二	130	203	0	68	0	0	704	1308	7.0	7.0cm
坝体碾压混凝土 $C_{90}15$	N1	0.50	65	0	0	0	34	三	75	52.5	97.5	0	0	0	769	1494	3.5	6.0s
	N2	0.50	55	0	0	10	34	三	75	52.5	82.5	0	0	15	771	1496	3.4	5.8s
	N3	0.50	0	65	0	0	34	三	81	56.7	0	105.3	0	0	770	1494	3.5	6.5s
防渗层碾压混凝土 $C_{90}20$	N4	0.50	45	0	0	0	38	二	87	95.7	78.3	0	0	0	837	1366	3.4	7.8s

表 9.1.27　索风营水电站大坝混凝土初选配合比力学性能试验结果

编号	水胶比	粉煤灰掺量/%	磷渣粉掺量/%	膨胀剂掺量/%		级配	抗压强度/MPa					劈拉强度/MPa		轴拉强度/MPa		极限拉伸值/$\times10^{-6}$		弹性模量/GPa		泊松比
				MgO	NF-M_2		7d	28d	90d	180d	360d	28d	90d	28d	90d	28d	90d	28d	90d	90d
CT1	0.53	30	0	0	0	三	22.6	33.2	43.4	45.2	52.3	2.64	3.64	3.44	4.53	110	135	35.2	41.5	0.23
CT2	0.53	30	0	0	10	三	16.8	27.5	37.5	38.8	43.7	2.59	3.2	2.55	3.03	93	104	29.8	37.3	0.24
CT3	0.53	30	0	3	0	三	19.9	30.5	38.2	43.1	46.0	2.41	2.87	3.00	4.05	110	127	30.7	38.4	0.25
CT4	0.53	0	30	0	0	三	23.2	34.6	43.8	46.7	53.6	2.79	3.67	3.62	4.66	121	148	36.5	42.0	0.23
CT5	0.55	0	35	0	0	三	19.3	31.5	42.1	44.6	47.7	2.79	3.12	3.18	4.19	117	132	33.7	38.7	0.24
CT6	0.55	35	0	0	0	三	17.9	29.0	39.2	42.9	46.0	2.78	3.06	3.05	4.00	109	130	32.1	38.2	0.26
CT7	0.48	25	0	0	0	二	23.9	35.9	44.2	48.1	55.6	2.98	3.62	3.31	4.35	111	130	38.4	41.5	0.27
CT8	0.48	25	0	0	10	二	20.9	30.5	41.7	42.7	48.2	2.53	3.23	3.01	4.02	108	125	37.5	42.1	0.25
CT9	0.48	25	0	3	0	二	22.6	32.5	40.2	45.5	49.4	2.78	3.35	3.05	4.15	111	128	37.2	40.6	0.24
CT10	0.48	0	25	0	0	二	23.8	37.1	44.8	50.1	57.9	3.15	3.78	3.73	4.87	120	156	38.9	42.5	0.22
N1	0.50	65	0	0	0	三	13.5	21.4	28.6	35.8	41.0	2.05	2.80	1.87	2.50	75	80	30.6	33.0	0.20
N2	0.50	55	0	0	10	三	11.3	18.0	24.4	33.2	39.2	1.78	2.71	1.81	2.42	68	75	31.4	33.5	0.22
N3	0.50	0	65	0	0	三	19.5	26.3	34.3	40.5	43.2	2.15	3.25	2.00	2.62	76	82	28.4	30.5	0.21
N4	0.50	45	0	0	0	二	19.7	29.8	38.2	42.8	47.0	2.60	3.20	2.83	3.65	85	91	35.6	38.9	0.20

表 9.1.28　索风营水电站大坝初选配合比混凝土自生体积变形试验结果

编号	水胶比	粉煤灰掺量/%	磷渣粉掺量/%	膨胀剂掺量/%		级配	自生体积变形/×10⁻⁶																				
				MgO	NF-M_2		1d	2d	3d	4d	5d	6d	7d	10d	14d	21d	28d	50d	60d	80d	90d	100d	120d	180d	200d	260d	300d	360d
CT1	0.53	30	0	0	0	三	0.0	1.8	1.5	1.4	2.4	0.1	−0.3	−0.4	−3.0	−6.9	−10.4	−14.5	−16.2	−17.2	−17.4	−19.6	−19.7	−21.4	−21.5	−21.8	−21.1	−21.2
CT2	0.53	30	0	0	10	三	0.0	3.0	7.6	8.6	10.2	10.8	11.5	12.9	12.3	11.0	9.5	8.5	8.9	8.9	10.1	9.8	11.0	13.7	17.5	20.2	23.3	23.5
CT3	0.53	30	0	3	0	三	0.0	1.4	7.8	8.5	8.5	9.9	9.7	11.3	11.1	9.4	7.6	7.1	7.5	9.9	11.1	11.1	11.3	14.8	18.5	21.6	22.4	22.6
CT4	0.53	0	30	0	0	三	0.0	6.9	9.8	9.9	9.3	8.8	8.8	6.9	3.9	−0.8	−4.5	−6.6	−13.6	−19.3	−20.0	−22.0	−24.5	−31.9	−32.3	−36.0	−36.9	−36.8
CT5	0.55	0	35	0	0	三	0.0	18.2	20.2	21.2	22.2	20.6	21.3	20.1	18.0	14.3	10.8	1.6	2.1	−0.8	0.3	−4.9	−4.3	−7.7	−8.9	−11.0	−12.5	−12.0
CT6	0.55	35	0	0	0	三	0.0	3.0	3.1	3.2	4.5	3.1	3.4	2.9	1.3	−1.4	−3.5	−12.5	−11.6	−13.7	−12.7	−16.9	−16.8	−17.7	−18.5	−30.5	−31.0	−30.8
CT7	0.48	25	0	0	0	二	0.0	8.3	7.6	5.8	5.0	4.7	3.7	1.7	−0.1	−3.1	−10.1	−15.7	−17.3	−21.6	−21.6	−22.3	−23.6	−25.7	−25.0	−23.6	−24.3	−24.5
CT8	0.48	25	0	0	10	二	0.0	16.0	7.1	11.5	13.6	13.0	15.0	15.7	14.2	14.9	12.5	10.4	9.6	6.4	9.7	8.3	9.9	13.4	14.0	17.5	20.6	20.7
CT9	0.48	25	0	3	0	二	0.0	−1.2	−0.6	−0.4	0.1	0.1	0.3	0.1	−2.6	−3.0	−5.2	−7.6	−7.8	−8.6	−8.3	−9.0	−7.8	−4.7	−4.3	−0.8	1.7	1.2
CT10	0.48	0	25	0	0	二	0.0	16.9	17.7	17.6	17.3	15.7	16.1	13.2	9.3	3.0	−5.8	−11.0	−14.8	−19.9	−21.4	−23.7	−27.0	−33.2	−28.1	−37.3	−38.1	−38.0
N1	0.50	65	0	0	0	三	0.0	2.6	2.8	1.2	0.8	−1.3	−3.2	−5.9	−6.8	−6.5	−5.9	−7.7	−9.2	−11.1	−11.5	−12.7	−14.6	−18.3	−18.9	−18.6	−19.2	−19.2
N2	0.50	55	0	0	10	三	0.0	37.3	37.3	38.6	38.2	36.7	33.9	32.6	32.8	31.6	32.6	32.7	32.8	34.5	36.5	38.0	37.0	33.3	33.0	32.8	33.0	33.1
N3	0.50	0	65	0	0	三	0.0	−1.4	−6.0	−7.2	−7.6	−5.5	−6.1	−9.5	−11.5	−15.5	−15.5	−20.4	−22.7	−22.3	−23.6	−24.7	−26.6	−28.9	−29.7	−29.6	−29.5	−29.5
N4	0.50	45	0	0	0	二	0.0	−2.3	1.5	0.3	0.0	0.4	−1.3	0.43	−1.26	−5.4	−5.5	−10.6	−6.1	−9.6	−10.1	−9.1	−10.2	−10.2	−9.3	−9.6	−9.5	−9.4

(3) 干缩变形。干缩性能试验结果见表 9.1.29，常态混凝土和碾压混凝土的干缩变形规律与初步试验阶段相似。

表 9.1.29　索风营水电站大坝初选配合比干缩性能试验结果

编号	水胶比	粉煤灰掺量/%	磷渣粉掺量/%	膨胀剂掺量/%		各龄期干缩率/$\times10^{-6}$						
				MgO	NF-M_2	3d	7d	14d	28d	60d	90d	180d
CT1	0.53	30	0	0	0	−44	−68	−126	−194	−243	−270	−305
CT2	0.53	30	0	0	10	−49	−76	−136	−212	−267	−276	−310
CT3	0.53	30	0	3	0	−44	−68	−125	−208	−251	−263	−298
CT4	0.53	0	30	0	0	−48	−85	−142	−228	−281	−297	−325
CT5	0.55	0	35	0	0	−47	−78	−138	−222	−307	−375	−405
CT6	0.55	35	0	0	0	−43	−63	−107	−150	−233	−288	−322
CT7	0.48	25	0	0	0	−53	−105	−149	−189	−278	−281	−316
CT8	0.48	25	0	0	10	−64	−116	−174	−202	−282	−319	−354
CT9	0.48	25	0	3	0	−62	−106	−152	−177	−239	−247	−278
CT10	0.48	0	25	0	0	−71	−121	−159	−226	−309	−310	−349
N1	0.50	65	0	0	0	−74	−102	−152	−210	−261	−285	−309
N2	0.50	55	0	0	10	−81	−90	−151	−176	−225	−253	−294
N3	0.50	0	65	0	0	−51	−144	−208	−258	−299	−324	−352
N4	0.50	45	0	0	0	−73	−95	−158	−209	−261	−294	−321

(4) 徐变变形。混凝土的徐变与其强度和所含凝胶体数量有密切关系，混凝土强度越高，徐变越小。混凝土在早龄期强度低，徐变相对较大，到后龄期，强度逐渐提高，徐变相应变小。混凝土凝胶体含量直接影响它在长期荷载下的变形能力，混凝土的凝胶体含量越多，徐变变形也越大。徐变试验结果见表 9.1.30，根据徐变试验结果拟合的徐变度指数曲线公式各参数见表 9.1.31。

徐变度的经验公式为指数曲线公式：

$$C(t,\tau)=C_1(\tau)\times[1-e^{-K1(t-\tau)}]+C_2(\tau)\times[1-e^{-K2(t-\tau)}] \tag{9.1.3}$$

$$C_1(\tau)=C_1+D_1/\tau^{m1}$$

$$C_2(\tau)=C_2+D_2/\tau^{m2}$$

式中：t 为加荷龄期；τ 为持荷龄期。

(5) 热学性能试验结果。

1) 热学性能参数。混凝土比热定义为单位质量的物质温度升高 1℃所需要的热量。普通混凝土的比热一般在 879～1088J/(kg·℃)，随含水量的增加而显著增加。

混凝土导热系数反映材料对热的传导能力，普通混凝土的导热系数取决于它的材料组成，骨料种类对混凝土的导热系数有很大的影响。

导温系数是评价材料对热的扩散性能，它表明物体在受热或冷却时，物体各部分的温度趋向一致的能力。物体的导温系数越大，在同样的温差条件下，物体内各处温度愈易达到均匀。影响混凝土导热系数及比热的因素，也同样影响混凝土的热扩散率。

混凝土是多孔材料，混凝土的线膨胀系数不仅取决于水泥石和骨料，而且还取决于孔隙的含水状态。水泥石的线膨胀系数一般为 10×10^{-6}/℃～20×10^{-6}/℃。通常骨料的线膨胀

表 9.1.30 混凝土抗压徐变度

配合比编号	工程部位	水胶比	粉煤灰掺量/%	胶材用量/(kg/m³)	加荷龄期/d	不同持荷时间的徐变度/(×10⁻⁶/MPa)													
						1d	3d	5d	7d	10d	14d	28d	45d	60d	75d	90d	120d	150d	180d
CT1	溢流坝常态混凝土	0.53	30	190	7	0.0	11.2	13.0	14.8	16.3	18.2	20.8	22.5	23.1	23.6	24.2	24.8	25.9	26.6
					28	3.3	4.8	5.7	6.4	7.0	7.7	9.3	9.8	9.8	10.9	11.9	12.6	13.6	13.8
					90	2.3	2.9	3.4	3.8	4.1	4.3	5.5	6.4	6.9	7.4	8.0	8.5	8.9	9.5
					180	1.4	2.4	2.4	2.9	3.3	3.6	4.2	5.0	5.3	5.5	6.0	6.3	6.5	6.6
N1	大坝碾压混凝土	0.50	65	150	7	17.6	23.3	25.7	29.5	32.5	36.2	44.2	47.6	48.8	51.6	50.4	52.0	51.9	51.9
					28	6.6	9.1	10.6	11.5	12.7	14.2	26.3	17.6	18.4	19.5	19.3	20.3	20.5	20.8
					90	1.7	2.2	2.2	3.4	3.4	3.6	4.1	4.4	4.6	4.7	4.9	5.0	5.2	5.3
					180	0.83	1.7	1.8	1.8	1.3	1.5	2.7	2.5	2.6	2.7	2.8	3.0	3.1	3.2
N4	上游防渗层混凝土	0.50	45	175	7	24.5	33.0	37.2	38.8	43.7	47.9	54.2	57.3	58.8	60.2	61.7	62.3	62.4	62.8
					28	18.7	21.3	23.1	24.0	25.2	26.1	28.6	30.4	31.7	32.2	33.0	33.9	34.2	34.3
					90	3.7	4.6	5.2	6.2	6.8	6.9	9.6	10.0	11.4	11.5	12.0	12.5	12.7	12.9

表 9.1.31 混凝土徐变度指数曲线参数

配合比编号	C1	C2	D1	D2	M1	M2	K1	K2
CT1	1.885	1.207	66.659	24.010	0.8	0.3	0.5	0.008
N1	−1.15	−3.62	94.39	105.16	0.7	0.6	0.8	0.04
N4	−105.62	5.59	175.26	117.56	0.1	0.9	0.7	0.03

系数小于水泥石的线膨胀系数，因此在混凝土升温过程中，骨料对水泥石的膨胀在较大程度上起到抑制作用。混凝土的线膨胀系数是骨料含量的函数，也是骨料本身膨胀系数的函数。

热学性能参数试验结果见表 9.1.32，从表 9.1.32 可以看到碾压混凝土和常态混凝土的比热、导温、导热和线膨胀系数等热学性能基本接近。

表 9.1.32　索风营水电站大坝初选配合比混凝土热学性能参数试验结果

编号	水胶比	粉煤灰掺量/%	磷渣粉掺量/%	膨胀剂掺量/%		级配	导温系数/($\times10^{-3}$ m^2/h)	导热系数/[W/($m^2\cdot$K)]	比热/[J/(kg·℃)]	线膨胀系数/($\times10^{-6}$/℃)
				MgO	NF-M_2					
CT1	0.53	30	0	0	0	三	2.938	2.097	937.8	5.52
CT2	0.53	30	0	0	10	三	2.935	2.088	946.5	5.51
CT3	0.53	30	0	3	0	三	2.927	2.091	940.2	5.52
CT4	0.53	0	30	0	0	三	2.842	1.981	975.5	5.50
CT5	0.55	0	35	0	0	三	2.833	1.992	956.2	5.50
CT6	0.55	35	0	0	0	三	2.948	1.982	960.3	5.53
CT7	0.48	25	0	0	0	二	2.961	1.979	964.2	5.54
CT8	0.48	25	0	0	10	二	2.913	2.026	948.5	5.50
CT9	0.48	25	0	3	0	二	3.046	2.045	950.2	5.50
CT10	0.48	0	25	0	0	二	3.074	1.977	946.2	5.54
N1	0.50	65	0	0	0	三	3.015	1.994	956.4	4.98
N2	0.50	55	0	0	10	三	3.026	2.053	945.2	5.10
N3	0.50	0	65	0	0	三	3.061	2.088	929.5	4.96
N4	0.50	45	0	0	0	二	3.070	2.078	935.1	5.13

注　导热系数单位换算为 1W/($m^2\cdot$K)＝3.6kJ/(m·h·℃)

2）绝热温升。试验分别测定了部分常态混凝土、碾压混凝土和变态混凝土的绝热温升值，根据试验结果拟合了混凝土绝热温升的双曲线表达式：

CT1：$T=24.68t/(0.74+t)$　　相关系数 $r=0.9997$

CT4：$T=24.50t/(0.97+t)$　　相关系数 $r=0.9987$

BN1：$T=24.90t/(5.02+t)$　　相关系数 $r=0.987$

N1：$T=18.99t/(4.57+t)$　　相关系数 $r=0.989$

N3：$T=21.53t/(4.47+t)$　　相关系数 $r=0.985$

N4：$T=24.71t/(3.02+t)$　　相关系数 $r=0.991$

以上各式中：t 为混凝土的龄期，T 为在各龄期下混凝土的绝热温升值。

绝热温升试验结果见表 9.1.33，可以看出二级配碾压混凝土的绝热温升值明显大于三级配碾压混凝土，掺磷渣粉碾压混凝土的绝热温升略高于掺粉煤灰的碾压混凝土，变态混凝土的绝热温升值明显高于相应的碾压混凝土。掺磷渣粉常态混凝土的绝热温升值与掺粉煤灰混凝土接近。

9.1.6　推荐配合比参数

9.1.6.1　常态混凝土推荐配合比参数

（1）水胶比和用水量。根据常态混凝土的设计要求和试验结果，抗压强度不是配合比

表 9.1.33　混凝土绝热温升试验结果

编号	入仓温度/℃	各龄期混凝土绝热温升/℃									
		1d	2d	3d	4d	5d	6d	7d	8d	9d	10d
CT1	26	9.30	16.80	19.80	21.30	22.15	22.70	22.95	23.05	23.20	23.30
CT4	26	6.00	15.55	19.30	20.90	21.70	22.20	22.45	22.60	22.70	22.80
N1	12	1.90	4.85	6.45	8.25	9.90	11.30	12.40	13.25	13.95	14.40
N3	12	1.90	5.45	7.85	10.10	11.95	13.40	14.50	15.40	16.00	16.45
N4	12	2.85	7.40	12.05	14.70	16.75	18.05	19.00	19.80	20.20	20.50

编号	入仓温度/℃	各龄期混凝土绝热温升/℃								
		12d	14d	16d	18d	20d	22d	24d	26d	28d
CT1	26	23.45	23.55	23.65	23.75	23.80	23.85	23.85	23.95	23.95
CT4	26	23.00	23.15	23.20	23.25	23.30	23.35	23.45	23.50	23.50
N1	12	14.90	15.15	15.35	15.45	15.50	15.55	15.60	15.70	15.70
N3	12	16.90	17.15	17.40	17.55	17.65	17.75	17.80	17.85	17.85
N4	12	20.85	21.05	21.25	21.40	21.50	21.55	21.60	21.70	21.70

设计的主要控制因素，水胶比和粉煤灰掺量的选择主要考虑极限拉伸值及弹性模量的要求。导墙常态混凝土的设计强度等级为 $C_{90}25$，考虑导墙混凝土有抗冲刷要求，将水胶比调整为限制最大水胶比 0.50；溢流坝头部、消力池底板常态混凝土的设计强度等级为 $C_{90}25$，可选用 0.53～0.55 的水胶比，但根据《水工混凝土施工规范》（DL/T 5144），水胶比只能采用限制水胶比 0.50；闸墩常态混凝土的设计强度等级为 $C_{90}30$，可选用 0.48～0.50 的水胶比。混凝土的用水量根据级配和掺合料掺量不同进行调整，二级配混凝土用水量约为 125～130kg/m^3，三级配混凝土用水量约为 101～104kg/m^3，掺磷渣粉时混凝土的用水量要增加 3～5kg/m^3。

（2）掺合料和膨胀剂。根据试验结果，综合考虑各设计指标对混凝土掺合料和膨胀剂掺量的影响，导墙常态混凝土设计强度等级为 $C_{90}25$，无自生体积变形要求时，可不掺膨胀剂，粉煤灰或磷渣粉掺量控制在 30%以内。

溢流坝头部、消力池底板常态混凝土设计强度等级为 $C_{90}25$，有自生体积变形要求时，应选用合适的膨胀剂以达到设计要求的膨胀量，如选用 MgO 膨胀剂，实际应用中应根据约束条件的不同来确定掺量，最大掺量不超过 3%。粉煤灰或磷渣粉掺量在 30%以内。

闸墩常态混凝土设计强度等级为 $C_{90}30$，有自生体积变形要求时，应选用合适膨胀剂以达到设计要求的膨胀量，如选用 MgO，实际应用中应根据约束条件的不同来确定掺量，最大掺量不超过 3%。考虑到混凝土 28d 龄期的极限拉伸要求，可掺 25%的粉煤灰或磷渣粉。

磷渣粉与粉煤灰相比，在掺量相同时，混凝土的强度和极限拉伸值略高一些，但水化热和干缩值略有增加，磷渣粉与粉煤灰各掺 50%时，不仅可以提高强度、极限拉伸值，而且水化热和干缩值的增加也不大，对提高混凝土的抗裂性有利。

（3）外加剂。根据外加剂性能试验，南京瑞迪高新技术公司 HLC－NAF2 缓凝高效减水剂的各项性能指标符合《水工混凝土外加剂技术规程》（DL/T 5100）的有关规定。在不同季节混凝土缓凝时间会有变化，可通过适当调整缓凝高效减水剂的掺量或要求厂家对缓凝成分进行调整，以满足施工要求。

引气剂掺量以满足常态混凝土4.5%～5.5%的含气量为准。引气剂品质检验结果表明，使用DH9引气剂，必须掺入比厂家推荐掺量大得多的剂量，才可使混凝土含气量达到要求，在加强对品质控制的同时，注意其引气能力随储存时间和温度的变化。

AEA202引气剂各项指标符合标准要求，鉴于DH9引气剂在使用中质量波动大，品质不稳定，建议在现场试验验证基础上考虑选用质量更稳定的AEA202引气剂。

（4）砂率。二级配常态混凝土砂率可采用34%～36%，三级配常态混凝土砂率采用32%～34%，混凝土拌合物和易性较好，具体应根据砂子细度模数和级配等的变化，进行适当调整。

（5）石子级配。二级配中石：小石＝55：45；三级配大石：中石：小石＝50：20：30。

9.1.6.2 碾压混凝土配合比参数推荐

（1）水胶比和用水量。根据碾压混凝土的设计要求和初选试验结果，考虑设计对极限拉伸值和弹性模量的要求，碾压混凝土水胶比和用水量可作如下初步选择：设计强度等级为$C_{90}15$的碾压混凝土，可选用0.50的水胶比，以保证胶凝材料用量；设计强度等级为$C_{90}20$的碾压混凝土，可选用0.50的水胶比。碾压混凝土的用水量根据骨料级配、砂子细度模数和掺合料掺量等不同进行调整，二级配碾压混凝土的用水量约为87～91kg/m³，三级配碾压混凝土的用水量约为75～81kg/m³，掺磷渣粉时，碾压混凝土的用水量要增加3～5kg/m³。

（2）掺合料和膨胀剂掺量。根据试验结果，为保证胶凝材料用量，同时考虑工地实际施工时可能产生的质量波动，碾压混凝土设计强度等级为$C_{90}15$时，粉煤灰或磷渣粉掺量选择60%，可考虑二者复掺；碾压混凝土设计强度等级为$C_{90}20$时，粉煤灰或磷渣粉掺量选择45%；粉煤灰掺量太小，碾压混凝土的抗压弹性模量可能高于设计要求，粉煤灰掺量太大，碾压混凝土的强度、极限拉伸值、抗渗性能和抗冻性能将不能达到设计要求。

现有膨胀剂在最近的试验中，产生的膨胀量达不到设计要求。如选用MgO，实际应用中应根据约束条件的不同来确定掺量，最大掺量不超过3%。

（3）外加剂。根据外加剂性能试验结果，四川晶华化工有限公司生产的QH-R20缓凝高效减水剂的各项性能指标均符合《水工混凝土外加剂技术规程》（DL/T 5100）要求。在不同季节混凝土缓凝时间会有变化，可通过适当调整缓凝高效减水剂的掺量或要求厂家对缓凝成分进行调整，以满足施工要求。

引气剂掺量以满足碾压混凝土3.5%～4.0%的含气量为准。引气剂的品质应与常态混凝土作相同的控制。

（4）砂率。二级配碾压混凝土的砂率采用38%～40%，三级配碾压混凝土的砂率采用34%～36%时，碾压混凝土拌合物的和易性较好，施工时应根据砂子细度模数和级配等的变化，进行适当调整。

（5）石子级配。二级配骨料，中石：小石＝55：45；三级配骨料，大石：中石：小石＝35：35：30。

9.1.6.3 混凝土推荐配合比参数表

根据以上分析，将索风营水电站大坝混凝土配合比参数推荐表列于表9.1.34。

表 9.1.34　索风营水电站大坝混凝土配合比参数推荐表

工程部位及设计等级	级配	水胶比	粉煤灰掺量/%	磷渣粉掺量/%	MgO掺量/%	砂率/%	外加剂		混凝土材料用量/(kg/m³)						
							减水剂	引气剂	水	水泥	粉煤灰	磷渣粉	MgO	砂	石
溢流坝常态混凝土 $C_{90}25$	三	0.50	30	0	3	32	HLC-NAF2 0.6%	DH9 2.5/万	101	135	61	0	6	687	1462
			0	30	3	32			104	139	0	62	6	687	1462
导墙常态混凝土 $C_{90}25$	三	0.50	30	0	0	32	HLC-NAF2 0.6%	DH9 2.5/万	101	141	61	0	0	687	1462
			0	30	0	32			104	145	0	62	0	687	1462
闸墩常态混凝土 $C_{90}30$	二	0.48	25	0	3	35	HLC-NAF2 0.6%	DH9 2.5/万	125	192	67	0	8	703	1306
			0	25	3	35			130	195	0	68	8	703	1306
坝体碾压混凝土 $C_{90}15$	三	0.50	60	0	3	34	QH-R20 0.6%	DH9 12.0/万	77	57	92	0	4.6	767	1489
			30	30	3	34			77	57	46	46	4.6	771	1497
			0	60	3	34			81	60	0	97	4.9	769	1493
防渗层碾压混凝土 $C_{90}20$	二	0.50	45	0	3	38	QH-R20 0.6%	DH9 12.0/万	87	91	78	0	5	837	1366
			22.5	22.5	3	38			87	91	39	39	5	838	1368
			0	45	3	38			91	95	0	82	5.4	838	1367

注　表中选用 MgO 的各部位混凝土均有自生体积变形的设计要求，因此应选择合适的 MgO 品种，并通过进一步试验验证以满足混凝土的设计要求应用于工程。

坝体碾压混凝土（$C_{90}15$），推荐的用水量为77～81kg/m³，在实际应用中，由于工地原材料的变化，需要增加单位用水量时，可在保证胶凝材料用量不变的前提下，适当增加用水量，使碾压混凝土*VC*值达到要求，但应控制水胶比不大于0.55。试验表明，在此条件下，混凝土性能可以满足设计要求；如果水胶比超过0.55，则应增加胶凝材料用量，确保水胶比不大于0.55，以保证混凝土性能满足设计要求。

由于工地原材料变化引起碾压混凝土的包裹、泛浆性能较差时，可以通过调整石子组合比和砂率加以改善。

抗冲刷部位混凝土的推荐配合比，根据施工规范限定水胶比不大于0.50；粉煤灰掺量按强度等级选取。

9.1.7　磷渣粉在混凝土中性能综合评价

磷渣粉作为一种优质水泥掺合料，可掺入水泥中制成磷渣水泥，其在水泥中的掺量一般控制在15%以内，我国已制定了磷渣水泥的质量标准，磷渣粉的成分与水泥熟料接近，活性较高，掺在水泥中对水泥的性能有一定改善，已在水泥行业中得到广泛的应用。

磷渣粉作为一种优质的混凝土掺合料，在国内大朝山水电站碾压混凝土坝中取得了较好的应用效果，在国外（如苏联）也有成功应用的经验。磨细磷渣粉有一定的减水作用，掺入混凝土中，可降低混凝土的单位用水量，同时混凝土和易性得到较大改善，混凝土拌合物黏稠，不泌水，不离析。对拌合物性能的改善效果略好于粉煤灰。磷渣粉与粉煤灰相比，在掺量相同时，混凝土的强度和极限拉伸值略高一些，但水化热和干缩值略有增加，磷渣粉与粉煤灰复掺时，不仅可以提高强度、极限拉伸值，而且水化热和干缩值的增加不大，对提高混凝土的抗裂性有利。单掺磷渣粉时，混凝土干缩值比单掺粉煤灰时略有增加。以磷渣粉替代粉煤灰时对混凝土抗压弹性模量没有明显的影响。磷渣粉的磨细相对比较困难，应通过试验论证磷渣粉的细度在什么范围时，使用效果最好。

综合评价，磷渣粉作为一种掺合料用于混凝土中替代水泥，对提高混凝土的强度，增加抗裂能力有一定的作用，通过一定的现场试验，取得可靠的现场试验数据及经验后可考虑用于实际工程。对于磷渣粉的使用，现阶段应抓紧进行现场试验，并在使用中应对磷渣粉的产地来源及成分加以控制，并控制磷渣粉的细度。

9.2　磷渣粉在龙潭嘴水电站中的应用

9.2.1　龙潭嘴水电站工程概况

龙潭嘴水电站位于湖北省西北部神农架。龙潭嘴水电站主要建筑物为3级建筑物，枢纽建筑物主要包括碾压混凝土双曲拱坝、左岸引水系统等。电站正常蓄水位690.60m，相应库容2656.6万m³，库容系数3.54%，电站装机3×11000kW，另安装1000kW机组一台，总装机容量34000kW。大坝建基面高程595.00m，坝顶高程693.00m，最大坝高98.0m，拱坝顶层拱圈厚6.0m，坝底宽16.0m。在坝顶处设有3孔有闸控制堰顶溢流泄洪，孔口尺寸10.0m×10.0m，堰顶高程680.0m，挑流消能。碾压混凝土总浇筑量约17.2万m^3。

9.2.2 龙潭嘴水电站混凝土设计技术要求

参考《龙潭嘴水电站混凝土配合比设计（最终报告）》，依据《关于碾压混凝土配合比设计试验方案的函》（宜院龙潭嘴技施设字〔2009〕（02）2009年9月23日发）中明确的混凝土技术要求，常态混凝土主要设计技术指标要求见表9.2.1，碾压混凝土主要技术指标要求见表9.2.2。

表9.2.1 常态混凝土主要设计技术指标要求

部位	强度等级	抗渗等级	抗冻等级	极限拉伸值 /$\times10^{-4}$	强度保证率 /%	限制水胶比	配制强度 /MPa
厂房防洪墙、进水口等	C20	W6	F100	≥0.85	≥85	0.50	24.2
闸墩、溢流面、廊道顶部预制构件	C25	W8	F100	—	≥85	0.50	29.2
引水洞（泵送混凝土）	C20	W4	F50	—	≥85	0.50	24.2
启闭机室（泵送混凝土）	C25	—	F50	—	≥85	0.50	29.2

表9.2.2 碾压（变态）混凝土主要设计技术指标要求

使用部位	强度等级	抗渗等级	抗冻等级	抗拉强度 /MPa	极限拉伸值 /$\times10^{-4}$	粉煤灰掺量 /%	强度保证率 /%	限制水胶比	配制强度 /MPa
坝体上游面	$C_{90}20$	W8	F100	>2.0	≥0.85	≤60	≥85	0.48	24.2
坝体内部下游面	$C_{90}20$	W6	F100	>2.0	≥0.85	≤60	≥85	0.50	24.2
坝基、坝肩、垫层、廊道周围（变态混凝土）	$C_{90}20$	W8	F100	>2.0	≥0.85	≤60	≥85	0.55	24.2

9.2.3 龙潭嘴水电站混凝土原材料

龙潭嘴水电站混凝土配合比设计及性能试验原材料采用华新普通硅酸盐水泥、磷渣粉、白云岩人工粗细骨料和GCS-D防裂抗渗剂、GCS-D-N高效高性能减水剂和GCS-A引气剂。

磷渣粉由神农架神保水泥厂生产，磷渣粉化学成分和物理力学性能检验结果见表9.2.3、表9.2.4。试验所用磷渣粉活性较高，28d活性指数达到91.0%，基本性能指标符合《水工混凝土掺用磷渣粉技术规范》（DL/T 5387）的有关规定。

表9.2.3 磷渣粉化学成分检验结果 单位：%

类别	CaO	SiO_2	Al_2O_3	Fe_2O_3	MgO	SO_3	K_2O	Na_2O	P_2O_5	F	R_2O*	烧失量
磷渣粉	46.52	36.90	2.46	0.72	4.37	0.80	0.92	0.24	2.41	0.34	0.85	1.56
DL/T 5387—2007	—	—	—	—	—	≤3.5	—	—	≤3.5	—	—	≤3.0

* 碱含量$R_2O=Na_2O+0.658K_2O$。

表 9.2.4 磷渣粉物理力学性能检验结果

类别	密度/(kg/m³)	比表面积/(m²/kg)	需水量比/%	凝结时间		含水量/%	安定性	活性指数/%	质量系数 K
				初凝	终凝				
磷渣粉	2900	326	104	3h31min	4h52min	0.2	合格	91.0	1.36
DL/T 5387—2007	—	≥300	≤105	≥60	—	≤1.0	合格	≥60	≥1.10

9.2.4 常态混凝土配合比优化

9.2.4.1 试验配合比

根据龙潭嘴水电站常态混凝土拟全部采用单掺磷渣粉的实际应用情况，本试验进行了水胶比为0.50，磷渣粉掺量为20%、30%，以及水胶比为0.45、磷渣粉掺量为30%，共3组试验，对磷渣粉掺量及水胶比对混凝土性能影响进行对比试验。粗骨料级配为中石：小石=50：50，GCS-N高效高性能减水剂掺量为0.8%，GCS-A引气剂掺量为0.006%，常态混凝土试验配合比及拌合物性能见表9.2.5。

表 9.2.5 常态混凝土试验配合比及拌合物性能

编号	级配	水胶比	磷渣粉掺量/%	减水剂		引气剂		砂率/%	混凝土材料用量/(kg/m³)					坍落度/cm	含气量/%
				品种	掺量/%	品种	掺量/%		水	水泥	磷渣粉	砂	石		
LC1	二	0.50	20	GCS-N	0.8	GCS-A	0.006	38	126	176	76	793	1331	5.0	5.0
LC2	二	0.50	30	GCS-N	0.8	GCS-A	0.006	38	126	176	76	793	1331	4.8	4.5
LC3	二	0.45	20	GCS-N	0.8	GCS-A	0.006	37	127	198	85	761	1333	4.7	4.8

本次试验混凝土单位用水量126kg/m³、砂率38%；在实际施工过程中，应严格控制人工砂品质，并根据人工砂实际质量对砂率和用水量进行调整。

9.2.4.2 混凝土性能

(1) 力学变形性能。常态混凝土力学、变形性能试验结果见表9.2.6。水胶比为0.50，磷渣粉掺量为20%、30%，以及水胶比为0.45、磷渣粉掺量20%时，混凝土抗压强度均达到C25配制强度。7d龄期，常态混凝土抗压强度随磷渣粉掺量增加略有降低，但混凝土后期强度增长率随磷渣粉掺量增加而增加。到28d龄期，磷渣粉掺量30%的混凝土抗压强度、劈拉强度和抗拉强度均超过磷渣粉掺量为20%的混凝土，说明本项目采用的磷渣粉具有较高活性，这与胶砂强度试验结果是一致的。

表 9.2.6 常态混凝土力学、变形性能试验结果

编号	抗压强度/MPa			劈拉强度/MPa			轴拉强度/MPa		极限拉伸值/$\times 10^{-6}$		抗压弹模/GPa	
	7d	28d	90d	7d	28d	90d	28d	90d	28d	90d	28d	90d
LC1	18.4	31.2	43.0	1.69	2.71	3.46	2.84	3.63	98	110	30.9	38.1
LC2	17.4	34.7	47.5	1.89	2.88	3.52	3.19	3.88	106	118	31.1	37.9
LC3	27.7	37.4	47.7	2.19	2.99	3.72	3.35	4.11	112	124	32.5	38.7

水胶比为0.50，磷渣粉掺量为20%、30%，以及水胶比为0.45、磷渣粉掺量20%时，常态混凝土极限拉伸值均满足设计要求，且有较大富余。磷渣粉掺量在30%以内时，随着磷渣粉掺量增加，混凝土各龄期劈拉强度、抗拉强度和极限拉伸值均显著提高。常态混凝土28d、90d抗压弹模分别为30.9～32.5GPa和37.9～38.7GPa，均属于正常范围。

（2）耐久性能。龙潭嘴水电站常态混凝土抗冻、抗渗性能试验结果见表9.2.7，常态混凝土抗冻性能均满足设计抗冻等级F100，C20混凝土、C25混凝土抗渗等级分别达到W6、W8的设计要求。

表9.2.7 常态混凝土抗冻、抗渗性能试验结果

编号	水胶比	磷渣粉掺量/%	级配	质量损失率/%		相对动弹模量/%		设计龄期抗冻等级	设计龄期抗渗性能	
				50次	100次	50次	100次		抗渗等级	渗水高度/mm
LC1	0.50	20	二	0.3	1.2	85.1	71.9	>F100	>W6	28
LC2	0.50	30	二	0.3	1.1	90.2	84.6	>F100	>W6	21
LC3	0.45	20	二	0.9	1.8	91.8	87.5	>F100	>W8	56

9.2.5 碾压混凝土配合比优化

9.2.5.1 试验配合比

试验进行了水胶比为0.50，单掺60%磷渣粉、复掺45%磷渣粉和15%防裂抗渗剂，以及水胶比为0.55，复掺45%磷渣粉和15%GCS-D防裂抗渗剂（简称为G（S-D）共3组试验，对掺合料品种及水胶比对碾压混凝土性能影响进行对比试验。粗骨料级配为大石：中石：小石=40：30：30，GCS-N高效高性能减水剂掺量为0.8%，GCS-A引气剂掺量为0.05%。

碾压混凝土试验配合比及拌合物性能见表9.2.8。由于本次试验所用白云岩人工砂颗粒较粗且石粉含量较低，混凝土单位用水量80kg/m^3、砂率36%，拌合物和易性较差。在实际施工过程中，应严格控制人工砂品质，并根据人工砂实际质量调整砂率和用水量。

9.2.5.2 混凝土性能

（1）力学、变形性能。碾压混凝土力学、变形性能试验结果见表9.2.9。水胶比为0.50，单掺60%磷渣粉、复掺45%磷渣粉和15%GCS-D防裂抗渗剂，以及水胶比为0.55、复掺45%磷渣粉和15%GCS-D防裂抗渗剂时，碾压混凝土抗压强度均达到大坝内部混凝土$C_{90}20$配置强度。水胶比为0.50、单掺60%磷渣粉、复掺45%磷渣粉和15%GCS-D防裂抗渗剂以及水胶比为0.55、复掺45%磷渣粉和15%GCS-D防裂抗渗剂时，碾压混凝土抗拉强度和极限拉伸值均满足设计要求，且有较大富余；28d、90d抗压弹模分别为28.5～29.2GPa和31.9～33.7GPa，在正常范围。防裂抗渗剂可显著提高碾压混凝土劈拉强度、轴拉强度和极限拉伸值，这对水工大体积混凝土抗裂性能

有利。

表 9.2.8 碾压混凝土试验配合比及拌合物性能

编号	级配	水胶比	磷渣粉掺量/%	防裂抗渗剂掺量/%	减水剂		引气剂	
					品种	掺量/%	品种	掺量/%
LN1	三	0.50	60	0	GCS-N	0.8	GCS-A	0.05
LN2	三	0.50	45	15	GCS-N	0.8	GCS-A	0.05
LN3	三	0.55	45	15	GCS-N	0.8	GCS-A	0.05

编号	砂率/%	混凝土材料用量/(kg/m^3)						VC值/s	含气量/%
		水	水泥	磷渣粉	GCS-D	砂	石		
LN1	36	80	64	24	72	824	1507	7.0	4.2
LN2	36	80	64	0	96	825	1510	6.8	4.7
LN3	37	79	57	22	65	853	1495	5.3	4.4

表 9.2.9 碾压混凝土拌合物性能试验结果

试验编号	抗压强度/MPa		劈拉强度/MPa		轴拉强度/MPa		极限拉伸值/×10^{-6}		抗压弹模/GPa	
	28d	90d	28d	90d	28d	90d	28d	90d	28d	90d
LN1	17.3	30.0	1.23	2.19	1.87	3.10	79	94	28.8	32.8
LN2	19.7	34.2	1.35	2.92	2.06	3.75	80	106	29.2	33.7
LN3	16.8	30.4	1.20	2.84	1.92	3.50	77	98	28.5	31.9

(2) 绝热温升。混凝土的绝热温升是指绝热条件下水泥水化放热引起混凝土的温度升高值。混凝土的绝热温升是由水泥的水化热引起的，混凝土水泥用量越多，绝热温升就越大。因此在满足设计要求的前提下，应尽可能减少水泥用量。龙潭嘴水电站大坝碾压混凝土绝热温升的试验结果见表 9.2.10 和表 9.2.11，大坝混凝土绝热温升与龄期的关系曲线见图 9.2.1。

表 9.2.10 龙潭嘴水电站大坝碾压混凝土绝热温升试验结果

编号	磷渣粉掺量/%	GCS-D防裂抗渗剂掺量/%	入仓温度/℃	混凝土各龄期的绝热温升/℃													
				1d	2d	3d	4d	5d	6d	7d	8d	9d	10d	11d	12d	13d	14d
LN1	60	0	8.0	2.7	4.4	6.1	10.0	11.8	13.1	14.6	15.4	16.0	16.4	16.9	17.2	17.7	17.9
LN 2	45	15	8.0	2.3	3.9	6.8	9.0	9.9	10.7	11.3	11.9	12.4	13.0	13.4	13.8	14.2	14.6

编号	磷渣粉掺量/%	GCS-D防裂抗渗剂掺量/%	入仓温度/℃	混凝土各龄期的绝热温升/℃													
				15d	16d	17d	18d	19d	20d	21d	22d	23d	24d	25d	26d	27d	28d
LN1	60	0	8.0	18.3	18.6	18.8	19.1	19.3	19.5	19.6	19.8	19.8	19.9	20.0	20.2	20.3	20.4
LN 2	45	15	8.0	15.0	15.2	15.5	15.7	15.9	16.1	16.2	16.3	16.4	16.5	16.6	16.7	16.8	16.9

表 9.2.11 混凝土绝热温升 (T)-历时 (t) 拟合方程

编号	级配	水胶比	水泥品种	磷渣粉掺量/%	GCS-D防裂抗渗剂掺量/%	28d绝热温升/℃	拟合方程	相关系数
LN1	三	0.50	华新普通	60	0	20.4	$T=21.19t/(6.48+t)$	0.997
LN2	三	0.50	华新普通	45	15	16.9	$T=26.00t/(6.82+t)$	0.991

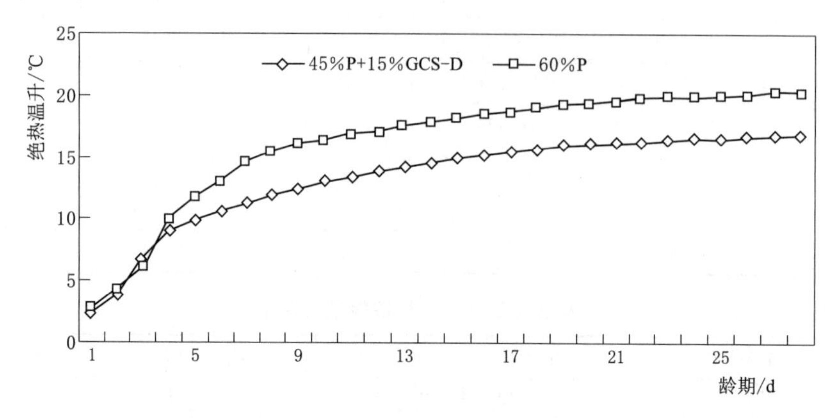

图 9.2.1 混凝土绝热温升-龄期关系曲线

碾压混凝土磷渣粉掺量较高，水化早期，混凝土早期水化绝热温升较低，这与胶凝材料水化热试验结果是一致的。掺入 GCS-D 防裂抗渗剂可进一步降低碾压混凝土的绝热温升，至 28d 龄期时，复掺磷渣粉和 GCS-D 防裂抗渗剂的碾压混凝土比单掺磷渣粉降低约 3.5℃。

(3) 干缩。混凝土的干缩是由混凝土内部的水分变化引起的，当混凝土放置于空气中养护时，由于水分的蒸发，混凝土会产生收缩。碾压混凝土干缩试验结果见表 9.2.12 和图 9.2.2。单掺磷渣粉、复掺磷渣粉和 GCS-D 防裂抗渗剂，碾压混凝土各龄期干缩值均在正常范围。GCS-D 防裂抗渗剂可显著降低碾压混凝土各龄期干缩率，到 90d 龄期复掺

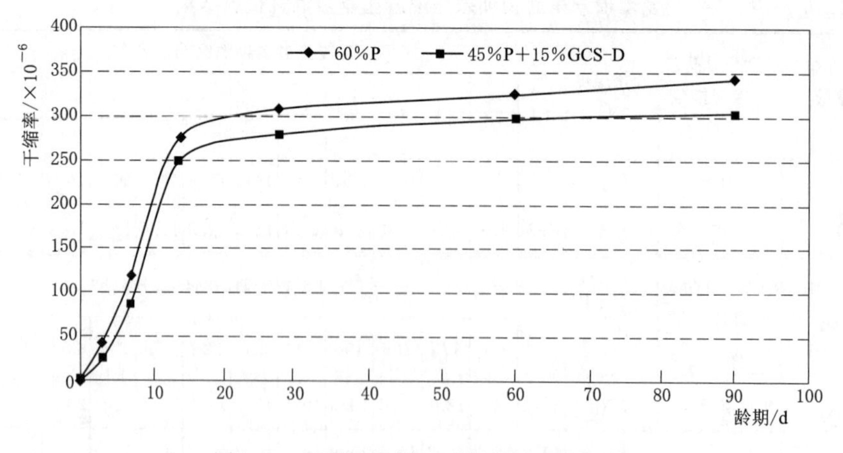

图 9.2.2 碾压混凝土干缩变形过程曲线

磷渣粉和 GCS-D 防裂抗渗剂的碾压混凝土干缩率较单掺磷渣粉碾压混凝土降低 36×10^{-6}，因此对提高碾压混凝土的防裂性能是有利的。

表 9.2.12 碾压混凝土干缩试验结果

编号	磷渣粉掺量/%	GCS-D防裂抗渗剂掺量/%	干缩率/$\times 10^{-6}$						
			3d	7d	14d	28d	60d	90d	180d
LN1	60	0	43	119	275	306	324	340	—
LN2	45	15	26	86	248	278	298	304	—

（4）自生体积变形。混凝土由于胶凝材料自身水化引起的体积变形称为混凝土自生体积变形。自生体积变形主要取决于胶凝材料的性质，对混凝土抗裂性具有不可忽视的影响。混凝土自生体积变形试验结果见表 9.2.13 和图 9.2.3。

表 9.2.13 自生体积变形试验结果（$\times 10^{-6}$）

编号	磷渣粉掺量/%	GCS-D防裂抗渗剂掺量/%	龄期/d											
			1	2	3	4	5	6	7	10	14	21	28	35
LN1	60	0	0	−5.5	5.9	6.4	2.9	1.1	−1.6	−5.4	−11.6	−25.5	−32.7	−38.5
LN2	45	15	0	3.1	8.4	11.9	14.2	21.8	31.7	45.4	42.6	35.7	31.0	25.1

编号	磷渣粉掺量/%	GCS-D防裂抗渗剂掺量/%	龄期/d										
			45	55	65	75	85	95	105	110	120	130	140
LN1	60	0	−41.7	−45.2	−52.1	−52.2	−54.5	−54.6	−59.0	−59.4	−58.7	−60.5	−59.8
LN2	45	15	23.1	19.8	20	17.7	15.4	12.8	10.7	11.4	13.4	12.7	13.1

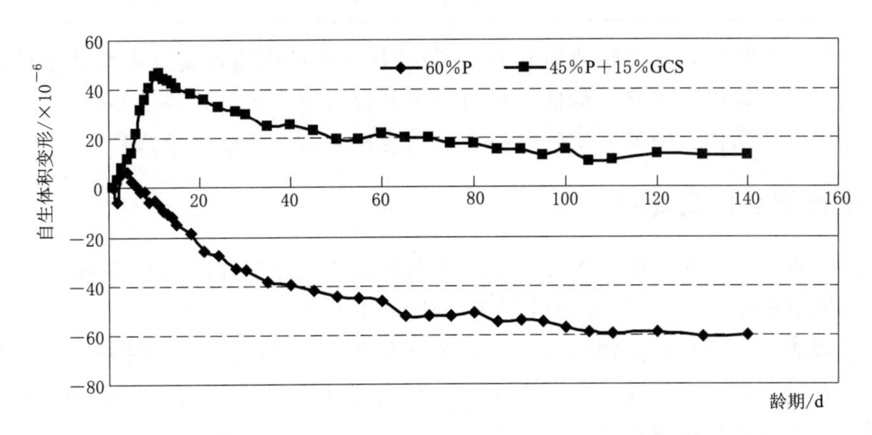

图 9.2.3 碾压混凝土自生体积变形过程曲线

单掺磷渣粉的碾压混凝土自生体积变形，在 2d 龄期以前表现为收缩，2～6d 龄期表现为微膨胀，7d 龄期以后，表现为收缩，至 105d 龄期时收缩值达到 -59.0×10^{-6}，105d 龄期以后自生体积变形趋于稳定，但与同类工程相比，收缩值略高。

复掺磷渣粉和GCS－D防裂抗渗剂的碾压混凝土自生体积变形表现为膨胀，在11d龄期膨胀值达到最高，为46.6×10^{-6}，12d以后膨胀值缓慢降低，105d龄期膨胀值为11.4×10^{-6}，105d龄期以后自生体积变形趋于稳定，至140d龄期时自生体积变形膨胀值为13.1×10^{-6}。

从自生体积变形试验结果来看，GCS－D防裂抗渗剂掺入碾压混凝土具有微膨胀效应。从65d龄期开始，与单掺磷渣粉的碾压混凝土相比，复掺磷渣粉和GCS－D防裂抗渗剂的碾压混凝土自生体积变形绝对值高约70×10^{-6}，且在105d龄期以后膨胀值趋于稳定，上述效应对水工大体积混凝土体积稳定性和抗裂性能是有利的。

（5）耐久性能。龙潭嘴水电站碾压混凝土设计抗冻等级均为F100，坝体内部混凝土抗渗等级为W6，坝体上游面抗渗等级为W8。抗冻、抗渗性能试验结果见表9.2.14。水胶比为0.50，单掺60％磷渣粉、复掺45％磷渣粉和15％GCS－D防裂抗渗剂，以及水胶比为0.55、复掺45％磷渣粉和15％GCS－D防裂抗渗剂时，碾压混凝土抗渗等级均达到W8。水胶比为0.50，单掺60％磷渣粉、复掺45％磷渣粉和15％GCS－D防裂抗渗剂，以及水胶比为0.55、复掺45％磷渣粉和15％GCS－D防裂抗渗剂时，碾压混凝土抗冻等级均达到F100。

表9.2.14　　碾压混凝土抗冻、抗渗性能试验结果

编号	水胶比	磷渣粉掺量/%	GCS－D防裂抗渗剂掺量/%	级配	质量损失率/%		相对动弹模量/%		抗冻等级	抗渗性能	
					50次	100次	50次	100次		抗渗等级	渗水高度/mm
LN1	0.50	60	0	三	99.4	98.2	83.4	77.6	＞F100	＞W8	57
LN2	0.50	45	15	三	99.5	98.7	88.6	82.4	＞F100	＞W8	29
LN3	0.45	45	15	三	99.7	99.0	93.6	89.7	＞F100	＞W8	14

与单掺磷渣粉相比，复掺磷渣粉和GCS防裂抗渗剂的碾压混凝土渗水高度显著降低，经100次冻融后质量损失率略有降低、相对动弹性模量略有提高，说明GCS－D防裂抗渗剂可改善混凝土孔结构、增加密实度，提高碾压混凝土抗渗性能和抗冻性能。

9.2.6 推荐配合比及说明

根据设计指标、本次试验结果并参考现场碾压混凝土工艺性能试验结果，推荐的混凝土优化配合比见表9.2.15。粗骨料级配为大石：中石：小石＝40：30：30。水胶比为0.50、复掺磷渣粉和防裂抗渗剂的碾压混凝土抗压强度、抗拉强度、极限拉伸值均满足设计要求，且有较大富余。设计文件中限定了水胶比不大于0.50，施工后期根据试验资料经设计同意后可以适当放宽至0.53～0.55。

设计文件虽然限定了粉煤灰掺量不大于60％，但未明确采用单掺磷渣粉、复掺磷渣粉和GCS－D防裂抗渗剂的总掺量限定值，从试验结果看，掺合料总掺量为60％（磷渣粉45％、GCS－D防裂抗渗剂15％）时，混凝土性能可满足设计要求。参考DL/T 5387及类似工程经验，同时考虑碾压混凝土施工特性及掺磷渣粉混凝土后期强度增长率较高的特点，推荐采用掺合料总掺量60%（磷渣粉45%、GCS-D防裂抗渗剂15%）。由于所用人工砂品质不理想，在试验推荐配合比的基础上对用水量及砂率进行了适当调整。实际施工中，应采用工程实际使用的水泥、磷渣粉、外加剂、砂、石等原材料进行复核并适当调整碾压混凝土用水量和砂率，水胶比不变。

表 9.2.15　龙潭嘴水电站大坝混凝土及砂浆推荐配合比

混凝土类别	编号	强度等级	级配	水胶比	磷渣粉掺量/%	防裂抗渗剂掺量/%	减水剂		引气剂		砂率/%	混凝土材料用量/(kg/m³)					
							品种	掺量/%	品种	掺量/%		水	水泥	磷渣粉	GCS-D防裂抗渗剂	砂	石
大坝三级配碾压混凝土	R1	$C_{90}20$	三	0.50	45	15	GCS-D-N	0.8	GCS-A	0.05	35	82	66	74	25	815	1525
	R2	$C_{90}20$	三	0.53	45	15	GCS-D-N	0.8	GCS-A	0.05	36	81	61	69	23	825	1510
常态混凝土	C1	C20	二	0.50	30	—	GCS-N	0.6	GCS-A	0.006	37	128	179	0	77	768	1346
	C2	C25	二	0.48	30	—	GCS-N	0.6	GCS-A	0.006	37	128	187	0	80	765	1340
	C3	C30	二	0.45	30	—	GCS-N	0.6	GCS-A	0.006	36	129	201	0	86	737	1348
	C4	C30	一	0.46	15	15	GCS-N	0.6	GCS-A	0.006	44	146	222	48	48	871	1117

9.3　磷渣粉在构皮滩水电站中的应用

9.3.1　构皮滩水电站工程概况

构皮滩水电站位于贵州余庆县构皮滩口上游1.5km的乌江，上游距乌江渡电站137km，下游距河口涪陵区455km，控制流域面积4325km²，多年平均径流量226亿m³。工程主要任务是发电，兼顾航运、防洪及其他综合利用。水库正常蓄水位630.00m，相应库容55.64亿m³。装机容量300万kW，是贵州省和乌江干流最大的水电电源点。

构皮滩水电站属Ⅰ等工程，大坝、泄洪建筑物、电站厂房等主要建筑物为1级建筑物，次要建筑物为3级建筑物。构皮滩水电站的主要建筑物包括混凝土双曲拱坝、水垫塘和二道坝、引水发电系统、泄洪洞，以及导流隧洞、碾压混凝土围堰，混凝土总方量500万m³，使用的混凝土数量和类别主要包括：①大坝常态混凝土300万m³，用于混凝土拱坝，对混凝土的力学性能和温控防裂具有较高的要求；②泵送混凝土100万m³，用于地下洞室的衬砌和回填，对混凝土施工浇筑的和易性具有较高的要求；③抗冲耐磨混凝土50万m³，用于各消能防冲部位，对混凝土的抗冲击、抗磨蚀、抗气蚀性能具有较高要求；④碾压混凝土40万m³，用于围堰，对混凝土的经济性能、施工性能、温控防裂等具有较高要求。

在构皮滩水电站建设期间，周边众多水电工程将相继开工，由于贵州省内大型火电厂较少，且煤源不稳定，能够稳定供应Ⅰ级粉煤灰的厂家较少，粉煤灰供应紧张。但工程附近电炉磷渣资源丰富，若通过论证，将磷渣磨细应用于工程，部分或全部取代粉煤灰作为混凝土掺合料，则可达到改善和提高混凝土的性能，降低工程造价的目的，具有巨大的环保效应和社会效益。

9.3.2 构皮滩水电站周边磷渣情况调研

在开展构皮滩水电站混凝土原材料调研和配合比优化设计之初，首先对贵州境内的大型磷矿企业生产的磷矿渣进行了充分的调研，对磷渣的成分、质量系数、活性指数进行了检验。具体调研厂家包括贵州磷酸盐制品厂、贵阳青岩黄磷厂、开磷重钙集团磷业公司以及翁福地区剑宏黄磷厂、瓮福黄磷厂、泡沫山黄磷厂。

(1) 贵州磷酸盐制品厂。贵州磷酸盐制品厂位于贵阳新添寨附近，距构皮滩工地约350km，粒化电炉磷渣的质量评定系数为1.31，P_2O_5 含量为1.53%，无游离态的磷，抽样磨细磷渣的物理性能和化学成分检验结果见表9.3.1和表9.3.2。

表9.3.1 抽样磨细磷渣的物理性能检验结果

厂 家	细度（80μm筛余）/%	需水量比/%	密度/(kg/m³)
贵州磷酸盐制品厂	15.8	98	2910

表9.3.2 抽样磨细磷渣的化学成分检验结果 单位：%

厂家	SiO_2	Fe_2O_3	Al_2O_3	CaO	MgO	K_2O	Na_2O	SO_3	P_2O_5	Loss
贵州磷酸盐制品厂	39.4	0.16	1.24	49.53	1.51	1.31	0.25	1.99	1.53	0.60

(2) 贵阳青岩黄磷厂。贵阳青岩黄磷厂位于贵阳市青岩镇花溪大道旁，距构皮滩水电站工地270km，该厂建于1991年，有2台黄磷生产线，因市场原因，目前仅有一条线生产，年产黄磷4000t，已堆放的磷渣达250000t。该厂近期生产磷渣的化学成分检验结果见表9.3.3，抽样磷渣的化学成分检验结果见表9.3.4。

表9.3.3 近期生产磷渣的化学成分检验结果 单位：%

厂家名称	SiO_2	CaO	P_2O_5	MgO	Fe_2O_3	Al_2O_3
贵阳青岩黄磷厂	37～40	48～50	1.5～3.8	1.59	0.16	1.24

表9.3.4 抽样磷渣的化学成分检验结果 单位：%

厂家	SiO_2	Fe_2O_3	Al_2O_3	CaO	MgO	K_2O	Na_2O	SO_3	Loss
贵阳青岩黄磷厂	39.51	0.16	1.24	49.73	1.59	1.31	0.25	1.99	0.30

(3) 开磷重钙集团磷业公司。贵阳市开阳地区磷矿丰富，磷业厂家较多。开磷重钙集团磷业公司位于贵遵公路小寨坝站附近，距构皮滩水电站工地200km，该厂黄磷矿产自开阳，年产黄磷5000t。息烽水泥厂掺用该厂磷渣生产水泥。该厂近期生产磷渣的结果见表9.3.5，抽样磷渣的化学成分检验结果见表9.3.6。

表9.3.5 近期生产磷渣的化学成分检验结果 单位：%

厂家名称	SiO_2	CaO	P_2O_5	MgO	Fe_2O_3	Al_2O_3
开磷重钙集团磷业公司	40	47	1～3	1.49	0.34	4.02

表 9.3.6　　抽样磷渣的化学成分检验结果　　单位：%

厂家	SiO_2	Fe_2O_3	Al_2O_3	CaO	MgO	K_2O	Na_2O	SO_3	Loss
开磷重钙集团磷业公司	40.35	0.34	4.02	48.28	1.49	0.79	0.29	1.27	0.36

(4) 翁福地区剑宏黄磷厂、瓮福黄磷厂、泡沫山黄磷厂。这三家是瓮福地区三家生产规模较大的企业，年产黄磷均在万 t 以上，其中瓮福磷矿产量较大，年产黄磷量在 3 万 t 以上。瓮福磷矿距构皮滩水电站工地 80km，运距较近，磷渣颜色均匀，杂质含量较少，品质较好，是本次试验的主要原材料。

剑宏黄磷厂、瓮福黄磷厂和泡沫山黄磷厂抽样磷渣的化学成分检验结果见表 9.3.7，抽样磷渣的物理化学性能检验结果见表 9.3.8。从试验结果可以看出，磷渣具有较高的活性，其 90d 龄期的抗压强度比达到了 80%以上。

表 9.3.7　　抽样磷渣的化学成分检验结果　　单位：%

厂家	SiO_2	Fe_2O_3	Al_2O_3	CaO	MgO	SO_3	P_2O_5
剑宏黄磷厂	37.19	1.45	4.64	45.39	2.14	2.20	—
瓮福黄磷厂	35.44	0.96	4.03	47.68	3.36	0.15	1.51
泡沫山黄磷厂	35.20	1.08	3.70	47.09	2.35	0.19	2.39

表 9.3.8　　抽样磷渣的物理化学性能检验结果

品质指标 / 类别	细度 /%	比表面积 /(m^2/kg)	需水量比 /%	烧失量 /%	含水量 /%	SO_3 /%	密度 /(kg/m^3)	质量系数	28d 强度比 /%	90d 强度比 /%
瓮福黄磷厂	8.9*	290	100	0.13	0.17	0.15	2920	1.49	57	82
泡沫山黄磷厂	6.8*	300	100	0.24	0.19	0.19	2960	1.41	65	91
GB1596Ⅰ级粉煤灰	≤12	—	≤95	≤5	≤1	≤3	—	—	—	≥75
GB1596Ⅱ级粉煤灰	≤20	—	≤105	≤8	≤1	≤3	—	—	—	≥75

* 磷渣细度采用 80μm 筛筛余表示。

磷渣的质量系数 K 是表征磷渣活性的一项重要指标，《用于水泥中的粒化电炉磷渣》(GB 6645) 规定 K 值不得小于 1.10。贵阳青岩黄磷厂、开磷重钙集团磷业公司、剑宏黄磷厂的磷渣质量系数 K 分别为 1.31、1.25、1.28，达到了不小于 1.10 的要求。从表 9.3.6 还可看到，磷渣的主要化学成分是氧化硅和氧化钙，二者含量之和在 80%以上，而粉煤灰的主要化学成分是氧化硅和氧化铝。

9.3.3 构皮滩水电站混凝土原材料

试验采用贵州江电葛洲坝水泥厂生产的 42.5 中热硅酸盐水泥、瓮福磷渣粉和烂泥沟砂石系统加工的灰岩人工砂和人工碎石，其中磷渣粉为贵州省瓮福黄磷厂利用磨细加工设备对电炉磷渣加工制的，并与贵州凯里电厂粉煤灰和遵义电厂粉煤灰进行了性能对比。

大坝常态混凝土试验采用北京冶建建筑设计院生产的 JG－3 缓凝高效减水剂，抗冲磨混凝土试验采用了上海马贝公司生产的 SR3 和上海淘正化工生产的 SX14 羧酸系高效减水剂。引气剂采用北京利力新技术开发公司生产的 FS 引气剂。

9.3.4 混凝土性能试验

9.3.4.1 构皮滩水电站混凝土技术要求

构皮滩水电站大坝混凝土的技术要求见表9.3.9。

表9.3.9 大坝混凝土主要设计指标

序号	强度等级	级配	抗渗等级	抗冻等级	抗冲刷	限制最大水胶比	掺合料最大掺量	极限拉伸值/$\times 10^{-6}$	
								28d	90d
1	$C_{180}30$	四	W12	F200		0.50	30%	≥0.85	≥0.9
2	$C_{180}35$	二	W12	F200		0.45	20%	≥0.88	≥0.9
3	C50	二	W12	F200	—	0.38	15%	≥0.90	

9.3.4.2 混凝土配合比设计及参数确定

9.3.4.2.1 混凝土配制强度

根据《水工混凝土施工规范》（DL/T 5144）中的有关要求，混凝土配制强度按式（9.3.1）计算：

$$f_{cu,o}=f_{cu,k}+t\sigma \tag{9.3.1}$$

式中：$f_{cu,o}$为混凝土的配制强度，MPa；$f_{cu,k}$为混凝土设计龄期的强度标准值，MPa；t为概率度系数，当保证率$P=95\%$时，$t=1.65$，保证率$P=85\%$时，$t=1.04$；σ为混凝土强度标准差，MPa。

按式（9.3.1）计算的构皮滩水电站大坝混凝土的配制强度见表9.3.10。

表9.3.10 大坝混凝土配制强度

序号	强度等级	强度保证率/%	标准差/MPa	配制强度/MPa
1	$C_{180}30$	85	4.0	34.2
2	$C_{180}35$	85	4.5	39.7
3	C50	95	5.5	59.0

9.3.4.2.2 混凝土参考配合比

在构皮滩水电站大坝混凝土原材料调研和配合比优化设计试验中，已经初步确定了构皮滩水电站大坝主要种类混凝土的参考配合比，见表9.3.11。

表9.3.11 大坝混凝土参考配合比

设计标号	水胶比	掺合料掺量/%	混凝土种类	砂率/%	级配
拱坝坝体 $C_{180}30$	0.50	30	常态	26	四
拱坝坝体 $C_{180}35$	0.45	20	常态	37	二
明槽段衬砌、水垫塘抗冲耐磨层 C50	0.30	10	抗冲磨	35	二

注 1. 常态混凝土骨料级配：二级配：中石：小石 50：50；四级配：30：30：20：20；抗冲耐磨混凝土二级配：中石：小石 60：40。
2. 常态混凝土采用萘系减水剂；抗冲耐磨混凝土采用新型羧酸类减水剂。

9.3.4.2.3 配合比参数的确定

在表9.3.11参考配合比的基础上，考虑磷渣粉对混凝土拌合物性能的影响，通过试拌对用水量和砂率进行适当调整。试拌配合比见表9.3.12，拌合物性能及强度试验结果见

表 9.3.13。

相同用水量，单掺磷渣粉混凝土拌合物的坍落度最大，复掺次之，单掺粉煤灰坍落度最小；达到相同的坍落度，单掺磷渣粉比单掺粉煤灰混凝土用水量减少 $4kg/m^3$，复掺时减少 $2kg/m^3$。含气量对混凝土强度有显著的影响，相同水胶比，随用水量增加（或引气剂掺量增加），含气量和坍落度增加。含气量每增加 1%，强度下降 5%左右。在用水量和胶凝材料相同的条件下，单掺和复掺磷渣粉，混凝土 7d 龄期抗压强度与单掺粉煤灰时相当，28d 龄期强度比单掺粉煤灰时提高约 10%～20%。使用 SR3 羧酸系高性能减水剂，混凝土早期强度比使用 JG3 时略有提高。

根据上述试验结果，确定的大坝混凝土性能试验配合比见表 9.3.14。

9.3.4.3　混凝土性能试验结果及分析

9.3.4.3.1　混凝土拌合物性能

混凝土拌合物性能试验结果见表 9.3.15。掺磷渣粉混凝土坍落度的早期损失比掺粉煤灰时要大一些，后期基本相当，掺磷渣粉混凝土含气量损失比单掺粉煤灰混凝土的含气量损失要大；与单掺粉煤灰的混凝土相比，掺磷渣粉的混凝土拌合物更黏稠，基本不泌水，拌合物不易离析。

与单掺粉煤灰的混凝土相比，掺磷渣粉的混凝土初终凝时间约略长，凝结时间与拌和水温度、养护温度等有关，养护温度较高时，单掺磷渣粉混凝土的初终凝时间比单掺粉煤灰混凝土的初终凝时间延长 2～4h；养护温度较低时，初终凝时间延长 7～10h；凝结时间可通过减水剂的缓凝时间进行调节。

使用羧酸类减水剂 SR3，混凝土拌合物比使用萘系减水剂时更黏稠，基本不泌水，不离析，静置后有轻微板结现象，但混凝土具有良好的触变性能，通过振动可使混凝土拌合物充分泛浆、易于振平密实。

9.3.4.3.2　力学性能

混凝土的力学性能试验结果见表 9.3.16。在 30%的掺量范围内，掺磷渣粉混凝土的早期抗压强度比掺粉煤灰的混凝土稍高一些，后期相当或略高。与掺粉煤灰的混凝土相比，掺磷渣粉混凝土各龄期的劈拉强度和轴拉强度有提高的趋势。掺磷渣粉混凝土的极限拉伸值比掺粉煤灰的混凝土高，掺磷渣粉混凝土的抗压弹模与掺粉煤灰的混凝土基本相同。混凝土泊松比在 0.21～0.29。

9.3.4.3.3　热学性能

绝热温升试验结果见表 9.3.17 和图 9.3.1。掺磷渣粉混凝土早期水化热温升较低，可以起到削减水化热温升峰值的作用，与掺量相同的粉煤灰混凝土比，混凝土最终绝热温升基本相同或略低。

编号 ky－1 第一次测试的混凝土绝热温升过程双曲线表达式如下：

$$\theta_n=\frac{22.23t}{1.11+t}\quad (R^2=0.9996) \tag{9.3.2}$$

式中：θ_n 为绝热温升，℃；t 为龄期，d。

对于编号为 ky－2、ky－3 的混凝土配合比，由于磷渣粉混凝土早期水化热较低，混凝土绝热温升过程线不适合用双曲线拟合。

表 9.3.12 混凝土试拌配合比

设计标号	编号	水胶比	粉煤灰掺量/%	磷渣粉掺量/%	砂率/%	级配	减水剂		引气剂		混凝土材料用量/(kg/m³)					
							品种	掺量/%	品种	掺量/%	水	水泥	粉煤灰	磷渣粉	砂	石
拱坝坝体 $C_{180}30$	ky-1	0.50	30	0	25	四	JG_3	0.65	FS	0.01	85	119	51	0	554	1687
	ky-2	0.50	0	30	25	四	JG_3	0.65	FS	0.01	85	119	0	51	557	1696
	ky-3	0.50	15	15	25	四	JG_3	0.65	FS	0.01	85	119	26	26	556	1692
拱坝坝体 $C_{180}35$	ky-4	0.45	20	0	37	二	JG_3	0.65	FS	0.007	117	208	52	0	745	1288
	ky-5	0.45	0	20	37	二	JG_3	0.65	FS	0.007	117	208	0	52	749	1296
	ky-6	0.45	10	10	37	二	JG_3	0.65	FS	0.007	117	208	26	26	747	1292
明槽段衬砌、水垫塘抗冲耐磨层 C50	ky-7	0.30	10	0	35	二	JG_3	0.65	FS	0.005	118	354	39	0	670	1263
	ky-8	0.30	0	10	35	二	JG_3	0.65	FS	0.005	118	354	0	39	673	1269
	ky-9	0.30	5	5	35	二	JG_3	0.65	FS	0.005	118	354	20	20	672	1266

表 9.3.13 掺磷渣粉混凝土拌合物性能及强度

编号	水胶比	用水量/(kg/m³)	减水剂		粉煤灰掺量/%	磷渣粉掺量/%	坍落度/mm	含气量/%	抗压强度/MPa		
			品种	掺量/%					7d	28d	90d
ky-1	0.50	85	JG_3	0.65	30	0	92	6.9	17.8	26.5	—
	0.50	83	JG_3	0.65	30	0	4 (110)	2.5 (4.8)	20.8	34.3	—
ky-2	0.50	85	JG_3	0.65	0	30	6 (140)	2.8 (8.2)	17.5	35.0	—
	0.50	79	JG_3	0.65	0	30	0 (44)	3.2 (4.5)	20.5	38.6	—
ky-3	0.50	85	JG_3	0.65	15	15	102	4.8	20.1	32.4	—
	0.50	81	JG_3	0.65	15	15	9 (146)	2.3 (7.8)	18.3	33.2	—
ky-4	0.45	117	JG_3	0.65	20	0	68	5.9	19.7	36.3	—
	0.45	117	JG_3	0.65	20	0	4 (76)	2.0 (4.2)	30.4	44.0	—
ky-5	0.45	117	JG_3	0.65	0	20	88	6.6	21.6	37.4	—
	0.45	113	JG_3	0.65	0	20	0 (43)	2.9 (5.8)	26.4	44.2	—

续表

编号	水胶比	用水量/(kg/m³)	减水剂		粉煤灰掺量/%	磷渣粉掺量/%	坍落度/mm	含气量/%	抗压强度/MPa		
			品种	掺量/%					7d	28d	90d
ky-6	0.45	117	JG_3	0.65	10	10	58	5.9	20.3	34.9	—
	0.45	115	JG_3	0.65	10	10	1 (82)	1.8 (4.6)	33.4	47.8	—
ky-7	0.30	118	JG_3	0.65	10	0	26	1.4	47.1	60.7	—
	0.30	116	SR_3	0.80	10	0	0	2.1	47.6	63.8	67.8
ky-8	0.30	118	JG_3	0.65	0	10	67	3.4	45.9	63.6	—
	0.30	112	SR_3	0.80	0	10	0	2.0	48.8	62.2	65.6
ky-9	0.30	118	JG_3	0.65	5	5	80	3.0	45.3	60.2	—
	0.30	114	SR_3	0.80	5	5	0 (50)	2.1 (2.2)	48.0	65.1	65.7

注 括号内的数据为坍落度或含气量的初始值，括号外的数据为成型前的测值。

表 9.3.14 混凝土性能试验配合比

设计标号	编号	水胶比	粉煤灰掺量/%	磷渣粉掺量/%	砂率/%	级配	减水剂		引气剂		每 m³ 混凝土材料用量/kg					
							品种	掺量/%	品种	掺量/%	水	水泥	粉煤灰	磷渣粉	砂	石
拱坝坝体 $C_{180}30$	P41	0.50	30	0	25	四	JG_3	0.65	FS	0.007	83	116	50	0	556	1694
	P42	0.50	0	30	25	四	JG_3	0.65	FS	0.0065	79	111	0	47	563	1708
	P43	0.50	15	15	25	四	JG_3	0.65	FS	0.007	81	113	24	24	560	1705
拱坝坝体 $C_{180}35$	P21	0.45	20	0	37	二	JG_3	0.65	FS	0.007	117	208	52	0	745	1288
	P22	0.45	0	20	37	二	JG_3	0.65	FS	0.0065	113	201	0	50	756	1307
	P23	0.45	10	10	37	二	JG_3	0.65	FS	0.007	115	205	26	26	751	1297
明槽段衬砌、水垫塘抗冲耐磨层 C50	PC1	0.30	10	0	35	二	SR_3	0.8	FS	0.006	116	348	39	0	669	1261
	PC2	0.30	0	10	35	二	SR_3	0.8	FS	0.005	112	336	0	37	680	1283
	PC3	0.30	5	5	35	二	SR_3	0.8	FS	0.005	114	342	19	19	675	1272

表 9.3.15 混凝土拌合物性能试验结果

编号	水胶比	粉煤灰掺量/%	磷渣粉掺量/%	减水剂		引气剂		坍落度/坍落度损失/(mm/%)						含气量/含气量损失/(%/%)						凝结时间		泌水率/%
				品种	掺量/%	品种	掺量/%	0h	0.5h	1.0h	1.5h	2.0h	2.5h	0h	0.5h	1.0h	1.5h	2.0h	2.5h	初凝	终凝	
P41	0.50	30	0	JG_3	0.65	FS	0.007	110/0	25/77	23/79	5/96	5/96	4/96	4.8/0	3.4/29	2.9/40	3.1/35	2.5/48	2.5/48	14h11min (15h00min)	19h30min (19h35min)	1.4
P42	0.50	0	30	JG_3	0.65	FS	0.0065	140/0	30/79	07/95	7/95	6/96	6/96	8.2/0	5.3/35	4.6/44	3.4/59	3.2/61	2.8/66	17h15min (22h35min)	22h50min (30h10min)	0.3
P43	0.50	15	15	JG_3	0.65	FS	0.007	146/0	29/80	18/88	11/93	11/93	9/94	7.8/0	4.8/39	3.9/50	2.4/69	2.7/65	2.3/71	16h48min (17h50min)	21h10min (22h00min)	0
P21	0.45	20	0	JG_3	0.65	FS	0.007	76/0	16/83	07/91	4/95	4/95	4/95	4.2/0	3.0/29	2.2/48	2.4/43	1.8/57	2.0/52	12h27min	17h40min	0
P22	0.45	0	20	JG_3	0.65	FS	0.0065	43/0	06/86	05/88	/100	—	—	5.8/0	3.5/40	2.9/50	2.9/50	—	—	16h16min	21h00min	0.2
P23	0.45	10	10	JG_3	0.65	FS	0.007	82/0	17/79	08/90	6/93	2/98	1/99	4.6/0	2.5/46	2.0/57	2.2/52	1.8/61	1.8/61	17h34min	22h10min	0.2
PC1	0.30	10	0	SR_3	0.8	FS	0.006	25/0	14/44	05/80	5/80	5/80	—	1.9/0	1.9/0	1.9/0	1.9/0	1.9/0	—	8h30min	12h50min	0.2
PC2	0.30	0	10	SR_3	0.8	FS	0.005	16/0	11/31	05/69	5/69	5/69	—	2.2/0	2.0/9	2.0/9	1.6/20	1.6/20	—	10h50min	14h30min	0.2
PC3	0.30	5	5	SR_3	0.8	FS	0.005	50/0	10/80	05/10	7/14	5/69	—	2.2/0	2.1/95	1.9/86	1.9/86	1.9/86	—	9h20min	14h00min	0.5

注 括号内的数值为第二次试验结果。第一次试验拌合水温 21℃、养护温度 25℃；第二次试验拌合水温 17℃、养护温度 15℃。

表 9.3.16 混凝土力学性能试验结果

编号	水胶比	粉煤灰掺量/%	磷渣粉掺量/%	抗压强度/MPa					劈拉强度/MPa					轴拉强度/MPa				极限拉伸值/×10⁻⁶			
				7d	28d	90d	180d	360d	7d	28d	90d	180d	360d	7d	28d	90d	180d	7d	28d	90d	180d
P41	0.50	30	0	20.9	25.9	39.4	49.9	53.8	1.43	2.22	3.30	3.44	3.48	2.10	3.23	4.70	5.60	68	96	109	120
P42	0.50	0	30	21.2	31.6	40.8	47.3	48.1	1.18	2.63	3.41	3.58	4.21	1.80	3.45	4.75	5.10	72	110	117	111
P43	0.50	15	15	20 .5	32.6	42.3	48.4	48.1	1.17	2.69	3.20	3.69	3.75	1.63	3.50	4.93	5.13	71	119	127	124
P21	0.45	20	0	22.3	33.7	43.6	54.5	55.6	1.52	2.40	2.89	3.50	3.80	2.43	3.50	5.10	5.10	97	106	132	125
P22	0.45	0	20	23.4	42.9	53.5	61.3	62.6	1.80	3.03	3.72	3.92	3.96	2.43	3.70	4.93	5.17	95	116	130	124
P23	0.45	10	10	23.7	38.4	45.5	54.6	58.6	1.71	2.87	3.66	3.80	3.95	2.45	3.90	4.97	5.30	87	110	123	122
PC1	0.30	10	0	53.5	66.5	71.2	80.7	81.7	3.0	4.62	5.15	5.49	5.29	4.10	5.40	6.00	6.50	105	138	147	136
PC2	0.30	0	10	56.5	61.9	67.9	77.3	85.1	3.82	4.60	5.44	5.20	5.26	5.07	5.80	6.80	6.50	117	132	140	135
PC3	0.30	5	5	50.0	70.8	77.8	77.9	83.9	3.70	4.63	5.27	5.17	4.88	4.57	5.10	6.37	7.10	115	121	142	140

编号	水胶比	粉煤灰掺量/%	磷渣粉掺量/%	抗弯强度/MPa					抗压弹模/GPa					泊松比			圆柱体强度/MPa			
				7d	28d	90d	180d	360d	7d	28d	90d	180d	360d	7d	28d	90d	7d	28d	90d	180d
P41	0.50	30	0	3.75	5.80	7.87	8.7	8.4	31.6	32.3	38.9	42.4	42.3	—	—	0.22	14.5	20.2	23.0	34.8
P42	0.50	0	30	3.36	6.51	8.90	9.7	—	32.6	37.2	40.2	42.0	—	—	—	—	14.7	20.9	26.0	36.5
P43	0.50	15	15	2.75	5.68	7.2	8.3	10.2	27.9	38.2	41.8	43.7	44.4	—	—	—	15.3	22.4	27.1	40.7
P21	0.45	20	0	—	—	—	—	—	34.6	37.5	45.6	45.0	—	—	—	0.23	16.2	22.6	26.4	36.9
P22	0.45	0	20	—	—	—	—	—	30.8	40.7	43.4	44.0	42.6	—	0.29	0.23	16.7	24.1	29.4	34.3
P23	0.45	10	10	—	—	—	—	—	30.5	38.9	42.0	43.6	43.8	—	0.26	0.24	14.6	21.2	24.9	31.5
PC1	0.30	10	0	—	—	—	—	—	40.6	45.4	48.1	51.0	49.7	0.22	0.27	0.23	34.3	47.9	40.7	40.9
PC2	0.30	0	10	—	—	—	—	—	43.5	46.0	52.4	53.2	50.9	0.21	0.22	0.27	35.3	40.8	39.0	54.5
PC3	0.30	5	5	—	—	—	—	—	40.1	47.0	52.1	53.6	52.7	0.23	0.23	0.23	35.9	47.0	39.6	60.8

表 9.3.17　　　　　　　　　　混凝土绝热温升试验结果

	编号	掺合料		入仓温度/℃	各龄期绝热温升/℃													
		品种	掺量/%		1d	2d	3d	4d	5d	6d	7d	8d	10d	12d	14d	16d	21d	28d
第一次试验结果	ky－1	粉煤灰	30	25.8	7.2	13.1	15.9	17.4	18.6	19.2	19.6	19.9	20.4	20.7	20.8	21.0	21.1	21.2
	ky－2	磷渣粉	30	26.5	1.0	1.6	10.8	14.5	17.0	18.4	19.3	19.9	20.7	21.0	21.2	21.4	21.5	21.6
	ky－3	粉煤灰＋磷渣粉	15＋15	25.6	2.4	8.5	13.9	16.1	17.9	18.9	19.6	20.1	20.6	20.9	21.1	21.2	21.4	21.5
第二次试验结果	ky－1	粉煤灰	30	19.8	6.1	13.6	16.4	18.0	19.1	20.0	20.7	21.3	22.3	22.9	23.2	23.5	23.6	23.8
	ky－2	磷渣粉	30	19.3	1.5	9.9	13.8	16.1	17.4	18.6	19.4	20.1	21.1	21.7	21.9	22.0	22.2	22.3
	ky－3	粉煤灰＋磷渣粉	15＋15	19.4	4.9	12.5	15.0	16.5	17.6	18.5	19.3	20.0	21.1	21.9	22.3	22.5	22.6	22.8

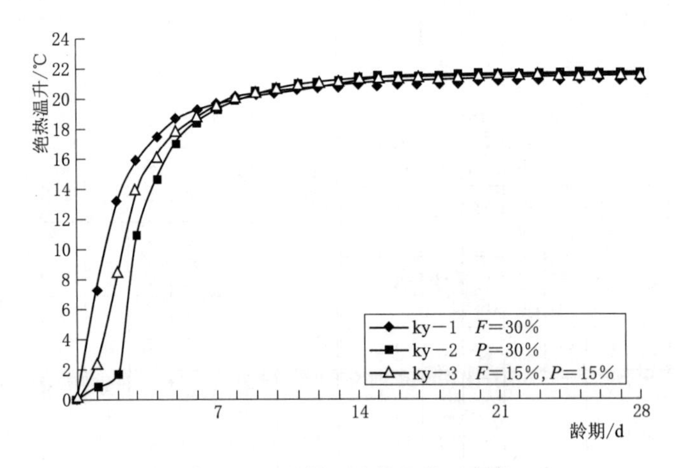

图 9.3.1　混凝土绝热温升过程线

9.3.4.3.4　抗冲耐磨性能

混凝土抗冲耐磨试验在混凝土抗含砂水流冲刷仪上进行试验，采用环型试件，每次加入 150g 磨损剂和 1000mL 水，开动冲刷仪 0.5h，测试试件的质量损失，重复上述试验 3 次，计算试件的累计质量损失，以混凝土单位面积上损失单位质量所用的时间作为抗冲磨强度。试验结果见表 9.3.18。粉煤灰和磷渣粉复掺能够提高混凝土的抗冲磨强度，单掺磷渣粉时混凝土的抗冲磨强度有一定程度的降低。

表 9.3.18　　　　　　　　混凝土抗冲耐磨性能试验结果

编号	水胶比	粉煤灰掺量/%	磷渣粉掺量/%	坍落度/mm	含气量/%	28d 抗冲磨强度/[h/(g/cm²)]
PC1	0.30	10	0	61	3.4	9.53
PC2	0.30	0	10	44	1.6	6.76
PC3	0.30	5	5	26	1.6	10.92

9.3.4.3.5 自生体积变形与干缩

混凝土的自生体积变形与干缩率试验结果分别见表 9.3.19 和表 9.3.20。掺磷渣粉混凝土的自生体积早期略有收缩，后期略有膨胀，膨胀趋于稳定，掺磷渣粉的混凝土自生体积变形表现为不收缩，与掺粉煤灰的混凝土相比，膨胀值略小，膨胀回落值略大。与掺粉煤灰相比，掺磷渣粉混凝土早期干缩略低，后期基本与掺粉煤灰相当，磷渣粉与粉煤灰复掺时，混凝土干缩值有减小的趋势。

表 9.3.19　　混凝土自生体积变形试验结果

编号	水胶比	粉煤灰掺量/%	磷渣粉掺量/%	自生体积变形/×10⁻⁶														
				1d	2d	3d	4d	5d	6d	7d	10d	14d	21d	28d	45d	60d	75d	90d
ky-1	0.50	30	0	0	10	12	13	13	15	15	17	16	16	12	13	10	10	13
ky-2	0.50	0	30	0	−10	4	8	12	15	17	21	24	22	19	18	15	15	13
ky-3	0.50	15	15	0	12	18	18	19	20	21	22	19	18	16	15	9	8	8

编号	水胶比	粉煤灰掺量/%	磷渣粉掺量/%	自生体积变形/×10⁻⁶												
				120d	150d	180d	210d	240d	270d	300d	330d	360d	390d	420d	450d	480d
ky-1	0.50	30	0	18	25	26	28	29	29	29	30	30	30	30	30	30
ky-2	0.50	0	30	14	15	13	12	11	8	8	7	7	7	7	7	7
ky-3	0.50	15	15	10	15	15	18	19	20	21	21	23	23	23	23	23

表 9.3.20　　混凝土干缩率试验结果

编号	水胶比	粉煤灰掺量/%	磷渣粉掺量/%	级配	干缩率/×10⁻⁶							
					1d	3d	7d	14d	28d	60d	90d	180d
P41	0.50	30	0	四	51	91	105	182	240	281	311	331
P42	0.50	0	30	四	34	63	93	168	233	264	293	320
P43	0.50	15	15	四	30	60	95	173	218	270	288	311
P21	0.45	20	0	二	45	65	96	150	240	275	290	335
P22	0.45	0	20	二	36	57	116	160	208	239	278	328
P23	0.45	10	10	二	35	69	108	148	195	244	270	346
PC1	0.30	10	0	二	61	106	122	198	270	312	346	381
PC2	0.30	0	10	二	69	94	130	212	261	283	340	375
PC3	0.30	5	5	二	65	100	149	190	251	288	326	360

9.3.4.3.6 抗冻与抗渗性能

混凝土的抗冻与抗渗性能试验结果分别见表 9.3.21 和表 9.3.22。从试验结果来看，磷渣粉掺量不超过 30%时，其掺入不会对混凝土抗冻与抗渗性能产生不利影响，掺磷渣粉混凝土的抗冻等级均达到 F250，90d 龄期的抗渗等级均可达到 W15 以上。

表 9.3.21　　混凝土抗冻性能试验结果

编号	水胶比	粉煤灰掺量/%	磷渣粉掺量/%	龄期/d	级配	各冻融循环次数质量损失/%						各冻融循环次数相对动弹性模量/%					
						0次	50次	100次	150次	200次	250次	0次	50次	100次	150次	200次	250次
P41	0.50	30	0	90	四	0	0.45	0.48	1.50	2.30	2.35	100	94.0	93.9	92.1	88.6	82.2
P42	0.50	0	30	90	四	0	0.48	0.19	0.40	1.70	1.73	100	93.6	92.3	81.2	78.5	71.9
P43	0.50	15	15	90	四	0	0.40	0.22	0.35	0.80	1.05	100	95.3	94.6	90.1	75.0	69.3
P21	0.45	20	0	90	二	0	0.38	0.50	0.95	1.50	1.52	100	97.0	93.0	89.2	84.2	79.0
P22	0.45	0	20	90	二	0	0.13	0.30	0.70	2.00	2.20	100	93.0	92.8	89.5	87.5	77.3
P23	0.45	10	10	90	二	0	0.08	0.08	0.70	1.20	1.45	100	93.0	92.0	91.8	88.2	80.2
PC1	0.30	10	0	28	二	0	0.00	0.00	0.00	0.10	0.10	100	97.5	97.9	96.1	96.1	94.5
PC2	0.30	0	10	28	二	0	0.01	0.01	0.05	0.15	0.23	100	97.5	97.2	94.2	92.1	89.3
PC3	0.30	5	5	28	二	0	0.09	0.10	0.17	0.30	0.77	100	96.3	96.8	95.6	94.5	93.2

表 9.3.22　　混凝土抗渗性能试验结果

编号	水胶比	粉煤灰掺量/%	磷渣粉掺量/%	砂率/%	级配	28d渗水高度/cm	28d抗渗等级	90d渗水高度/cm	90d抗渗等级
P41	0.50	30	0	25	四	—	W10	7.8	>W15
P42	0.50	0	30	25	四	—	W10	7.4	>W15
P43	0.50	15	15	25	四	—	W10	4.5	>W15
P21	0.45	20	0	37	二	—	>W15	8.6	>W15
P22	0.45	0	20	37	二	—	>W15	5.1	>W15
P23	0.45	10	10	37	二	—	>W15	3.7	>W15
PC1	0.30	10	0	35	二	3.0	>W15	2.1	>W15
PC2	0.30	0	10	35	二	1.9	>W15	1.5	>W15
PC3	0.30	5	5	35	二	2.5	>W15	1.0	>W15

9.3.5　全级配混凝土性能试验

9.3.5.1　混凝土技术要求

构皮滩水电站大坝全级配混凝土的技术要求见表 9.3.23。

表 9.3.23　　大坝混凝土主要设计指标

强度等级	级配	抗渗等级	抗冻等级	限制最大水胶比	掺合料最大掺量	极限拉伸值/$\times 10^{-6}$	
						28d	90d
$C_{180}30$	四	W12	F200	0.50	30%	≥0.85	≥0.9

9.3.5.2　试验配合比

大坝全级配混凝土试验配合比见表 9.3.24。

表 9.3.24 全级配混凝土试验配合比

水胶比	粉煤灰掺量/%	磷渣粉掺量/%	砂率/%	级配	外加剂		混凝土材料用量/(kg/m³)					
					JG_3/%	FS/%	水	水泥	粉煤灰	磷渣粉	砂	石
0.50	15	15	25	四	0.65	0.007	81	113	24	24	560	1705

9.3.5.3 全级配混凝土的成型、养护和观测

全级配混凝土的试验按照《水工混凝土试验规程》(DL/T 5100)进行。抗压强度、劈拉强度试件尺寸为 450mm×450mm×450mm，抗压弹性模量尺寸为 Φ450mm×900mm，自生体积变形试件尺寸为 Φ450mm×1350mm。极限拉伸和干缩试件尺寸为 450mm×450mm×1700mm，徐变试件尺寸为 Φ450mm×1350mm，抗渗试件尺寸为 Φ450mm×450mm。

全级配混凝土抗压强度、劈拉强度试件采用室外自然洒水养护，养护温度平均约 26～28℃，同时成型的湿筛小试件分别采用标准养护和平行养护。

全级配混凝土抗压强度试件在 20000kN 的压力试验机上观测，劈拉强度试件和抗压弹性模量在 5000kN 的压力试验机上观测，抗压弹性模量的变形分别采用 150mm、300mm 的应变片及千分表进行观测。

9.3.5.4 全级配混凝土的性能

大坝全级配混凝土力学性能和变形性能试验结果见表 9.3.25～表 9.3.29，抗渗试验结果见表 9.3.30，徐变试验结果见表 9.3.31。全级配混凝土应力-应变曲线见图 9.3.2。相同养护条件下，全级配混凝土 7d 龄期立方体抗压强度与湿筛混凝土基本相当，28d 龄期和 90d 龄期的抗压强度比湿筛小试件略高，180d 龄期的抗压强度相当。全级配混凝土圆柱体试件的抗压强度均比湿筛小试件低。全级配混凝土早龄期劈拉强度比湿筛小试件高，后期相当或略低。

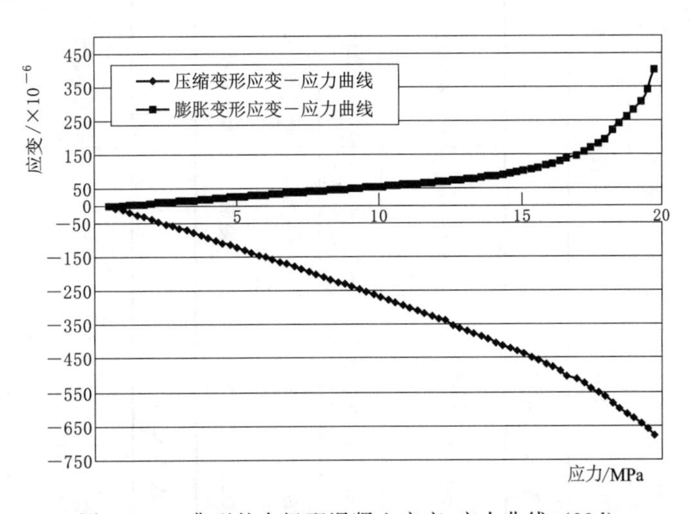

图 9.3.2 典型的全级配混凝土应变-应力曲线(28d)

表 9.3.25 混凝土强度试验结果

编号	试件尺寸/mm	成型方法	养护制度	抗压强度/MPa				劈拉强度/MPa			圆柱体强度/MPa			
				7d	28d	90d	180d	7d	28d	90d	7d	28d	90d	180d
Q1	150×150×150	湿筛	标准养护	20 .5	32.6	42.3	48.4	1.17	2.69	3.20	15.3	22.4	27.1	40.7
Q2	450×450×450	全级配	自然洒水养护	27.7	36.7	40.3	41.9	1.75	2.99	2.95	15.0	20.2	23.5	30.3
Q3	150×150×150	湿筛	自然洒水养护	27.8	34.9	39.0	42.6	1.65	2.53	3.09	17.0	23.1	30.6	33.2

表 9.3.26 混凝土弹模和泊松比试验结果

编号	试件尺寸/mm	成型方法	养护制度	抗压弹模/GPa（应变片法）				抗压弹模/GPa（千分表法）				泊松比			
				7d	28d	90d	180d	7d	28d	90d	180d	7d	28d	90d	180d
Q1	Φ150×300	湿筛	标准养护	27.9	38.2	41.8	43.7	—	—	—	—	0.21	0.23	0.24	—
Q2	Φ450×900	全级配	自然洒水养护	37.2	38.1	43.9	45.7	34.3	38.3	45.3	42.5	0.23	0.23	0.23	0.24
Q3	Φ150×300	湿筛	自然洒水养护	31.5	34.2	39.4	42.4	—	—	—	—	0.21	0.23	0.24	—

表 9.3.27 混凝土抗拉强度和极限拉伸值试验结果

编号	试件尺寸/mm	成型方法	养护制度	抗拉强度/劈拉强度/MPa				极限拉伸值/$\times 10^{-6}$				抗拉弹模/GPa			
				7d	28d	90d	180d	7d	28d	90d	180d	7d	28d	90d	180d
Q2	450×450×1350	全级配	自然洒水养护	1.02/1.30	1.67/1.73	1.91/2.15	2.25/2.53	33	46	55	60	30.9	35.1	41.5	43.5
Q3	100×100（八字模截面）	湿筛	自然洒水养护	1.70	2.29	3.15	3.36	70	85	92	95	28.8	34.3	39.9	41.1

注 标准养护指养护温度 20℃±3℃，湿度 95%；自然洒水养护指按武汉的室内温度养护，洒水并覆盖湿麻袋保湿，试件的成型时间为夏季，平均气温 25～30℃，冬季室内平均气温 10～20℃。表 9.3.27 中的劈拉强度是极限拉伸试件断裂后再进行劈拉强度试验的结果。

表 9.3.28　　混凝土自生体积变形试验结果

编号	水胶比	粉煤灰掺量/%	磷渣粉掺量/%	级配	自生体积变形/×10⁻⁶																		
					1d	2d	3d	4d	5d	6d	7d	10d	14d	21d	28d	45d	60d	75d	90d	120d	180d	360d	480d
ky-3	0.50	15	15	四级配（湿筛）	0	12	18	18	19	20	21	22	19	18	16	15	9	8	8	10	15	23	23
ky-3-1	0.50	15	15	四级配（全级配）	0	−6	4	4	4	4	5	8	8	11	13	14	12	12	13	14	16	25	24
ky-3-2	0.50	15	15	四级配（全级配）	0	−2	−1	4	5	7	8	11	10	11	11	13	9	9	9	9	11	20	19

注：ky3-1 试件埋设的应变计由 2 支应变计叠加而成，长度为 500mm，其他为 1 支应变计，长度为 250mm。

表 9.3.29　　混凝土干缩率试验结果

编号	试件尺寸/mm	成型方法	干缩环境条件	干缩率/×10⁻⁶							
				1d	3d	7d	14d	28d	60d	90d	180d
1	Φ150×300	湿筛	标准干缩环境	30	42	68	179	232	285	321	345
2	Φ450×900	全级配	自然干缩环境	20	36	50	89	138	179	226	248
3	Φ150×300	湿筛	自然干缩环境	28	45	60	148	188	231	287	305

表 9.3.30　　混凝土抗渗试验结果

编号	试件尺寸/mm	成型方法	养护制度	28d 渗水高度/cm	28d 抗渗等级	90d 渗水高度/cm	90d 抗渗等级
2	Φ450×900	全级配	自然洒水养护	—	W10	15	>W10
3	Φ150×300	湿筛	自然洒水养护	—	W10	5.2	>W10

表 9.3.31　　混凝土抗压徐变度　　单位：×10⁻⁶/MPa

编号	试件尺寸/mm	成型方法	养护制度	加荷龄期/d	0d	1d	2d	3d	4d	5d	6d	7d	14d	21d	28d	35d	42d	49d	56d	84d	90d	120d	180d	360d
1	Φ450×900	全级配	标准养护	7	0	8.0	9.4	11.0	12.6	13.2	13.8	15.5	17.9	20.4	20.8	22.2	22.7	23.7	24.3	24.9	25.6	27.0	28.4	28.3
				28	0	4.4	6.1	6.6	—	—	8.1	8.7	—	11.6	12.4	12.9	13.7	13.9	14.6	15.5	15.9	17.0	17.8	17.7
				90	0	—	2.3	2.8	2.9	3.3	3.5	3.8	4.6	5.2	5.3	5.4	5.8	5.9	6.4	6.7	6.9	7.8	9.1	9.9
2	Φ150×300	湿筛	标准养护	7	0	11.0	13.2	15.3	17.7	18.4	18.8	21.4	25.2	28.3	28.9	30.9	31.5	32.7	33.8	34.5	35.4	36.1	38.1	39.2
				28	0	5.9	8.4	9.1	—	—	11.1	11.6	14.3	15.4	17.1	18.0	19.0	19.5	19.9	21.5	21.9	22.8	23.6	24.5
				90	0	—	2.9	3.7	4.1	4.4	—	5.2	6.0	7.0	7.6	—	8.3	8.4	9.1	9.9	11.1	13.5	12.6	13.4

全级配混凝土的抗压弹模比湿筛小试件高，用千分表方法和应变片方法测量的结果基本一致，全级配试件与小试件的泊松比均在0.21～0.24。全级配混凝土的抗拉强度约为湿筛混凝土的60%～70%；全级配混凝土的极限拉伸值约为湿筛混凝土的50%～60%。

全级配混凝土大试件早期自生体积略有收缩，后期为膨胀，而混凝土小试件各龄期自生体积均为膨胀，且膨胀量比全级配混凝土略大。采用不同长度（200mm、400mm）的应变计测得的全级配混凝土自生体积变形试验结果基本一致。全级配混凝土大试件干缩值约为湿筛混凝土试件的60%～80%，全级配混凝土大试件徐变约为湿筛混凝土试件70%～80%。全级配混凝土大试件90d抗渗等级超过W10。

参考文献

[1] 林育强，李家正，杨华全. 磷渣粉替代粉煤灰在水工混凝土中的应用研究 [J]. 长江科学院院报，2009 (12)：93－97.

[2] 刘虹利，张均，王永卿，等. 磷矿固体废弃物资源化利用问题及建议 [J]. 矿产综合利用，2017 (1)：6－11.

[3] 张苏江，易锦俊，孔令湖，等. 中国磷矿资源现状及磷矿国家级实物地质资料筛选 [J]. 无机盐工业，2016，48 (2)：1－5.

[4] 杨家宽，肖波，工秀萍. 黄磷渣资源化进展与前景 [J]. 矿产综合利用，2002 (5)：37－41.

[5] 李甫，沈毅. 贵州省黄磷渣资源化利用研究 [J]. 中国非金属矿工业导刊，2007，62 (4)：18－20.

[6] 刘红娟，任富建. 贵州省黄磷渣特点及其资源化利用研究 [J]. 山东陶瓷，2006 (5)：38－40.

[7] 高旭伟，吴勇生，董旭刚. 多孔磷渣微晶玻璃的烧结及其力学性能 [J]. 材料导报：纳米与新材料专辑，2010 (1)：484－486.

[8] 顾怀全，贾天怡，宋怀印，等. 3D 打印磷渣粉混凝土的试验研究 [J]. 贵州师范大学学报（自然科学版），2019，37 (5)：77－84.

[9] 王栋民，李小龙，刘泽. 粉煤灰/磷渣微粉改性水泥基 3D 打印材料的制备与工作性研究 [J]. 硅酸盐通报，2020，39 (8)：2372－2378.

[10] 杨恩林，张杰. 黄磷渣制备多孔陶瓷的研究 [J]. 中国陶瓷，2008 (5)：35－37.

[11] 杨华全，李文伟. 水工混凝土研究与应用 [M]. 北京：中国水利水电出版社，2006.

[12] 冉璟，李光伟. 影响磷渣作掺合料的品质因素的试验研究 [J]. 水电站设计，2008 (3)：56－58，65.

[13] 卢佳林，叶海艳，陈景，王晶晶，等. 磷渣粉制备植生多孔混凝土的研究 [J]. 粉煤灰，2015，27 (6)：29－33.

[14] 漆贵海，彭小芹，王玉麟. 碱磷渣加气混凝土的微观形貌及水化产物 [J]. 湖南大学学报：自然科学版，041 (002)，114－118.

[15] 王泓，王如阳，文闻. 利用磷渣制白碳黑 [J]. 化工环保，2000，20 (5)：22－25.

[16] 张建辉，赵嘉鑫，陈继才，等. 碱激发磷渣基胶凝材料的性能及微观结构分析. 硅酸盐通报，2019，38 (9)：297－303.

[17] 廉慧珍，张志龄，王英华. 火山灰质材料活性的快速评定方法 [J]. 建筑材料学报，2001 (4)：299－306.

[18] 蒲心诚. 高强与高性能混凝土火山灰效应的数值分析 [J]. 混凝土，1998 (6)：13－23.

[19] 程麟，盛广宏，皮艳灵. 磷渣的活性激发及其机理研究 [J]. 水泥技术，2005 (2)：36－42.

[20] 程麟，盛广宏，皮艳灵，等. 磷渣对硅酸盐水泥的缓凝机理 [J]. 硅酸盐通报，2005 (4)：40－44.

[21] И. Г. 卢金娜，В. Д. 巴尔班格埃，В. К. 克拉先，等. 磷对水泥石性质的影响. 第六届国际水泥化学会议论文集第二卷-水泥水化与硬化 [M]. 北京：中国建筑工业出版社，1981：51－58.

[22] 阎培渝，郑峰. 水泥基材料的水化动力学模型 [J]. 硅酸盐学报，2006，34 (5)：555－559.

[23] Cao，J.，Wang，Z. Effect of na2o and heat-treatment on crystallization of glass-ceramics from phosphorus slag [J]. Journal of Alloys & Compounds，2013，557，190－195.

[24] Caijun Shi，Jueshi Qian. High performance cementing materials from industrial slags—a review [J]. Resources of Conservation and Recycling，2000 (29)：195－200.

[25] T Knudson. Quanitative analysis of the compound composition of cement and cement clinker [J]. Bull of American Ceramics Society，1976，55 (12)：1052－1055.